钻具失效分析

FAILURE ANALYSIS ON ROTARY DRILL STEM ELEMENTS

吕拴录　袁鹏斌　骆发前　余世杰　编著

中国石油大学出版社
CHINA UNIVERSITY OF PETROLEUM PRESS

图书在版编目(CIP)数据

钻具失效分析/吕拴录等编著.—东营:中国石
油大学出版社,2018.3
ISBN 978-7-5636-4956-3

Ⅰ.①钻… Ⅱ.①吕… Ⅲ.①钻具－失效分析 Ⅳ.
①TE921.07

中国版本图书馆 CIP 数据核字(2015)第 235098 号

—— 内 容 简 介 ——

本书收集了钻具失效分析及预防领域各方面的案例,内容包括综述、断裂、弯曲、粘扣、胀扣、刺漏、腐蚀、磨损和试验研究等,涉及材料科学、机械加工、管柱设计、钻井、地质和测井等多个技术领域,具有较高的学术价值和应用价值,对从事钻具生产、使用、检验、研究及失效分析等工作的技术人员有一定参考价值。

书　　　名:钻具失效分析
编 著 者:吕拴录　袁鹏斌　骆发前　余世杰
责任编辑:刘万忠　袁　宁　徐　伟(电话　0532—86983562)
封面设计:吕　晔
出 版 者:中国石油大学出版社
　　　　　(地址:山东省青岛市黄岛区长江西路 66 号　邮编:266580)
网　　　址:http://www.uppbook.com.cn
电子邮箱:erbians@163.com
排 版 者:青岛天舒常青文化传媒有限公司
印 刷 者:山东省东营市新华印刷厂
发 行 者:中国石油大学出版社(电话　0532—86981531,86983437)
开　　　本:185 mm×260 mm
印　　　张:30
字　　　数:652 千
版 印 次:2018 年 6 月第 1 版　2018 年 6 月第 1 次印刷
书　　　号:ISBN 978-7-5636-4956-3
定　　　价:158.00 元

序言
Preface

　　失效分析是一门新兴学科。通过失效分析，找出造成机械零部件或器材失效的主要原因，并采取相应预防措施，防止同类失效事故再次发生，不但有很大的科学技术价值，而且有重大的经济意义和社会效益。

　　本书由吕拴录、袁鹏斌、骆发前和余世杰编著。本书论文涉及材料科学、机械加工、管柱设计、钻井和地质等多个技术领域。

　　作者吕拴录1983年毕业于西安交通大学金属材料及热处理专业，1983年至2005年在中国石油天然气集团公司管材研究所（现为中国石油集团石油管工程技术研究院）从事石油管材失效分析工作（其中，1990年至1992年借聘到塔里木油田参加会战）。2006年调入中国石油大学（北京），同年借聘到塔里木油田从事石油管材失效分析工作。

　　吕拴录教授在中国石油天然气集团公司管材研究所和中国石油大学（北京）工作期间，在钻具失效分析方面做了大量工作。本书选录的钻具失效分析论文，汇集了作者在钻具失效分析及预防领域取得的成果，凝聚了作者30多年的心血。

　　对钻具断裂及刺穿原因分析结果表明：钻具断裂原因既与材料强度与韧性不匹配有关，也与现场使用工况条件有关；钻杆内加厚过渡带消失部位刺漏原因实际是在钻杆结构突变部位腐蚀疲劳裂纹穿透了钻杆壁厚，高压泥浆从裂纹位置刺漏。在失效分析的基础上，制定了预防钻具断裂及刺穿的技术条件和使用操作规程，建议使用涂层钻杆，有效预防或减少了钻具断裂事故。

　　对钻杆弯曲原因分析结果表明：钻杆弯曲主要是由单吊环起钻所致。建议使用子母接头钻杆。

对钻具接头胀扣原因分析结果表明：钻具接头胀扣原因既与油田没有执行新标准有关，也与产品质量和使用操作有关。在失效分析的基础上，制定了预防钻具接头胀扣的技术条件，建议在深井、超深井采用双台肩接头钻杆，有效预防或减少了钻具接头胀扣事故。

对钻具粘扣原因分析结果表明：钻具粘扣原因既与螺纹接头加工精度有关，也与现场使用操作不当有关。在失效分析的基础上，制定了预防钻具粘扣的技术条件和使用操作规程，有效预防或减少了钻具粘扣事故。

通过失效分析，找出了钻具存在的质量问题，帮助工厂不断改进钻具质量，使钻具国产化迅速发展；通过失效分析，找出了油田在使用操作方面存在的问题，帮助油田有效预防或减少了钻具失效事故，保障了油田勘探开发安全生产。

本书具有较高的学术价值和实用价值，对从事钻具生产、使用、检验、研究和失效分析等工作的技术人员很有参考价值。

李鹤林

2014 年 2 月 24 日

目录 Contents

一、综述

二、断裂和弯曲失效分析及预防

三、粘扣失效分析及预防

四、胀扣失效分析与预防

五、刺漏失效分析及预防

六、腐蚀和磨损失效分析及预防

七、试验研究

一 综 述

铝合金钻杆在塔里木油田推广应用前景分析

吕拴录[1,2]　骆发前[2]　周　杰[2]　刘远扬[2]　苏建文[2]　卢　强[2]

（1. 中国石油大学，北京昌平，102249；

2. 中国石油塔里木油田公司，新疆库尔勒，841000）

摘　要：介绍了铝合金钻杆的结构特点和材料特性，分析了其适用范围。分析认为，铝合金钻杆在塔里木油田含 H_2S 井使用可有效防止钻杆发生应力腐蚀开裂和电化学腐蚀；在水平井和大斜度定向井使用可以减缓钻杆接头的热裂问题；在深井和超深井使用可减轻钻柱重量，增加钻井深度；在复杂井使用可增加套管下入深度。铝合金钻杆发生断裂事故之后容易将落鱼部分磨掉，这有利于提高处理复杂事故的能力。同时指出了使用铝合金钻杆存在的问题和应注意事项。

关键词：铝合金钻杆；腐蚀；断钻具

铝合金钻杆具有重量轻、强度与重量之比高、耐腐蚀性强等特点。20 世纪 60 年代初在苏联油气井已经成功使用。在 Volgo-Urals 和西西伯利亚地区，铝合金钻杆已经被用于井深达 3 000 m 的直井和涡轮定向钻井及旋转钻井施工中。在 20 世纪 80 年代，用铝合金钻杆在 USUR 钻井进尺已占该地区总钻井进尺的 75%。在西西伯利亚和 Far North 地区，铝合金钻杆也已经大量使用，并被成功地用载荷能力为 80.25 t 的车载钻机进行丛式井钻井。此外，在无隔水管、水深达 1 800 m 的条件下，铝合金钻杆在太平洋、大西洋、挪威海、黑海、地中海、墨西哥湾和其他地区已经成功使用。目前，铝合金钻杆已经在俄罗斯油气田的深井、定向井和大陆架海洋钻井中大量使用，并取得了良好的效果。

塔里木油田在含 H_2S 的区块钻井时发生了多起钢质钻杆应力腐蚀断裂事故，在钻水平井和定向井过程中发生了多起钻杆接头热裂事故。因此，分析研究铝合金钻杆的优缺点和铝合金钻杆在塔里木油田的适用范围以及推广应用前景很有必要。

1 铝合金钻杆的结构特点和材料特性

1.1 铝合金钻杆的结构特点

铝合金钻杆分为钢接头铝合金钻杆和无钢接头的铝合金钻杆两种,前者使用比较多,后者使用较少。钢接头铝合金钻杆的结构形状见图1。

从图1(b)可知,钢接头外加厚铝合金钻杆接头内壁齐平,钻井液流过时不会因为紊流而产生冲刷腐蚀。在实际使用过程中铝合金钻杆从来没有发生过冲刷腐蚀现象。

1.2 铝合金钻杆材料特性

铝合金钻杆材料强度比钢质钻杆低,但材料塑性比钢质钻杆好。铝合金钻杆材料性能与 API E75 钢钻杆材料性能对比见表1。

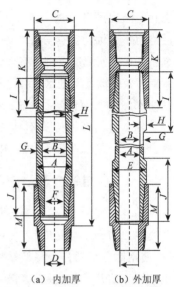

（a）内加厚　　（b）外加厚

图 1　钢接头铝合金钻杆示意图

表 1　铝合金钻杆材料性能与钢钻杆材料性能对比

钻杆名称及代号		屈服强度/MPa	抗拉强度/MPa	硬度/HB	伸长率/%	截面收缩率/%	密度/(g·cm⁻³)	弹性模量/(MPa×10⁵)
铝合金钻杆	D16T	≥330	≥450	120	10～11	18～20	2.8	0.72
	1953T1	≥480	≥540	120～130	7～8	14～15	2.8	0.70
	AK41T1	≥350	≥410	130	11～12	24～26	2.8	0.73
E75 钢钻杆		517～724	≥689	—	≥18.5	—	7.8	2.1

2 铝合金钻杆特点

2.1 在同样条件下,使用铝合金钻杆比使用钢质钻杆能够提高钻深能力

铝合金钻杆的密度大约是钢质钻杆的1/3,铝合金钻杆强度与重量之比是钢质钻杆的1.5～2.0 倍。在钻机能力一定的情况下,应用铝合金钻杆能够达到钢质钻杆无法达到的井深。例如,用载荷能力为 400 t 的钻机钻出了深度为 12 263 m 的 Kola 超深井。用载荷能力为 300 t 的钻机钻出了 7 000 m 的 Shevchenkovskaya 超深井和 5 000 m 的 Krivorozhskaya 超深井。

2.2　铝合金钻杆可有效地防止 H_2S 和 CO_2 腐蚀

铝及其合金元素化学特性比较活跃,当其与氧反应后会在表面形成稳定的氧化膜,阻止其与周围环境进一步反应。在实验室试验结果,铝合金钻杆在饱和 H_2S 溶液里长期浸泡也不腐蚀。铝合金钻杆在饱和 CO_2 溶液里长期浸泡也不腐蚀。经过实际使用,铝合金钻杆在任何温度下都可有效地防止 H_2S 和 CO_2 腐蚀。例如,在哈萨克斯坦西部油田和俄罗斯所辖欧洲南部地区,实际所钻的井 H_2S 浓度达到 20%,钢接头铝合金钻杆没有发生腐蚀和 H_2S 应力腐蚀问题。在 CO_2 含量为 12%~15% 的井中使用铝合金钻杆没有腐蚀问题。

铝合金钻杆钢接头不具有抗 H_2S 和 CO_2 的能力。但是,钢接头与铝合金管体接触,后者对它会起到阴极保护作用,所以,铝合金钻杆钢接头的腐蚀速率低。

2.3　使用铝合金钻杆可提高钻井速度和效率

随着井深增加,换钻头起下钻所需的时间增加,钻进时间相对减少,处理复杂情况和事故更加困难。在深度超过 3 000 m 的井中使用铝合金钻杆是最有效的。在这种情况下,使用铝合金钻杆会降低钻柱重量、提高起下钻速度、减小摩擦力、降低扭矩和压力、优化钻压等钻井参数,最终会提高钻井速度和效率。

2.4　铝合金钻杆更适合于曲率大的定向井和水平井

铝合金钻杆弹性模量小,在曲率大的定向井和水平井中使用铝合金钻杆时,钻柱与裸眼井段和套管井段的摩擦力减小。铝合金钻杆具有良好的抗弯曲载荷性能,更适合曲率大的定向井和水平井。例如,在陆地上钻定向井替代海上钻井更有效。使用铝合金钻杆钻水平井也非常有效,其最大水平井段可达 1 000 m。

2.5　使用铝合金钻杆可显著地降低大钩负荷

在钻井液密度相同的情况下,铝合金的浮力系数比钢的浮力系数小得多。例如,钻井液密度为 1.2 g/cm^3 时,铝合金的浮力系数为 0.57,几乎降低了铝合金重量的一半;而钢的浮力系数为 0.85。因此,使用铝合金钻杆可显著地降低大钩负荷,极大地提高钻机和钢丝绳的使用寿命。

2.6　铝合金钻杆具有无磁特性

没有钢接头的铝合金钻杆具有与镍钴合金相似的无磁特性,这对磁性测井是有利的。如果使用钢接头铝合金钻杆,可在测井段安装没有钢接头的铝合金钻杆。

2.7　铝合金钻杆适应的温度范围广

铝合金钻杆适应的温度范围广,可钻的井深范围更大。1953T1 材料的铝合金钻杆额定最高使用温度为 120 ℃。D16T 材料的铝合金钻杆额定最高使用温度为 160 ℃,实际在温度高达 220 ℃ 的 12 263 m 超深井已经安全使用过。AK41T1 材料的铝合金钻杆额定最高使用温度为 240 ℃。目前最常用的铝合金钻杆材料为 D16T,规格为 Φ147 mm×11 mm。

2.8 铝合金钻杆不容易磨损套管

摩擦力与摩擦系数和正压力成正比,摩擦力越大,套管磨损程度越严重。套管磨损取决于摩擦副的摩擦系数和施加在套管内壁的正压力。铝合金与钢构成摩擦副时摩擦系数为 0.32,钢与钢构成摩擦副时摩擦系数为 0.36。铝合金在套管里钻进时摩擦系数小,这有利于减少套管磨损;铝合金钻杆重量轻,刚度小,铝合金钻杆与套管接触时在套管内壁产生的正压力小,这有利于减少套管磨损。

2.9 铝合金钻杆水力损失小

铝合金钻杆内径大,这有利于提高钻柱水力特性,减少水力损失,减轻起下钻阻卡。

3 铝合金钻杆在塔里木油田推广应用前景分析

3.1 铝合金钻杆在塔里木油田适用的井况

3.1.1 含 H₂S 井

塔里木油田已经在多口井发现 H_2S。例如,塔中 823 井井喷后喷出的天然气中含有大量 H_2S。2006 年 7 月 5 日,塔中 83 井溢流之后 2 根钢质钻杆已经发生 H_2S 应力腐蚀断裂事故(图 2)[1]。铝合金钻杆具有优良的抗 H_2S 应力腐蚀开裂性能,在含 H_2S 的油田使用铝合金钻杆可以有效地防止钻杆发生 H_2S 应力腐蚀开裂问题。

图 2 塔中 83 井 Φ88.9 mm
S135 钻杆断口形貌

3.1.2 水平井和大斜度定向井

塔里木油田在水平井和大斜度定向井钻井施工过程中发生了多起钻杆接头摩擦热裂事故(图 3)[2]。铝合金钻杆弹性模量只有钢质钻杆的 1/3,即在井眼曲率相同的情况下,铝合金钻杆弯曲应力只有钢质钻杆的 1/3。也即,钻杆外壁与井壁的接触压力和摩擦力会降低。在水平井和大斜度定向井使用铝合金钻杆可以减缓钻杆接头热裂问题。

图 3 钻杆接头热裂形貌

3.1.3 深井和复杂井

在深井使用铝合金钻杆可减轻钻柱重量,增加钻井深度。在复杂井使用铝合金钻杆可增加套管下入深度。

3.1.4 处理复杂事故可钻性能好

铝合金钻杆发生断裂事故之后容易将落鱼部分磨掉。这有利于提高处理复杂事故的能力。

3.2 铝合金钻杆尺寸规格在塔里木油田的适用性

铝合金钻杆尺寸规格与塔里木油田现用钢质钻杆尺寸规格对比结果见表2。从表2可知,在不增加接头扣型的情况下,铝合金钻杆可以在塔里木油田应用。

表2 塔里木油田现用钻杆与铝合金钻杆尺寸规格对比

	规格 $D \times t$/mm	接头类型
现用钢钻杆	127.0×9.19	NC50
	139.7×9.17	5½FH
	规格 $D \times t$/mm	接头类型
铝合金钻杆	131×13	NC50/5½FH
	147×11	
	147×13	5½FH
	147×15	

3.3 铝合金钻杆实物性能

铝合金钻杆与E75钢质钻杆实物性能对比见表3。从表3可知,D16T Φ147 mm×13 mm和Φ131 mm×13 mm铝合金钻杆拉伸强度和抗扭强度与API Φ127.0 mm×9.19 mm E75钢质钻杆接近,但抗外挤强度和抗内压强度与Φ127.0 mm×9.19 mm E75钢质钻杆差别较大。1953T1 Φ147 mm×13 mm铝合金钻杆拉伸强度、抗扭强度和抗内压强度与API Φ139.7 mm×9.17 mm E75钢质钻杆相近,但抗挤强度较低。1953T1 Φ147 mm×15 mm铝合金钻杆各种实物性能可达到Φ139.7 mm×9.17 mm E75钢质钻杆的实物性能。

表3 铝合金钻杆实物性能

钻杆类别	规格 $D \times t$/mm	拉伸强度/kN	抗扭强度/(kN·m)	抗外挤强度/MPa	抗内压强度/MPa
D16T	147×13	1 500～1 950	46.4～55.2	32.0	39.0
	131×13	1 493～1 750	51.0～61.0	34.0	38.0
1953T1	147×13	1 800～2 340	55.6～66.2	48.0	58.5
	147×15	2 076～2 436	62.8～73.8	58.5	64.5
APIE75	127.0×9.19	1 760.1	55.8	68.7	65.5
	139.7×9.17	1 944.8	68.8	58.0	59.4

4 铝合金钻杆缺点及使用注意事项

（1）铝合金钻杆容易磨损。

铝合金钻杆耐磨性比钢质钻杆差，在使用过程中容易磨损。可采用中间加厚的方式解决。

（2）铝合金钻杆在搬运和使用操作过程中容易损伤。

铝合金钻杆硬度低，在搬运和使用操作过程中容易损伤。在搬运和使用过程中要格外小心，并配套专用的工具。例如，防止挟持变形咬伤的大钳牙板等。

（3）铝合金钻杆抗盐腐蚀能力差。

铝合金钻杆虽然抗 H_2S 和 CO_2 腐蚀，但含盐量超过 14% 时会产生不同程度的腐蚀。

（4）在长期存放过程中，铝合金钻杆管体对钢接头起阴极保护作用的同时，靠接头部位铝合金钻杆管体容易发生腐蚀[3]。

（5）油田现场修复有一定困难。

铝合金钻杆钢质接头与管体采用 ISO 15546 标准螺纹（138 mm×5.08 mm×1:32）热过盈连接，油田现场修复有一定困难。

（6）钢质钻杆与铝合金钻杆组合使用更安全。

铝合金钻杆弹性伸长范围大，当铝合金钻杆柱受到大的拉伸力或过载时与拉伸的弹簧相似。一旦铝合金钻杆断裂时，断口上部的管段容易上窜。解决上述问题的方法是在钻柱上部配一段钢质钻杆。

（7）严格控制转速。

铝合金钻杆刚度小，推荐的最大转速为 80 r/min。在实际使用过程中如果能与螺杆钻具结合使用，转速可以满足塔里木油田的要求。

5 结论及建议

（1）铝合金钻杆可在塔里木油田含 H_2S 井、水平井、大斜度定向井、深井和超深井使用。

（2）铝合金钻杆使用性能和操作方式与钢钻杆不同，应严格执行铝合金钻杆使用操作规程。

参考文献

[1] 吕拴录，骆发前，周杰，等.塔中 83 井钻杆断裂原因分析.腐蚀科学与防护技术，2007,19(6):451-453.

[2] 吕拴录，骆发前.双台肩 NC50 钻杆内螺纹接头纵向开裂原因分析.石油技术监督，2004,20(8):5-7.

[3] 郭生武，袁鹏斌.油田腐蚀形态导论.北京:石油工业出版社,2005.9.

铝合金钻杆的特点及应用前景

佘荣华　　袁鹏斌

（上海海隆石油管材研究所,上海 200949）

摘　要:随着油气勘探向深井、超深井、定向井、水平井、含 H_2S 和 CO_2 油气井、海洋井等复杂井的发展,研究适合复杂井况勘探开发的钻具成为必然趋势。分析介绍了铝合金钻杆在提高钻井深度、耐蚀性、降低大钩载荷和定向井及水平井钻井作业等方面的显著优势以及铝合金钻杆的应用前景。

关键词:铝合金钻杆;深井;定向井;水平井

随着石油、天然气消耗量的迅速增大,陆地深层和海洋油气资源的勘探开发已成为提高油气勘探开发效益、提高石油公司竞争力的关键,同时也是人类开发利用资源的必然趋势。为开发深层资源,超深井、水平井、高腐蚀介质井等复杂工况环境勘探开发井的数量快速增多,由此不断给勘探开发设备和技术提出更高的要求,特别是对钻勘的主要工具钻杆提出了新要求[1-2]。

目前普遍使用的钢制钻杆,在水平井、高腐蚀介质井、超深井等施工中经常遇到钻杆摩擦热裂、氢脆、应力腐蚀断裂、钻井速度和效率降低、大钩负载过大等问题。上述问题均是由合金钢材料本身的理化特性所决定,如要从根本上提高钻杆的性能,就必须改进钻杆管体的原材料。

1　铝合金钻杆特点

1.1　使用铝合金钻杆能够提高钻深能力

铝合金钻杆的密度大约是钢质钻杆的 1/3,铝合金钻杆比强度是钢质钻杆的 1.5～2.0 倍,比较好。在钻机能力一定的情况下,应用铝合金钻杆能够达到钢质钻杆无法达到的井深。图 1 是不同钻井液密度下不同强度钢钻杆和铝合金钻杆的最大钻井深度。图 1 中显示采用不同钻井液密度时不同材质钻柱的最大钻井深度,S135 钢质钻柱为 13 km,U165 超高强度钢质钻柱也就 16.5 km 左右,而高强度 1953T1 材质的铝合金钻柱最大钻井深度为 24 km 左右。图 1 表明在相同钻井工况下铝合金钻杆比钢质钻杆具有最大钻井深度优势。

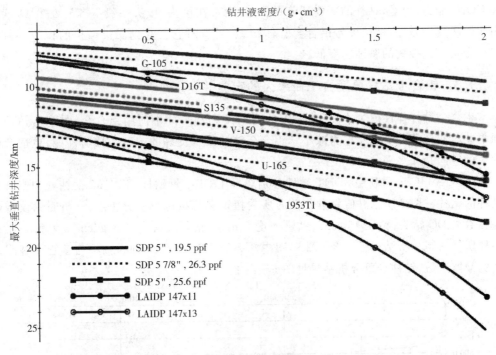

图 1　不同钻杆在不同钻井液密度下的最大钻井深度

1.2　铝合金钻杆具有很好的耐腐蚀性

俄罗斯常用铝合金钻杆所用材料 I 组材料为 D16T、II 组为 1953T1，这两种材料的铝合金钻杆的腐蚀速率见表 1。在 pH 为 2.5 的酸性溶液中腐蚀速率 D16T、1953T1 分别为每年 0.16 mm 和 0.13 mm。在 5％NaCl(pH 为 7 的中性溶液)中两种材料腐蚀速率很低。而且在 H_2S 饱和溶液中几乎不发生腐蚀。

表 1　铝合金钻杆材料的腐蚀速率

铝合金钻杆材料	腐蚀速率/$(mm \cdot y^{-1})$		
	中性溶液 pH 为 7 (5％NaCl)	酸性溶液 pH 为 2.5(5％NaCl+ 0.5％CH₃COOH)	H_2S 饱和溶液
D16T	0.03	0.16	无腐蚀
1953T1	0.06	0.13	

铝及其合金元素化学特性比较活跃,当其与氧反应后会在表面形成稳定的氧化膜,阻止其与周围环境进一步反应。铝合金钻杆在饱和 CO_2 溶液里长期浸泡也不腐蚀。经过实际使用,铝合金钻杆在任何温度下都可有效地防止 H_2S 和 CO_2 腐蚀。

铝合金钻杆分为钢接头和铝合金接头两种。虽然铝合金钻杆钢接头不具有抗 H_2S 和 CO_2 的能力,但是,钻杆的薄弱环节在管体,而不在接头,接头一般不容易发生 H_2S 应力腐蚀断裂。另外,钢接头与铝合金管体接触,后者对它会起到阴极保护的作用,所以,铝合金钻杆钢接头的腐蚀速率低。

1.3　铝合金钻杆更适合于曲率大的定向井和水平井

铝合金钻杆弹性模量小,在曲率大的定向井和水平井中使用铝合金钻杆时,钻柱与裸眼井段和套管井段的摩擦力减小。铝合金钻杆具有良好的抗弯曲载荷性能,更适合曲率大的定向井和水平井。

AQUATIC 公司利用 3DDT 软件分别对采用 S135 钢钻杆、VM165 钢钻杆和铝合金钻杆的钻柱在图 2 所示井眼钻井作业时所受扭矩和悬重进行了分析[3],分析时的设定钻井参数为 DC 钻头、钻压 150 kN、钻进速度 9 m/h、钻井液密度 1.3 g/cm^3、流速25 L/s,钻柱所受扭矩分析结果见图3~图5,图中0.25、0.30、0.35分别为钻柱与套管或井眼之间的摩擦系数,钻柱悬重分析结果见图6~图8。

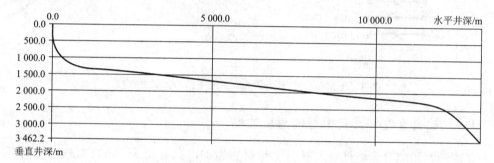

图 2　井眼轨迹

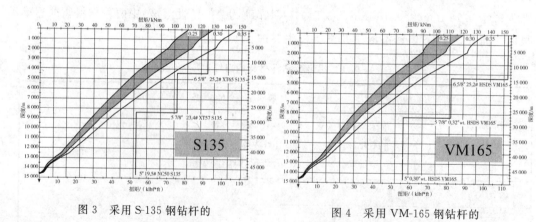

图 3　采用 S-135 钢钻杆的　　　　　图 4　采用 VM-165 钢钻杆的
　　　　钻柱所受扭矩　　　　　　　　　　　　钻柱所受扭矩

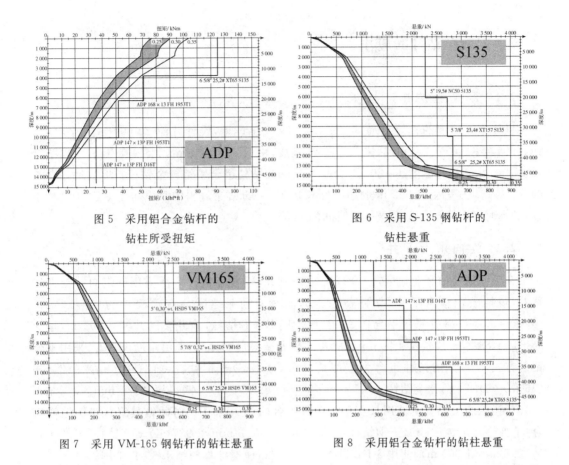

图 5   采用铝合金钻杆的
钻柱所受扭矩

图 6   采用 S-135 钢钻杆的
钻柱悬重

图 7   采用 VM-165 钢钻杆的钻柱悬重

图 8   采用铝合金钻杆的钻柱悬重

分析结果表明,在相同钻井工况实施 14 630 m 大位移钻井作业时,采用 S135 钢钻杆时钻柱所受的扭矩过大,扭矩已经超过了钻杆的使用极限,而采用铝合金钻杆时钻柱所受扭矩明显下降。采用 S135 和 VM165 钢钻杆的钻柱悬重均超过了上部钻杆使用极限,存在过载拉伸断裂问题,而采用铝合金钻杆的钻柱悬重明显下降,上部钻杆所受的拉伸载荷仍然处在安全使用的范围。

1.4   使用铝合金钻杆可显著地降低大钩负荷

铝合金钻杆的密度在 $3.2 \sim 3.6 \ g/cm^3$ 之间,钢钻杆的密度为 $7.8 \ g/cm^3$,铝合金钻杆在空气中的密度不到钢钻杆的一半。在钻井时,铝合金钻杆显示出好的浮力特性,当钻井液密度为 $1.2 \ g/cm^3$ 时,$5\frac{7}{8}$ in 钢钻杆浮力系数为 0.85,比在空气环境下降低 15%,147 mm 铝合金钻杆的浮力系数为 0.65,比在空气环境下降低 35%。因此,使用铝合金钻杆可显著地降低大钩负荷,极大地提高钻机和钢丝绳的使用寿命。

1.5   铝合金钻杆的耐磨性

相对于钢钻杆而言,铝合金钻杆耐磨性较差,与涡轮钻具配套使用,或者在铝合金钻杆中间增加耐磨接头,就可以有效地防止铝合金钻杆磨损。

2 铝合金钻杆的应用

2.1 深井、超深井

世界第一深度的科拉半岛的 SG-3 井,1965 年设计,设计井深 20 000 m,1970 年开钻,1984 年钻至 12 000 m,后来由于卡钻事故,由 7 000 m 侧钻,到 1991 年第二次钻至 12 262m,井底最高温度达 220 ℃。SG-3 超深井钻柱组合中铝合金钻杆长度占钻柱总长的 84.7%。在深达 12 262 m 的超深井长达 10 年的钻探过程中只发生了 3 次断钻具事故,处理时间只占该井总机械事故时间的 0.6%。

2.2 定向井、水平井

在俄罗斯西伯利亚地区,配合复合钻进方式,铝合金钻杆广泛应用于定向井与大位移井(包括大位移水平井)钻井作业。例如西伯利亚地区具有代表性的 Novo-Poru-rovskaya834R/78 井采用铝合金 ADP147×15-D16T 钻杆,该井实际井深 4 264 m,垂深 2 884 m,89°水平段长度 1 003 m,每 10 m 最大造斜角度为 2°,地层温度 110 ℃;采用复合钻进方式,所使用的钻柱组合为下部钻具组合(27m)+钢钻杆 Φ127.0 mm×9.2 mm (36 m)+D16T 铝合金钻杆 Φ147 mm×13 mm(3 951 m)+钢钻杆 Φ127 mm×9.2 mm (250 m),铝合金钻杆的使用长度是总钻具组合的 92.7%[4]。对此钻具组合与钢钻柱组合[下部钻具组合(27 m)+钢钻杆 Φ127.0 mm×9.2 mm(2 937 m)+钢钻杆 Φ127 mm ×12.7 mm(1 300 m)]使用 3-DDTBHC 软件进行模拟计算的结果表明,采用铝合金复合钻具组合时钻柱重力减少了 52%,扭矩减小了 46%,钻具提升时的大钩载荷减小了 55%,循环压耗减少了 3.5 MPa。此地区钻井实践证明,使用铝合金复合钻柱组合,钻机的提升载荷由 2 000 kN 下降到 1 250 kN,钻深达 7 000~9 000 m。

2.3 含 H_2S 和 CO_2 油气井

铝及其合金元素化学特性比较活跃,当其与氧反应后会在表面形成稳定的氧化膜,阻止其与周围环境进一步反应。在实验室试验结果,铝合金钻杆在饱和 H_2S 溶液里长期浸泡也不腐蚀。铝合金钻杆在饱和 CO_2 溶液里长期浸泡也不腐蚀。经过实际使用,铝合金钻杆在任何温度下都可有效地防止 H_2S 和 CO_2 腐蚀[5]。例如,在哈萨克斯坦西部油田和俄罗斯所辖欧洲南部地区,实际所钻的井 H_2S 浓度达到 20%,钢接头铝合金钻杆没有发生腐蚀和 H_2S 应力腐蚀开裂问题。在 CO_2 含量为 12%~15% 井中使用铝合金钻杆没有腐蚀问题。

铝合金钻杆具有优良的抗 H_2S 应力腐蚀开裂的性能,在含 H_2S 井使用铝合金钻杆可以有效防止钻杆发生 H_2S 应力腐蚀开裂。

塔里木油田哈拉哈塘区块含有硫化氢,使用一般钢质钻杆很容易发生硫化氢应力腐蚀开裂。为解决这一难题,哈 15 井从 1 532 m 井段开始使用铝合金钻杆,使用钻杆 435 根,安全进尺 4 983 m,确保了该井按时完钻[6]。

3 国内需求

3.1 深井、超深井

我国未探明石油储量约 85×10^8 t,其中 73% 埋藏在深层,因此,深层油气资源勘探开发是各石油公司提高油气勘探开发效益、提高企业竞争力的关键。深井超深井钻井技术水平是一个国家或企业集团钻井技术水平高低的标志。随着油气勘探开发不断向深部地层发展,钢质钻杆已经不能满足超深井钻井设备的需求,铝合金因为其高强度和优良的工艺性能成为深井和超深井主要的钻杆用材。

3.2 定向井、水平井和大陆架海洋井

塔里木油田自塔中某油田采用水平井开发以来,至 2006 年 12 月,共钻水平井总数 230 口,其中双台阶水平井 33 口,水平井口数占总钻井数的 28.6%,水平井年产油 288.38 万吨,占总量的 51%。我国海洋石油总公司在西江油田由外国服务公司服务,钻成三口大位移井。它们分别是 1997 年钻成的 XJ24-3-A14 井,水平位移 8 028 m;1999 年钻成的 XJ24-3-A17 井,水平位移 7 564 m;2001 年钻成的 XJ24-3-A20 井,水平位移 7 825 m。我国东部有漫长的海岸线,海上和滩海有着丰富的石油资源,而这些区域的勘探开发条件都十分困难,无论是从陆地还是从海上进行勘探开发,大位移井无疑都是一种有效的选择方案。

在大位移井钻井过程中,由于钻具与井壁之间的摩阻,使井眼沿水平方向的位移受到限制,这种摩阻是钻具的静重与起下钻动载荷的差值,而摩擦消耗的扭矩是转盘提供的扭矩与钻头上的扭矩之差。钻井过程中摩阻和摩擦消耗的扭矩往往同时存在,所以克服摩阻和摩擦消耗的扭矩成为钻大位移井的关键技术。

由于钢质钻杆相对于铝合金钻杆而言绕性较差。目前,我国油田在定向井和水平井钻进过程中使用的钢质钻杆已经发生了多起钻具摩擦热裂和断裂事故。例如塔里木油田在 LN205 等水平井和大斜度定向井的钻井施工过程中发生了多起钻杆接头摩擦热裂事故。铝合金钻杆弹性模量只有钢质钻杆的 1/3,即在井眼曲率相同的情况下,铝合金钻杆弯曲应力只有钢质钻杆的 1/3。亦即,钻杆外壁与井壁的接触压力和摩擦力会降低。在水平井和大斜度定向井使用铝合金钻杆可以减缓钻杆接头热裂问题。为了避免在大的摩阻和扭矩情况下引起钻具破坏,大位移井钻井应选择使用绕性良好的轻质铝合金钻杆。

3.3 含 H_2S 和 CO_2 油气井

自 1958 年我国首次在四川盆地发现含硫化氢天然气以来,已先后在渤海湾盆地、鄂尔多斯盆地、塔里木盆地和准噶尔盆地等含油气盆地中发现了含硫化氢天然气。我国天然气中硫化氢含量大于 1% 的天然气储量占全国天然气储量的四分之一,主要分布在四

川盆地、鄂尔多斯盆地和渤海湾盆地。特别是近几年在川东北三叠系飞仙关组发现的高含硫化氢天然气田,硫化氢含量平均高达 10%。该气田使川渝地区东输供气工程天然气资源得到保证。但由于硫化氢对钻具、油套管、集输管线等都具有极强的腐蚀作用,曾发生过多次钻具氢脆和应力腐蚀断裂事故,造成了巨大的损失。特别是在钻进中导致井喷,钻杆氢脆断裂落井,造成巨大的经济损失和惨重的人员伤亡事故。

多年来,我国四川盆地为硫化氢的多发区,目前开发的川东气田群(包括罗家寨、渡口河、铁山坡、滚子坪、普光等)的硫化氢、二氧化碳等腐蚀性组分含量均较高。由于硫化氢腐蚀发生的事故如四川龙会 2 井井喷、渡 1 井井喷,均是因溢流后关井,准备压井的钻具发生氢脆断裂而导致的。其中渡 1 井井喷后的井内 5 030 m 钻具(一套 G105 新钻杆)由于硫化氢氢脆断裂成 19 节,仅上部井段打捞出的钻杆接头碎块就达 80 余千克。川东地区天东 5 井,井口钻杆氢脆断落,当时 H_2S 含量 91.91 g/m³。川西北地区中 7 井,其中 H_2S 含量为 14 g/m³,钻杆脆断成 14 段,直接损失约 100 万元。

我国新疆塔里木地区的塔河、塔中、轮南等气田也含有硫化氢、二氧化碳等。例如,塔中 823 井井喷后喷出的天然气中含有大量 H_2S[7]。2006 年 7 月 5 日,塔中 83 井溢流之后 2 根钢质钻杆已经发生 H_2S 应力腐蚀断裂事故。

铝合金钻杆具有优良的抗 H_2S 特性,如果在我国含有 H_2S 的油田使用铝合金钻杆,就可以有效地防止钻杆发生 H_2S 应力腐蚀开裂事故。

3.4　海洋钻井

由于铝合金钻杆比重小、质量轻,强度与重量之比远大于钢质钻杆,在海洋钻井中应用也具有很强的优势。

4　结语

铝合金钻杆在我国的制造仍为空白,进口铝合金钻杆的使用刚刚起步,所以必须认真研究铝合金钻杆的使用特性,保证铝合金钻杆推广应用的顺利实施。

参考文献

[1]　陈世春,张晓东,梁红军,等.塔里木地区超深井钻机配置[J],石油矿场机械,2010, 39(4):48-53.

[2]　赵洪山,刘新华,白立业.深水海洋石油钻井装备发展现状[J],石油矿场机械, 2010,39(5):68-74.

[3]　Gelfgat M Y,Vakhrushev A V,Basovich D V et al. Aluminium pipes——a viable solution to boost drilling and completion technology[J]. IPTC,2009:1-8.

[4]　兰凯,侯树刚,闫光庆,等.国外轻质高强度钻杆研究与应用[J].石油机械,2010,38

(4):77-81.

[5] 郭生武,袁鹏斌.油田腐蚀形态导论[M].北京:石油工业出版社,2005.

[6] 吕拴录,骆发前,周杰,等.铝合金钻杆在塔里木油田推广应用前景分析[J].石油钻探技术,2009,37(3):74-77.

[7] 安文华,骆发前,吕拴录,等.塔里木油田国产油套管应用研究[J].石油矿场机械,2010,39(6):20-24.

塔里木油田用钻杆失效原因分析及预防措施

周　杰[1]　卢　强[1]　吕拴录[1,2]　苏建文[1]　冯少波[1]　谢居良[1]　王中胜[1]

(1.中国石油塔里木油田公司,新疆库尔勒 841000;
2.中国石油大学,北京昌平 100249)

摘　要: 塔里木油田钻井条件苛刻,钻杆受力情况复杂,容易发生钻杆失效事故。分析了钻杆失效的原因,介绍了相应的预防措施及其效果。认为现有钻杆标准不能满足塔里木油田的使用要求。多年实践证明,塔里木油田通过制定钻杆订货补充技术条件和严格现场探伤规范,有效地减少了钻杆失效事故,延长了钻杆使用寿命。

关键词: 钻杆;失效;预防措施;内加厚过渡带;内螺纹接头;内涂层

近年来,塔里木油田钻井数量不断增加,对钻杆的需求量也不断增加。目前,塔里木油田共有各种规格的钻杆 59 900 根,能够保障 60 多口超深井同时作业。其中,Φ127.0 mm 钻杆 22 000 根,Φ139.7 mm 钻杆 6 000 根,Φ88.9 mm 钻杆 20 000 根。在用钻杆全部为 S135 钢级。

塔里木油田地质条件复杂,高压盐水层、盐膏层分布广泛,山前构造带地层夹层多、断层分布广、有巨厚的砾石层等。在钻井过程中井下蹩钻、跳钻严重,钻柱承受很大的拉伸、扭转和冲击等交变载荷;在钻井过程中采用大钻压、高转速的大尺寸 PDC 钻头钻进的井段较长,钻杆受力条件十分苛刻。由于井下的各种复杂工况交织在一起,导致钻杆的使用环境非常恶劣,失效事故频繁发生[1]。本文将着重分析塔里木油田用钻杆失效的原因,并介绍相应的预防措施及效果。

1　钻杆失效原因分析

塔里木油田用钻杆的失效形式主要表现为钻杆内加厚过渡带刺漏、接头热裂和断裂。

1.1　钻杆管体内加厚过渡带刺穿

大量统计分析和失效分析研究结果表明,塔里木油田 90% 以上的钻杆失效是钻杆内加厚过渡带刺漏[2-3],刺漏的主要井段在 Φ244.475 mm(9⅝ in)套管内,钻杆刺穿属于疲劳裂纹失效(图1)。

图1　钻杆内加厚过渡带部位
腐蚀疲劳裂纹形貌

钻杆刺穿原因与钻杆材料性能和内加厚成型质量较差有关,影响钻杆材料性能的主要指标是韧性和有害元素含量,影响钻杆内加厚成型质量的主要参数是加厚过渡带长度 M_{iu} 和过渡圆弧 R。

1.2 钻杆内螺纹接头热裂

钻杆内螺纹接头热裂是困扰塔里木油田钻井工程的难题之一,2005 年之前每年发生钻杆接头热裂(图 2)的数量都超过了 40 根。试验研究结果表明[4-5],钻杆内螺纹接头热裂是摩擦力和摩擦热共同作用的结果,钻杆内螺纹接头热裂实际上是摩擦裂纹所致(图 3~图 4)。由于摩擦裂纹一般较小,不容易发现,在随后继续使用的过程中摩擦裂纹不断扩展,最终形成纵向穿透裂纹,导致泵压下降之后往往才能发现。钻杆内螺纹接头热裂原因主要与钻杆的旋转速度、侧向接触力和材料横向韧性有关。由于新钻杆接头外径大,与井壁摩擦的线速度高,热裂往往发生在新钻杆的内螺纹接头上。由于钻杆在狗腿度严重的井段承受的侧向力大,钻杆内螺纹接头热裂大多数都发生在狗腿度严重的井段。钻杆接头横向冲击功是影响接头热裂的一项重要指标。研究表明,接头横向韧性越低,越容易发生热裂;接头横向韧性越高,越不容易发生热裂[6]。目前,API Spec 7、SY/T 5290 和 ISO/CD 11961 标准[7-9]都没有对钻杆接头横向冲击功提出要求。

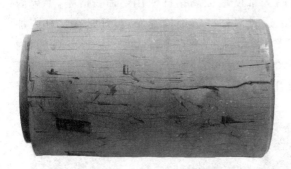

图 2　钻杆内螺纹接头热裂形貌

图 3　钻杆内螺纹接头表层摩擦热裂纹
及摩擦热影响区形貌

1.3 钻杆直线度偏差过大

钻杆直线度偏差的大小直接影响钻杆的使用性能。若钻杆直线度偏差过大,则在钻井过程中钻柱容易产生扭摆震动,加速钻杆与套管的磨损,从而导致钻杆早期失效。从新钻杆在第一口井使用的情况可以看出钻杆立柱明显弯曲。在钻井过程中,转盘转速超过 70 r/min 时钻柱剧烈扭摆震动,甩打井口,严重影响了钻井的正常生产。

钻杆管体和接头通过摩擦焊接在一起,钻杆的直线度是由管体直线度和管体与接头对焊后的同轴度两部分决定的。钻杆管体直线度偏差越大,则钻杆管体与对焊接头的同轴度偏差就越大,钻杆的直线度偏差也就越大;管体两端镦粗加厚部分不同方向的外径差值越大,则对焊后管体与接头的同轴度偏差就越大。

钻杆管体是按 API Spec 5D 标准[10]生产和检验的。API Spec 5D 规定所有 Φ114.3 mm

及更大规格的钻杆都应进行直线度测量,直线度不得超出如下规定:① 从管体一端至另一端的弦高不得超过管子总长度的 0.2%;② 在每端 1.5 m 范围内,弦高不得超过 3.18 mm。

如果一根新钻杆管体长度为 9 m,则新钻杆管体允许的弦高就可以达到 18 mm 的偏差。有如此大的偏差,说明钻杆的弯曲已经非常严重。

API Spec 5D 规定,管体两端镦粗加厚部分不同方向的外径差值不应大于 2.36 mm。

管体与接头对焊后的钻杆是按 API Spec 7 标准生产和检验的。API Spec 7 标准规定,钻杆管体和对焊接头纵向轴线之间的同轴度在距焊缝 127~152 mm 的管体范围用座架规测量,最大同轴度偏差量表总读数不应大于 3.18 mm(偏心 1.59 mm)。

从钻杆使用方面考虑,SY/T 5369 标准[11]对钻杆直线度提出了更严格的要求,规定钻杆管体全长直线度偏差(弦高)不超过 6 mm,在管体每端 3.0 m 范围内,弦高不得超过 3.0 mm。

对在使用过程中发现有弯曲问题的一批新钻杆回收检测结果,其几何参数均符合 API 标准规定。弯曲严重的钻杆超过了 SY/T 5369 标准规定,弯曲不严重的钻杆符合 SY/T 5369 标准规定。这说明 API 标准不能保证钻杆的直线度,SY/T 5369 标准不能完全保证钻杆的直线度。

1.4 内涂层失效

内涂层可以有效地防止钻杆内壁腐蚀,大幅度地提高钻杆使用寿命。但是,如果内涂层质量不合格,就不能有效地保护钻杆。通过对钻杆解剖检查发现,凡是在钻杆内加厚过渡带消失区域内表面裂纹和腐蚀的位置涂层均已脱落(图 5)。失效分析表明[12],内涂层钻杆内加厚过渡带消失区域裂纹刺穿的过程为内涂层首先脱落或破坏→腐蚀→裂纹→刺穿。这说明涂层失效会降低钻杆使用寿命。

图 4　钻杆内螺纹接头表面白亮淬　　　　图 5　钻杆加厚过渡带消失
火层和高温回火层组织　　　　　　区域内涂层损坏形貌

钻杆内涂层漏点是影响内涂层质量的主要指标之一。SY/T 0544 标准规定,每根内涂层钻杆在全长范围内的漏点数量不得大于 5 个。

在实际钻井过程中的钻杆受力条件十分苛刻,目前还没有在钻井条件下对钻杆内涂层质量进行评定的方法。如何提高钻杆质量,防止钻杆内涂层在使用过程中脱落,这是应当研究的问题。

2 预防措施及实施效果

2.1 有效控制钻杆刺漏事故

为了解决钻杆内加厚过渡带刺穿问题,塔里木油田根据失效分析研究结果采取了以下措施:① 制订订货补充技术条件,对钻杆材料冲击韧性、有害元素含量和内加厚过渡带尺寸及过渡圆弧尺寸等提出了严格要求;② 采用螺杆钻具;③ 采用垂直钻井技术。

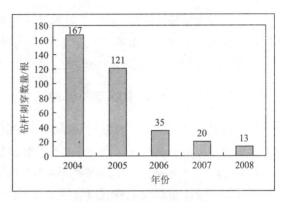

图 6　2004—2008 年塔里木油田钻杆刺漏数量统计

通过采取以上预防措施之后,钻杆刺漏事故得到了有效控制(图 6)。相对于 2004 年,2005 年的钻杆刺漏事故下降了 27.5%;相对于 2005 年,2006 年的钻杆刺漏事故下降了 71.1%;相对于 2006 年,2007 年的钻杆刺漏事故下降了 42.9%;相对于 2007 年,2008 年钻杆刺漏事故下降了 35.0%。

2.2 明显减少钻杆接头热裂数量

对钻杆接头敷焊新型耐磨带不但可以防止钻杆接头直接与井壁或套管之间摩擦,有效地预防接头热裂,还能减少钻杆接头对套管的磨损。为了防止钻杆内螺纹接头热裂,塔里木油田依据试验研究结果,采取了以下措施:① 对钻杆接头横向冲击功提出了具体要求;② 2003 年以后在钻杆接头上敷焊新型耐磨带材料;③ 采用 Power-V 垂直钻井技术,有效防止了钻杆接头与井壁或套管之间的摩擦。

通过采取以上预防措施,塔里木油田钻杆接头热裂数量明显减少。钻杆接头热裂数量 2004 年以前每年超过每万米 1.1 根,2004 年下降至每万米 0.78 根,2005 年为每万米 0.13 根,2006 年为每万米 0.20 根。

2.3 对钻杆直线度提出严格要求

根据分析研究结果,塔里木油田对钻杆直线度提出了如下补充技术要求:① 新钻杆管体直线度偏差比 API 标准和 SY/T 5369 标准要求更严;② 钻杆管体和对焊接头纵向轴线之间的最大同轴度偏差比 API Spec 7 标准要求更严;③ 管体两端镦粗加厚部分不同方向外径差值比 API Spec 5D 标准要求更严。

钻杆直线度检验方法参照 API Spec 5D 标准执行。所有 Φ114.3 mm 及以上规格的钻杆都应进行直线度测量,直线度测量不应当在加厚消失处测量。直线度(偏离直线弦高)不得超出如下规定:① 管体全长直线度偏差不超过 0.04%;② 两端 3.0 m 范围内直线度不超过 1.5 mm。

在实施上述钻杆直线度技术要求之后,塔里木油田订购的钻杆质量得到了明显改善,再也没有发生由于新钻杆几何尺寸问题导致钻杆柱弯曲失效而影响钻井正常生产的情况。

2.4 严把内涂层质量关

为了提高钻杆内涂层质量,塔里木油田根据分析研究结果,要求每根钻杆在内涂层的全长范围内的漏点数量不得大于 3 个,在加厚过渡带消失区域不得出现漏点。

对涂层质量提出补充技术要求之后,塔里木油田所订购的钻杆涂层失效事故明显减少。

2.5 严格钻杆探伤规范和管理

加强钻杆使用管理,及时进行探伤检查,可以有效地防止钻杆发生断裂和刺穿事故。塔里木油田采用钻杆分级管理,建立了单根钻杆管理数据库,每根钻杆都分配有唯一的身份证号码。所有钻杆在上井使用后,不论时间长短,都要回收进行整体检测和分级。采用的钻杆分级检测设备有进口管体漏磁检测设备、磁粉探伤仪、超声波探伤仪、射线探伤仪、涂层检测仪、硬度计以及磁记忆检测仪等。依据 SY/T 5824-93 和 API RP 7G 标准[13-14],对管体腐蚀、接头磨损、螺纹状况、加厚过渡带疲劳裂纹等技术指标进行检测,并确定钻杆的质量级别。所有的单根检测数据和使用历史都记录在单根管理数据库中,可以统计钻杆的单井接头平均磨损量、平均接头外径、接头平均长度等。

塔里木油田制订了自己的检测分级标准,包括钻杆螺纹超声波检测、加厚过渡带超声波探伤以及钻杆的几何尺寸检测标准。对于钻杆内加厚过渡带、卡瓦牙咬伤部位和接头直角吊卡台肩根部均采用超声波和磁粉探伤相结合的方法进行检验。

在分级标准上相对于 API RP 7G 和 SY/T 5824-93 标准,最小剩余壁厚提高了 5%。钻杆接头外径采用的是最小外径,而不是标准规定的平均外径。加厚过渡带超声波探伤灵敏度提高了 6 dB,加强了对加厚过渡带内涂层状况的检查。

由于严格了钻杆探伤规范和管理,在探伤检查过程中及时发现了有疲劳裂纹的钻杆,有效地防止了钻杆断裂和刺穿事故。例如,2005 年全年共检测分级钻杆 14.4 万根,检测出报废钻杆 2 632 根,其中探伤发现有疲劳裂纹的钻杆 495 根。

为了保证正常的钻井生产,塔里木油田规定了钻杆的现场探伤周期。新钻杆旋转时间为(2 500±100)h,一级钻杆旋转时间为(600±100)h,二级钻杆旋转时间为(500±100)h。探伤人员根据钻杆在井队使用时间及时上井对钻杆加厚过渡带区域进行超声波检测,并取得了良好的效果。例如,2005 年共在井场检测钻杆 14.7 万根,检出有伤钻杆 74 根,有效地将事故隐患消除在萌芽阶段。

3 结语

失效分析结果表明,所有失效钻杆的机械性能指标和几何尺寸全部符合标准[7-10]要求。事实已经证明,现有钻杆标准不能适应塔里木深井、超深井钻井工况对钻杆质量的要求,需要提出补充订货技术条件进行严格要求。同时,为了防止或减少钻杆失效事故,应当加强钻杆探伤检查,严格钻井工艺。

通过制订订货补充技术条件,对内加厚过渡带成型质量、钻杆几何尺寸和钻杆材质等提出严格要求;采用了螺杆复合钻具和垂直钻井技术,使钻杆受力条件得到改善。最终有效地减少了钻杆失效事故。通过提高钻杆现场检验标准,制订钻杆分级标准和现场探伤周期,减少事故隐患。

参考文献

[1] 袁鹏斌,吕拴录,孙丙向,等.在空气钻井过程中钻杆断裂原因分析[J].石油钻采工艺,2008,30(5):34-37.

[2] 吕拴录,骆发前,高林,等.钻杆刺穿原因统计分析及预防措施[J].石油矿场机械,2006,35(增刊):12-16.

[3] Lü Shuanlu,Feng Yaorong,Luo Faqian,et al. Failure analysis of IEU drill pipe wash out[J].Fatigue,2005,27:1 360-1 365.

[4] 吕拴录,骆发前,周杰,等.双台肩 NC50 钻杆内螺纹接头纵向开裂原因分析[J].石油技术监督,2004,20(8):5-7.

[5] 吕拴录,骆发前,周杰,等.钻杆接头纵向裂纹原因分析[J].机械工程材料,2006,30(4):95-97.

[7] API Spec 7 Specification for rotary drill stem element[S]. 40th ed. Washington (DC):API;NOVEMBER 2001.

[8] SY/T 0544—2004 石油钻杆内涂层技术条件[S].2004.

[9] ISO/CD 11961 Petroleum and nature gas industries—steel drill pipe specification [S]. Version 2. 1,2004.

[10] API Spec 5D Specification for drill pipe[S]. Fourth Edition,Washington (DC):API;August 1999.

[11] SY/T 5369—1994 石油钻具的管理与使用方钻杆、钻杆、钻铤[S].1994.

[12] 吕拴录.一起 Φ127. 0 mm×9. 19 mm IEU G105 内涂层钻杆刺穿事故原因分析[J].石油工业技术监督,2002,18(4):20-23.

[13] SY/T 5824-93.钻杆分级检验方法[S].1993.

[14] API RP 7G Recommended practice for drill stem design and operating limits [S].16th ed. Washington (DC):API;August 1998.

塔里木油田钻具断裂原因统计分析及预防措施

吕拴录[1,2]　龙　平[2]　周　杰[2]　迟　军[2]　杨成新[2]

苏建文[2]　卢　强[2]　胡芳婷[2]　刘远扬[2]

（1.中国石油大学,北京昌平,100249;

2.中国石油塔里木油田公司,新疆库尔勒,841000）

摘　要:对塔里木油田 2005 年和 2006 年钻具断裂情况进行了统计分析,搞清了塔里木油田不同的钻具断裂数量和分布规律。对塔里木油田使用工况和钻具标准进行了分析,指出了目前所用钻具标准与油田使用工况之间的差异。从尺寸、结构和材质等方面,对各种钻具失效原因进行了分析,指出了每种钻具失效的原因。对如何防止或减少钻具失效事故提出了具体的预防措施,并总结了塔里木油田在预防钻具失效方面取得的成果。

关键词:钻杆;钻铤;钻具稳定器;随钻震击器;减震器

塔里木油田 2005 年发生钻具断裂事故 36 起,2006 年发生钻具断裂事故 48 起。钻具断裂会造成落鱼事故,打捞落鱼和处理事故要花大量时间,严重的钻具事故会导致整口井报废,给油田造成很大经济损失。钻具断裂失效事故涉及产品本身的质量和使用条件,是一个很复杂的系统工程问题。对于单个钻具失效原因,文献[1-6]已进行了分析研究。然而,要搞清一个油田所有钻具失效的原因和规律,并提出有效的预防措施,不仅要对单根钻具失效原因进行试验分析,还要进行大量的统计分析和试验研究。但是,目前对塔里木油田大量的钻具失效事故进行统计分析,从产品质量和现场使用方面全面分析钻具失效原因,并采取可行的预防措施的文章却不多。本文对塔里木油田 2005 年和 2006 年钻具断裂情况进行了统计分析,总结了塔里木油田在预防钻具失效方面取得的成果,并提出了预防措施。希望对防止或减少钻具失效事故能起一定作用。

1　2005 年钻具断裂统计分析

1.1　各种钻具断裂数量统计

2005 年塔里木油田共发生 36 起钻具断裂事故,累计损失时间 3 739.51 h。各种钻具断裂数量统计结果见图1。从图1可知,随钻震击器和减震器断裂14次,占断裂钻具总数的38.9%;钻铤断裂9次,占断裂钻具总数的25.0%;钻具稳定器断裂7次,占断裂钻具总数的19.4%;加重钻杆和钻杆各断裂3次,分别占8.3%。

1.2 不同尺寸钻铤断裂位置

不同尺寸钻铤断裂位置见图2。从图2可知,Φ120.7 mm钻铤4次断裂位置全在外螺纹接头位置,占钻铤断裂总数的44.4%;Φ158.8 mm钻铤3次断裂位置在内螺纹接头,1次断裂位置在外螺纹接头,分别占钻铤断裂总数的33.3%和11.1%;Φ203.2 mm钻铤外螺纹接头断裂1次,占钻铤断裂总数的11.1%。

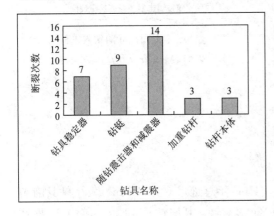

图1 2005年钻具断裂数量统计　　　　图2 2005年不同尺寸钻铤断裂位置

1.3 不同尺寸钻具稳定器断裂位置

不同尺寸钻具稳定器断裂位置统计见图3。从图3可知,钻具稳定器断裂位置全在外螺纹接头位置。其中,Φ311.2 mm钻具稳定器断裂4次,占钻具稳定器断裂总数的57.1%;Φ165.1 mm、Φ406.4 mm和Φ444.5 mm钻具稳定器各断裂1次,分别占钻具稳定器断裂总数的14.3%。

1.4 不同尺寸随钻震击器和减震器断裂位置及次数

2005年共发生随钻震击器和减震器断裂事故14起。不同尺寸随钻震击器和减震器断裂位置及次数见图4。从图4可知,Φ203.2 mm随钻震击器断裂6次,占随钻震击器和减震器断裂总数的36.4%;Φ158.8 mm随钻震击器断裂3次,占随钻震击器和减震器断裂总数的27.3%,其中外筒下内螺纹接头断裂2次,中部接头断裂1次;Φ228.6 mm减震器和Φ120.7 mm随钻震击器本体分别断裂2次,分别占随钻震击器和减震器断裂总数的18.2%;Φ279.4 mm减震器断裂1次,占随钻震击器和减震器断裂总数的9.1%。

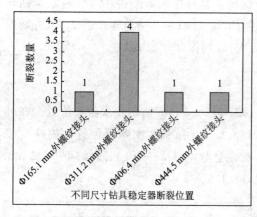

图3 2005年不同尺寸钻具
稳定器断裂位置

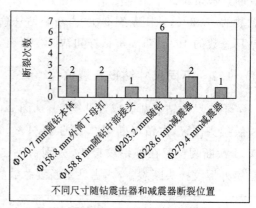

图4 2005年不同尺寸随钻震击器
和减震器断裂位置及次数

2 2006年钻具断裂统计分析

2.1 各类钻具断裂统计

2006年塔里木油田共开井134口,完井131口,年总进尺646 328 m。发生钻具断裂事故48起,脱扣2起(表1),断裂失效率每万米0.74起。刺漏钻具49根。其中35根钻杆在加厚过渡带附近刺穿,8根钻杆螺纹接头刺漏,6根方钻杆螺纹接头刺漏。

表1 2006年钻具断裂失效统计结果

<table>
<tr><td colspan="2">钻具名称
及规格/mm</td><td>60.3
DP</td><td>73.0
DP</td><td>88.9
DP</td><td>127.0
DP</td><td>139.7
DP</td><td>88.9
DC</td><td>104.8
DC</td><td>120.7
DC</td><td>158.8
DC</td><td>203.2
DC</td><td>311.2
F</td><td>合计</td></tr>
<tr><td rowspan="4">失效数量</td><td>内螺纹</td><td>1(脱扣)</td><td>—</td><td>—</td><td>1(脱扣)</td><td>—</td><td>—</td><td>—</td><td>—</td><td>7</td><td>1</td><td>—</td><td>10</td></tr>
<tr><td>外螺纹</td><td>1</td><td>1</td><td>1</td><td>—</td><td>1</td><td>2</td><td>2</td><td>19</td><td>2</td><td>3</td><td>1</td><td>33</td></tr>
<tr><td>管体</td><td>—</td><td>—</td><td>5</td><td>2</td><td>—</td><td>—</td><td>—</td><td>—</td><td>—</td><td>—</td><td>—</td><td>7</td></tr>
<tr><td>合计</td><td>2</td><td>1</td><td>6</td><td>3</td><td>1</td><td>2</td><td>2</td><td>19</td><td>9</td><td>4</td><td>1</td><td>50</td></tr>
</table>

备注:(1) DP表示钻杆,DC表示钻铤,F表示钻具稳定器。
(2) 钻杆断裂(包括脱扣)13起,其中脱扣2起,外螺纹接头断裂4起,管体断裂7起。
(3) 钻铤断裂36起。其中,外螺纹接头断裂28起,占钻铤断裂总数的77.8%;内螺纹接头断裂8起,占钻铤断裂总数的22.2%。

2.2 钻铤断裂位置统计

2006年钻铤断裂36起,占钻具断裂(脱扣)总数的72.0%。其中,外螺纹接头断裂28起,占钻铤断裂总数的77.8%;内螺纹接头断裂8起,占钻铤断裂总数的22.2%。断

裂最多的是 Φ120.7 mm 钻铤外螺纹接头(19 起),占钻铤断裂总数的 52.8%。其中,米兰 1 井发生 7 起 Φ120.7 mm 钻铤外螺纹接头断裂事故;哈 6 井在 6 944.11~7 074.16 m 井段连续发生 4 起 Φ120.7 mm 钻铤(内径 50.8 mm)外螺纹接头断裂事故(图5)。

从图 5 可知,Φ120.7 mm 钻铤外螺纹接头断口上疲劳裂纹深度仅占壁厚的 27.3%,其余断口呈"杯锥"状,具有过载扭断的特征。

图 5　哈 6 井 Φ120.7 mm 钻铤外螺纹接头断裂形貌

3　钻具断裂原因分析

3.1　受力条件对钻具使用寿命的影响

近年来,塔里木油田通过强化钻井参数提高了钻井速度。但随着钻井参数不断强化,钻具在井下的工况越来越恶劣。

钻具在井下要承受弯曲、扭转、冲击等疲劳载荷,钻具在疲劳载荷作用下容易在其危险截面产生疲劳裂纹,发生断裂事故。塔里木油田井深、地质条件复杂,钻具受力条件苛刻。蹩钻、跳钻严重,再次恶化了钻具的受力状况,很容易产生钻具疲劳断裂事故。

下面分别予以分析。

3.1.1　全角变化率严重,容易导致钻具发生断裂事故

全角变化率严重,会使钻柱承受额外的弯曲载荷,很容易发生钻具疲劳裂纹和断裂事故[7-9]。

米兰 1 井在井深 5 347 m 的位置全角变化率突然升至 2.9°/30 m,此后随着井深变化,全角变化率呈急剧增大趋势,在井深 5 707 m 的位置全角变化率达到了 26.8°/30 m。所有 7 根 Φ120.7 mm 钻铤断裂时全部处在全角变化率大的井段(5 317~5 737 m)。

LG42 井在 500 m 处 3 根钻杆因疲劳裂纹连续刺漏,该井在 500 m 位置井眼全角变化率达到 3.7°/30 m。LG 13 井在 1 870 m 至 1 930 m 井段 15 根钻杆因疲劳裂纹连续刺漏,该井在 1 900 m 位置井眼全角变化率达到 6.5°/30 m(图6)。

3.1.2　使用大尺寸 PDC 钻头使钻柱所受扭矩增大

使用 PDC 钻头钻进时,钻具承受的扭矩增大,钻柱受力条件恶化。例如,2005 年共使用减震器 54 井次,发生四次断裂失效的井(群 601 井两次,KL2-12 井、DN2-3 井各一次)均使用 Φ406.4 mm PDC 钻头。

3.1.3　蹩钻和跳钻会使钻具承受附加载荷[10-12]

蹩钻和跳钻会使钻具承受附加载荷,使钻具受力条件更加苛刻。例如:

(1)群 601 井钻进中转盘突然反转,将滚子补心四角四个销钉打断二个。

(2)依拉 101 井,使用 Φ444.5 mm PDC 钻头,钻压 10~12 t,转速 100~110 r/mim,

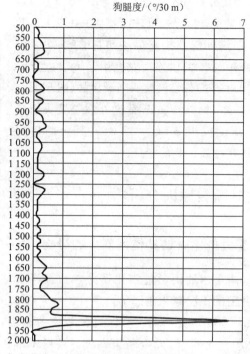

图6　LG13井全角变化率对钻杆疲劳裂纹刺漏的影响

钻进过程中井下整钻、跳钻严重,起下钻挂卡,在2005年5月24日至6月6日先后发生了钻具断裂事故5起。2005年6月1日对该井钻具探伤检查的结果表明,有裂纹的Φ203.2 mm钻铤2根、Φ228.6 mm钻铤1根、NC56×410接头1只。

(3)群601井,2005年使用大尺寸PDC钻头,在钻进过程中整钻、跳钻严重,井下阻卡严重,导致Φ139.7 mm钻杆外螺纹接头断裂。

3.1.4　高转速加速了疲劳裂纹萌生和扩展的速度

高转速会增大钻柱的离心力,使钻柱受到额外的弯曲应力;高转速会产生剧烈的扭摆震动载荷,使钻柱受到严重的损害;高转速会使钻柱产生极大的惯性矩和动能,一旦发生卡钻、跳钻和整钻,就会使钻柱承受异常扭转载荷,导致钻柱受力条件恶化;高转速会使钻柱承受的复合应力增大,导致疲劳裂纹萌生和扩展速度加快。统计结果表明,随着转盘转速提高,钻具疲劳裂纹失效的数量明显增加。

3.1.5　井下载荷超过了小钻铤的抗扭能力

当钻具承受的载荷大于其承载能力时会发生过载断裂。哈6井连续发生4起Φ120.7 mm过载扭断事故。测井结果表明,哈6井该井段全角变化率并没有超标。这说明在正常钻井过程中钻具在井下承受的扭转载荷已经超过了钻铤的承载能力。

3.2　现有标准适应性问题

3.2.1　现有钻具订货标准

我国现行钻具标准有API标准、ISO标准、石油行业标准和国家标准。API标准和

ISO 标准是用户和生产厂共同协商确定的。我国石油钻具国家标准和行业标准是在 API 标准和 ISO 标准基础之上制定的。塔里木油田深井、超深井钻具使用条件苛刻,仅执行 API 标准、ISO 标准、石油行业标准和国家标准是不够的。为使订购的钻具能满足塔里木油田的需要,近年来塔里木油田已经制订了多项钻具订货补充技术条件。这对于减少钻具失效事故,提高钻具使用寿命起到了很大的作用。

3.2.2　现有钻具质量

(1) 钻铤质量。

2006 年断裂的钻铤中有 2 根国产新钻铤。断裂的国产钻铤材质符合 API Spec 7 标准和行业标准,也符合塔里木订货补充技术条件。这说明现有钻铤订货标准与塔里木使用工况对钻铤质量的要求还有一定差距,应通过科学研究提出更合理的钻铤订货补充技术条件。进口钻铤质量虽然比国产钻铤好,但也发生了多起断裂事故。这说明进口钻铤使用性能与塔里木油田使用工况也有一定差距。

(2) 钻具稳定器质量。

断裂钻具稳定器试验分析结果表明,材料韧性低,屈服强度低。塔里木油田对钻具稳定器订货标准有严格要求,但实际断裂钻具稳定器质量并未满足标准要求。要保证钻具稳定器质量,应对钻具稳定器进行驻厂监造。同时,应通过科学研究提出更合理的钻具稳定器订货补充技术条件。

(3) 随钻震击器和减震器质量。

2005 年共发生了 14 起随钻震击器和减震器断裂事故。断裂的随钻震击器和减震器材料韧性普遍偏低。2006 年共发生了 3 起随钻震击器断裂事故,其中 1 起断裂事故是在工具车间上扣时发生的。这说明随钻震击器和减震器本身质量确实存在问题。

3.3　钻具断裂原因

3.3.1　随钻震击器和减震器断裂原因分析

2005 年随钻震击器和减震器断裂事故最多,占断裂钻具总数的 38.9%。根据历年失效事故统计结果和失效分析结果,断裂的随钻震击器和减震器大多数为国产的。断裂原因主要有两方面:第一,材质韧性不足,屈服强度不合格;第二,结构不合理,存在结构应力集中。

3.3.2　钻铤断裂原因分析

2005 年钻铤断裂数量位居第二,占断裂钻具总数的 25.0%。2006 年钻铤断裂数量位居第一,占钻具断裂总数的 72.0%。钻铤断裂具有一定规律,下面予以分析。

(1) 弯曲强度比。

API RP7G 对钻铤是按弯曲强度比校核的。钻铤弯曲强度比为 2.50∶1 时,内、外螺纹接头等寿命。弯曲强度比增大,外螺纹接头变弱;弯曲强度比变小,内螺纹接头变弱。

钻铤内径增大,弯曲强度比变大。2005 年 Φ120.7 mm 钻铤 4 次断裂位置全在外螺纹接头位置。Φ120.7 mm 钻铤外螺纹接头(19 起),占钻铤断裂总数的 52.8%。这主要与钻铤内径偏大、弯曲强度比过大有关。API Spec 7 规定,Φ120.7 mm 钻铤 NC35 接头内径为 50.8 mm,弯曲强度比为 2.58:1。实际断裂的有些 Φ120.7 mm 钻铤 NC35 接头内径为 57.2 mm(Φ127.0 mm 钻铤 NC38 接头内径为 57.2 mm),弯曲强度比为2.80:1。Φ120.7 mm 钻铤 NC35 接头内径从 50.8 mm 增大至 57.2 mm 时,弯曲强度比增大,这会降低外螺纹接头强度,导致外螺纹接头早期断裂。

钻铤磨损之后弯曲强度比会降低。2005 年 3 根 Φ158.8 mm 钻铤从内螺纹接头位置断裂,1 根钻铤断裂位置在外螺纹接头。2006 年 7 根 Φ158.8 mm 钻铤内螺纹接头位置断裂。Φ158.8 mm 新钻铤外径为 158.8~162.0 mm,钻铤外径磨损之后弯曲强度比会降低。断裂的 Φ158.8 mm 钻铤外径范围为 153~160 mm,断裂位置大多数在内螺纹接头。这与钻铤磨损之后弯曲强度比减小有一定关系。为防止钻铤断裂,并有效利用资源,塔里木油田已经按钻铤磨损程度对磨损的钻铤进行了分级,根据油田各区块的钻具使用条件来配备不同等级的钻铤。

(2)应力分散问题。

采用 LET 扣有利于减缓钻具外螺纹接头危险截面的应力集中,延长钻具使用寿命[13]。为减少钻铤断裂事故,对新到货 Φ158.8 mm 钻铤外螺纹接头全部要求加工 LET 扣。Φ158.8 mm 钻铤断裂以内螺纹接头为主。根据其他油田使用经验,钻铤内螺纹接头加工 LET 扣对防止断裂效果不明显。因此,解决 Φ158.8 mm 钻铤内螺纹接头断裂问题,应当首先考虑加工应力分散槽。

应力分散槽有利于减缓内、外螺纹接头危险截面的应力集中,但采用应力分散槽存在修扣时切头多的浪费问题。

塔里木油田所有钻铤断裂位置全在内、外螺纹接头的危险截面,所有断裂钻铤均没有应力分散槽。钻铤早期断裂与没有加工应力分散槽有一定关系。

(3)Φ120.7 mm 钻铤过载断裂问题。

2006 年 Φ120.7 mm 钻铤外螺纹接头断裂 19 起,断裂形式以过载扭断为主,其中部分钻铤内径符合标准要求。这说明该钻铤抗扭能力不能满足实际井况需要。解决 Φ120.7 mm 钻铤外螺纹接头断裂问题,应考虑采用抗扭能力强的双台肩接头。

3.3.3 钻具稳定器断裂原因分析

2005 年钻具稳定器断裂 7 次。钻具稳定器断裂与如下因素有关。

(1)材质。

失效分析结果表明,断裂的钻具稳定器材料韧性不足,屈服强度偏低。材料韧性和强度不足会降低钻具稳定器的承载能力和抵抗裂纹萌生、扩展的能力,容易发生断裂事故[14]。

(2)弯曲强度比。

2005 年钻具稳定器断裂位置全在外螺纹接头位置,钻具稳定器从外螺纹接头位置断裂与弯曲强度比偏大有关。不同尺寸钻具稳定器弯曲强度比计算结果见表 2。从表 2 可知,API Spec 7 规定的 NC56 和 NC61 接头本身弯曲强度比偏大,外螺纹接头位置为薄弱环节。两端外径为 228.6 mm 的 Φ311.2 mm 钻具稳定器采用 NC56 接头时外螺纹接头更容易损坏。两端外径为 241.3 mm 的 Φ406.4 mm 钻具稳定器采用 NC61 接头时外螺纹接头更容易损坏。

表2　不同尺寸钻具稳定器弯曲强度比计算结果

规格/mm	扣型	外径/mm	内径/mm	弯曲强度
Φ165.1	NC35	120.7	50.8	2.57∶1
	3½ REG			4.06∶1
Φ311.2	NC56	203.2	71.4	2.99∶1
		228.6	76.2	4.57∶1
Φ406.4	NC61	228.6	76.2	3.19∶1
		241.3	76.2	3.83∶1
Φ444.5	NC61	228.6	76.2	3.19∶1

（3）应力分散问题。

2005年断裂的7根钻具稳定器螺纹接头均没有应力分散槽,断裂位置全在外螺纹接头危险截面位置。这说明钻具稳定器外螺纹接头位置仍然为薄弱环节,应加工应力分散槽,缓解该部位的应力集中。

4　塔里木油田钻具失效预防措施及效果

4.1　坚持钻具失效分析工作

钻具失效分析是通过对钻具的失效残样形貌、成分、性能和受力情况等进行综合分析,有时需要做再现性试验,最终推断出失效原因。钻具失效分析的任务是寻找失效原因,不断降低钻具的失效率。塔里木油田从1990年开始一直坚持钻具失效分析,并对失效分析提出了更高的要求。由于坚持进行钻具失效分析,及时找到了钻具失效原因,并采取了预防措施,最终减少了不少钻具失效事故。

4.2　自行设计和加工钻铤应力分散槽

为解决钻铤内螺纹接头断裂问题,塔里木油田在Φ158.8 mm钻铤上设计加工了应力分散槽,经过4个月实际使用效果非常好。对未使用应力分散槽和已使用应力分散槽的钻铤统计结果见表3。

表3　没有应力分散槽和采用塔里木设计的应力分散槽的Φ158.8 mm钻铤使用情况对比

钻铤类型	使用时间	使用井次/次	发出钻铤/根	发生断裂事故次数/次		回收钻铤/根	回收探伤有裂纹根数/根	内螺纹接头判修数量/根		回收钻铤判修比例/%
				内螺纹	外螺纹			修扣	不修	
无应力分散槽	2006.1.1～2006.5.15	54	1024	7	2	904	60	904	0	100
有应力分散槽	2006.5.15～2006.9.10	38	880	0	0	79	0	51	28	64.6

从表 3 可知,采用塔里木油田设计的内螺纹应力分散槽的钻铤在使用期间无一根钻铤发生断裂事故,回收探伤检查结果该种钻铤无一根有裂纹,且有 35.4％不需要重新修扣;而未使用应力分散槽的钻铤在使用期间发生 9 起断裂事故,回收探伤发现有 6.6％钻铤有裂纹,且全部修扣。由此可见,采用塔里木油田设计的内螺纹应力分散槽的钻铤不但减少了失效事故,而且减少了修扣的比例。这既保证了正常的钻井作业,又减少了钻铤修扣的工作量。这说明塔里木油田设计的内螺纹应力分散槽是行之有效的。

4.3 应用 LET 螺纹接头

LET 螺纹接头的设计原理是通过改变钻具外螺纹接头大端螺纹形状,降低外螺纹接头大端的应力集中,从而延长钻具使用寿命。推广应用 LET 扣是塔里木油田减少钻具失效事故,提高钻具使用寿命的成功经验。塔里木油田 1997 年经过下井试验,使用 LET 螺纹接头可使钻具寿命提高一倍以上。塔里木油田近年来一直要求供货厂家对所有钻具稳定器外螺纹接头加工 LET 扣。油田自己修复的大多数钻具外螺纹接头也全部加工 LET 扣。这对于减少钻具外螺纹接头断裂事故已经起到了很大的作用。

4.4 采用双台肩 Φ120.7 mm 钻铤

为了解决 Φ120.7 mm 钻铤抗扭能力不足的问题,塔里木油田采用了双台肩 Φ120.7 mm钻铤。实际使用结果表明,120 根双台肩 Φ120.7 mm 钻铤在 8 口井使用过程中只发生了一起断裂事故。其中,多次发生 Φ120.7 mm 钻铤断裂事故的哈 6 井,使用了 30 根双台肩钻铤后没有发生一起断裂事故。

4.5 制订订货补充技术条件

经过大量失效分析和研究,发现符合标准的钻具在塔里木油田使用期间仍然会发生失效事故。为了减少钻具失效事故,使订购的钻具质量尽量满足塔里木油田的使用工况要求,塔里木油田从 1990 年就制订了各种钻具订货补充技术条件,此项工作一直延续到现在。塔里木油田钻具订货补充技术条件在预防钻具失效事故方面收到了良好的效果,并取得了可观的经济效益。目前,塔里木油田根据钻具在使用过程中出现的新问题,正在完善和修改钻具订货补充技术条件。

4.6 采用螺杆复合钻具

钻杆产生早期疲劳失效的主要原因之一是转盘转速太快,而降低转盘速度会减小钻井速度。采用螺杆复合钻具既可以保证钻井速度,又可以降低转盘转速。采用螺杆复合钻具是塔里木油田防止钻杆疲劳裂纹失效的又一成功经验。下面用具体实例予以说明。

轮古 802 井在未采用螺杆复合钻具钻进之前转盘转速 110 r/min,从 2004 年 6 月 10 日至 6 月 24 日的 15 天内发生钻杆疲劳裂纹刺漏事故 19 起,刺穿钻杆 22 根,刺穿断裂钻杆 2 根。其中有 2 天每天发生 4 根钻杆刺漏事故。哈得 1-28 H 井在未采用螺杆钻具复合钻进之前转盘转速 100~120 r/min，从 2004 年 7 月 1 日至 7 月 5 日的 7 天内 6 根钻杆疲劳裂纹刺穿，其中有 1 天刺穿钻杆 2 根。轮南 621 井在未采用螺杆钻具复合钻进之前转盘转速 120 r/min，从 2004 年 4 月 8 日至 11 日的 4 天内 8 根钻杆疲劳裂纹刺穿，其中有 1 天 3 根钻杆刺穿。

以上这三口井采用螺杆复合钻具之后，所用钻具未变，转盘转速降为 50~60 r/min，泵压比以前升高了 2 MPa，但再没发生钻杆疲劳裂纹刺漏。

塔里木油田 2004 年钻杆疲劳裂纹刺穿 173 根，2006 年使用螺杆钻具之后刺穿钻杆 35 根，刺穿钻杆数量明显下降。

4.7　采用垂直钻井技术（Power-V）

井眼狗腿度大会导致钻具承受附加弯曲载荷，最终导致钻具早期疲劳断裂、磨损等失效。塔里木油田由于井眼狗腿度大已经导致了多起钻具失效事故和套管磨损事故，甚至导致整口井报废。塔里木油田山前等井垂直钻井难度很大，为有效地控制井眼质量，塔里木油田从 2003 年开始就采用垂直钻井技术，目前已收到了良好的效果。

5　结论

（1）随钻震击器和减震器断裂原因主要与材料韧性差、结构不合理有关。

（2）Φ158.8 mm 钻铤断裂位置大多数在内螺纹接头，断裂原因主要与磨损后弯曲强度比偏小有关，也与钻铤本身质量有关。Φ120.7 mm 外螺纹接头断裂原因主要是将 NC38 接头改为 NC35 接头后（原内径尺寸无法改变）弯曲强度比偏大有关，也与井下载荷超过了钻铤的承载能力有关。

（3）钻具稳定器断裂位置全在外螺纹接头，断裂原因主要与材料韧性和屈服强度偏低有关。

（4）塔里木油田设计的 Φ158.8 mm 钻铤内螺纹应力分散槽可有效地防止内螺纹接头断裂。

（5）采用 LET 螺纹接头可有效地减少钻具外螺纹接头断裂。

（6）采用螺杆复合钻具可有效地改善钻具受力条件，防止钻杆疲劳裂纹刺穿。

（7）采用双台肩接头之后，Φ120.7 mm 钻铤抗扭能力大幅度提高，断裂事故明显减少。

（8）依据油田工况制订订货补充技术条件可有效地防止钻具失效。

参考文献

[1]　吕拴录，骆发前，周杰，等. 双台肩 NC50 钻杆内螺纹接头纵向开裂原因分析[J]. 石油技术监督，2004，20（8）：5-7.

[2]　Lü Shuanlu, Feng Yaorong, Luo Faqian, et al. Failure analysis of IEU drill pipe wash out[J]. Fatigue, 2005, 27:1 360-1 365.

[3]　吕拴录,骆发前,周杰,等.钻杆接头纵向裂纹原因分析[J].机械工程材料,2006,30(4):95-97.

[4]　吕拴录,高林,迟军,等.石油钻柱减震器花健体外筒断裂原因分析[J].机械工程材料,2008,32(2):71-73.

[5]　吕拴录,高蓉,殷廷旭,等.Φ127 mm S135 钻杆接头脱扣和胀扣原因分析[J].理化检验-物理分册,2008,44(3):146-149.

[6]　吕拴录,袁鹏斌,姜涛.钻杆 NC50 内螺纹接头裂纹原因分析.石油钻采工艺,2008,30(6):104-107.

[7]　吕拴录,骆发前,高林,等.钻杆刺穿原因统计分析及预防措施[J].石油矿场机械,2006,35(Sl):12-16.

[8]　吕拴录,王震,康延军,等.MJ1 井钻具断裂原因分析[J].钻采工艺,2009,32(2):79-80.

[9]　吕拴录,姬丙寅,骆发前,等.139.7 mm 加重钻杆外螺纹接头断裂原因分析[J].机械工程材料,2009,33(10):99-102.

[10]　吕拴录,骆发前,周杰,等.钻铤断裂原因分析[J].理化检验:物理分册,2009,45(5):309-311.

[11]　骆发前,吕拴录,周杰,等.塔里木油田钻柱转换接头失效原因分析及预防措施[J].石油钻探技术,2010,38(1):80-83.

[12]　[美]得克萨斯大学.钻井基本操作.北京:石油工业出版社,1981.

[13]　周易甫,李立伟.LET 扣钻具在塔里木油田的应用[J].断块油气田,1999,6(6):46.

[14]　王新虎,薛继军,谢居良,等.钻杆接头抗扭强度及材料韧性指标研究[J].石油矿场机械,2006,35(Sl):1-4.

钻杆刺穿原因统计分析及预防措施

吕拴录[1,2]　骆发前[2]　高　林[2]　周　杰[2]　迟　军[2]　王新虎[3]

(1. 中国石油大学,北京昌平 102249;

2. 中国石油塔里木油田公司,新疆库尔勒 841000;

3. 中国石油天然气集团公司管材研究所,陕西西安 710065)

摘　要:对某油田 2004 年钻杆刺穿情况进行了调查研究,得知钻杆内加厚过渡带部位刺穿是钻杆刺穿失效的主要形式。分析认为,大多数钻杆内加厚过渡带刺穿裂纹起源于钻杆内壁,其刺穿机理和过程为:钻杆内壁腐蚀或者涂层破坏后腐蚀→形成腐蚀坑→腐蚀坑底产生腐蚀疲劳裂纹→裂纹扩展→刺穿或断裂。钻杆从内加厚过渡带部位刺穿的原因与钻杆内加厚结构、尺寸、材质抗疲劳裂纹萌生和扩展的能力有关,同时也与井身质量、井身结构和转盘旋转速度有关。为防止或减少深井和超深井钻杆刺穿事故提出了预防措施。

关键词:钻杆;刺穿;腐蚀疲劳;裂纹;措施

　　某油田 2003 年刺穿钻杆 42 根,2004 年刺穿钻杆 173 根,2005 年 1 月至 4 月刺穿钻杆 57 根。钻杆刺穿会导致泵压下降,无法正常钻井,井队只得起钻寻找并更换刺穿的钻杆。钻杆刺穿不仅使钻杆报废,而且寻找和更换刺穿的钻杆要花大量时间,严重影响了井队的正常生产,给油田造成很大经济损失。如果未能及时发现并更换刺穿的钻杆,导致钻杆断裂事故,造成的经济损失更大。钻杆刺穿失效涉及产品本身的质量和钻杆的使用条件,是一个很复杂的问题。对于几起钻杆刺穿原因,文献[1-2]已进行了分析研究。然而,要搞清一个油田钻杆刺穿的原因,并提出有效的预防措施,不仅要对单根钻杆刺穿原因进行试验分析,还要进行大量的统计分析和试验研究。但是,目前对大量的钻杆刺穿事故进行统计分析,从产品质量和现场使用方面全面分析钻杆刺穿原因,并采取可行的预防措施的文章却不多。本文对该油田 2004 年钻杆刺穿情况进行了统计分析,并提出了预防措施。希望对防止或减少钻杆刺穿事故能起一定作用。

1 刺穿钻杆统计分析

1.1 钻杆刺穿位置及钻杆刺穿数量

刺穿位置及钻杆刺穿数量统计分析结果见图1、图2。从图1可知,从内加厚过渡带消失位置刺穿的钻杆155根,占89.6%;从外螺纹接头位置刺穿的钻杆1根,占0.1%;从吊卡台肩根部刺穿的钻杆12根,占6.9%;从管体刺穿的钻杆5根,占2.9%。这说明钻杆内加厚过渡带消失位置刺穿是钻杆刺穿失效的主要形式。

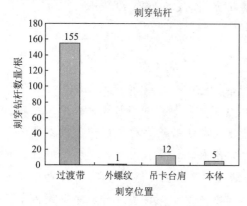

图1 钻杆刺穿位置及刺穿钻杆数量　　　　图2 钻杆内加厚过渡带刺穿形貌

1.2 刺穿钻杆厂家及钻杆等级

刺穿钻杆厂家及等级见图3。从图3可知,A厂生产的钻杆刺穿89根,占刺穿钻杆总数的51.4%。其中新钻杆11根,Ⅰ级钻杆43根,Ⅱ级钻杆35根。B厂生产的钻杆刺穿61根,占刺穿钻杆总数的35.6%。其中,Ⅰ级钻杆3根,Ⅱ级钻杆58根。C厂生产的钻杆刺穿23根,占刺穿钻杆总数的13.3%。其中新钻杆2根,Ⅰ级钻杆1根,Ⅱ级钻杆29根。

1.3 钻杆刺口位置所处井深及刺穿钻杆数量

刺穿钻杆的刺口所处井深及数量见图4。从图4可知,钻杆刺口位置在0～500 m井段的38根,占22.0%;钻杆刺口位置在501～1 000 m井段的57根,占32.9%;钻杆刺口位置在1 001～1 500 m井段的24根,占13.9%。从图5可明显看出,大多数刺穿钻杆刺口位置在上部井段。

1.4 不同井深刺穿的钻杆数量

在不同井段刺穿的钻杆数量见图5。从图5可知,在2 001～3 000 m井段刺穿钻杆数量为68根,占39.3%;在3 001～4 000 m井段刺穿钻杆数量为65根,占37.6%;在4 001～5 000 m井段刺穿钻杆数量为27根,占15.6%。从图5可明显看出,钻杆刺穿时井深范围主要在2 001～5 000 m井段。

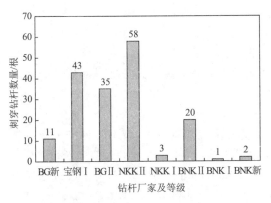

图 3　刺穿钻杆厂家及等级

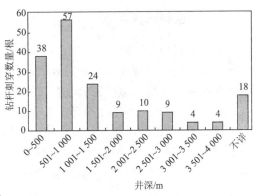

图 4　钻杆刺口位置井深及刺穿钻杆数量

1.5　不同转速发生的刺穿事故

不同转速发生的钻杆刺穿数量见图 6。从图 6 可知，转盘转速在 81～90 r/min 时，刺穿钻杆 15 根，占 8.7%；转盘转速在 91～100 r/min 时，刺穿钻杆 34 根，占 19.7%；转盘转速在 101～110 r/min 时，刺穿钻杆 48 起，占 27.7%；转盘转速在 111～120 r/min 时，刺穿钻杆 42 根，占 24.3%。从图 6 可明显看出，随着转速提高，钻杆刺穿数量增加。

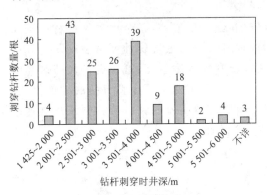

图 5　不同井深刺穿的钻杆数量

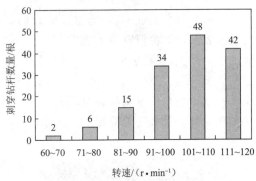

图 6　不同转速刺穿的钻杆数量

2　钻杆刺穿原因分析

2.1　钻杆刺穿机理及过程

研究表明[3]，钻杆内加厚过渡带位置刺穿机理及过程为内壁腐蚀或者涂层破坏后腐蚀→腐蚀坑形成→腐蚀疲劳裂纹萌生→裂纹扩展→刺穿或断裂。大多数钻杆内加厚过渡带位置刺穿疲劳裂纹起源于内表面，少数钻杆内加厚过渡带位置刺穿疲劳裂纹起源于外表面。钻杆内加厚过渡带刺穿内表面形貌见图 7。

图 7　钻杆内加厚过渡带刺穿
位置内表面形貌

2.2　钻杆本身质量

刺穿钻杆中 13 根为新钻杆,占 7.5%;47 根为 Ⅰ 级钻杆,占 27.2%。新钻杆和 Ⅰ 级钻杆使用时间不长就发生刺穿失效,失效类型属于早期疲劳失效。钻杆早期疲劳失效原因主要与钻杆本身质量有关。

2.2.1　钻杆内加厚过渡带形状的影响

研究表明,钻杆内加厚过渡带越长,过渡带消失位置圆弧越大,越不容易产生疲劳裂纹。管材研究所 1989 年在失效分析和科研的基础上提出:钻杆内加厚过渡带长度 M_{iu} 不小于 100 mm,过渡带消失位置圆弧 R 不小于 300 mm。并向 API 提案,要求改进钻杆内加厚过渡带形状。

API Spec 5D 1999 年以前规定内外加厚钻杆内加厚过渡带长度 $M_{iu} \geqslant 50.8$ mm,1999 年 8 月第 4 版改为 $M_{iu} \geqslant 76.2$ mm。该油田现在要求钻杆内加厚过渡带长度 M_{iu} 不小于 120 mm,过渡带消失位置圆弧 R 不小于 300 mm。

钻杆内加厚形状改进之后钻杆寿命大幅度提高,但是钻杆内加厚消失位置仍然是薄弱环节。近年来钻杆内加厚过渡带刺穿原因与钻杆内加厚过渡带形状不规则、过渡带消失部位存在较大的应力集中和腐蚀集中有一定关系。目前,国内外不同厂家生产的钻杆内加厚形状存在一定差异,有些厂家的钻杆内加厚过渡带形状有待改进。

2.2.2　钻杆材质纯净度差

大量失效分析证明,早期刺穿失效的钻杆材料纯净度较差,各个厂家钻杆材质纯净度差异较大。试验研究结果表明[3],钻杆材料纯净度越差,抵抗腐蚀疲劳裂纹萌生和扩展的能力越差,钻杆的使用寿命越短;反之,钻杆材料纯净度越高,抵抗腐蚀疲劳裂纹萌生和扩展的能力越强,钻杆的使用寿命越长。图 8 显示了两个厂家钻杆抗腐蚀的能力。图 9 显示了两个厂家钻杆疲劳裂纹扩展速率。图中纯净度差的钻杆疲劳裂纹扩展速率是纯净度高的钻杆疲劳裂纹扩展速率的 1.7~2.3 倍。

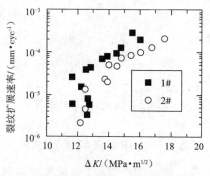

图 8　两个厂家钻杆抗腐蚀能力对比　　　　图 9　两个厂家钻杆裂纹扩展速率对比

2.3　使用和管理方面的因素

2.3.1　钻杆老化

刺穿钻杆中 Ⅱ 级钻杆 113 根,占 65.3%。钻杆刺穿经历了腐蚀、疲劳裂纹萌生和扩展几个阶段,钻杆刺穿是疲劳积累的结果。井越深,钻井条件越苛刻,钻杆疲劳寿命越短。一般Ⅱ级钻杆使用时间较长,疲劳积累也相对比较严重。Ⅱ级钻杆刺穿的比例最大,这主要与钻杆老化有关。

2.3.2 靠近井口的井段钻杆受力条件最苛刻

刺口位置在0~1 500 m井段的刺穿钻杆119根,占68.8%。在靠近井口的井段钻杆刺穿数量最多,这与钻杆的受力条件有关。钻杆在正常使用过程中所受拉力主要来自钻具的自重。越靠近井口的钻杆所受的拉力越大。另外,井眼有一定的全角变化率,靠近井口的井段的全角变化率对钻具的损伤最严重,因为全角变化率导致的弯曲应力与拉应力叠加之后会使靠近井口的钻杆受力条件更加苛刻,导致钻杆疲劳裂纹萌生和扩展的速率加快,最终导致大量钻杆刺穿。

2.3.3 钻杆刺穿时的井深范围有一定规律

在2 001~5 000 m井段刺穿的钻杆160根,占92.5%,这说明在2 001~5 000 m井段钻杆受力条件苛刻。该油田在2 001~5 000 m井深范围所用的钻头尺寸主要为311.2 mm和215.9 mm,可见在这种尺寸的井眼和井身结构以及目前采用的钻具组合条件下,钻杆受力条件相当苛刻。

2.3.4 转盘转速高容易发生钻杆刺穿

统计结果表明,随着转盘转速提高,刺穿的钻杆数量增加。高转速会增大钻柱的离心力,使钻柱受到额外的弯曲应力;高转速会产生剧烈的震动载荷,使钻柱受到严重的损害;高转速会使钻柱产生极大的惯性矩和动能,一旦发生卡钻和憋钻,就会使钻柱承受异常大载荷,导致钻柱受力条件恶化[4];高转速会使钻柱所受的复合应力增大,导致疲劳裂纹萌生和扩展速度加快,最终使钻杆刺穿。

2.3.5 全角变化率严重容易发生钻杆刺穿事故

全角变化率严重会使钻柱承受额外的弯曲载荷,很容易发生钻杆刺穿事故。LG42井在500 m井深处3根钻杆连续疲劳刺漏,对该井井眼轨迹检查结果在500 m位置正好存在1个3.7°/30 m的全角变化率(狗腿度)。LG13井在1 870 m至1 930 m井段15根钻杆疲劳刺穿,对该井井眼轨迹检查结果,在1 900 m位置存在1个6.5°/30 m的严重的全角变化率。由此可见,井眼全角变化率对钻杆的使用寿命有很大影响。

3 预防措施

3.1 提高钻杆内涂层质量

内涂层钻杆内加厚过渡带位置刺穿的第一步是涂层破坏产生腐蚀坑,然后产生疲劳裂纹。如果涂层不破坏就不会产生腐蚀坑,或者涂层寿命延长,腐蚀坑推迟形成,钻杆寿命就会延长。目前涂层检验标准规定仅在静态评价涂层质量,而不评价实际钻杆涂层在受到拉伸、弯曲、扭转等复合载荷条件下的涂层性能。各厂家钻杆在受力条件下涂层质量状况不清楚。因此,应模拟钻杆的受力条件评价钻杆内涂层质量,提高钻杆内涂层在实际工况条件下的使用寿命。

3.2 优化钻杆内加厚过渡带形状

钻杆内加厚过渡带部位为薄弱环节。刺穿的新钻杆和I级钻杆内加厚过渡带尺寸不理想,存在一定的应力集中。要提高钻杆使用寿命应当优化钻杆内加厚过渡带形状,减少该部位的应力集中。实践已经证明,改进钻杆内加厚过渡带形状会大幅度提高钻杆使用寿命。

3.3 钻杆材质纯净度有待提高

早期刺穿失效的钻杆材质偏析严重,材料纯净度很差,裂纹扩展速率大约是材料纯净度高的钻杆的2倍。如果能使钻杆材料纯净度提高,仅此项可使钻杆寿命提高2倍。目前,有些钻杆生产厂仅满足 API 标准要求,在材料纯净度对钻杆使用寿命的影响方面,还没有引起足够重视。油田用户订货时应对钻杆材料纯净度和腐蚀疲劳抗力提出补充技术要求。

3.4 制订合理的探伤周期

钻杆刺穿要经过腐蚀坑形成、裂纹萌生和裂纹扩展几个阶段。探伤周期过短,探伤频繁,会造成人力和物力的浪费;探伤周期过长,在发生钻杆刺穿和断裂之前,可能还没有对钻杆进行探伤检查,这就不能有效地预防钻杆刺穿和断裂事故。如果能预测钻杆产生疲劳裂纹的时间,确定出合理的探伤周期,及时探伤检查就可以有效地减少和预防钻杆刺穿和断裂事故。合理的探伤周期要经过大量的科学研究和统计分析才能取得,合理的探伤周期对钻杆现场管理也会提出更高的要求。

3.5 选择适合于该油田钻井工况的钻杆

该油田 2004 年就发生了 173 起 $\Phi127.0$ mm$\times9.19$ mm 钻杆刺穿事故。刺穿的钻杆有进口的,也有国产的;有新钻杆,也有旧钻杆。这说明目前该油田所用钻杆不能满足油田钻井的实际需要。油田的地质条件和井深范围不会改变,油田强化钻井参数,提高钻井速度的目标也不可能有大的改变。如何使钻杆满足油田钻井的需要,这是我们目前必须考虑的问题。

研究表明,$\Phi127.0$ mm$\times12.7$ mm、$\Phi139.7$ mm$\times9.17$ mm 疲劳寿命比 $\Phi127.0$ mm $\times9.19$ mm 明显提高(表1)。

表1 不同规格钻杆在 4 000 m 井深、承受相同弯矩时的疲劳寿命(无腐蚀)

钻杆规格	截面积 /mm²	抗弯截面模量 /mm³	井口钻杆 轴向拉力/kN	井口钻杆 拉伸应力/MPa	井口钻杆 弯曲应力/MPa	疲劳寿命 /周次
$\Phi127.0$ mm$\times$ 9.19 mm	3 400	93 500	1 095	322	80	3.49×10^6
$\Phi127.0$ mm$\times$ 12.7 mm	4 560	118 700	1 395	305	63	1.05×10^7
$\Phi139.7$ mm$\times$ 9.17 mm	3 770	115 200	1 214	322	65	6.29×10^6

API Spec 5D 1991 年 3 月第 2 版增加了 Φ168.3 mm 钻杆。

目前国外在超深井钻井中趋向于用大规格的钻杆。非 API 规格的 Φ149.2 mm 钻杆已成功地用于墨西哥油田[5]。BP 公司已经在中国南海油田用 Φ149.2 mm 钻杆成功地打了一口大位移井。该井深度达到 7 620 m,水平位移达到 6 096 m,垂深为 4 115 m。

该油田 1997 年起用的一批 Φ139.7 mm×9.17 mm 钻杆至今仅发生 3 根钻杆刺穿事故。Φ139.7 mm×9.17 mm 钻杆刺穿比例远小于 Φ127.0 mm×9.19 mm 钻杆的刺穿比例。这说明在该油田,钻杆尺寸增大后寿命增加。该油田最佳的钻杆尺寸选型有待进一步试验研究。

3.6　采取预防措施,用好现有钻杆

目前,该油田所用的钻杆尺寸规格大多数为 Φ127.0 mm×9.19 mm,这种现状很难在短期内改善。如何用好现有钻杆,应当从使用方面采取如下措施:减少全角变化率,保证上部井深质量;适当降低转速;高转速时用螺杆钻具;维护钻杆,防止过载;勤倒钻具;不用滤清器;井队认真填好钻具卡片,积极配合探伤人员搞好钻具检测工作;搞好井身设计和钻具结构设计;提高钻井液防腐性能;加强钻具使用监督。

4　结论及建议

(1) 该油田 2004 年钻杆失效形式主要是钻杆内加厚过渡带消失部位刺穿。钻杆刺穿原因与钻杆本身内加厚过渡带质量、钻具老化和使用工况有关。

(2) 为了解决钻杆刺穿问题,建议对如下课题进行研究:钻杆内涂层抗腐蚀疲劳特性评价研究;钻杆管体材料抗腐蚀疲劳特性评价研究;钻杆探伤周期及探伤方法研究;适合于该油田的钻杆选型及推广应用。

参考文献

[1]　吕拴录,骆发前,等.双台肩 NC50 钻杆内螺纹接头纵向开裂原因分析.石油技术监督,2004(8):5-7.

[2]　吕拴录,等.Φ127.0×9.19 mm IEU G105 内涂层钻杆刺穿原因分析[J].石油工业技术监督,2002.

[3]　Lü Shuanlu,Feng Yaorong,Luo Faqian,et al. Failure analysis of IEU drill pipe wash out[J]. Fatigue,2005,27:1 360-1 365.

[4]　[美]得克萨斯大学.钻井基本操作[M].北京:石油工业出版社,1981.

[5]　Jellison M J,Prideco G,Shepard J S,et al. Next generation drill pipe for extended reach,deepwater and ultra-deep drilling. http://doi.org/10.4043/15327-MS.

塔里木油气田非 API 油井管使用情况分析

吕拴录[1,2]　张福祥[2]　李元斌[2]　周理志[2]

冯广庆[2]　余冬青[3]　历建爱[2]　彭建新[2]

(1. 中国石油大学,北京昌平,100249;

2. 中国石油塔里木油田公司,新疆库尔勒,841000;

3. 中国石油塔里木油田公司第六勘探公司,新疆库尔勒,841000)

摘　要:对塔里木油田非 API 油井管使用情况进行了统计分析,对油井管在商检和使用过程中发现的问题进行了调查研究,列举了大量失效案例。对非 API 油井管在塔里木油田使用效果和解决的问题进行了总结,认为非 API 油井管在塔里木油田石油勘探开发过程中发挥了巨大的作用。同时,指出了塔里木油田在使用非 API 油井管过程中存在的问题,提出了应当开展的工作和研究目标。

关键词:API;油管;套管;钻具;统计分析

塔里木油田井深,地质构造复杂,大多数井为高温高压井。由于塔里木油田油井管使用条件苛刻,对油井管品种和质量都有严格要求。目前,塔里木油田非 API 油井管已经在塔里木油田勘探开发过程中发挥了很大的作用,其品种在全国排第一,但在商检和使用过程中也发现了不少问题。因此,对塔里木油田订购的国产和进口非 API 油井管品种、数量、商检过程中发现的质量问题以及使用效果进行调查研究,总结塔里木油田在非 API 油井管存在的问题及采取的预防措施,这对于用好非 API 油井管,保证塔里木油田正常的勘探开发很有必要。

1　油井管品种统计分析

对近两年油管使用情况统计结果:API 油管占 38.4%,非 API 油管占 61.6%。

对近两年套管管使用情况统计结果:API 套管占 40.4%,非 API 套管占 59.6%。

对 2008 年不同品种钻具订货重量统计结果见图 1。

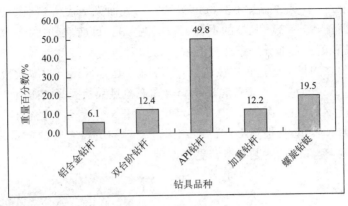

图 1　2008 年钻具订货数量百分数

2　商检和使用过程中发现的问题

2.1　油套管粘扣问题

近年来,塔里木油田发生了多起油套管粘扣事故,造成巨大的经济损失。粘扣会降低油套管的密封性能和承载能力,甚至导致脱扣,最终使油套管柱寿命大幅度降低。塔里木油田已经发生多起油套管粘扣事故。大量的新油管经过一次作业就因粘扣而报废。

1996 年至 1997 年一批国产油管在多口井使用时发生粘扣。经过失效分析,认为该批油管本身抗粘扣能力较差,但油管严重粘扣也与使用操作不当有一定关系。

2000 年轮南 11 井进口油管在试油作业时发生了严重粘扣事故。调查结果,油管作业队采用的上扣速度为 100 r/min,远超过了 API RP5C1 规定的上扣速度(不超过 25 r/min),油管严重粘扣与上扣速度太快有很大关系。对该批进口的油管进行上、卸扣试验的结果表明,油管本身抗粘扣性能不符合 API 标准。

截至 2005 年年底,大二线料场库存 1 900 t 回收的损坏油管。近年来每年回收 100 t 损坏油管(主要来自勘探)。这些回收的废旧油管大多数为粘扣损坏。

根据 2003 年至 2005 年年初的不完全统计结果,从井队回收的损坏油管共 337 024 根。2005 年,TZ4-7-56、DH1-5-8、DH1-5-7、LG4 等多口开发井发生油管粘扣事故。

西气东输 2005 年 3 月至 2006 年 10 月 18 日已有 12 口井油管发生粘扣。其中英买力气田群完井作业过程中,送井的 3 900 根 Φ88.9 mm×6.45 mm 油管中有 86 根油管发生粘扣和错扣。送井的 2 800 根 Φ73.0 mm×5.51 mm 油管中有 56 根油管发生粘扣和错扣。另外,有 2 根油管短节发生粘扣。

塔里木油田套管粘扣问题实际也非常严重,但并没有引起人们高度重视。因为在大多数情况下,套管上扣后一般不卸扣,套管粘扣后往往不容易发现。除非下套管遇阻,起出检查才能发现粘扣。或者粘扣非常严重,上扣之后外露扣太多,卸扣检查才能发现粘扣。2003 年,大北 2 井下 Φ127.0 mm 尾管遇阻,起出套管检查,发现所有套管严重粘扣。2006 年 11 月,采办事业部对套管粘扣事故进行了调查,发现个别井下套管粘扣非常严重。

导致粘扣的一个重要原因是油套管本身抗粘扣性能差。与油套管产品质量有关的粘扣因素涉及螺距、锥度、齿高、牙型半角、紧密距、表面光洁度等螺纹参数的公差控制，内外螺纹参数匹配，是一个很复杂的系统工程问题[1-4]。目前，国内大多数工厂还没有完全解决粘扣问题，国外有部分厂家还没有解决粘扣问题。

塔里木油田在到货检验过程中发现，有些厂家的套管工厂上扣端从接箍端面就能看到粘扣形貌（图2）。有些国产套管和进口套管在商检过程检查紧密距时产品螺纹接头与螺纹量规旋合就发生粘扣（图3）。2004年塔里木油田对到货套管随机抽样进行上、卸扣试验的结果表明，国产套管根根粘扣。面对国产套管和进口套管的质量现状，如果再加上使用操作因素，套管粘扣问题必然会更加严重。

图2　外观检查时发现套管工厂上扣　　　图3　套管外螺纹接头工厂检验
　　　端接箍内螺纹粘扣形貌　　　　　　　　　紧密距后粘扣形貌

以上调查研究结果和失效分析结果表明，油套管粘扣原因与油套管本身抗粘扣性能差有一定关系。

2.2　油套管泄漏和腐蚀问题

塔里木油田井况复杂苛刻，对油套管密封性能和抗腐蚀性能有很高的要求。近年来，塔里木已有多口高压油气井完井管柱泄漏、套压升高，造成了巨大的经济损失，并潜藏了严重的事故隐患[5-12]。特别是最近在迪那2-8井发生的完井管柱泄漏问题，已经严重影响了正常的油气生产。失效分析结果表明，迪那2-8井油管泄漏原因如下：

（1）油管接头泄漏原因是其使用性能不能满足迪那2-8井实际工况；

（2）油管接头现场端泄漏数量远高于工厂端泄漏数量的原因是工厂规定的现场端上扣扭矩低于工厂端上扣扭矩；

（3）油管经过酸化之后已经产生局部腐蚀，在天然气中所含的 CO_2、凝析水和 Cl^- 共同作用下，局部腐蚀进一步加剧。腐蚀对油管接头泄漏起到了促进作用。

2.3　钻具疲劳断裂问题

经过大量试验研究和失效分析[13-20]，塔里木油田在预防钻具疲劳断裂方面已经取得了可喜的成绩。由于塔里木油田钻井条件十分苛刻，预防和减少钻具疲劳断裂仍然是一项长期的艰巨任务。

3 采用非 API 油井管解决的问题

3.1 套管挤毁及预防

塔里木油田地质条件复杂,多个区块含有蠕变地层。由于地层蠕变,塔里木油田已经有多口井发生套管挤毁和变形事故。例如,阳霞 1 井由于套管挤毁[21],导致全井工程报废(图 4)。为解决套管挤毁问题,塔里木已经采用了多种非 API 抗挤套管。

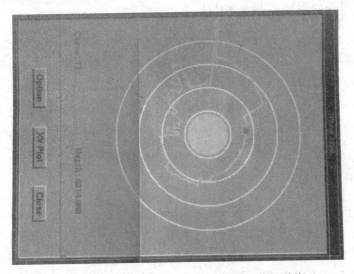

图 4 阳霞 1 井 Φ244.5 mm 套管横截面挤毁形貌

3.2 油井管 SSC 及预防

塔里木油田多个区块含有 H_2S,已经发生了多起钻杆 SSC 失效事故。例如,塔中 83 井发生 2 起 Φ88.9 mm 钻杆 SSC 事故(图 5)。为解决油井管 SSC 失效问题,塔里木油田已经使用了多种非 API 防硫油管、套管和钻杆,并准备使用防硫铝合金钻杆。

图 5 塔中 83 井钻杆 SSC 断口平坦区形貌

3.3 油套管泄漏及预防

塔里木高压油气井对油套管密封性能有很高的要求。目前,多口井因完井管柱泄漏,套压升高。为解决油套管柱泄漏问题,塔里木油田从 1990 年就开始就使用特殊螺纹接头油套管,并收到了良好的效果,但还存在一些问题。目前,塔里木油田正在通过评价试验和制订订货补充技术条件的方式,优选适合于塔里木油田的特殊螺纹接头油套管。

3.4 推广应用 LET 螺纹接头钻具

LET 螺纹接头的设计原理是通过改变钻具外螺纹接头大端螺纹形状,降低外螺纹接头大端的应力集中,从而延长钻具使用寿命。为延长钻具使用寿命,塔里木油田从 1998 年开始试用 LET 螺纹接头钻具,试用结果表明,钻具寿命成倍增加。从 2003 年开始全面推广应用 LET 螺纹接头钻具。推广应用 LET 扣是塔里木油田减少钻具失效事故、提高钻具使用寿命的成功经验。

3.5 采用双台肩螺纹接头 Φ120.7 mm 钻铤

近年来,由于塔里木油田深井钻具承受的扭矩过大,Φ120.7 mm 钻铤发生了多起外螺纹接头断裂事故。其中,哈 6 井在 6 944.11～7 074.16 m 井段连续发生 4 起 Φ120.7 mm 钻铤断裂事故。为解决 Φ120.7 mm 钻铤抗扭能力不足问题,塔里木油田采用了双台肩螺纹接头钻铤。120 根双台肩螺纹接头 Φ120.7 mm 钻铤在 8 口井的使用过程中,只发生一起断裂事故。其中,在哈 6 井使用了 30 根双台肩螺纹接头钻铤,没有发生一起断裂事故。

3.6 填补 API 钻具,提升短节空白

塔里木油田曾经一年内发生了 5 起提升短节脱扣失效事故。其中,LN 208 井因提升短节脱扣,导致 2 名钻工残废。塔里木油田石油管材质监站及时设计了新型提升短节,保证了正常的钻井生产。经过在塔里木油田几年的使用,新设计的提升短节没有问题,以后又转化为行业标准,最后被 API Spec 7 采纳(图 6)。

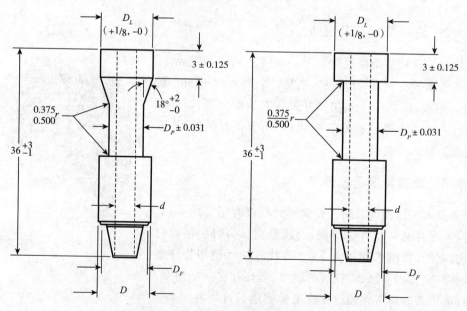

图 6 列入 API Spec 7 的提升短节

4 非 API 钻具存在问题及解决办法

由于历史原因,我国油田使用的部分钻具螺纹接头与 API 标准不一致(表 1),发生了多起失效事故。为减少钻具失效问题,塔里木油田从 1995 年开始全面执行 API 标准,这就从根本上解决了 4¾ in 钻铤内螺纹接头胀大失效问题以及 8 in 和 9 in 钻铤外螺纹接头断裂问题。

表 1 部分钻铤螺纹接头及 API 标准规定

钻具接头外径/in	API 规定	国内其他油田		塔里木油田
		螺纹接头	存在问题	
4¾	NC35	NC38	内螺纹接头胀大失效	NC35
8	NC56	6⅝ REG	外螺纹接头断裂失效	NC56
9	NC61	7⅝ REG	外螺纹接头断裂失效	NC61

5 非 API 油井管亟待解决的问题

5.1 验收标准

目前,特殊螺纹接头油套管都是厂家的专利,验收标准是厂家说了算。塔里木油田使用的特殊螺纹接头油套管发生了多起泄漏事故,但依据厂家标准,油套管质量却合格[22]。如何解决特殊螺纹接头油套管验收标准问题,这是摆在我们面前的一项重要任务。

5.2 评价试验

如何模拟现场情况,制订试验方案,对非 API 油井管进行试验评价,这是一个亟待研究解决的问题。

6 结论及建议

(1) 非 API 油井管已经在塔里木油田勘探开发过程中发挥了很大的作用,但在商检和使用过程中也发现了不少问题。

(2) 建议油田在订购非 API 油井管时依据自己的使用工况提出订货补充技术条件。

参考文献

[1] 吕拴录,常泽亮,吴富强,等. N80 LCSG 套管上、卸扣试验研究. 理化检验-物理分

册,2006,42(12):602-605.

[2] 吕拴录,刘明球,等.J55平式油管粘扣原因分析.机械工程材料,2006(3):69-71.

[3] 袁鹏斌,吕拴录,姜涛,等.进口油管脱扣和粘扣原因分析.石油矿场机械,2008(3):78-81.

[4] 吕拴录,康延军,孙德库,等.偏梯形螺纹套管紧密距检验粘扣原因分析及上卸扣试验研究.石油矿场机械,2008(10):82-58.

[5] 吕拴录.油田套管水压试验结果可靠性分析,石油工业技术监督,2001.

[6] 吕拴录,等.套管抗内压强度试验研究.石油矿场机械,2001,30(增刊):51-55.

[7] Lü Shuanlu,Zhang Guozheng,Lü Minxü,et al. Analysis of N80 BTC downhole tubing corrosion[J]. Material Performance,2004,43(10):35.

[8] 赵国仙,严密林,等.影响碳钢 CO_2 腐蚀速率的研究.石油矿场机械,2001(30):72.

[9] 吕拴录,赵国仙,等.特殊螺纹接头油管腐蚀原因分析.腐蚀与防护,2005,26(4):179-181.

[10] 吕拴录,骆发前,相建民,等.API油管腐蚀原因分析[J].腐蚀科学与防护技术,2007(5):64-66.

[11] 吕拴录,相建民,常泽亮,等.牙哈301井油管腐蚀原因分析[J].上海腐蚀与防护2008,29(11):706-709.

[12] Lü Shuanlu,Xiang Jianmin,Chang Zeliang,et al. Analysis of premium connection downhole tubing corrosion. Material Performance,2008:66-69.

[13] 吕拴录.88.9 mm 四方钻杆断裂原因分析[J].石油钻采工艺,2004,26(5):47-49.

[14] Lü Shuanlu,Feng Yaorong,Luo Faqian,et al. Failure analysis of IEU drill pipe wash out. Fatigue,2005,27:1 360-1 365.

[15] 吕拴录,骆发前,高林,等.钻杆刺穿原因统计分析及预防措施.石油矿场机械,2006.35(增刊):12-16.

[16] 吕拴录,邝献任,王炯,等.钻铤粘扣原因分析及试验研究[J].石油矿场机械,2007,36(1):46-48.

[17] 吕拴录,骆发前,周杰,等.塔中83井钻杆SSC断裂原因分析及预防措施[J].腐蚀科学与防护技术,2007,19(6):451-453.

[18] 吕拴录,骆发前,周杰,等.钻杆接头纵向裂纹原因分析[J].机械工程材料,2006(4):99-101.

[19] 吕拴录,高林,迟军,等.石油钻柱减震器花健体外筒断裂原因分析[J].机械工程材料,2008,32(2):71-73.

[20] 袁鹏斌,吕拴录,孙丙向,等.在空气钻井过程中钻杆断裂原因分析[J].石油钻采工艺,2008(5):34-37.

[21] Lü Shuanlu,Li Zhihou,Han Yong. High dogleg severity,wear ruptures casing string[J],OIL&GAS,2000,98:49.

[22] 吕拴录,等.特殊螺纹接头油套管选用注意事项[J].石油技术监督,2005.

某油田钻具失效统计分析

吕拴录[1,2]　倪渊诠[2]　杨成新[2]　韩　勇[3]　薛继军[3]　宋顺平[4]　王举堂[4]

(1.中国石油大学,北京昌平 102249;

2.中国石油塔里木油田公司,新疆库尔勒 841000;

3.西安摩尔石油工程实验室,陕西西安 710065;

4.长庆石油勘探局钻井工程公司管具公司,宁夏银川 750006)

摘　要:对某油田 2002—2004 年钻具失效情况进行了系统调查,查清了不同钻具的失效形式和失效次数。通过统计分析发现钻铤断裂次数最多,占钻具失效总数的比例最大。对钻铤断裂机理和受力状态进行了分析,认为钻铤断裂性质主要属于早期疲劳失效。对钻铤标准和实际使用状况进行了分析,找出了钻铤标准中存在问题。对钻铤断裂原因从螺纹接头结构应力、残余应力和材料韧性等方面进行了分析,指出了导致钻铤断裂的产品质量问题。通过分析使用工况和钻井参数对钻铤受力状态的影响,指出使用操作不当会导致钻铤早期断裂。最后对该油田 2009—2011 年依据上述结论采取措施后钻具失效情况进行了统计分析,发现钻具失效事故大幅度减少。

关键词:钻铤;螺纹接头;断裂;失效;统计分析

　　某油田 2002 年发生钻具失效事故 264 起,2003 年发生钻具失效事故 237 起,2004 年(不完全统计)发生钻具失效事故 163 起。油田发生钻具失效事故轻则造成打捞事故,影响井队的正常生产,给油田造成一定经济损失;重则造成全井报废,造成很大的经济损失。

　　钻具失效事故涉及产品本身的质量和钻具的使用条件,是一个很复杂的系统工程问题。对于钻具失效原因,国内外许多学者已进行了大量试验进行分析研究[1-12]。为减少钻具失效事故,该油田从 2000 年就组织有关部门对钻具失效问题进行研究,并从使用方面采取了预防措施,例如,降低转盘速度等。然而,经过几年实践,钻具失效事故并没有明显减少。可见,钻具失效问题确实是非常复杂的系统工程问题。要搞清该油田钻具失效的原因,并提出有效的预防措施,不仅要对单个钻具失效原因进行试验分析,还应对油田的钻具失效规律及钻具使用条件进行大量的统计分析和试验研究。但是,到目前为止,对油田钻具失效事故从产品质量和现场使用方面进行系统分析研究的文章却不多。

　　笔者通过对某油田 2002 至 2004 年的钻具失效情况进行统计分析,提出了有效减少钻具失效事故的预防措施,希望能对其他油田防止或减少钻具失效事故起到一定作用。

1 钻具使用及失效概况

1.1 井深

该油田的井分为油井和气井两类。油井深度范围为 1 450～2 100 m,气井深度范围为 2 600～3 800 m。

1.2 钻具组合

油井典型钻具组合有两种:

(1) Φ215.9 mm(8½ in)钻头＋Φ158.8 mm(6¼ in)钻铤 18 根＋Φ127.0 mm×29.05 kg/m(5 in×19.5 lb/ft)G105 钻杆;

(2) 部分井队为 Φ215.9 mm(8½ in)钻头＋Φ158.8 mm(6¼ in)钻铤 18 根＋加重钻杆＋Φ127.0 mm×29.05 kg/m(5 in×19.5 lb/ft)G105 钻杆。

气井典型钻具组合有两种:

(1) Φ241.3 mm(9½ in)钻头＋Φ177.8 mm(7 in)钻铤 24 根＋加重钻杆 30 根＋Φ127.0 mm×29.05 kg/m(5 in×19.5 lb/ft)G105 钻杆;

(2) Φ241.3 mm(9½ in)钻头＋Φ203.2 mm(8 in)钻铤 3～6 根＋Φ177.8 mm(7 in)钻铤 21 根＋30 根加重钻杆＋Φ127.0 mm×29.05 kg/m(5 in×19.5 lb/ft)G105 钻杆。

1.3 钻井进尺

2002—2004 年,该油田完成钻井进尺 6 051 813 m。其中,油井进尺 4 802 493 m,气井进尺 1 249 320 m。

1.4 钻具失效概况及失效频率

2002—2004 年,该油田共发生钻具失效事故 664 起,其中油井 245 起,气井 419 起。钻井每进尺 1 000 m 的钻具失效频率统计结果见图 1,可见气井失效次数及频率远高于油井。

2 钻具失效统计分析

2.1 不同类型钻具失效统计分析

2002 至 2004 年的不同类型钻具失效次数统计结果见图 2,可见该油田钻具失效次数最多的是钻铤,占 63.1%;其次为钻杆,占 30.6%。

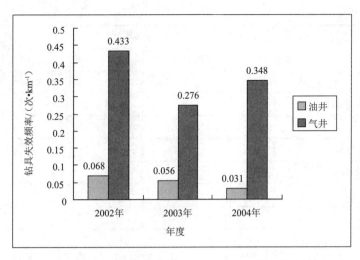

图 1   2002 至 2004 年每 1 000 m 进尺钻具失效次数

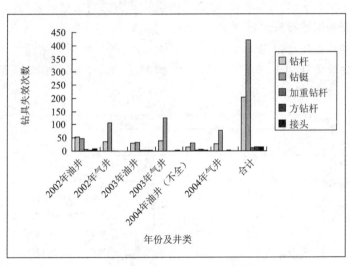

图 2   油、气井不同类别钻具失效次数统计

2.2   钻铤失效类型统计分析

油、气井在 2002 至 2004 年的不同类型钻铤失效次数统计结果见表 1,可见油、气井钻铤内螺纹接头断裂次数最多,占 44.6%;其次为钻铤外螺纹断裂,占 28.4%。

表 1   油、气井钻铤失效类型及次数统计

钻铤失效类型	钻铤失效次数								
	2002 年		2003 年		2004 年(不全)		合　计		
	油井	气井	油井	气井	油井	气井	油井	气井	油、气井
(1) 外螺纹根部断裂	40	21	19	14	16	9	75	44	119
(2) 内螺纹断裂	3	59	10	68	5	42	18	169	187

续表 1

钻铤失效类型	钻铤失效次数								
	2002 年		2003 年		2004 年(不全)		合　计		
	油井	气井	油井	气井	油井	气井	油井	气井	油、气井
(3) 螺纹接头台肩面刺漏	0	9	2	19	1	12	3	40	43
(4) 螺纹粘扣	2	3	0	19	7	12	9	34	43
(5) 无磁钻铤本体弯曲	0	0	1	0	2	0	3	0	3
(6) 无磁钻铤水眼堵死	2	0	1	0	0	0	3	0	3
(7) 螺纹刺漏	0	15	0	5	0	1	0	21	21
合　计	47	107	33	125	31	76	111	308	419

　　油井 2002 至 2004 年钻铤外螺纹接头断裂次数最多,占 65.6%。其次为钻铤内螺纹断裂,占 16.2%。气井 2002 至 2004 年钻铤内螺纹接头断裂次数最多,占 54.9%;其次为钻铤外螺纹断裂和螺纹接头台肩刺漏,分别占 14.3% 和 13.0%。

　　油井所用的钻铤尺寸全为 Φ158.8 mm(6¼ in)。气井所用的钻铤尺寸规格较多,不同尺寸钻铤的失效统计结果(图 3)表明,气井 Φ177.8 mm(7 in)钻铤失效最多,占气井钻铤失效总数的 70.1%。

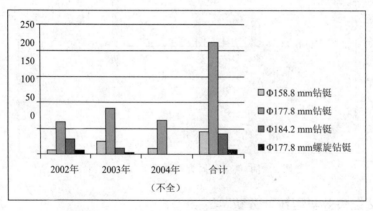

图 3　气井不同尺寸规格钻铤失效次数统计

3　钻铤断裂原因分析

3.1　钻铤断裂机理及受力

　　大多数钻铤内螺纹断裂属于早期疲劳断裂,也有少量钻铤断裂属于淬火裂纹和机加工缺陷所致。钻铤在使用过程中主要承受交变弯曲载荷、扭转载荷和冲击载荷等。在交变载荷作用下,钻铤容易从薄弱环节产生疲劳裂纹。如果存在原始缺陷,更容易产生疲劳裂纹。

3.2 钻铤订货标准

判断钻铤质量是否合格只能依据现有的标准。API Spec 7[13] 和 SY/T5144[14] 标准对钻铤接头螺纹、本体尺寸和材质做了详细规定。对于钻铤断裂问题，该油田非常重视，并多次对断裂钻铤进行失效分析，对新钻铤材质和螺纹进行检验。检验和分析结果表明，大多数断裂钻铤符合标准要求。这说明符合标准的钻铤仍然会发生大量失效事故。

3.3 结构应力集中

3.3.1 螺纹结构应力集中

油井钻铤断裂主要发生在外螺纹，占油井钻铤失效总数的 65.6%。气井钻铤断裂主要发生在内螺纹，占气井钻铤失效总数的占 54.9%。钻铤容易断裂的部位是薄弱环节，这些部位存在严重应力集中。钻铤外螺纹薄弱环节在螺纹大端 1～3 扣位置，如图 4 所示；钻铤内螺纹断裂位置大多数在内螺纹小端与外螺纹接头端面（内、外螺纹接头上扣连接之后）对应位置，如图 5 所示。

图 4　钻铤外螺纹接头裂纹位置及形貌　　图 5　钻铤内螺纹断裂位置及断口形貌

该油田所用的钻铤螺纹接头弯曲强度比一般都大于 2.5：1。弯曲强度比大于 2.5：1 时钻铤的薄弱环节在外螺纹。一般油田使用的不同规格钻铤疲劳断裂位置大多数在外螺纹。该油田油井钻铤断裂主要在外螺纹，断裂规律与其他油田相同；而气井钻铤断裂却以内螺纹为主，断裂情况异常，断裂原因复杂。

为解决钻铤应力集中问题，API Spec 7 规定了应力分散槽形状和尺寸，供用户选择。国内外有些钻铤厂有自己专利的应力分散槽结构和尺寸。

为了解决钻铤断裂问题，该油田新购钻铤和修复钻铤全部要求加工应力分散槽。应力分散槽结构形状有 API 规定的结构形状，也有自己设计的应力分散槽形状。经过多年实践，这些改进措施对钻铤内螺纹小端的应力集中有所缓解，收到了一定的效果。

3.3.2 螺纹根部应力集中

裂纹起源于螺纹根部，说明螺纹根部还存在一定应力集中。为减少螺纹根部的应力集中,API Spec 7 已用数字扣淘汰了内平扣。数字扣螺纹根部圆弧半径为 0.965 mm (0.038 in),有些数字扣接头可与内平扣接头互换。内平扣牙底为平底,平底两边圆弧半径为 0.381 mm(0.015 in)。与数字扣相比,内平扣牙底应力集中严重。该油田订购的钻铤全为数字扣,修复的钻铤也全为数字扣,这对减轻螺纹根部应力集中有利。今后应当对订购钻铤和修复钻铤的牙形及螺纹参数精度进行精密测量。

3.4 残余应力

钻铤表面如果形成残余压应力,可以提高钻铤的使用性能,如果形成残余拉应力会降低使用性能。钻铤在工厂要经过多道热加工工艺和冷加工工艺才能加工成为产品。为了达到 API 标准和石油行业标准所要求的性能,各个厂家所选择的材料和热处理工艺不同,采取的冷加工工艺也不同。经过多年的试验研究,笔者发现各个厂家的钻铤残余应力差别很大。大多数断裂钻铤都存在很大的残余拉应力,而目前的标准对残余应力没有要求。由于残余应力要在专门的设备上由专业人员进行测定,且对试样尺寸也有一定限制,工厂一般对成品钻铤的残余应力不予测定。由于残余应力测定在油田现场不容易实现,油田在订货时对残余应力也没有提出补充技术要求。为防止钻铤内螺纹接头断裂,今后应当加强这方面的研究。

3.5 材料韧性

材料韧性是衡量钻铤抗疲劳裂纹能力的重要指标之一[15]。材料韧性越高,钻铤抵抗裂纹萌生和扩展的能力越强。对该油田断裂钻铤进行大量失效分析的结果表明,大多数钻铤材料韧性指标符合 SY/T5144 标准要求(≥54 J)。这说明钻铤韧性≥54 J 并不能解决钻铤早期疲劳断裂问题,油田应根据自己的使用工况,以订货补充技术条件的形式对钻铤的韧性提出更高的要求。

3.6 使用工况对钻铤断裂的影响

3.6.1 油、气井钻铤断裂形式

油井钻铤断裂主要发生在外螺纹,气井钻铤断裂主要发生在内螺纹,这说明钻铤使用工况不同,失效形式也不同。

从井深考虑,油井(井深范围 1 450～2 100 m)没有气井(井深范围 2 600～3 800 m)深。井越深,钻具受力条件越苛刻,越容易发生断裂事故。但这些使用条件的差异似乎还无法解释油井钻铤外螺纹断裂多、气井钻铤内螺纹断裂多的原因,这个问题有待继续研究。

3.6.2 钻井参数对钻铤断裂的影响

一般钻铤数量越多,钻压越大,即施加在钻头上的钻铤重量越大;钻铤数量越少,钻压越小,即施加在钻头上的钻铤重量越小。该油田气井所用的钻铤数量比油井所用钻铤数量多 33.3%,气井钻井时的钻压大于油井钻井时的钻压。钻压越大,钻铤所受的旋转弯曲交变载荷越大,钻铤越容易断裂。

转速越快,钻铤所受交变载荷次数越多;转速越快,钻柱转动惯量越大,钻铤所受的旋转弯曲交变载荷越大[16]。根据井队使用经验,转速达到 80 r/min 时钻铤断裂事故明显增加,为减少钻具断裂事故,油田对钻柱组合做了具体规定。井队为减少钻具事故,从 2005 年开始已自觉将转速控制在 60 r/min 左右。

4 近年来钻具失效预防效果

依据失效分析结论,该油田积极开展钻具失效预防工作,近几年钻铤失效数量大幅度减少。2009 年至 2011 年仅发生 95 起钻具失效,其中钻铤失效 22 起,占 23.2%(表 2)。2009 年至 2011 年钻具失效总数只有 2002 年至 2004 年钻具失效总数的 14.3%;2009 年至 2011 年钻铤失效数量只有 2002 年至 2004 年钻铤失效数量的 5.3%。

表 2　该油田 2009 年至 2011 年钻具失效统计

钻具名称	失效数量统计/起			2011 年钻具失效主要类型
	2009 年	2010 年	2011 年	
钻杆	17	19	14	加重钻杆耐磨带区域刺裂刺断 3 起,摩擦对焊旧钻杆管体刺穿 4 起,G105 钻杆管体刺裂 6 起,G105 钻杆外螺纹接头根部断 1 起
钻铤	11	5	6	短钻铤 4½REG 外螺纹接头根部断裂 1 起,Φ165.1 mm 钻铤 NC46 内螺纹根部断 3 起,Φ177.8 mm 钻铤内螺纹接头根部断裂 2 起
转换接头	4	6	6	回压凡尔公扣断裂 1 起,螺杆上部转换接头 4½REG 外螺纹根部断 4 起,其他 1 起
方钻杆	1	2	1	四方本体刺洞
螺旋稳定器	2	—	—	
套铣筒	—	1	0	
合计	35	33	27	

5 结论

(1)该油田 2002 至 2004 年钻具失效非常严重(664 起)。其中,钻铤失效比例最多,占钻具失效总数 63.1%;其次为钻杆,占 30.6%。

(2)钻铤失效的主要形式是早期疲劳断裂。油井钻铤断裂主要发生在外螺纹接头,占油井钻铤失效总数的 65.6%。气井钻铤断裂主要发生在内螺纹接头,占气井钻铤失效总数的占 54.9%。

(3)钻铤螺纹接头断裂原因主要与螺纹接头结构应力集中、残余应力和材料韧性有关。

（4）依据失效分析结论，该油田积极开展钻具失效预防工作，近几年钻铤失效事故大幅度减少。

参考文献

[1] 高洪志,吕拴录,李鹤林,等.随钻震击器断裂事故分析及预防[J].石油钻采工艺,1991,6:29-35.

[2] 吕拴录,骆发前,周杰,等.双台肩 NC50 钻杆内螺纹接头纵向开裂原因分析[J].石油技术监督,2004,20(8):5-7.

[3] 吕拴录.88.9 mm 四方钻杆断裂原因分析[J].石油钻采工艺,2004,26(5):47-49.

[4] Lü Shuanlu, Feng Yaorong, Luo Faqian, et al. Failure analysis of IEU drill pipe wash out[J]. Fatigue,2005,27:1 360-1 365.

[5] 吕拴录.Φ127.0 mm×9.19 mm IEU G105 内涂层钻杆刺穿事故原因分析[J].石油工业技术监督,2002,18(4):20-23.

[6] 吕拴录,骆发前,高林,等.钻杆刺穿原因统计分析及预防措施[J].石油矿场机械,2006,35:12-16.

[7] 吕拴录,骆发前,周杰,等.塔中 83 井钻杆 SSC 断裂原因分析及预防措施[J].腐蚀科学与防护技术,2007,19(6):451-453.

[8] 吕拴录,骆发前,周杰,等.钻杆接头纵向裂纹原因分析[J].机械工程材料,2006,4:99-101.

[9] 吕拴录,高林,迟军,等.石油钻柱减震器花健体外筒断裂原因分析[J].机械工程材料,2008,32(2):71-73.

[10] 吕拴录,高蓉,殷廷旭,等.Φ127 mm S135 钻杆接头脱扣和胀扣原因分析[J].理化检验,2008,44(3):146-149.

[11] 袁鹏斌,吕拴录,孙丙向,等.在空气钻井过程中钻杆断裂原因分析[J].石油钻采工艺,2008,5:34-37.

[12] 吕拴录,袁鹏斌,姜涛.钻杆 NC50 内螺纹接头裂纹原因分析[J].石油钻采工艺,2008,6:104-107.

[13] API Spec 7　Specification for rotary drill stem element[S]. 40th ed. Washington (DC):API;NOVEMBER 2001.

[14] SY/T 5144—2007,钻铤.中华人民共和国石油天然气行业标准,2007.

[15] 王新虎,薛继军,谢居良,等.钻杆接头抗扭强度及材料韧性指标研究[J].石油矿场机械,2006,35:1-4.

[16] [美]得克萨斯大学.钻井基本操作.北京:石油工业出版社,1981.

钻具提升短节脱扣分析及标准化

吕拴录[1,2]　腾学清[2]　李中全[2]　杨成新[2]　李　宁[2]

文志明[2]　徐永康[2]　石桂军[2]　杜　涛[2]　王俊友[2]

(1. 中国石油大学,北京昌平,100249;

2. 中国石油塔里木油田公司,新疆库尔勒,841000)

摘　要:通过对某油田钻具提升短节失效原因进行大量调查研究及分析,认为钻具提升短节脱扣的主要原因是其本身细牙圆螺纹接头连接强度不足所致。API标准已报废了钻具接头与管体连接的细牙圆螺纹接头和量规标准,而国内外当时还没有钻具提升短节标准。为从根本上解决钻具提升短节脱扣问题,笔者制定了新型钻具提升短节技术标准,随后又制定了SY/T 5699—1995提升短节石油天然气行业标准及API钻具提升短节标准,此项标准已经在全世界范围内广泛应用,使用效果良好。

关键词:提升短节;脱扣;标准化

钻具提升短节是在石油钻井起钻过程中用来提升下部钻柱的工具。钻具提升短节在使用过程中实际仅提升下部钻柱,其受力条件并不苛刻,但我国油田却发生了多起钻具提升短节失效事故。钻具提升短节失效会造成钻具落井,造成巨大的经济损失,甚至导致操作人员伤亡。某油田曾在1年内共发生了5起钻具提升短节脱扣事故。其中LN208井提升短节脱扣事故导致2名钻工伤残。因此,对钻具提升短节脱扣原因进行分析,采取预防措施非常重要。笔者对LN208井钻具提升短节脱扣原因进行了分析,从标准化方面入手,彻底解决了钻具提升短节脱扣问题。对有关技术人员具有一定的参考价值。

1　钻具提升短节脱扣原因分析

1.1　螺纹形式

LXN208井在正常起钻过程中发生了钻具提升短节脱扣事故,脱扣的钻具提升短节形貌见图1。脱扣的钻具提升短节结构示意图见图2。从图1和图2可知,钻具提升短节管体是通过细牙圆螺纹与其接头连接的(图2),API标准早就废除了这种螺距为8牙/25.4 mm、锥度为1:16的细牙圆螺纹接头。由于粗牙梯形螺纹接头的连接强度远大于细牙圆螺纹接头的连接强度,当采用钻具提升短节上提下部钻具时,细牙圆螺纹接头位置为薄弱环节。由于细牙圆螺纹接头连接强度低于管体,其失效形式一般为脱扣[1-4],当钻具提升短节所受载荷超过细牙圆螺纹接头连接强度时就会发生脱扣事故。该油田在 1 年内发生的 5 起提升短节失效事故,脱扣位置全在其本身接头与管体之间的细牙圆螺纹连接部位。这更进一步说明,钻具提升短节本身接头与管体之间的细牙圆螺纹连接部位为薄弱环节。

图 1   LN208 井钻具提升短节脱扣形貌

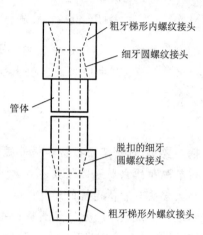

图 2   脱扣的钻具提升短节结构示意图

1.2   现场操作

在自重或外力作用下,内、外螺纹接头相互分离之后就会发生脱扣。脱扣时接头承受的载荷大小可以通过螺纹变形损伤情况予以判断。脱扣后螺纹接头变形损伤越严重,脱扣时所受的载荷越大;反之,脱扣后螺纹接头变形损伤越轻微,脱扣时所受的载荷就越小[5-6]。在正常使用过程中钻具提升短节所受的拉伸载荷仅为下部钻柱重量,如果司钻向上猛提钻柱,产生的加速度过大,可能会使钻具提升短节受到由于加速度而产生的额外载荷。从图 1 可知,脱扣的外螺纹接头基本完好,没有明显可见的变形损伤。这说明该钻具提升短节脱扣时所受载荷很小,司钻操作正常。

1.3   产品质量

细牙圆螺纹接头连接强度是靠内、外螺纹弹性配合来实现的。螺纹接头连接强度与螺纹加工精度,内、外螺纹接头参数匹配,上扣扭矩和位置等有关[7-8]。如果内、外螺纹接头加工精度差,螺纹啮合状态不好,只有部分螺纹啮合,则接头连接强度不高,很容易发生脱扣。细牙圆螺纹接头是靠机紧一定的圈数,即规定的紧密距牙数,使内、外螺纹有一定的过盈配合量来保证其连接强度。内、外螺纹接头获得最佳过盈配合量是通过最佳的上扣扭矩来实现的。如果上扣扭矩没有达到最佳上扣扭矩,就会降低接头连接强度。脱扣的钻具提升短节原始螺纹加工质量和上扣扭矩不详,但从其螺纹接头没有明显变形损伤就发生脱扣的现象推断,其产品质量存在一定问题。

1.4　提升短节标准

20 世纪 50 年代之前,API 标准在钻杆接头与管体之间曾采用这种细牙圆螺纹连接,由于其连接强度差,在使用过程中容易发生失效事故,API 标准早就废除了这种钻具细牙圆螺纹接头。由于当时国内外没有关于钻具提升短节的标准,油田只得采用 API 标准早就废除了的这种钻具细牙圆螺纹接头来制作钻具提升短节。也即,发生多起钻具提升短节脱扣事故的根源是没有标准可循。因此,要从根本上解决钻具提升短节脱扣失效问题,首先应当制订钻具提升短节标准。

2　钻具提升短节标准化

2.1　新型钻具提升短节标准化

依据钻具提升短节失效分析结果和钻具提升短节受力状态,及时设计了新型钻具提升短节。新型钻具提升短节采用接头与管体为一体的整体设计,去除了管体与接头之间的细牙圆螺纹连接,这就从根本上解决了钻具提升短节细牙圆螺纹连接部位薄弱、容易脱扣的问题。同时,还对新型钻具提升短节材料性能、几何尺寸精度、螺纹结构形状等做了具体规定,既保证了钻具提升短节的连接强度,又保证了与其他钻具螺纹接头的一致性和互换性。考虑到申报石油行业标准需要较长的时间,为了保证正常钻井生产,我们首先为该油田制订了新型钻具提升短节订货技术条件,并要求生产厂家按照订货技术条件规定及时生产和供货。该油田 3 年的实际使用效果表明,新型钻具提升短节加工容易,使用性能可靠,在 3 年使用期间没有发生一起失效事故。

2.2　石油行业新型钻具提升短节标准化

采用新型钻具提升短节解决了该油田钻具提升短节脱扣问题,但国内其他油田仍然在使用容易发生脱扣的老式钻具提升短节。为了保证全国油田钻具提升短节不发生失效事故,笔者起草了提升短节石油行业标准,该项标准填补了国内空白。

全国油田经过几年的实际使用效果表明,符合石油行业标准的提升短节使用操作简单方便、性能安全可靠。在全国油田执行提升短节石油行业标准以来,没有发生一起钻具提升短节脱扣事故。

进一步调查研究发现 GB/T 9253.8—1995 石油钻杆螺纹和 GB/T 9253.9—1995 石油钻杆螺纹量规两项国家标准,分别采用了 API 已经废除的细牙圆螺纹接头和量规标准。经过说服有关标准化部门及标准起草者,及时将这 2 项标准报废。这就从根本上杜绝了细牙圆螺纹接头加工问题。

2.3　API 新型钻具提升短节标准化

采用石油行业提升短节标准有效地解决了国内油田钻具提升短节脱扣问题,但国外其他油田仍然缺少钻具提升短节标准,很可能发生提升短节失效事故。为了保证全世界油田钻具提升短节不发生失效事故,笔者起草了 API 提升短节标准,并被采纳列入 API Spec 7 标准(图3)。目前此项标准正在全世界广泛应用,该项国际标准完善了 API 标准,有效地预防了钻具提升短节失效事故。

2.4 新标准宣贯落实

为了全面贯彻执行新型钻具提升短节标准,我们多次在各种会议上进行宣贯,并要求各油田报废原有的不符合标准的老式钻具提升短节。目前,新型钻具提升短节标准已经在国内、外油田广泛使用。

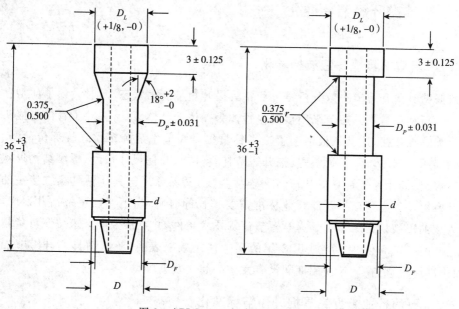

图 3 API Spec 7 规定的提升短节

3 结论

(1) 钻具提升短节脱扣主要原因是采用了 API 标准已经废弃的细牙圆螺纹接头。

(2) 积极开展提升短节失效分析及标准化工作,最终使设计的新型钻具提升短节成为企业标准、石油行业标准和 API 标准,有效地防止了钻具提升短节失效事故的发生,确保了钻井安全生产。

参考文献

[1] 吕拴录.Φ139.7 mm×7.72 mm J55 长圆螺纹套管脱扣原因分析[J].钻采工艺,2005,28(2):73-77.

［2］　袁鹏斌,吕拴录,姜涛,等.长圆螺纹套管脱扣原因分析[J].石油矿场机械,2007,36(10):68-72.

［3］　Lü Shuanlu,Han Yong,Terry Qin Changyi,et al. Analysis of well casing connection pull over[J]. Engineering Failure Analysis,2006,13(4):638-645.

［4］　吕拴录,袁鹏斌,张伟文,等.某井 N80 钢级套管脱扣和粘扣原因分析[J].钢管,2010,39(5):57-61.

［5］　吕拴录.Φ139.7 mm×7.72 mm J55 长圆螺纹套管脱扣原因分析[J].钻采工艺,2005,28(2):73-77.

［6］　袁鹏斌,吕拴录,姜涛,等.长圆螺纹套管脱扣原因分析[J].石油矿场机械,2007,36(10):68-72.

［7］　聂采军,吕拴录,周杰,等.Φ177.8mm 偏梯形螺纹接头套管脱扣原因分析[J].钢管,2010,39(3):19-23.

［8］　骆发前,吕拴录,周杰,等.塔里木油田钻柱转换接头失效原因分析及预防措施[J].石油钻探技术,2010,38(1):80-83.

正确理解和执行标准规范,选好用好油井管

吕拴录[1,3] 李鹤林[2] 骆发前[3] 周 杰[3] 高 蓉[2] 方 伟[2]

(1.中国石油大学,北京昌平 102249;
2.中国石油天然气集团公司管材研究所,陕西西安 710065;
3.中国石油塔里木油田公司,新疆库尔勒 841000)

摘 要:对典型的油井管失效事故进行了调查研究,认为为了防止或减少油井管发生失效事故,油田应依据 API 最新标准和补充技术条件,选购适合于自己油田的油井管;油田应严格设计规范和操作规范,并对油井管标准中的关键技术指标进行专题研究。

关键词:油井管;失效分析;API 标准;订货补充技术条件;操作规程

油井管(钻具、套管、油管)在石油工业中占有重要地位,不仅表现为用量大、花钱多,更主要的是其质量对石油工业的影响极大[1]。

长期以来,我国油田一直依据 API 标准选用油井管。API 标准注重工程互换,既保证不同生产厂家按 API 标准制造的产品都能互换和配合,方便用户采购与油田现场管理和使用;又不限制生产厂家采用新技术、新工艺,提高产品质量和安全可靠性,以满足用户的各种需要。API 油井管产品标准,虽有技术要求、试验方法和检验规则等,但要求均为基本要求、最低要求,内容比较宽泛,适用性也未能清楚界定。因此,仅依靠 API 标准并不能满足工程需要[2]。

我国依据 API 标准选用和生产油井管已有多年历史,但仍存在不少问题。有些生产厂认为达到了 API 标准已经很了不起。而用户对于 API 标准的理解也很有限,订货时只笼统写执行 API 标准。订货内容只有规格、钢级、数量和交货期,几乎不加注任何技术要求的选择条款,更不提补充技术要求。

大量失效分析表明,油井管失效原因与订货标准有关,也与使用操作有关。油井管订货标准要求的技术条款不能满足实际使用工况,最终在使用过程中发生了大量失效事故[3]。由于设计不合理和使用操作不规范导致油井管非正常损坏,发生的失效事故更多。如何解决订货标准与油田实际使用工况不符问题,如何选好用好油井管是我国油田目前亟待解决的问题。

1 依据标准和订货补充技术条件选好油井管

满足油田实际需要的油井管要以标准或订货技术要求的形式提出,工厂依据标准和订货条件生产和供应油井管。所谓选好油井管实际是依据油田的实际使用条件提出切实可行的订货标准,并要求工厂严格按标准要求的技术条款供货。目前,油田习惯采用 API 标准订货。API 标准是用户和生产厂共同协商的结果。API 标准每年都在修订,根据修订内容,一般在 4～5 年出版修订之后的新版本(表1)。满足 API 标准的油井管并不能保证在每一个油田使用都不出问题。因为每个油田的使用工况不同,对油井管的使用性能要求也必然不同。因此,油田在订货时不仅要采用最新的 API 标准,而且应根据自己的实际使用工况,在 API 标准的基础上提出订货补充技术条件。为此,必须深入油田调查研究,掌握油井管实际服役条件,了解各油田依据 API 标准订购的油井管在使用中存在的问题。

表 1　API 标准修订周期举例

标准名称	版本	发布日期	修订频次(平均)
API Spec 5D	第 3 版	1992 年	4—5 年修订一次
	第 4 版	1999 年	
	第 5 版	2001 年	
API Spec 7	第 36 版	1989 年	3 年修订一次
	第 37 版	1990 年	
	第 38 版	1994 年	
	第 39 版	1997 年	
	第 40 版	2001 年	
API Spec 5CT	第 6 版	1998 年	3—5 年修订一次
	第 7 版	2001 年	
	第 8 版	2005 年	

要提出切实可行的订货技术条件,失效分析和科研工作必须走在前面。通过大量失效分析可以发现油井管存在的质量问题。对于失效分析发现的油井管质量问题,要经过科学研究才能提出具体的解决办法,最终将科研成果用于订货标准和补充订货技术条件。

下面用具体事例说明采用 API 最新标准和制订订货补充技术条件的必要性和可行性。

1.1　钻杆接头胀大失效问题

20 世纪 90 年代初,某油田一批 $\Phi 127.0$ mm 钻杆接头胀大失效(图1),经过大量失效分析和研究,认为钻杆接头胀大失效的主要原因是接头密封台肩倒角直径偏小所致。进一步调查发现合同订单上要求按 1981 年出版的 API Spec 7 标准供货,因为采购人员手头只有 1981 年出版的 API Spec 7 标准中文版。实际上 1986 年出版的 API Spec 7 已将 Φ127.0 mm 钻杆接头密封台肩倒角直径从 150.4 mm 改为 154.0 mm,倒角直径增大 3.6 mm,密封台肩接触面积增大 20%,接头密封抗挤压变形的能力会大幅度提高。在该油田同一区块使用的钻杆有按 1981 年出版

图 1 钻杆接头胀大形貌

的 API Spec 7 标准生产的,也有按 1986 年出版的 API Spec 7 标准生产的。前者发生了大量的钻杆接头胀大损坏事故,后者却没有发生钻杆接头胀大事故。这说明 API 标准修订是有道理的,不执行 API 最新标准会导致不必要的损失。

随着钻井深度和斜度的增加,钻杆承受的扭矩越来越大,按 API 最新标准生产的 Φ127.0 mm 钻杆在有些超深井油田使用仍然容易发生内螺纹接头胀大事故。为解决苛刻井钻杆内螺纹接头胀大问题,笔者又以订货补充技术条件的形式提出选用扭矩性能优良的双台肩接头钻杆,最终解决了超深井钻杆接头胀大问题。

1.2 钻杆内加厚过渡带刺穿问题

20 世纪 80 年代,我国油田发生了大量进口钻杆内加厚过渡带早期刺穿失效事故(图 2),其中 G105 以上高钢级的钻杆早期刺穿事故最多。管材研究所经过大量失效分析,认为进口钻杆内加厚过渡带早期刺穿失效的主要原因是钻杆内加厚过渡带短,过渡圆弧小,存在应力集中。而依据当时的 API Spec 5D,E75 内外加厚钻杆内加厚过渡带长度 $M_{iu} \geqslant 50.8$ mm,X95、G105 和 S135 内外加厚钻杆内加厚过渡带长度没有规定。依据 API Spec 5D 规定,这些内加厚过渡带早期刺穿失效的进口高钢级钻杆全部符合标准要求。管材研究所在大量失效分析和科学研究的基础上,提出钻杆内加厚过渡带长度 $M_{iu} \geqslant 100$ mm,过渡带消失位置圆弧 $R \geqslant 300$ mm,并将其作为订货补充技术条件。经过在油田下井试验,按照订货补充技术条件订购的钻杆使用寿命延长了一倍多。

随后管材研究所给 API 提案,要求改进钻杆内加厚过渡带形状。API Spec 5D 1999 年 8 月第 4 版将内外加厚钻杆内加厚过渡带长度改为 $M_{iu} \geqslant 76.2$ mm。

近年来,随着钻杆国产化的发展和越来越苛刻的钻井条件,钻杆内加厚过渡带刺穿失效数量有所回升。例如,某油田 2004 年就发生 155 起钻杆内加厚过渡带刺穿失效事故。近几年刺穿失效的钻杆过渡带长度和材质符合 API Spec 5D 最新规定。但目前刺穿钻杆仍存在如下问题:

(1)国内外不同厂家生产的钻杆内加厚形状存在一定差异,有些厂家的钻杆内加厚过渡带形状不规则,过渡带消失部位存在较大的应力集中和腐蚀集中。

(2)没有内涂层的钻杆更容易刺穿,钻杆加内涂层之后寿命会大幅度提高。

（3）早期刺穿失效的钻杆材料纯净度较差。钻杆材料纯净度越差,抵抗腐蚀疲劳裂纹萌生和扩展的能力越差,钻杆的使用寿命越短;反之,钻杆材料纯净度越高,抵抗腐蚀疲劳裂纹萌生和扩展的能力越强,钻杆的使用寿命越长[4]。图 2 显示了不同厂家钻杆抗腐蚀的能力。图 3 显示了不同厂家钻杆疲劳裂纹扩展速率。图中纯净度差的钻杆疲劳裂纹扩展速率是纯净度高的钻杆疲劳裂纹扩展速率的 1.7～2.3 倍。

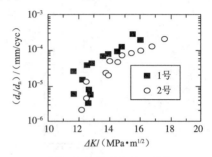

图 2　不同厂家钻杆抗腐蚀能力对比　　　　图 3　不同厂家钻杆裂纹扩展速率对比

（4）根据目前钻杆内加厚过渡带刺穿失效情况,仅依据 API 标准已不能解决问题。应当提出新的钻杆订货补充技术条件。

塔里木油田现已提出新的钻杆订货补充技术条件,要求钻杆内加厚过渡带长度 M_{iu} ≥120 mm,过渡带消失位置圆弧 R≥300 mm。

钻杆内加厚形状改进之后钻杆寿命大幅度提高,但是钻杆内加厚消失位置仍然是薄弱环节。目前塔里木油田正在开展钻杆材质、尺寸规格、加厚形式等方面的研究,并将结合塔里木油田对钻杆的实际要求,提出更高的附加技术条件。

1.3　钻具提升短节

某油田发生了多起提升短节脱扣（图 4）事故,并使 2 名钻工致残。经过失效分析与研究,发现脱扣的提升短节是用 API 早已淘汰的细扣钻杆改制的,脱扣位置全在细扣连接部位。而当时的 API 标准里还没有提升短节。根据这种情况,笔者及时设计了新型提升短节（图 5）,并以订货技术条件的形式要求厂家加工。新型提升短节在该油田使用多年未出现问题。笔者又制订了提升短节行业标准,按照行业标准加工的提升短节在全国使用至今也很少发生失效事故。随

图 4　提升短节脱扣形貌

后笔者又制订了 API 提升短节标准,并被采纳列入 API Spec 7 规范。

进一步调查研究发现我国两项国家标准,GB/T 9253.8—1995 石油钻杆螺纹和 GB/T 9253.9—1995 石油钻杆螺纹量规的内容是 API 淘汰的细扣钻杆螺纹。经过说服有关标准化部门和标准起草者,现在已经将这 2 项标准报废。这就从根本上杜绝了细扣钻具脱扣事故的发生。

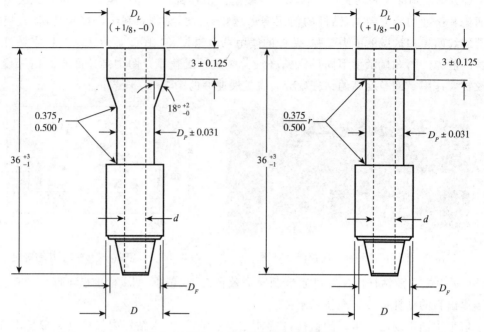

图 5　API Spec 7 标准规定的提升短节

1.4　钻铤断裂问题

20 世纪 80 年代中期,国产钻铤在开始生产时发生了多起脆性断裂事故,个别钻铤在钻台上断为几截。经过失效分析和试验研究,发现断裂原因主要是材质韧性不足所致。API Spec 7 标准对钻铤韧性没有要求,这些断裂的钻铤材料性能仍然符合 API Spec 7 标准要求。依据失效分析和研究结果,笔者首先以订货补充技术条件形式提出钻铤韧性不小于 54 J,随后又制订了钻铤行业标准,对钻铤韧性等指标做了规定,这就有效地防止了钻铤脆性断裂事故的发生。

近几年,随着国产钻铤生产规模不断扩大,钻铤断裂频繁发生。某油田 2002 年至 2004 年就发生钻铤断裂事故 419 起(不包括外来井队在该油田发生的钻铤断裂事故)。钻铤断裂位置大多数在内螺纹接头位置(图 6)。

据调查,外来井队在该油田打井过程中也发生了大量钻铤断裂事故。某外来井队所打的一口直井所用钻铤全为新钻铤,在钻至 3 130 m 就发生了 19 次钻铤内螺纹断裂事故。

管材研究所经过大量失效分析和研究,发现断裂失效钻铤符合 API Spec 7 规范和 SY/T 5144 钻铤规范。这说明目前的 API Spec 7 规范和 SY/T 5144 钻铤标准已经不能满足该油田的使用要求,该油田应当依据自己的使用工况制订订货补充技术条件。

为解决钻铤断裂问题,该油田已经在订货补充技术条件里对钻铤应力分散槽结构、螺纹结构等方面提出了具体要求,但目前钻铤断裂事故并没有明显减少。这说明要解决该油田钻铤断裂问题,必须首先对钻铤断裂的真正原因和预防措施进行研究,然后才能

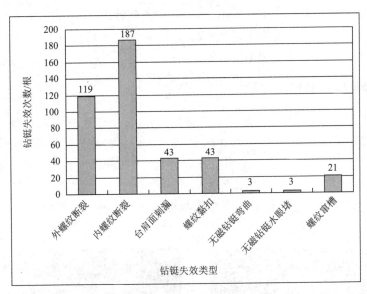

图 6　某油田钻铤失效类型及次数

提出切实可行的订货补充技术条件和标准。

2　严格设计规范和使用操作规范,用好油井管

要用好油井管,就要依据油井实际工况做好管柱设计;要用好油井管,就要有科学的使用操作规程;要用好油井管,就要有配套的规章制度和工具,保证作业人员严格执行使用操作规程。下面举例说明合理设计和严格使用操作规范的必要性和可行性。

2.1　V150 钢级套管开裂问题

20 世纪 80 年代和 90 年代,V150 套管在国内几个油田发生了开裂事故。近几年,某油田订购的一批 V150 钢级套管多次发生断裂事故(图 7)。失效分析认为,事故主要原因是材质韧性不足、上扣扭矩偏大所致。按照该油田的使用工况,没有必要使用 V150 钢级套管。而油田设计人员认为钢级越高,抗拉安全系数越大,套管越安全,而忽视了高钢级套管对环境的敏感性和更高的要求,油田在订货时只要求按 API 标准执行,没有提任何补充技术要求。

图 7　V150 套管接箍
开裂形貌

1988 年前出版的 API Spec 5AX 标准曾将 V150 钢级套管列为比 P110 高一级的钢级,但明确规定 V150 钢级套管不作为 API 标准钢级。经过几年的使用实践,API 发现 V150 钢级套管的生产技术还不成熟,在使用中发生了多起断裂事故。另外,从目前世界范围内技术水平来考虑,具有生产高韧性 V150 钢级套管能力的厂家还不多。1988 年及以后出版的 API Spec 5CT 标准就去除了 V150 钢级套管。

根据目前的国际标准和国际上生产 V150 钢级的技术水平现状,油田应尽可能不用 V150 钢级套管。如果必须使用 V150 钢级套管,应当依据自己的使用工况提出具体技术标准(特别是韧性指标),并优选生产厂家。

2.2 套管脱扣和粘扣事故

某油田在下套管过程中所有套管均严重粘扣,且发生套管脱扣事故(图8、图9)。

经过失效分析和调查研究,发现井队在下套管时没有使用套管液压钳,而使用了钻杆液压钳。钻杆液压钳是按钻杆接头壁厚设计的,用钻杆液压钳对套管上扣,必然会将套管接箍夹持变形,发生严重粘扣和脱扣事故。

以上事例说明下套管必须要有严格的作业规程,井队应当严格执行作业规程。否则,必然发生套管失效事故。

图 8　套管外螺纹粘扣和脱扣形貌　　图 9　套管接箍粘扣及夹持变形磨损形貌

2.3 油管粘扣问题

油管粘扣是国内油田目前普遍存在的问题(图10),到目前为止已造成了很大的经济损失。经过大量失效分析和研究,发现大多数油管粘扣与没有引扣和上扣速度过快有关。

图 10　油管粘扣形貌　　　　　　图 11　接箍错扣形貌

在上扣过程中不引扣,或者引扣太少,很容易引起粘扣和错扣(图12)。井队工人在油管对扣后(外螺纹插入内螺纹里边)不引扣就立即开动油管钳上扣。在对扣后不引扣的情况下高转速上扣很容易发生错扣和粘扣。如果对扣不正会发生更严重的错扣和粘扣。

上扣速度越快,越容易粘扣[5]。按照 API RP 5C1 规定,油管上扣速度不能超过
25 r/min。我国油田实际所用的大多数油管液压钳低挡转速为 36 r/min,高挡转速为
110 r/min。油田工人在下油管过程中通常喜欢采用高挡转速。

到目前为止,许多油田还没有详细的油管作业规程。要解决由于使用操作不当引起
的油管粘扣和错扣问题,首先必须有科学的油管下井作业规程。要在作业规程里对油管
下井作业过程中的对扣方式、引扣圈数、上扣速度和上扣扭矩等作详细规定。并有相应
的制度和政策保证井队严格执行操作规程。

要保证油管的引扣圈数,必须为井队提供必要的工具。石油管材研究工作者经过多
年研究,研制出了便携式油管引扣钳(图 13),并申请了专利。引扣钳的推广应用,必将有
效地防止油管粘扣和错扣。

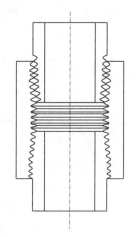 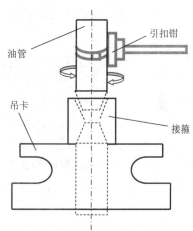

图 12　未引扣时内外螺纹牙齿接触状态　　　图 13　引扣钳应用示意图

2.4　吊卡磨损导致油管断裂问题

近年来,油田发生了多起油管断裂事故(图 14)。失效分析和研究发现,油管断裂原
因与吊卡磨损有关(图 15、图 16)。

图 14　油管断裂位置　　　图 15　断裂时油管与　　　图 16　吊卡磨损形貌
　　　　　　　　　　　　　　　　吊卡匹配状态

吊卡磨损之后会导致油管与吊卡处于非正常的偏斜配合状态,此时油管不但要承受拉伸载荷,还要承受弯曲载荷和吊卡施加的剪切载荷,油管很容易断裂和弯曲损坏。

对于吊卡磨损导致的油管失效,油田往往只注重油管质量,而忽视吊卡的质量。大多数油田没有科学的吊卡判废标准和检修标准。甚至当吊卡磨损导致油管发生断裂和弯曲事故之后,有些井队仍然不舍得将吊卡报废。这就导致类似的事故在同一油田,甚至同一修井队多次发生。要从根本上解决问题,必须制订科学的吊卡判废标准和检修标准。

3 结论

(1)各油田应依据 API 最新标准和补充技术条件,选购适合于自己油田的油井管。

(2)严格设计规范和操作规范是用好油井管的关键。

(3)针对油井管标准中的关键技术指标进行专题研究,用于指导标准、规范的修订。

参考文献

[1] 李鹤林.油井管发展动向及国产化探讨.中国石油天然气集团公司院士论文集[M],北京:石油工业出版社,1999.

[2] 秦长毅,方伟,杨龙.论中国油井管标准.石油工业标准化,2004.1.

[3] 吕拴录,等.结合油田需要,搞好油井管标准化工作.石油钻采设备标准化论坛论文集,2005.

[4] Lü Shuanlu,Feng Yaorong,Luo Faqian,et al. Failure analysis of IEU drill pipe wash out[J].Fatigue,2005,27:1 360-1 365.

[5] 吕拴录,刘明球,王庭建,等.J55 平式油管粘扣原因分析[J].机械工程材料,2006,30(3):69-71.

二　断裂和弯曲失效分析及预防

WS1 井 Φ88.9 mm 四方钻杆断裂原因分析

吕拴录　王新虎

（中国石油天然气集团公司管材研究所,陕西西安,710065）

摘　要: WS1 井发生了一起 Φ88.9 mm 四方钻杆断裂事故,造成了很大的经济损失。为搞清事故原因,对四方钻杆断裂事故进行了研究。采用宏观分析方法和扫描电镜微观分析方法对四方钻杆断口宏观形貌和微观形貌进行了观察分析,认为四方钻杆断裂具有疲劳断裂的特征;采用直读光谱仪、力学性能试验设备和金相显微镜对断裂四方钻杆材料化学成分、机械性能和金相组织进行了试验分析,发现四方钻杆材料强度和韧性不足。调查研究和试验分析结果表明,四方钻杆断裂位置处于结构突变位置,断裂属于早期疲劳裂纹引起的脆性断裂失效,失效原因主要是材料质量不合格和机加工质量差所致。该研究对于防止同类事故再次发生,有着重要的借鉴意义。

关键词: 四方钻杆;断裂;卡钻;断口分析;金相分析

四方钻杆是钻柱系统的重要构件之一。转盘通过四方钻杆给整个钻柱系统施加扭矩,大钩提升系统通过四方钻杆提升或下放整个钻柱,钻井泵系统通过方钻杆等构成的整个钻柱系统通道来实现钻井液循环。因此,要保证整个钻柱系统的结构完整性和密封完整性,确保钻井生产的正常进行,方钻杆的使用性能必须安全可靠。如果方钻杆发生失效事故,轻则造成重大经济损失,重则导致人员伤亡。

由于四方钻杆是非常重要的钻柱构件,我国油田多年来一直采用进口的方钻杆。经过多年的使用实践,进口方钻杆性能可靠,可以满足我国油田的使用工况,很少发生断裂事故。近年来,随着油井管国产化的进展,我国有些厂家也开始加工方钻杆。国产方钻杆使用性能是否可以满足油田的需要,这一直是人们关注的焦点。因此,跟踪研究国产方钻杆的使用效果,及时找出国产方钻杆存在的问题,对于促进方钻杆国产化,保证四方钻杆安全使用,很有必要。

2004 年 3 月,国产四方钻杆在 WS1 井使用不久后就发生了断裂事故。对于四方钻杆断裂事故,油田和工厂都非常重视,并委托笔者对方钻杆断裂原因进行了调查研究和试验分析。

1 事故情况

2004 年 3 月,WS1 井发生了一起 Φ88.9 mm 四方钻杆断裂事故,事故情况如下。

该井取完心在割心过程中发生卡钻事故,采取上下活动钻具以及泡油未能解卡。在上下活动钻具过程中,当下放至四方钻杆顶端离转盘面约 3 m 位置时发生四方钻杆断裂事故。断裂时悬重 1 000 kN。

该四方钻杆开始使用时井深 4 702.0 m,断裂时井深 4 934.82 m。累计进尺 232.82 m,累计旋转时间 495.2 h。鱼顶井深 0.95 m,落鱼长度 4 935.02 m。落鱼组合如下:Φ148.5 mm 取心钻头＋Φ121 mm 取心筒＋Φ127 mm 箭型回压阀＋Φ127 mm 旁通阀＋Φ121 mm 钻铤×5 柱＋Φ88.9 mm 钻杆×166 柱＋Φ146 mm 防磨接头×6 支＋Φ127 mm 方钻杆保护接头＋Φ88.9 mm 四方钻杆。

按订货合同要求,四方钻杆材质为锻材,验收标准为 SY/T 6509—2000 标准[1]。

2 断口分析

2.1 断口宏观分析及尺寸测量

四方钻杆断裂位置在上部内螺纹接头与四方驱动部位的交界处。整个断口粗糙,断口上有两处明显的位于方角圆弧表面位置的弧形亮区。断口上的放射状条纹收敛于一弧形的亮区,该弧形亮区弧长为裂源部位,其弧长为 20.9 mm,深度为 3.3 mm,此外,与裂源部位相邻的另一方角圆弧部位也有一发亮的弧形区,其弧长为 15.3 mm,深度为 2.6 mm,此区域为另一裂源区,该裂源区在断裂时未快速扩展,见图 1 和图 2。两弧形亮区对应的圆角正好在标记槽所在平面的两侧。四方钻杆 4 个角圆弧面均有很深的刀痕,裂纹源正好起源于刀痕,见图 3。

图 1 四方钻杆断裂位置及断口形貌

断口宏观特征表明,断口上的两弧形亮区为疲劳裂纹,断口扩展区为脆性断裂。

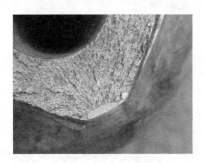

图 2 断口源区形貌

图 3 四方钻杆圆弧部位刀痕及疲劳裂纹位置

2.2 断口微观分析

用扫描电镜对断口进行微观分析,断口上两个弧形裂源区有明显可见的疲劳辉纹,见图4,断口扩展区微观形貌为解理形貌,见图5。

断口微观特征进一步表明,断口上的弧形亮区为疲劳裂纹区,瞬断区为脆性断裂。

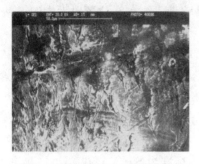 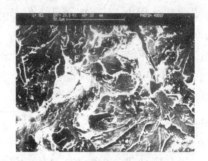

图4 弧形亮区断口上的疲劳辉纹　　　　图5 断口瞬断区解理形貌

3 材质分析

3.1 化学成分分析

化学成分分析结果表明,四方钻杆材料的化学成分符合标准要求。

3.2 力学性能试验

在四方钻杆断口附近四方一侧沿纵向取 10 mm×10 mm×55 mm 的 CVN 冲击试样和直径为 12.7 mm、标距为 50.8 mm 的圆棒拉伸试样。沿横向取硬度试块,力学性能试验结果见表2。

表2 拉伸试验和硬度试验结果

项目	拉伸性能			硬度 HBW10/3000	冲击功(室温)/J
	$\sigma_{0.2}$/MPa	抗拉强度 σ_b/MPa	延伸率 δ_4/%		
试验结果	518	734	18.5	219	45.0
SY/T 6509—2000 规定	≥758	≥965	≥13	≥285	≥54

机械性能试验结果表明,四方钻杆材料强度和韧性均不符合标准要求。

3.3 金相分析

在断口弧形区裂源部位取样进行金相分析,弧形裂纹起源于外表面的刀痕位置,刀痕深度 0.2~0.3 mm,见图6。弧形裂源区组织与基体组织相同,均为 $S_{回}$＋球状碳化物＋少量片状 P。

4 结果分析

试验结果表明,四方钻杆断口上有 2 处疲劳裂纹。疲劳裂纹深度占裂源处壁厚的11.6%,其余断面为一次性脆性断裂。

四方钻杆仅使用 495.2 h,累计进尺仅有 232.82 m,就发生了断裂事故。断裂事故属于早期疲劳裂纹引发的脆性断裂失效。四方钻杆疲劳裂纹的产生及快速扩展与其本身的机加工质量和材质有关。

图 6 弧形裂源区断口表层组织及外壁刀痕形貌(图右侧上方为断口)

4.1 机加工质量对疲劳裂纹的影响

从图 1~图 3 和图 6 可明显看出,断裂位置在方钻杆上部接头和四方驱动部位的过渡区域,在裂源部位存在明显的刀痕,疲劳裂纹起源于刀痕。

四方钻杆上部 6⅝ REG 反扣接头外径为 198.0 mm,四方钻杆四方驱动部位对边宽度为 90.2 mm,上部接头与四方驱动部位过渡区的内径(52.5 mm)相同。因此,在上部接头与四方驱动部位过渡区为截面突变部位,存在一定的应力集中。裂源部位很深的机加工刀痕本身是一个尖锐的缺口,存在较大的应力集中,在应力集中区很容易萌生疲劳裂纹。四方钻杆疲劳裂纹从上部接头与四方驱动部分过渡区刀痕位置 2 处起源并扩展,这足以说明该部位的机加工刀痕产生的应力集中是相当大的。

4.2 材料质量对方钻杆使用寿命的影响

材料抗疲劳裂纹萌生和扩展的能力取决于材料的强度和韧性[2]。四方钻杆材料屈服强度只有标准规定的最小值的 68.3%,抗拉强度只有标准规定的最小值的 76.1%,硬度只有标准规定的最小值的 76.8%,韧性只有标准规定的最小值的 83.3%。方钻杆强度和韧性均不符合标准要求,其抗裂纹萌生和扩展的能力必然很差。方钻杆使用时间很短就发生了早期断裂事故,这与其材料性能差有很大关系。

4.3 四方钻杆断裂时的受力分析

四方钻杆上端与旋塞阀连接,下端与保护接头连接。在正常钻井过程中,四方钻杆一方面要将转盘的扭矩传递到钻柱,带动整个钻柱做旋转运动,承受一定的扭转载荷;另一方面还要提升钻柱,承受一定的拉伸载荷;与此同时,四方钻杆内孔还要流过高压钻井液,承受一定的内压作用;另外,在处理卡钻和蹩钻等事故时,方钻杆还要承受附加载荷。

四方钻杆是在处理卡钻事故上下活动钻具过程中发生断裂事故的。在处理卡钻事故上下活动钻具过程中,四方钻杆除受正常的载荷之外,还要受一定的附加弯曲载荷、冲击载荷和拉伸载荷。由于四方钻杆材料强度和韧性均较差,加之其在断裂之前已产生了疲劳裂纹,在受力条件稍有变化的情况下就发生了脆性断裂事故。

5 结论与建议

(1)方钻杆断裂事故属于早期疲劳裂纹引发的脆性断裂失效。断裂原因是材料强度和韧性不符合标准要求,且裂源位置存在很深的机加工刀痕。

(2)对方钻杆材质和加工工艺进行改进。

(3)对该批方钻杆定期进行探伤检查,一旦发生裂纹应立即停用。

参考文献

[1] 中华人民共和国石油天然气行业标准.SY/T 6509—2000,方钻杆,国家石油和化学工业局,2000-12-25 发布,P6.

[2] 周惠久,黄明志.金属材料强度学.北京:科学出版社,1989:446.

含 H_2S 井钻铤本体断裂原因分析

吕拴录[1,2]　李金凤[3]　江　涛[1]　迟　军[2]　谢居良[2]　巨西民[3]

(1.中国石油塔里木油田公司,新疆库尔勒,841000;

2.中国石油大学,北京昌平,102249;

3.中国石油天然气集团公司管材研究所,陕西西安,710065)

摘　要:对某井 Φ120.7 mm 钻铤断裂事故进行了调查研究,对钻铤材质进行了试验分析,对钻铤断口和裂纹形貌进行了宏观分析和微观分析。结果表明:钻铤材料符合 SY/T 5144—1997 标准要求,钻铤裂纹和断口位置的硫含量远高于其他部位,钻铤断裂具有 H_2S 导致的应力腐蚀开裂(SSCC)特征。对钻铤受力条件、钻铤材质 H_2S 敏感性和腐蚀介质分析结果表明,钻铤具备 H_2S 应力腐蚀开裂条件。

关键词:钻铤;H_2S;应力腐蚀开裂;沿晶断口

1　现场情况

某井设计井深 5 960 m,在钻遇放空的情况下,用原钻具测试,起钻时发现 Φ120.7 mm 钻铤本体断裂。落鱼长度为 4.1 m,鱼顶位于井深 5 767.4 m。钻铤断裂位置距外螺纹接头 3.31 m。

该井未进行 H_2S 测试,但与该井相邻的井里 H_2S 含量普遍很高。与该井相距 2 km 的 T2 井在钻遇放空的情况下,H_2S 含量将近 2 000 ppm,用原钻具测试时钻具脆性断裂成数截。

2　宏观分析及无损检测

钻铤断口因摩擦已严重损伤,荧光磁粉探伤后断口摩擦损伤发光区域可明显看到许多径向裂纹(图1)。

对断裂钻铤样品进行荧光磁粉探伤,发现外表面有许多沿钻铤周向分布的"阶梯状"裂纹(图2)。

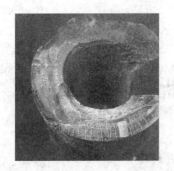

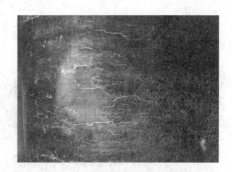

图1 荧光磁粉探伤后断口宏观形貌　　图2 钻铤外表面荧光磁粉探伤显示的
周向"阶梯状"裂纹形貌

3 理化试验

3.1 化学成分分析

化学成分分析结果符合标准要求(表1)。

表1 化学成分分析结果(质量分数/％)

元素	C	Si	Mn	P	S	Cr	Mo	Ni	V	Ti	Cu
含量	0.43	0.24	0.92	0.012	0.023	1.08	0.22	0.22	0.007	0.007	0.23
SY/T 5144-1997 规定	—	—	—	0.030	0.030	—	—	—	—	—	—

3.2 力学性能试验

力学性能测试结果表明,该钻铤屈服强度815 MPa,抗拉强度1 035 MPa,延伸率18％,室温冲击功59 J,硬度HRC 32。SY/T 5144-1997规定钻铤屈服强度≥758 MPa,抗拉强度≥965 MPa,延伸率≥13％,室温冲击功≥54 J。钻铤力学性能符合标准规定。

3.3 金相分析

在钻铤断口位置和外壁裂纹部位取样进行金相分析。裂纹均起源于钻铤外表面,且与外表面垂直,裂纹起始端均较粗,尖端较细,呈多枝状沿晶扩展(图3),裂纹深度范围为0.1~11.1 mm。钻铤断口上摩擦损伤区域的裂纹起源于断口表面,裂纹特征与钻铤外表面裂纹相似。金相分析结果,钻铤裂纹具有H_2S应力腐蚀开裂的特征。

钻铤外表层、裂纹附近及裂纹尖端组织均为回

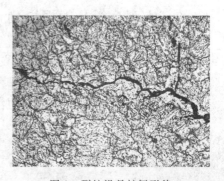

图3 裂纹沿晶扩展形貌

火索氏体。按 GB10561-1989 对钻铤材料非金属夹杂物评定结果为 A3.0,A2.0e,B2.0,D1.0。按 GB6394-2002 对钻铤材料晶粒度评定结果为 8 级。

4 扫描电镜断口分析及能谱分析

用扫描电镜对纵截面裂纹分枝形貌观察,结果见图 4。将裂纹打开,断口被腐蚀产物覆盖。除去腐蚀产物,断口微观形貌为沿晶(图 5)。能谱分析结果,钻铤裂纹内腐蚀产物中 S 含量 0.73% ~ 3.06%,裂纹附近基体 S 含量 0.16%。断口微观特征表明,钻铤断口和裂纹具有硫化物应力腐蚀开裂的特征。用扫描电镜对纵截面裂纹分枝形貌观察,结果与在钻铤断口位置和外壁裂纹部位取样进行金相分析结果相同。

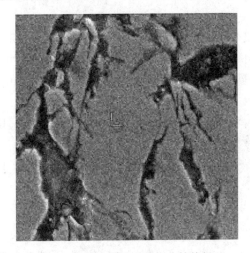
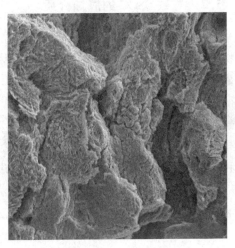

图 4   扫描电镜显示裂纹分枝特征   图 5   断口微观形貌

5 结果分析

试验结果表明,钻铤断口表面和钻铤外壁存在许多裂纹,断口和裂纹具有 H₂S 应力腐蚀开裂的特征;钻铤材料的化学成分、机械性能均符合 SY/T 5144-1997 标准要求,可以排除由于材料缺陷导致断裂的可能性,下面对钻铤断裂原因进行分析。

5.1 钻铤断裂属于 SSCC 失效

SSCC 是氢应力腐蚀开裂与在金属表面因酸性腐蚀所产生的原子氢引起的脆化有关。在硫化物存在时,会加速金属对氢的吸收[1],氢原子或氢离子溶解侵入钢材,在钢材里形成孔洞和裂纹,使钢材发生脆化,即氢脆,最终在拉应力作用下发生断裂或开裂。

H₂S 导致的金属氢脆过程为:

(1) 氢在金属表面吸附;

(2) 吸附于金属表面上的氢分子解离;

(3) 解离后的氢原子或离子从金属表面进入金属晶格形成固溶体;

（4）在固溶体中氢原子或氢离子通过金属晶格扩散；

（5）当溶入金属中的氢原子或氢离子浓度在局部达到饱和时就可能影响金属的性能，产生氢脆问题。

发生 H_2S 应力腐蚀断裂必须具备如下条件[2]：

（1）有 H_2S 腐蚀介质；

（2）存在拉应力；

（3）对应力腐蚀敏感的材料。

H_2S 应力腐蚀断裂有一个或长或短的孕育期，在孕育期中腐蚀外露特征不明显，难以发现。进入发展期后裂纹扩展速度很快。当裂纹穿透整个截面就会发生断裂事故。

5.2 导致 SSCC 的腐蚀介质

化学成分分析结果，钻铤材料中 S 含量仅 0.023%。能谱分析结果，钻铤裂纹内腐蚀产物中 S 含量最高达 3.06%，裂纹附近基体中 S 含量 0.16%。钻铤裂纹里腐蚀产物中 S 含量是钻铤材料中 S 含量的 133 倍。由此可见，导致钻铤应力腐蚀开裂的腐蚀介质里含有很高的 S。

H_2S 是引起氢脆的最敏感的腐蚀介质之一。该井虽然没有测量 H_2S 含量，但该区块的其他井中均含有 H_2S，与该井相邻的井曾发生过 H_2S 导致的钻具脆断事故。钻铤断口上和裂纹里腐蚀产物中的 S 含量均很高，裂纹和断口特征均具有 H_2S 导致的 SSCC 特征。由此推断，该井 H_2S 含量很高。

5.3 钻铤受力分析

拉应力是应力腐蚀开裂不可缺少的条件之一。断裂钻铤位于井底位置，断裂位置距钻头仅 4.1 m。钻铤在使用过程中要受到弯曲、压缩、冲击和震动等载荷，一般靠近钻头部位的钻铤受力条件最苛刻。

钻铤外壁的裂纹沿周向扩展，其拉应力必然为轴向。钻铤在受到弯曲载荷之后，其拱起一侧的外壁要受到拉应力，应力方向正好与裂纹方向垂直。由此推测，导致钻铤应力腐蚀开裂的拉应力主要是弯曲载荷所致。

钻铤断口上磨光的区域布满了径向裂纹，从裂纹方向判断，拉应力为切向。钻铤在内压作用下会产生切向应力，但钻铤为厚壁管件，内压导致的切向应力很小，因此内压在钻铤外表面引起的切向应力可以忽略。断口上的裂纹全集中在磨光的区域，而未磨损的断口上没有裂纹。这说明切向拉应力的形成主要是钻铤断裂之后两断口旋转摩擦产生的。

5.4 材料应力腐蚀敏感性

断裂钻铤屈服强度 815 MPa，其硬度 HRC 32 远大于低合金钢抗硫化物应力腐蚀开裂要求的最高硬度 HRC 22。这种强度的钻铤对应力腐蚀比较敏感。

该井从钻遇放空开始，到用原钻具测试发生钻铤断裂事故之前，钻柱处于含有高浓

度 H_2S 的介质中。H_2S 中的 H 原子或 H 离子有充分的时间在钻铤表面吸附,并向钻铤里溶解、扩散、聚集。实际钻铤断裂起源于外壁,这说明氢是从钻铤外壁溶解侵入的,最先受到氢损伤的是钻铤外壁。

从以上分析可知,钻铤实际使用条件完全满足 H_2S 应力腐蚀断裂的条件。

5.5 钻具 H_2S 应力腐蚀开裂事故预防

防硫钻具对材料化学成分、屈服强度、抗拉强度、硬度、冲击韧性和 NACE[3] 应力门槛值均有严格要求。该井在开钻之前没有考虑到有 H_2S 存在,测试时也没有考虑 H_2S 问题,因此在钻具设计时未选用防硫钻具,测试时也没有采用防硫管柱。为防止类似事故再次发生,对于含 H_2S 区块的所有井在钻井过程中应当安装 H_2S 报警器,并采用防硫钻具和防硫测试管柱。

6 结论及建议

(1) T1 井使用的 Φ120.7 mm 钻铤断裂属 H_2S 应力腐蚀断裂。

(2) 建议对该批钻具至少停用 15 天,然后进行严格探伤检查,发现裂纹应当报废。

(3) 建议对含 H_2S 区块的所有井在钻井过程中应当安装 H_2S 报警器,并采用防硫钻具,测试时也应当采用防硫管柱。

参考文献

[1] 周德惠,谭云.金属的环境氢脆.北京:国防工业出版社,1998:12.

[2] 张远声.腐蚀破坏事故 100 例.北京:化学工业出版社,2000,1.

[3] NACE Standard MR0175-88 Sulfide stress cracking resistant metallic material for oilfield equipment[S].

石油钻柱减震器花键体外筒断裂原因分析

吕拴录[1,2]　高　林[1]　迟　军[1]　韩启明[1]　张新成[1]　郭海清[1]　刘　鹏[1]

(1.中国石油塔里木油田公司钻井技术办公室、工程技术部,新疆库尔勒,841000;
2.中国石油大学,北京昌平,102249)

摘　要: 为查明某油田断裂的石油钻柱减震器花键体外筒(以下简称"花键体外筒")的断裂原因,对其断口进行了宏观分析和微观分析,对断裂的花键体外筒材质进行了试验,对钻柱减震器的受力状态和主要结构进行了分析。结果表明,花键体外筒断裂属于早期疲劳破坏;断裂的原因主要是材料韧性不足、结构不合理,存在应力集中。建议提高花键体外筒材料韧性,对花键体外筒断裂部位的结构进行改进。

关键词: 减震器;花键体外筒;内螺纹;疲劳断裂

某井钻机正常钻进至井深 2 374.71 m 时,由于蹩钻,停转盘,扭矩由正常钻进时的 2.07 kN·m 上升至 2.31 kN·m。释放扭矩后多次上提划眼,加压到 4 t～6 t,均放不到原井深。起钻后发现 Φ228.6 mm 减震器花键体外筒内螺纹断裂,导致减震器外筒、转换接头和 Φ406.4 mm MS1953SS 钻头落井。落鱼长 5.64 m,鱼顶深度 2 369.07 m。

该井正常钻进时钻井参数:钻压 6 t,转速 110 r/min,泵压 17.3 MPa,排量 48 L/s,钻井液密度 1.21 g/cm³。该减震器曾在另外一口井使用 36 天。回收后对该减震器探伤检查和检修结果合格。随后又将该减震器送到该井使用,到发生断裂事故为止,减震器共在该井使用 18 天。为了搞清断裂事故原因,本文对断裂的花键体外筒取样进行了失效分析。

1　理化分析与结果

1.1　断口宏观分析

花键体外筒从内螺纹消失位置结构变化处断裂(图 1)。断口上平滑光亮的区域约占整个断面的 50%,该区域为疲劳断裂区,裂纹起源于断口平滑区中间内壁位置。其余斜断面为最后瞬断区。

图 1　断口宏观形貌及断裂位置

1.2 断口微观分析

在花键体外筒断口疲劳源区和疲劳裂纹与瞬断区交界部位取样,用扫描电镜对断口微观形貌进行分析。断口源区内壁花键体外筒内螺纹消失位置结构变化处有明显可见的起源于加工刀痕的周向裂纹(图2),断口面已严重磨损,看不清断口原始形貌。疲劳裂纹与瞬断区交界部位附近可见到明显的疲劳辉纹(图3),瞬断区为准解理和极少的韧窝形貌。

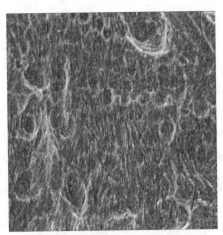

图2　断口源区微观形貌　　　　　　　图3　断口上的疲劳辉纹

1.3 化学成分分析

化学成分分析结果,断裂花键体外筒材料成分为中碳合金结构钢(表1)。

表1　化学成分分析结果(质量分数/%)

元素	C	Si	Mn	P	S	Cr	Mo	Ni	V	Ti	Cu
含量	0.40	0.26	1.00	0.021	0.009	1.00	0.23	0.51	0.009	0.009	0.12

1.4 力学性能试验

在断裂的花键体外筒上沿纵向取直径为12.5 mm,标距为50 mm的圆棒拉伸试样,并取10 mm×10 mm×55 mm的夏比V形缺口冲击试样和硬度试块。机械性能试验结果表明,花键体外筒拉伸性能符合SY/T 6347—1998钻柱减震器标准规定,但韧性(室温冲击功48.7 J)不符合SY/T 6347—1998钻柱减震器标准规定(室温冲击功≥54 J),见表2和图4。材料强度虽然符合标准要求,但材料屈服强度达到了标准规定的下限值的1.53倍,硬度为标准规定值的上限。

表 2 拉伸试验和硬度结果

项目	拉 伸 试 验			硬度试验
	R_m/MPa	$R_{r0.2}/MPa$	$A/\%$	HBW10/3000
平均值	1 154	1 051	17.0	3 341
SY/T 6347-1998[1]规定	≥930	≥689	≥13	285～341

1.5　金相分析

在花键体外筒断口疲劳源区和疲劳裂纹与瞬断区交界部位,取样进行金相分析。结果表明,断口源区夹杂物 A1.5,B0.5,D0.5;断口外壁有磨损白亮层组织,基体组织为 $S_回$ ＋脆性的 $B_上$。断口疲劳裂纹区与瞬断区交界部位有裂纹存在(图 5)。

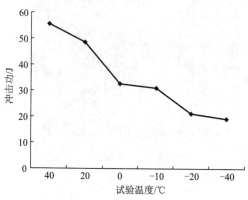

图 4　冲击功与试验温度的关系

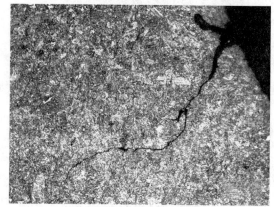

图 5　断口疲劳裂纹区与瞬断区交界部位裂纹形貌

2　结果分析

花键体外筒断裂为疲劳失效。下面对花键体外筒疲劳断裂原因予以分析。

失效的减震器花键体外筒室温冲击功只有标准规定值的 90.2%。减震器花键体外筒韧性不足,在使用中容易萌生疲劳裂纹,发生疲劳断裂事故。材料强度越高,需要匹配的韧性越高;否则,容易发生断裂事故。断裂的花键体外筒材料屈服强度级别已达到 API 150 ksi 钢级,但－20 ℃的冲击功只有 21.3 J,这种高强度、低韧性的钢很容易发生断裂事故[2]。

花键体外筒裂纹起源位置有明显的刀痕。图纸要求花键体外筒内螺纹消失位置的凹槽底部过度圆弧为 R_5,粗糙度为 3.2 μm,而实际断裂部位结构变化处圆弧位置有明显的刀痕,结构变化处凹槽表面粗糙度 R_a 为图纸要求的 2.4 倍。花键体外筒内螺纹与外螺纹啮合的部分刚度大,凹槽部位刚度小,结构变化处本身就是应力集中部位,再加上梯形螺纹缺口和表面刀痕,其应力集中会更大[3]。

减震器与钻头转换接头相连,在使用中要承受交变的弯曲、冲击、震动、压缩、拉伸和扭转等疲劳载荷。减震器在正常工作时,芯轴带动花键转动,花键带动花键体外筒转动,从而实现芯轴旋转和伸缩运动。花键体外筒在使用过程中主要承受弯曲、冲击、震动、扭转等疲劳载荷,在疲劳载荷作用下很容易从应力集中的薄弱环节发生疲劳断裂。

3　结论与建议

（1）花键体外筒断裂属于早期疲劳失效。

（2）花键体外筒早期疲劳断裂的原因是材料韧性不符合标准要求,断裂部位存在严重的应力集中。

（3）建议提高花键体外筒材料韧性,对花键体外筒断裂部位的结构进行改进。

参考文献

[1]　SY/T 6347—1998,钻柱减震器规定.石油天然气行业标准,1998.

[2]　吕拴录,李鹤林,冯耀荣,等.V150套管接箍破裂原因分析.理化检验,2005(41)：285-290.

[3]　冯耀荣,吕拴录,李鹤林,等.随钻震击器冲管体断裂原因分析.石油钻采工艺,1991.

塔中 83 井钻杆断裂原因分析及预防措施

吕拴录[1,2]　骆发前[1]　周　杰[1]　迟　军[1]

苏建文[1]　杨成新[1]　邝献任[3]　胡芳亭[1]

(1.中国石油塔里木油田公司,新疆库尔勒,841000;

2.中国石油大学,北京昌平,102249;

3.中国石油天然气集团公司管材研究所,陕西西安,710065)

摘　要:对塔中 83 井钻杆断裂事故进行了调查研究,对钻杆断口进行了宏观分析和微观分析,对断裂钻杆化学成分、力学性能和金相组织进行了试验分析。分析结果认为,钻杆材质符合有关标准规定,钻杆断裂属于 H_2S 应力腐蚀断裂(Sulfide Stress Cracking,以下简称 SSC)。通过该井 H_2S 含量测定和 H_2S 分压计算,认为该井 H_2S 分压已远超过 NACE 标准规定的发生应力腐蚀的界限。根据塔里木油田现状,建议使用铝合金钻杆和防硫钻杆。

关键词:钻杆;SSC;H_2S;断裂

2006 年 7 月 5 日 8:00~8:30 塔中 83 井钻进至井深 5 673.36 m,泵压由 16.4 MPa 增加至 16.98 MPa,发现溢流 0.6 m³。7 月 6 日 3:07 关井。7 月 8 日 3:00 起钻,发现第 67 根钻杆和第 129 根钻杆断裂。起出钻杆总长 638.70 m,其中正常钻杆 634.82 m(66 根),断裂钻杆长度 3.88 m。落鱼结构:Φ152.4 mm 钻头×0.18 m+330×NC350×0.52 m+4¾ DC×15 根×141.40 m+NC351×310×0.60 m+3½ HWDP×14 根×130.17 m+3½ DP×492 根×4 743.71 m+断裂钻杆长度×5.82 m。落鱼长度:5 022.40 m,预计鱼顶位置 650.96 m。在打捞过程中,第 129 根钻杆又发生断裂,断口距母内螺纹接头密封面 2.16 m。

为了搞清钻杆断裂原因,油田公司工程技术部及时派人上井对事故情况进行了调查,并对断裂钻杆进行了失效分析。

1　断口分析

1.1　断口宏观分析

第 67 根钻杆断口分为平坦区和斜断面(图 1)。平坦区为先断裂区,平坦区大部分区域呈锈黄色,在靠外表面侧区域发黑,而且在该区域明显可见多个起源于外壁的裂纹源。斜断面为最后瞬断区。钻杆内涂层完好,内表面未见明显腐蚀迹象。第129 根钻杆断口也分为平坦区和斜断面(图2)。平坦区为先断裂区,平坦区有一明显收敛于钻杆外表面的放射花样,这表明裂纹起源于外壁,裂源位置颜色发黑。该钻杆内涂层严重破损,内表面存在许多大而深的腐蚀坑,腐蚀坑最深达 2 mm。

图 1　第 67 号钻杆断口全貌

将断裂的钻杆样品进行磁粉探伤,发现第 67 根钻杆外表面有长约 50 mm 的横向裂纹(图3),第 129 根钻杆内表面腐蚀坑底有长约 7 mm 的横向裂纹。

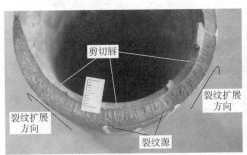

图 2　第 129 号钻杆断口平坦区形貌

图 3　第 67 根钻杆外表面裂纹形貌

1.2　断口微观分析

用醋酸纤维纸对断口进行清理,两钻杆断口裂纹源呈黑色。用扫描电子显微镜观察断口微观形貌,并对断口源区进行能谱分析。两钻杆断口裂纹源区域微观形貌均为沿晶开裂形貌(图4),断口表面能谱分析结果表明,腐蚀产物中 S 原子百分比浓度达到 2.38%(图5)。

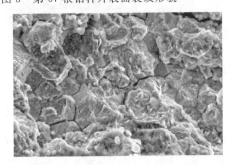

图 4　第 67 根钻杆裂纹源区沿晶形貌

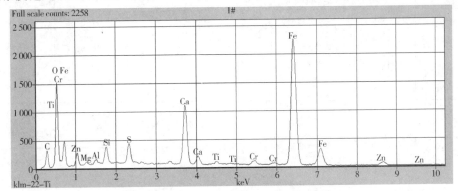

图 5　第 67 根钻杆断口裂纹源区能谱分析结果

2 材质分析

2.1 化学成分分析

用 Baird 公司 Spectrovac 2000 和 LECO CS-444 红外碳硫分析仪对断裂钻杆化学成分进行分析,分析结果表明,钻杆化学成分(表 1)符合 API Spec 5D 标准和塔里木油田订货补充技术条件规定。

表 1 化学成分分析结果(质量分数/%)

元素	C	Si	Mn	P	S	Cr	Mo	Ni	V	Ti	Cu
第 67 号钻杆	0.27	0.19	0.85	0.014	0.003	0.92	0.39	0.028	0.007	0.007	0.09
第 129 号钻杆	0.31	0.23	1.45	0.010	0.001	0.23	0.40	0.013	0.039	0.007	0.01
API Spec 5D 规定	—	—	—	≤0.03	≤0.03	—	—	—	—	—	—
塔里木油田规定	—	—	—	≤0.014	≤0.08	—	—	—	—	—	—

2.2 力学性能试验

在断裂钻杆管体上取全壁厚拉伸试样和夏比冲击试样,对其进行力学性能试验,试验结果表明,两钻杆的力学性能(表 2)符合 API Spec 5D 标准和塔里木油田订货补充技术条件规定。

表 2 力学性能试验结果

项目\编号	拉伸试验			冲击试验 A_{kv}/J		
	屈服强度 R_m/MPa	抗拉强度 $R_{t0.7}$/MPa	延伸率 A/%	试样尺寸/mm	−10 ℃	20 ℃
第 67 号钻杆	1 100	995	21.0	7.5×10×55	83.0	89.0
	1 086	987	20.5		83.0	88.0
	1 088	988	19.5		81.0	83.5
平均值	1 091	990	20.3		82.3	86.8
第 129 号钻杆	356			5×10×55	47.0	48.0
	1 088	1 003	14.5		49.0	50.0
	1 072	995	11.5		48.0	49.0
平均值	1 080	999	13.0		48.0	49.0
API Spec 5D 规定	≥1 000	931-1 138	≥11.5	7.5×10×55	—	≥43(平均值) ≥38(单个值)
				5×10×55	—	≥30(平均值) ≥26(单个值)

项目 编号	拉伸试验			冲击试验 A_{ku}/J		
	屈服强度 R_m/MPa	抗拉强度 $R_{t0.7}$/MPa	延伸率 A/%	试样尺寸/mm	−10 ℃	20 ℃
塔里木油田 规定	≥1 000	931—1138	≥11.5	7.5×10×55	≥48(平均值) ≥36(单个值)	≥72(平均值) ≥64(单个值)
				5×10×55	≥33(平均值) ≥25(单个值)	≥50(平均值) ≥44(单个值)

备注:拉伸试验屈服强度 R_m 为 356 MPa 的拉伸试样存在裂纹,为无效试样。

2.3　金相分析

钻杆组织均为回火索氏体;晶粒度等级为 8.0 级和 9.0 级;夹杂物:A0.5,B0.5,D0.5。

钻杆裂纹呈沿晶扩展,裂纹两侧组织与其他区域相同(图 6),钻杆裂纹具有 SSC 特征。

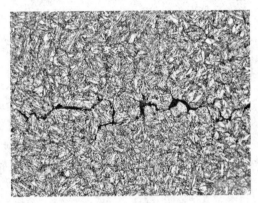

图 6　第 67 号钻杆裂纹扩展形貌和组织

3　结果分析

试验结果表明,钻杆原材料组织、成分、性能都满足标准要求,可以排除原材料缺陷引起钻杆断裂的可能性。

钻杆断口宏观形貌为多源的脆性断裂形貌。钻杆断口微观形貌为沿晶、二次裂纹形貌,且在断口上发现了高达 2.38% 原子浓度的 S 元素。断口宏观形貌和微观形貌均具有典型的 H_2S 应力腐蚀断裂特征。

第 129 号钻杆内壁虽然腐蚀严重,内表面腐蚀坑底又有长度达 7 mm 的横向裂纹,但断裂却起源于外壁。

由于发生应力腐蚀断裂必须具备如下条件[1]:

(a) 有腐蚀介质;

(b) 存在拉应力;

(c) 对应力腐蚀敏感的材料。

应力腐蚀断裂有一个或长或短的孕育期,在孕育期中腐蚀外露特征很少,难以发现;进入发展期后裂纹扩展速度很快。当裂纹穿透整个截面就会发生断裂事故。

H_2S 是引起应力腐蚀的最敏感的腐蚀介质之一。该井 H_2S 含量 46 ppm。钻井时钻杆处于受拉状态,断裂的钻杆位于钻柱上部受拉力大的部位。断裂钻杆钢级为 S135,属于高强度钻杆,其硬度 HRC 34 远大于低合金钢抗硫化物应力腐蚀开裂基本要求的最高硬度 HRC 22。这种高强度钻杆对应力腐蚀比较敏感。从以上分析可知,钻杆实际使用条件完全具备 H_2S 应力腐蚀断裂的条件。

该井在溢流之后发现有含量为 46 ppm 的 H_2S 存在,钻杆是发生溢流之后才发生断裂事故的。钻杆断裂之前处于含有大量 H_2S 的钻井液中,使钻杆外壁受到 H_2S 腐蚀。钻杆内壁没有受到 H_2S 腐蚀,这可能与发生溢流之后用加重钻井液正循环压井 H_2S 未进入钻杆内通道有关。

NACE Standard MR0175-88[2] 界定 H_2S 在气相中的分压 $\geqslant 0.000\ 34$ MPa 时就有可能发生应力腐蚀。从发生溢流到钻杆断裂期间,套压最大值达到 26 MPa,H_2S 含量 46 ppm。H_2S 分压 P_{H_2S} 计算如下:

$$P_{H_2S} = 46 \times 10^{-6} \times 26 = 0.001\ 196\ \text{MPa}$$

从计算结果可知,该井 H_2S 分压已远超过 NACE 标准界定的发生应力腐蚀开裂的分压值。

4 SSC 预防

塔里木油田已经有多口井发生了 H_2S 应力腐蚀断裂(SSC)事故。从防止 H_2S 溢出方面考虑,钻井液密度应当尽可能大;从保护油气藏和防止井漏方面考虑,钻井液密度不能过高。为了有效地保护油气藏,塔里木油田正在推广欠平衡钻井和气体钻井技术。井下情况复杂,在钻井过程中发生溢流和井涌是难免的。为防止钻杆发生 SSC 事故,应当考虑选用铝合金钻杆和防硫钻杆。

铝合金钻杆具有抗硫特性,铝合金钻杆适宜于 pH5～10 的环境[3]。在实验室试验结果表明,铝合金钻杆在饱和 H_2S 溶液里长期浸泡也不腐蚀。经过实际使用,铝合金钻杆在任何温度下都可有效地防止 H_2S 腐蚀。例如,在哈萨克斯坦西部油田和俄罗斯所辖欧洲南部地区,实际使用的 H_2S 含量为 20%,铝合金钻杆没有发生腐蚀和 H_2S 应力腐蚀问题。铝合金钻杆防硫的原理是铝及其合金元素化学特性比较活跃,当其与氧反应后会在表面形成稳定的氧化膜,阻止其与周围环境进一步反应。

防硫钻杆在国外已经成功地应用,但在国内才刚刚起步。塔里木深井、水平井多,而且含 H_2S 井多。如果将防硫钻杆和铝合金钻杆结合使用,取得的效果可能更好。

5 结论与建议

(1)钻杆化学成分、力学性能符合 API Spec 5D 标准和塔里木油田钻杆补充技术条件的规定;

(2)钻杆断裂属于 H_2S 应力腐蚀断裂。

(3)建议采用防硫钻杆和铝合金钻杆。

参考文献

［1］　张远声.腐蚀破坏事故 100 例.北京:化学工业出版社,2000.

［2］　NACE Standard MR0175-88　Sulfide stress cracking resistant metallic material for oilfield equipment［S］.

［3］　俄罗斯 AQUATIC Company.铝合金钻具.技术交流资料.

空气钻井过程中钻杆断裂原因分析

袁鹏斌[1]　吕拴录[2,3]　孙丙向[4]　梁　敏[5]　余世杰[1]　刘　凡[6]

(1.上海海隆石油管材研究所,上海 200949;

2.中国石油大学,北京昌平 102249;

3.中国石油塔里木油田公司,新疆库尔勒,841000;

4.中石化川气东送指挥部,四川达州 635000;

5.中石化石油工程西南广西钻井分公司,四川达州 635000;

6.卡尔加里大学,加拿大)

摘　要:某油田在空气钻进过程中发生了多起钻具断裂事故。为了搞清钻杆断裂原因,对空气钻井过程中钻具断裂事故进行了调查研究,并对一根断裂钻杆进行了失效分析。失效分析内容主要包括断口宏观分析和微观分析,钻杆材料化学成分、力学性能和金相组织试验分析,钻杆在空气钻井过程中受力条件分析等。失效分析表明,钻杆属于早期疲劳断裂,断裂主要原因是在空气钻井过程中钻具受到的震动载荷远大于钻井液钻井过程中的震动载荷,在交变的震动载荷作用下,钻具容易产生疲劳裂纹;由于现有的井口检测仪表不能精确地及时反映钻杆刺穿之后产生的泵压变化,无法及时采取预防措施,疲劳裂纹不断扩展,最终导致了钻杆断裂失效。

关键词:空气钻井;钻杆;疲劳断裂;震动载荷

　　近年来,随着空气钻井技术的不断完善和提高,空气钻井在我国也得到了一定程度的应用,并取得了良好的效果[1]。在川渝地区 3 口严重漏失井上应用空气钻井进尺 719.48 m,平均机械钻速 7.92 m/h,平均钻井效率 59.96 m/d,与常规钻井、堵漏的方法相比,钻井效率提高 8.6 倍,对治理严重井漏见到明显效果,取得很好的技术经济效益[2]。在川东北地区老君山构造的老君 1 井的钻井过程中,选择上部陆相地层进行了空气钻井技术,用时 21 天安全钻进 2 491.70 m,机械钻速达到 11.27 m/h,较常规钻井提高了 10 倍[3]。

　　空气钻井存在的最大问题是钻具使用寿命短,钻具失效严重,钻具成本高等。据不完全统计,从 2007 年 1 月至 11 月川东北工区全年共发生钻具事故 47 次。其中,钻杆断裂 19 次;钻铤断裂 18 次;钻具脱扣 4 次;加重钻杆断裂 2 次;钻具附件(旁通阀、回压阀、取心筒、震击器)失效事故 4 次,钻具事故累计损失钻井时间 271.88 天(2 口井侧钻未完),报废进尺 5081.35 m。钻具事故最多的是 P305-2 井,该井二开采用空气钻井至 3 504.81 m,共发生了 10 起钻具事故,其中断裂 8 起,脱扣 2 起。

因此,分析钻具断裂原因,预防和减少钻具失效事故,已经成为空气钻井亟待解决的问题。

1 事故经过

P305-2井二开采用空气钻井,在钻至井深 2 059.08 m 时悬重突然减少了 230 kN。初步判断钻杆断裂,起钻检查发现 1 根钻杆从距外螺纹接头密封台肩面 0.58 m 管体处断裂,导致钻具落鱼事故。井下落鱼长 138.24 m,鱼顶为 1 920.84 m。

据调查了解,该井在钻井过程中钻具跳钻严重。断裂钻杆为 Φ127.0×9.19 mm G105 钻杆,累计纯钻时间为 507 h。空气钻井参数为钻压 60~80 kN,转速 65~70 r/min,泵压 1.9 MPa,排量 130 m³/min。断裂钻杆取样之前曾在露天料场存放将近半年。

2 钻杆断裂原因分析

1.1 断口分析

(1)断口宏观分析。

失效钻杆是从距外螺纹接头密封台肩 0.58 m 位置处断裂的,断口位于钻杆内加厚过渡带消失位置。断口大致可分为平坦区和锯齿状区两部分(图1),平坦区约占断口的 1/4,为裂纹源区和扩展区。从断口平坦区与锯齿状区交界部位可以看出,裂纹起源于内表面(图2)。平坦区靠外壁部位有一长度约为 6 mm,呈椭圆形的流体冲刷腐蚀痕迹。这说明钻杆在断裂之前已经刺穿。锯齿状区域有明显的塑性变形,该区域为瞬断区。用酒精擦洗后,在断口面上可以观察到大量微小腐蚀坑。

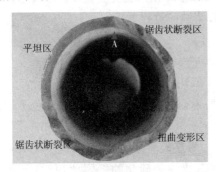

图 1   断口全貌 　　　　　　图 2   平坦区与锯齿状区交界部
　　　　　　　　　　　　　　　　　　　位断口形貌(图1位置)

钻杆内壁涂层完好,内表面没有发生任何腐蚀迹象。钻杆外表面经稀盐酸清洗后发现大量的腐蚀坑,腐蚀坑最深达 1 mm,但在断口周围未发现任何微裂纹。

对断裂钻杆样品进行低倍检查,断口附近内壁未发现腐蚀坑和裂纹。

断口宏观分析结果表明,断口裂纹起源于内加厚过渡带消失位置,断口具有疲劳裂纹特征。

钻杆内加厚过渡带消失位置存在结构应力集中,在使用中很容易发生疲劳断裂[4-6]。钻杆断裂起源于内壁,断口位置正好处在内加厚过渡带消失位置附近。这说明该钻杆内加厚过渡带消失部位为钻杆的薄弱环节。

(2)断口微观分析。

在裂纹源区取样,用醋酸纤维纸对裂纹源表面清洗后,用扫描电子显微镜观察断口微观形貌,断口裂源区腐蚀和二次裂纹形貌见图3。对断口源区进行能谱分析,断口表面腐蚀产物中S含量为0.66%(图4)。

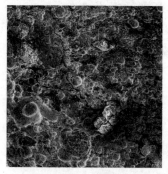

图3　断口裂源区腐蚀和二次裂纹形貌

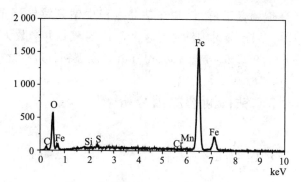

图4　断口裂纹源区能谱分析结果

2.2　腐蚀产物分析

刮掉断口外表面覆盖物以后,将腐蚀坑底部腐蚀产物取样,通过X射线衍射(XRD)对其物相分析结果,腐蚀产物为铁的氧化物。其中Fe_2O_3(赤铁矿)占25%,$FeO(OH)$(纤铁矿)占29%,$FeO(OH)$(针铁矿)占21%,Fe_3O_4(氧化铁)占23%。

从断口腐蚀产物XRD分析结果可见,失效钻杆腐蚀产物主要是$FeO(OH)$、Fe_2O_3以及Fe_3O_4等。具有氧腐蚀的特征。钻杆发生氧腐蚀的过程如下:

阳极反应　$Fe - 2e \longrightarrow Fe^{2+}$;

阴极反应　$O_2 + 2H_2O + 4e \longrightarrow 4OH^-$;

总反应式　$2Fe + O_2 + 2H_2O \longrightarrow 2Fe^{2+} + 4OH^-$。

亚铁离子随后水解生成黄色$FeO(OH)$,脱水,进一步氧化后变成棕红色Fe_2O_3等腐蚀产物。

失效钻杆从井里打捞上来之后曾在露天料场存放将近半年。由于当地气候潮湿多雨,且存在酸雨天气,易对钻杆造成腐蚀,形成氧化物和硫化物。因此,断口上腐蚀坑和硫化物很可能是在断裂之后在地面形成的。

1.3　材质分析

(1)化学成分分析。

在断口附近取样,用Thermo MA-0888直读光谱仪对断裂钻杆化学成分进行分析,分析结果(表1)表明,钻杆化学成分符合API Spec 5D[7]规定。

表1 钻杆化学成分分析结果(质量分数/%)

元　素	C	Si	Mn	P	S	Ni	Cu	Mo	Cr	Al
含　量	0.34	0.24	0.71	0.009	0.003	0.055	0.058	0.28	1.12	0.024
API Spec 5D 规定	—	—	—	≤0.03	≤0.03					

(2)力学性能试验。

在断裂钻杆管体上沿纵向取拉伸试样和夏比冲击试样进行力学性能试验,试验结果见表2。钻杆管体横截面硬度为 HRC 23.0～HRC 29.5。力学性能试验结果,钻杆的力学性能符合 API Spec 5D 规定。

表2 钻杆力学性能试验结果

项　目	拉伸试验			冲击试验 (试验温度:25 ℃, 试样尺寸:7.5 mm×10 mm ×55 mm)A_{kv}/J
	抗拉强度 R_m/MPa	屈服强度 $R_{t0.6}$/MPa	延伸率 A/%	
平均值	940	840	23.5	109
API Spec 5D 规定	≥793	724-931	≥15.5	≥43(平均值)

(3)金相分析。

钻杆组织为回火索氏体。夹杂物为 C 类(硅酸盐)细系 1 级,D 类(球状氧化物)细系 1.5 级。晶粒度为 10 级。

(4)材料因素对钻杆断裂的影响。

材料韧性越高,钻杆使用寿命越长;材料韧性越低,钻杆使用寿命越短[8-10]。断裂钻杆材料化学成分和力学性能都符合 API Spec 5D 规定,材料韧性达到标准规定值的 2.5 倍。因此,可以排除由于材料质量问题引起钻杆早期断裂的可能性。

2.4　受力条件对钻杆使用寿命的影响

断裂钻杆是刚启用的新钻杆,在发生断裂事故之前累计纯钻时间仅 507 h。钻杆使用寿命远小于正常钻杆的使用寿命,属于早期疲劳断裂。钻杆早期疲劳断裂与受力条件有一定关系。

在空气钻井过程中,井内缺少钻井液的阻尼减震作用,钻具承受的震动载荷远大于在钻井液钻井过程中的震动载荷[11]。该井在空气钻井过程中跳钻严重,这说明钻具承受了巨大的震动载荷。震动载荷容易加速钻具疲劳破坏,导致钻具发生断裂事故。

在钻井液钻井过程中钻具刺漏之后,泵压下降明显,很容易发现和预防。在空气钻井过程中,泵压一般小于 2.0 MPa,钻具刺漏之后不容易发现。断裂钻杆材料韧性很高,疲劳裂纹源区和扩展区占整个断口 25%,且其上有流体冲刷的痕迹。这说明在钻杆断裂之前,疲劳裂纹早已经穿透钻杆壁厚,而且已经发生刺漏。该井空气钻井泵压为 1.9 MPa,钻具刺漏之后泵压下降不明显,没有及时发现,最终导致了钻杆断裂事故。由此可见,利用常规钻井液钻井条件下预报工程事故的反应时间难以适应空气钻井的要求。

3 结论与建议

(1) 通过现场调查和失效分析,搞清了钻杆失效性质和原因:钻杆断裂为早期疲劳失效,断裂原因主要是在空气钻井过程中钻具受力条件苛刻,且钻具刺漏之后不容易及时发现;钻杆材料性能符合 API Spec 5D 规定,钻杆断裂与材料关系不大。

(2) 为了预防或减少钻具断裂事故,建议列题研究在空气钻井条件下如何正确及时地预报工程事故,列题研究在空气钻井条件下如何提高钻具使用寿命。

参考文献

[1] 任双双,刘刚,沈飞.空气钻井的应用发展.断块油气田,2006(6):62-64.

[2] 马光长,杜良民.空气钻井技术及其应用.钻采工艺,2004(3):4-8.

[3] 魏学成,张新旭,翟建明,等.空气钻井技术在老君 1 井的应用.石油钻探技术,2006,34(4):20-23.

[4] Lü Shuanlu,Feng Yaorong,Luo Faqian,et al. Failure analysis of IEU drill pipe wash out,Fatigue,2005,27:1 360-1 365.

[5] 高洪志,吕拴录,李鹤林,等.随钻震击器断裂事故分析及预防.石油钻采工艺,1991,6:29-35.

[6] 吕拴录,骆发前,高林,等.钻杆刺穿原因统计分析及预防措施.石油矿场机械,2006,35(增):12-16.

[7] API Spec 5D Specification for drill pipe. Fourth Edition,Washington(DC):API;August,1999.

[8] 王新虎,薛继军,等.钻杆接头抗扭强度及材料韧性指标研究.石油矿场机械,2006,35(增):1-4.

[9] 吕拴录,高林,迟军,等.石油钻柱减震器花健体外筒断裂原因分析.机械工程材料,2008,32(2):71-73.

[10] 吕拴录,王新虎.WS1 井 Φ88.9 mm 四方钻杆断裂原因分析.石油钻采工艺,2004,26(5):47-49.

[11] [美]得克萨斯大学编.钻井基本操作.北京:石油工业出版社,1981.

钻杆 NC50 内螺纹接头裂纹原因分析

吕拴录[1,2] 袁鹏斌[3] 姜涛[2] 刘德英[2] 宋顺平[4] 李中全[2]

(1. 中国石油大学,北京昌平 102249;

2. 中国石油塔里木油田公司,新疆库尔勒 841000;

3. 上海海隆石油管材研究所,上海宝山 200949;

4. 长庆石油勘探局钻井工程公司管具公司,宁夏银川 750006)

摘　要:某油田在钻井过程中发生了多起钻杆内螺纹接头直角吊卡台肩部位断裂和裂纹事故。为了搞清钻杆接头失效原因,对某井钻杆内螺纹接头直角吊卡台肩部位断裂和裂纹事故进行了详细调查研究,并对一根内螺纹接头钻杆进行了失效分析。失效分析内容主要包括裂纹宏观分析和微观分析,钻杆接头材料化学成分、力学性能和金相组织试验分析,钻杆在钻井过程中受力条件分析等。通过失效分析,认为钻杆接头为早期疲劳失效,钻杆内螺纹接头直角吊卡台肩部位产生早期疲劳断裂和裂纹的原因是该部位结构尺寸不合理,应力集中严重。在钻井过程中钻柱会承受交变的拉伸、扭转、弯曲、震动等疲劳载荷,很容易在应力集中严重的内螺纹接头直角吊卡台肩部位产生疲劳断裂和裂纹。为从根本上防止钻杆接头断裂,建议采用斜坡吊卡台肩钻杆。

关键词:钻杆接头;直角台肩;裂纹;断口分析

钻杆是钻井的最主要工具之一。在钻井过程中,如果发生钻具事故,轻则造成打捞事故,重则导致全井报废。钻杆工具接头有直角吊卡台肩和斜坡吊卡台肩两种,API Spec 7[1]早就将直角吊卡台肩接头钻杆列为逐渐淘汰的产品,并提倡使用斜坡吊卡台肩钻杆。由于直角吊卡台肩钻杆使用寿命远低于斜坡吊卡台肩钻杆使用寿命,国外油田早已全部采用斜坡吊卡台肩钻杆。在 20 世纪 90 年代之前,我国斜坡台肩吊卡质量不过关,在使用过程中存在打不开的问题。因此,油田使用的多为直角吊卡台肩钻杆,在使用过程中发生了多起钻杆工具接头直角台肩部位裂纹和断裂事故。进入 20 世纪 90 年代,随着技术进步和吊卡质量提高,我国斜坡吊卡质量已经可以满足油田使用要求,国内大多数油田开始采用斜坡吊卡台肩钻杆,并显著提高了钻杆使用寿命。由于历史原因和认识问题,目前我国少数油田仍在使用直角吊卡台肩钻杆。近期,某油田在同一井队发生了 28 起钻杆直角吊卡台肩部位断裂和裂纹事故。因此,搞清直角吊卡台肩接头钻杆失效原因,全面采用斜坡吊卡台肩钻杆,防止类似事故再次发生,很有必要。

1 现场情况

某井队配备的 302 根(2 914 m)Φ127 mm×9.19 mmG105 NC50 新钻杆,未打完 2 口深度不足 4 500 m 的直井就发生了 28 起钻杆内螺纹接头吊卡台肩部位断裂和裂纹事故。

该两口井钻井参数为:钻压 30~220 kN,转速 50~120 r/min,泵压未超过 16 MPa,最大悬重 155 t。最大井斜角 3.49°,最大全角变化率为 0.99°/25 m。

该两口井在井深不超过 3 300 m 时全部使用 G105 钻杆,井深超过 3 300 m 后上部用 S135 钻杆,下部用 G105 钻杆。在钻铤与钻杆之间未使用加重钻杆。钻杆使用情况见表 1。

表 1　钻杆使用情况

项 目	累计进尺/m	累计旋转时间/h	井深/m	备 注
第 1 口井	4 460	754	4 460	有跳钻现象
第 2 口井	3 883	352	4 385	有跳钻现象
合 计	8 343	1 006	—	—

该批钻杆订货技术标准为 API Spec 7、API Spec 5D[2]、和 SY/T 5290—2000[3]。

2 尺寸测量及裂纹形貌分析

钻杆内螺纹接头尺寸测量结果见图 1。

钻杆接头裂纹位置在直角吊卡台肩根部。经着色探伤,裂纹周向长度 147 mm,裂纹中部 90 mm 范围已形成刺穿形貌(图 2)。打开断口发现裂纹起源于外表面,裂纹尖端断口有明显可见的从外向里扩展的弧形断面。断口靠外壁侧约 3 mm 范围高低不平,再往里断口平滑。

在裂纹尖端取样,用扫描电镜观察断口形貌,在裂纹尖端断口上有疲劳辉纹存在(图 3)。这说明钻杆接头为疲劳断裂。

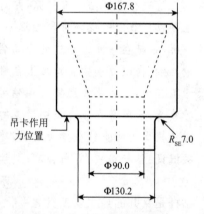

图 1　钻杆接头直角台肩部位
结构尺寸(mm)

图 2　钻杆接头直角台肩部位裂纹和刺穿形貌

图 3　断口上的疲劳辉纹

3 材料试验

(1) 化学成分分析。接头化学成分分析结果见表 2。

表 2 化学成分(质量分数/%)

元 素	C	Si	Mn	P	S	Cr	Mo	V	Ti	Cu
含 量	0.38	0.25	0.90	0.008	0.005	1.07	0.29	0.01	0.01	0.12
API Spec 7 规定				≤0.030	≤0.030					

(2) 机械性能试验。沿钻杆内螺纹接头纵向取直径为 12.7 mm,标距为 50.8 mm 的圆棒拉伸试样,10 mm×10 mm×55 mm 的 CVN 冲击试样和硬度试样。力学性能试验结果见表 3。

表 3 力学性能

项 目	拉伸性能			冲击功(21 ℃)/J	硬度 HB S10/3000
	抗拉强度 /MPa	屈服强度 /MPa	延伸率 /%		
结 果	996	893	22.6	124	312
API Spec 7	≥965	≥827	≥13	—	≥285
SY/T 5290-2000	≥965	≥827	≥13	54(−20 ℃)	≥285

力学性能试验结果,钻杆接头符合标准要求。

(3) 金相分析。在裂纹尖端部位取样进行金相分析,金相分析结果如下。

裂纹起源于外壁,裂纹始端垂直于外表面,裂纹开始部位有分支,裂纹尖端呈折线状,裂纹两侧组织与其他区域相同(图 4 和图 5)。外壁及心部组织为 $S_回$,靠内壁组织为 $S_回$+少量 $B_上$。晶粒度为 9.5 级。夹杂物为 A1.5,B0.5,D0.5,D0.5e。

金相分析结果,钻杆接头金相组织正常,裂纹具有疲劳裂纹的特征。

图 4 裂纹始端形貌及组织

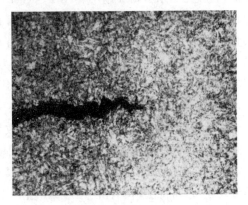

图 5 裂纹尖端形貌及组织

4 结果分析

试验结果表明,钻杆接头材质符合标准要求,钻杆接头为疲劳裂纹失效。疲劳裂纹是在低于材料屈服强度的交变应力作用下使用一段时间之后才产生。疲劳裂纹一般产生于构件的危险部位,疲劳失效要经过裂纹萌生、扩展和断裂三个阶段。该批钻杆没有打完井深不足 4 500 m 的两口直井,累计进尺 8 343 m,累计旋转时间 1 006 h(754 h + 352 h),就有 28 根钻杆内螺纹接头(占 9.3%)吊卡台肩部位产生裂纹或断裂。钻杆接头使用时间很短就产生裂纹或断裂,属于早期疲劳失效。钻杆接头发生早期疲劳失效的原因与钻杆接头直角吊卡台肩根部存在较大应力集中有关。

从图 1 可明显看出,钻杆接头直角台肩部位为结构突变部位。该部位最大壁厚为 39.0 mm,最小壁厚为 20.2 mm,两者之比为 1.93,存在较大的应力集中。在钻进过程中,钻杆要受到拉伸、扭转、冲击等交变载荷,在结构突变的应力集中部位受力更大。在起下钻过程中,吊卡与接头台肩配合来提升或下放钻柱。由于吊卡与接头台肩作用力位置距接头台肩根部有一定距离,接头吊卡台肩根部除受正常拉力之外,还要受附加的弯矩作用。因此,钻杆接头直角台肩根部受力条件更苛刻,容易产生疲劳裂纹。

日本平川贤尔用 Φ88.8 mm E75 钻杆直角台肩和 18° 台肩 NC38 接头(水眼直径 68.3 mm 与 API Spec 7 规定的公接头水眼直径相同)做的实物疲劳试验结果[4]表明,直角台肩根部应力集中系数为 2.08,18° 台肩根部应力集中系数为 1.19。前者是后者的 1.75 倍。

管材研究所对不同结构的钻杆接头实物进行旋转弯曲疲劳试验结果表明,直角吊卡台肩钻杆内螺纹接头水眼直径大于外螺纹接头标准水眼直径时,钻杆失效位置在吊卡台肩根部。

由于直角台肩根部存在的应力集中系数大于 18° 台肩根部的应力集中系数,API Spec 7 标准早已把直角台肩钻杆接头列为逐渐淘汰的产品。

钻杆内螺纹接头内径越大,吊卡台肩部位的壁厚差别越大(图 1),应力集中越严重;接头内径越大,水力损失越小。API Spec 7 标准对 Φ127 mm G105 钻杆外螺纹接头规定的水眼直径为 82.6 mm,内螺纹接头水眼直径由工厂自己选择。失效钻杆内螺纹接头水眼直径为 90.0 mm,大于外螺纹接头水眼直径,其吊卡台肩根部的应力集中系数会更大。增大内螺纹接头水眼直径虽有利于减小水力损失,提高钻井速度,但会增加吊卡台肩根部应力集中,降低接头连接强度。因此,采用增大内螺纹接头水眼直径的方法来提高钻井速度时,应考虑直角吊卡台肩根部应力集中对钻杆接头连接强度的影响。

实践已经证明[5],使用加重钻杆可有效地保护钻杆,减少钻杆失效事故发生。该两口井钻具组合中没有使用加重钻杆,这一问题必须引起重视。

跳钻会使钻具受力条件恶化,降低钻具使用寿命[6-8]。在这两口井钻井过程中均有跳钻现象,这可能会对钻杆使用寿命产生一定影响。

钻杆接头为早期疲劳裂纹失效。钻杆接头的使用寿命与所受应力成反比,钻杆接头所受应力越大,使用寿命越短[9-10]。该批钻杆在这 2 口 4 500 m 的井使用期间未发生异常钻井事故,最大狗腿度仅 1.0°/25 m,但却有近 1/10 的钻杆接头在吊卡台肩部位产生裂纹或发生断裂事故。这说明该种结构尺寸的钻杆接头不适宜在该类深井使用。

5 结论与建议

(1) 钻杆内螺纹接头直角吊卡台肩根部裂纹属于疲劳裂纹。裂纹原因主要是该处结构突变,应力集中大。同时接头水眼大,加剧了该部位的应力集中。

(2) 建议选用斜坡台肩钻杆接头。

参考文献

[1] API Spec 7 Specification for rotary drill stem element. 40th ed. Washington(DC):API;NOVEMBER 2001.

[2] API Spec 5D Specification for drill pipe. Fourth Edition,Washington(DC):API;August 1999.

[3] SY/T 5290—2000.石油钻杆接头.中华人民共和国石油天然气行业标准,2000.

[4] (日)平川贤尔.对焊钻杆的疲劳强度.石油专用管,1984,1.

[5] Lü Shuanlu,Feng Yaorong,Luo Faqian,et al. Failure analysis of IEU drill pipe wash out. Fatigue,2005,27:1 360-1 365.

[6] 吕拴录,骆发前,高林,等.钻杆刺穿原因统计分析及预防措施.石油矿场机械,2006,35(增刊).

[7] 高洪志,吕拴录,李鹤林,等.随钻震击器断裂事故分析及预防.石油钻采工艺,1991,6:29-35.

[8] 袁鹏斌,吕拴录,孙丙向,等.在空气钻井过程中钻杆断裂原因分析.石油钻采工艺,2008,5.

[9] 王新虎,薛继军,谢居良,等.钻杆接头抗扭强度及材料韧性指标研究.石油矿场机械,2006,35(增刊).

[10] 吕拴录,王新虎.WS1 井 Φ88.9 mm 四方钻杆断裂原因分析.石油钻采工艺,2004,26(5):47-49.

S135 钻杆管体断裂原因分析

聂采军[1]　吕拴录[1,2]　袁鹏斌[3]　谢又新[1]　邝献任[4]　马红英[1]　盛树彬[1]

(1.中国石油塔里木油田公司钻井技术办公室,新疆库尔勒 841000;

2.中国石油大学,北京昌平 100249;

3.上海海隆石油管材研究所,上海 200949;

4.中国石油天然气集团公司管材研究所,陕西西安 710065)

摘　要:某井发生井涌之后一根 S135 钻杆断裂。对钻杆断裂事故进行了详细调查研究和试验分析。对钻杆使用环境条件调查结果,该井存在 H_2S。对钻杆断口形貌分析结果,钻杆宏观断口主要断面无明显的塑性变形痕迹,钻杆微观断口形貌为沿晶和断续的沿晶裂纹,认为钻杆断口具有典型的 H_2S 应力腐蚀断裂特征。对断裂钻杆材料化学成分、机械性能和金相组织进行了全面试验分析,认为钻杆材质本身符合标准要求。对钻杆使用受力状态分析结果,钻杆在使用过程中所受载荷远低于钻杆的承载能力,可以排除钻杆过载断裂的可能性。通过综合分析认为钻杆使用条件具备 H_2S 应力腐蚀断裂的条件。钻杆断裂原因是 H_2S 应力腐蚀断裂所致,并提出了预防钻杆发生 H_2S 应力腐蚀断裂的措施。

关键词:钻杆;硫化氢;硫化物应力腐蚀断裂;断口

近年来,国内油田多口井已经发现 H_2S,并且已经发生多起钻杆硫化物应力开裂(SSC)事故。塔中 83 井连续发生了两起钻杆 SSC 事故。塔中 823 井井喷后 H_2S 已导致该井报废。

目前,防止含 H_2S 井发生钻具断裂事故已经成为刻不容缓的大事。为了搞清含 H_2S 井钻杆断裂原因,本文对某井发生的一起钻杆 SSC 事故进行了调查研究,对断裂的钻杆进行了试验分析,对防止含 H_2S 井钻杆 SSC 断裂提出了具体措施。

1　现场情况

某井钻至井深 5 906.57 m 时放空 5.13 m,先井漏后井涌,因压井未稳,于 5 天后开始采用原钻柱试油。试油期间钻柱静止不动,套压从 13 MPa 降至 10 MPa。在第 4 天试油时钻具悬重从 165 t 突降至 27 t。随后检查发现一根钻杆断裂。

试油时钻具提离井底,钻头位置为 5 897.97 m。钻杆断裂位置井深 648.27 m。

该井发生井涌之后发现有 H_2S 存在,实测结果 H_2S 含量超过 500 ppm。由于该井 H_2S 含量过高,最终对该井采取了水泥封固处理。

2 断口分析

2.1 断口宏观分析

钻杆断裂位置在距内螺纹接头端面 950 mm 的位置。断口上有约 1/8 的区域为平断口,其上有收敛于外表面的放射状条纹,条纹收敛区为裂纹源(图 1)。在该平断口右侧有一半径约 4 mm 的扇形平区,其上也有起源于外表面的放射条纹(图 2),该处为另一裂纹源。在断口源区位置未发现腐蚀坑。其余断面为方向不一的斜断口。断口宏观形貌具有脆性断裂的特征。

钻杆表面有明显可见的腐蚀坑存在,其深度 1.2 mm。经 1:1 工业盐酸热蚀,钻杆外壁的腐蚀坑更加明显,钻杆内壁涂层完好。

图 1　断口源区形貌

图 2　断口上的扇形裂源区形貌

2.2 断口微观分析

用扫描电镜对断口微观形貌观察结果,断口为沿晶和二次裂纹形貌(图 3)。经能谱分析,断口表面含 S 量很高,S 原子含量达 9.71%(图 4)。断口微观特征具有 H_2S 应力腐蚀断裂的特征。

图 3　沿晶及二次裂纹形貌

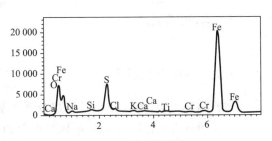

图 4　能谱分析结果

3　材质分析

3.1　化学成分分析

化学成分分析结果(表1),钻杆材料化学成分符合 API Spec 5D[1] 规定。

表1　钻杆化学成分分析结果(质量分数/%)

元　素	C	Si	Mn	P	S	Cr	Mo	Ni	V	Ti	Cu
第67根	0.27	0.19	0.85	0.014	0.003	0.92	0.39	0.028	0.007	0.007	0.09
第129根	0.31	0.23	1.45	0.010	0.001	0.23	0.40	0.013	0.039	0.007	0.01
API Spec 5D 规定	—	—	—	≤0.03	≤0.03	—	—	—	—	—	—

3.2　力学性能试验

力学性能试验结果(表2),钻杆材料力学性能符合 API Spec 5D 规定。

表2　力学性能试验结果

项目	屈服强度/MPa	抗拉强度/MPa	延伸率/%	冲击功/J	硬度/HRC
试验结果	1 019	1 095	19.6	76	34.0
API Spec 5D 规定	931~1 138	≥1 000	≥10.5	≥43(平均值) ≥38(单个试样)	—

3.3　金相分析

钻杆金相组织为回火索氏体,钻杆裂源位置断口表面及组织见图5。外表面腐蚀坑底未发现裂纹。依据 GB/T 6394—2002[2] 对晶粒度评为8级。依据 GB 10561—2005[3] 对夹杂物评为 A0.5,B1.0,D0.5。

图5　断口源区表层组织

4　结果分析

4.1　钻杆断裂原因

试验结果表明,断口宏观形貌和微观形貌均为典型的 H_2S 应力腐蚀断裂(SSC)形貌。这说明本次钻杆断裂事故为 H_2S 引起的应力腐蚀断裂。钻杆原材料组织、成分和性能都满足标准要求,可以排除原材料缺陷引起断裂的可能性[4]。

硫化物应力开裂实质上是 H 原子或 H 离子溶解侵入钢材,在钢材里形成孔洞和裂纹,使钢材发生脆化,即氢脆,最终在拉应力作用下发生断裂或开裂。

金属氢脆过程为[5]:

(1) 氢在金属表面吸附;

(2) 吸附于金属表面上的氢分子解离;

(3) 解离后的氢原子或氢离子从金属表面进入金属晶格形成固溶体;

(4) 在固溶体中氢原子或氢离子通过金属晶格扩散;

(5) 当溶入金属中的氢原子或氢离子浓度在局部达到饱和时就可能对金属的性能产生影响,产生氢脆问题。

发生硫化物应力腐蚀开裂必须具备如下条件[6]:

(1) 有腐蚀介质;

(2) 存在拉应力;

(3) 对硫化物应力开裂敏感的材料。

硫化物应力腐蚀开裂断裂有一个或长或短的孕育期,在孕育期中腐蚀外露特征很少,难以发现;进入发展期后裂纹扩展速度很快。当裂纹穿透整个截面就会发生断裂事故[7]。

H_2S 是引起氢脆的最敏感的腐蚀介质之一,该井 H_2S 含量超过 500 ppm。试油时整个钻柱悬空处于受拉状态,断裂的钻杆位于钻柱上部受拉力大的部位,钻杆受到较大的拉应力。断裂钻杆钢级为 S135,属于高强度钻杆,这种高强度钻杆对硫化物应力腐蚀开裂比较敏感[8],其硬度(HRC 34)远大于低合金钢抗硫化物应力腐蚀开裂允许的最高硬度(HRC 22)。从以上分析可知,钻杆实际使用条件完全满足 H_2S 应力腐蚀开裂的条件。

该井是发生井涌之后才决定试油的,试油管柱为钻柱。从开始井涌,到发生钻杆断裂事故,钻柱处于含有大量 H_2S 的天然气中达 10 天之久。H_2S 中的 H 原子或 H 离子有充分的时间在钻杆表面吸附,并向钻杆里溶解、扩散、聚集。实际钻杆断裂起源于外壁,这是由于钻杆内壁有涂层保护,氢是从钻杆外壁溶解侵入的,因此最先受到氢损伤的是钻杆外壁。

钻杆断口宏观形貌为多源的脆性断裂形貌。钻杆断口微观形貌为沿晶、二次裂纹和孔洞形貌,且在断口上发现了质量分数高达 9.71% 的 S 原子。断口宏观和微观形貌均具有典型的 H_2S 应力腐蚀断裂特征。钻杆断口上保留了断裂时环境因素和受力状况。这进一步说明本次钻杆断裂事故为 H_2S 应力腐蚀断裂。

NACE Standard MR0175-88[9] 标准明确规定,H_2S 在气相中的分压 $\geqslant 0.34$ kPa 时就有可能发生硫化物应力腐蚀开裂。钻杆断裂时井口压力为 10 MPa,H_2S 含量 $\geqslant$ 500 ppm。H_2S 分压 P_{H_2S} 计算如下:

$$P_{H_2S} = 500 \times 10^{-6} \times 10 \times 10^3 = 5 \text{ kPa}$$

从计算结果可知,该井 H_2S 分压已远超过 NACE 标准界定的发生硫化物应力腐蚀开裂的分压值的 14.7 倍。

4.2 钻杆断裂事故预防

该井在开钻之前没有考虑到有 H_2S 存在，因此在钻具设计时未选用防硫钻杆。为防止类似事故再次发生，对于这类含有 H_2S 的井应采用防硫钻杆。

防硫钻杆对钻杆材料化学成分、屈服强度、抗拉强度、硬度、冲击韧性和 NACE 应力门槛值均有严格要求。目前，防硫钻杆已经在含有 H_2S 的井中和欠平衡井中大量使用，并获得了很好的效果。铝合金钻杆具有优良的防硫性能，铝合金钻杆在俄罗斯高含硫井使用效果很好。为从根本上解决钻杆防硫问题，国内某些油田目前已经使用铝合金钻杆[10]和防硫钻杆。

5 结论与建议

（1）钻杆断裂原因是 H_2S 应力腐蚀所致。

（2）建议对该批钻杆至少停用 15 天，然后进行严格探伤检查，发现裂纹应当报废。

（3）建议在含有 H_2S 的井中使用防硫钻杆。

参考文献

[1] API Spec 5D Specification for drill pipe. Fourth Edition，Washington(DC)：API；August 1999.

[2] GB 10561—2005 钢中非金属夹杂物含量的测定. 中华人民共和国国家标准，2005.

[3] GB/T 6394—2002 金属平均晶粒度测定方法. 中华人民共和国国家标准，2002.

[4] 吕拴录，高林，迟军，等. 石油钻柱减震器花健体外筒断裂原因分析. 机械工程材料，2008，32(2)：71-73.

[5] 周德惠，谭云. 金属的环境氢脆. 北京：国防工业出版社，1998.

[6] 张远声. 腐蚀破坏事故 100 例. 北京：化学工业出版社，2000.

[7] 吕拴录，李金凤，江涛，等. H_2S 导致钻铤断裂. 腐蚀与防护，2009，30(4)：283-284.

[8] 吕拴录，骆发前，周杰，等. 塔中 83 井钻杆 SSC 断裂原因分析及预防措施. 腐蚀科学与防护技术，2007.11，19(6)：451-453.

[9] NACE Standard MR0175-88 Sulfide stress cracking resistant metallic material for oilfield equipment[S].

[10] 吕拴录，骆发前，周杰，等. 铝合金钻杆在塔里木油田推广应用前景分析. 石油钻探技术，2009，37(3)：74-77.

满加1井钻柱转换接头外螺纹接头断裂原因分析

吕拴录[1,2] 骆发前[2] 周 杰[2] 迟 军[2] 胡安智[2] 陈建华[3]

(1. 中国石油大学,北京昌平,100249;

2. 中国石油塔里木油田公司,新疆库尔勒 841000;

3. 中国石油塔里木油田公司第七勘探公司,新疆库尔勒 841000)

摘 要:对满加1井钻具断裂事故进行了调查研究。测量了断裂钻柱转换接头的结构尺寸,宏观分析了钻柱转换接头断口形貌,对断裂的钻柱转换接头进行了材料试验。认为钻柱转换接头属于早期疲劳断裂,断裂原因既与材料韧性不合格有关,也与钻柱转换接头本身结构尺寸不合理和钻柱结构尺寸不合理有关。从钻柱转换接头结构和尺寸改进、材料改进方面提出了具体的预防措施。

关键词:钻柱转换接头;断裂;结构尺寸;韧性

1 事故发生经过

2007 年 2 月 22 日 21:15,满加 1 井钻进至井深 3 949 m,起钻发现连接第一根 Φ228.6 mm 钻铤和 Φ311.2 mm 钻具稳定器的 NC610×NC561 钻柱转换接头外螺纹断裂。该钻柱转换接头 2007 年 1 月 10 日下井,从下井到断裂使用时间为 42 天,纯钻时间为 705 h。落鱼长度 19.79 m。断裂时井深 3 949.00 m。

2007 年 3 月 19 日钻进至井深 4 473.00 m 时,第 2 根 Φ311.2 mm 钻具稳定器外螺纹接头断在钻柱转换接头内。落鱼长度 29.56 m。断裂时井深 4 473.50 m。

2007 年 3 月 24 日钻进至井深 4 511.97 m 时新换的钻柱转换接头外螺纹又发生断裂,断裂位置与 2007 年 2 月 22 日钻柱转换接头外螺纹断裂位置相同。落鱼长度 20.06 m。该转换接头累计纯钻时间 370.25 h。

该井钻井参数:钻压 120 kN,转速 105 r/min,泵压 21 MPa,排量 40 L/s。

根据测井结果,该井最大全角变化率为 0.78°/25 m。该井地层岩性为泥岩、粉砂岩、砂岩、中砂岩和灰岩。在钻井过程中多次发生井壁垮塌和蹩钻。另外,该井还发生了一起由于地层蠕变导致表层套管下井卡死事故。

另外,在与满加 1 井相临的塔中 31 井钻井过程中,从 4 231~5 314 m 井深范围曾发生过 5 次下部钻具断裂事故。其中有 2 次是钻铤外螺纹接头断裂,2 次是钻具稳定器外螺纹接头断裂,1次是钻柱转换接头断裂。

2 断口分析及尺寸测量

钻柱转换接头从外螺纹接头大端第2扣和第3扣位置断裂,断口距离外螺纹接头密封台肩面22 mm(图1)。断口上有两处起源于螺纹根部的疲劳裂纹,两者大约相隔110°(图2)。其中一条疲劳裂纹弦长65.6 mm,深度为15.2 mm;另外一条疲劳裂纹弦长75.0 mm,深度为19.5 mm。断口瞬断区平齐,具有脆性断裂的特征。

断裂的钻柱转换接头是经过修扣的,内径为71 mm,断裂位置钻具组合及尺寸见图3。

图1 断裂位置

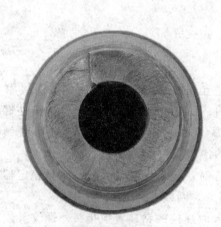

图2 断口形貌

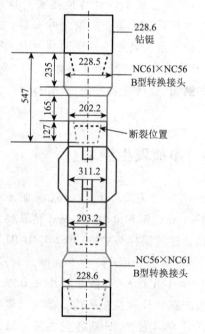

图3 断裂位置附近钻具组合及尺寸

3 理化试验

3.1 化学成分分析

断裂的钻柱转换接头材料化学成分符合 SY/T 5200—2002 规定[1]。

3.2 力学性能试验

在钻柱转换接头上沿纵向分别取 Φ12.5 mm 圆棒拉伸试样、10 mm×10 mm×55 mm 夏比 V 形缺口冲击试样和全壁厚硬度试样进行力学性能试验。试验结果拉伸性能和硬度合格，冲击韧性不合格，脆性转化温度为 −20 ℃（如图 4）。

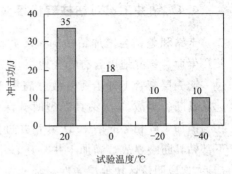

图 4　系列冲击试验结果

4　断裂原因分析

4.1　钻柱转换接头长度不足加剧了外螺纹接头危险截面的应力集中

钻柱转换接头越长，越有利于缓解外螺纹接头大端的应力集中[2]。API Spec 7[3]规定，A 型转换接头长度为 914 mm，B 型转换接头长度为 1 219 mm。

SY 5200—2000 标准将 A 型和 B 型转换接头长度分为一类长度和二类长度。一类长度 A 型和 B 型转换接头长度与 API Spec 7 规定相同，二类 A 型和 B 型转换接头长度均为 610 mm。但明确规定在井深大于 2 000 m 时应选用一类长度转换接头。

断裂的钻柱转换接头长度为 547 mm，使用时间仅 42 d，纯钻时间只有 705 h。这与接头长度不足，螺纹接头危险截面的应力得不到缓解有一定关系。

4.2　钻柱组合不合理容易导致接头断裂

从钻柱整体结构分析，下部钻柱外径小的部位刚度差，在使用过程中容易弯曲变形，并产生疲劳裂纹，即外径小的部位是钻柱薄弱环节[4]。该井断裂的钻柱转换接头上端与 228.6 mm 钻铤连接，下端与 311.2 mm 钻具稳定器相连（图 3）。在 311.2 mm 钻具稳定器下端还连接有一个 NC56（内螺纹）×NC61（外螺纹）B 型钻柱转换接头。断裂的 B 型转换接头下端正好是下部钻柱中外径最小的部位，该部位刚度差易于弯曲变形，在使用过程中很容易发生弯曲疲劳断裂事故。

4.3　材质对钻柱转换接头断裂的影响

钻柱转换接头在使用过程中要承受弯曲、扭转、冲击等疲劳载荷[5]。材料性能越差，钻具使用寿命越短；材料性能越好，钻具疲劳裂纹萌生和扩展所需的时间越长[6-7]，甚至当疲劳裂纹穿透钻具壁厚发生刺漏之后，仍然不会断裂。钻具刺漏后泵压下降容易发现，可减少断裂事故发生[8-9]。断裂的钻柱转换接头材料韧性只有标准规定值的 64.8%，材料韧性不合格必然导致早期疲劳断裂。钻柱转换接头疲劳裂纹区所占比例远小于脆性瞬断区，这主要与材料韧性不合格，抵抗裂纹萌生和扩展的能力差有关。

4.4 钻井工况对钻柱转换接头断裂的影响

卡钻和蹩钻会增加钻柱的扭转载荷[10]，跳钻会增大钻柱的震动载荷，最终减少钻具使用寿命。该井地层含有蠕变地层，在钻井过程中多次发生卡钻、蹩钻和跳钻，也曾发生过一起表层套管下井卡死事故。满加 1 井从 2007 年 2 月 22 日至 3 月 24 日共发生了 3 起钻具断裂事故，3 次钻具断裂时井深分别为 3 949.00 m、4 473.50 m 和 4 511.97 m。在与满加 1 井相邻的塔中 31 井钻井过程中，曾在 4 231～5 314 m 井深范围发生了 5 次下部钻具断裂事故。满加 1 井与其邻井断裂的钻具全是下部钻具，钻具断裂的井深范围接近，这说明该区块地层岩性对降低钻具疲劳寿命有一定影响。

（1）全角变化率。

井眼全角变化率越大，钻柱转换接头所受的弯曲载荷越大，越容易发生疲劳断裂。该井最大全角变化率仅为 0.78°/25 m，对钻柱转换接头断裂不会产生很大影响。也即，全角变化率不是断裂的主要原因。

（2）钻柱转换接头断裂门槛值。

钻柱转换接头在使用过程中承受交变的弯曲、扭转、冲击和震动等载荷，在经过一段时间使用之后，其危险截面容易产生疲劳裂纹[11-12]。当钻具接头初始裂纹达到到门槛值时裂纹会扩展，并发生断裂事故。下面对发生断裂的钻柱转换接头裂纹门槛值予以计算。

在裂纹萌生区 ΔK 有一个界限值 ΔK_{th}，即疲劳裂纹扩展门槛值，在此界限值以下，疲劳裂纹为非扩展性裂纹，即 $\Delta K < \Delta K_{th}$ 裂纹将不扩展[13]。应力强度因子可用下式表示：

$$K = f\sigma\sqrt{\pi a} \tag{1}$$

式中，K 为应力强度因子；f 为与裂纹的形状，位置，加载方式等有关的系数，对于圆柱型构件含周向裂纹的情况，$f = 1.12 + 3(a/r_0)^2$，其中 r_0 为圆柱构件半径，a 为周向裂纹深度。由于裂纹深度相比钻铤半径很小，近似取 $f = 1.12$。

代入式（1）并微分得：

$$\Delta K = 1.12\Delta\sigma\sqrt{\pi a} \tag{2}$$

式中：$\Delta\sigma = \sigma_{max} - \sigma_{min}$。

近似取最小载荷 $\sigma_{min} = 0$，应力比 $R = \sigma_{min}/\sigma_{max} = 0$。最大载荷 σ_{max} 取材料疲劳强度。

$$\sigma_{max} = \sigma_y/S \tag{3}$$

式中，σ_y 为材料最小屈服强度，$\sigma_y = 930$ MPa；S 为安全系数，一般取 1.5。

代入式（3）得

$$\sigma_{max} = 620 \text{ MPa}$$

钻柱转换接头发生断裂的裂纹门槛值与其材料屈服强度有关[14]。按材料屈服强度为 930 MPa(133 284 psi)计算，其门槛值 $\Delta K_{th} = 4.4$ MPa $\sqrt{m}$。

代入式（2）得

$$a_{th} = 0.006 \text{ mm}$$

由 $\Delta K < \Delta K_{th}$ 得：$a < a_{th} = 0.006$ mm。也即，只有当钻铤的初始裂纹尺寸不超过

0.006 mm 时,裂纹才不会扩展。

该钻柱转换接头在断裂之前已有 2 处疲劳裂纹,裂纹最深已达 19.5 mm。钻柱转换接头疲劳裂纹深度已经远远超过裂纹门槛值,这必然会发生断裂。

5 预防措施

(1) 新订购的钻柱转换接头应严格执行 SY5200 标准,逐步淘汰原钻柱转换接头。

(2) 今后订货 Φ311.2.2 mm 钻具稳定器两端接头外径全部统一规定为 228.6 mm,省去 Φ311.2.2 mm 钻具稳定器与 228.6 mm 钻铤之间的转换接头。

(3) 制定塔里木油田钻柱转换接头企业标准。

(4) 加强钻柱转换接头探伤检查及管理。

6 结论

(1) 钻柱转换接头断裂位置在外螺纹接头危险截面,断裂原因与钻柱转换接头材料韧性不足和钻柱结构不合理有关。

(2) 建议严格执行 SY5200 标准。

参考文献

[1] SY 5200-2002,钻柱转换接头.

[2] [美]得克萨斯大学. 钻井基本操作. 北京:石油工业出版社,1981.

[3] API Spec 7 Specification for rotary drill stem element[S].

[4] 吕拴录,骆发前,高林,等. 钻杆刺穿原因统计分析及预防措施. 石油矿场机械,2006,35(增刊):12-16.

[5] API RP7G Recommended practice for drill stem design and operating limits[S].

[6] 吕拴录,高林,迟军,等. 石油钻柱减震器花键体外筒断裂原因分析. 机械工程材料,2008,32(2):71-73.

[7] 吕拴录,王新虎. WS1 井 Φ88.9 mm 四方钻杆断裂原因分析. 石油钻采工艺,2004,26(5):47-49.

[8] 高洪志,吕拴录,李鹤林,等. 随钻震击器断裂事故分析及预防. 石油钻采工艺,1991(6):29-35.

[9] 王新虎,薛继军,谢居良,等. 钻杆接头抗扭强度及材料韧性指标研究. 石油矿场机械,2006,35(增刊):1-4.

[10] Lü Shuanlu,Feng Yaorong,Luo Faqian,et al. Failure analysis of IEU drill pipe wash out. Fatigue,2005,27:1 360-1 365.

[11] Jellison M J,Payne M L,Shepard J S,et al. Next generation drill pipe for extended reach,deepwater and ultra-deep drilling.

[12] 袁鹏斌,吕拴录,孙丙向,等. 在空气钻井过程中钻杆断裂原因分析. 石油钻采工艺,2008,30(5):34-37.

[13] 胡芳婷,贾华明,迟军.用断裂力学法分析影响抽油井油管疲劳寿命因素. 石油矿场机械,2006,35(3):53-56.

[14] 徐灏.疲劳强度.北京:高等教育出版社,1988.

钻铤断裂原因分析

吕拴录[1,2]　　骆发前[2]　　周　杰[2]　　卢　强[2]
苏建文[2]　　迟　军[2]　　杨成新[2]　　王中胜[2]

(1.中国石油大学,北京昌平 102249;
2.中国石油塔里木油田公司,新疆库尔勒 841000)

摘　要:通过断口分析、化学成分分析、力学性能试验和金相检验等方法对某油井发生断裂的一根钻铤进行分析。结果表明,钻铤内径偏大降低了钻铤外螺纹接头的承载能力,井眼全角变化率大导致钻铤承受异常旋转弯曲疲劳载荷,频繁的蹩钻和卡钻使钻铤承受额外的扭转载荷,最终使钻铤发生早期疲劳断裂事故。

关键词:钻铤;断裂;井眼全角变化率;弯曲载荷

某直井从开钻到完钻共发生 12 起钻具断裂事故。其中 Φ120.7mm 钻铤断裂事故 7 起,占 58.3%。为找出断裂原因,避免类似事故再次发生,对其中一根断裂的 120.7 mm 钻铤进行检验和分析。

1　理化检验

1.1　尺寸测量

失效钻铤实测外径 121.25 mm,内径 56.84 mm。外径符合 SY/T 5144—2007[1]和 API Spec 7[2]标准规定,内径不符合标准规定。

1.2　断口分析

钻铤断裂位置在外螺纹接头大端 2~3 扣截面处(图 1)。断口上有约 2/5 的平坦区域为疲劳断口,其余斜断口为最后瞬断区。

经磁粉探伤,发现外螺纹接头大端第一扣螺纹牙底存在一条长约 190 mm 的圆周裂纹,在第二扣螺纹牙底存在一条长约 50 mm 的圆周裂纹。将外螺纹接头大端第一扣牙底圆周裂纹打

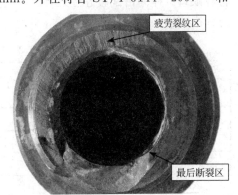

图 1　钻铤断口形貌

开,该裂纹深度约为 0.02 mm～0.05 mm,呈非连续分布。同时,该裂纹附近牙齿面上存在多个非连续性二次裂纹。

1.3 化学成分分析

采用直读光谱仪及碳硫分析仪对失效钻铤化学成分进行分析,由分析结果(表 1)可知,钻铤化学成分符合 SY/T 5144—2007 标准规定。

表 1 化学成分分析结果(质量分数/%)

元　素	C	Si	Mn	P	S	Cr	Mo	Ni	V	Ti	Cu
钻铤试样	0.41	0.27	1.06	0.013	0.009	1.18	0.41	0.013	0.006	0.009	0.18
SY/T 5144—1997	/	/	/	≤0.035	≤0.035	/	/	/	/	/	/

1.4 力学性能试验

从失效钻铤上取纵向圆棒试样,按照 ASTM A370—2007《钢制品机械性能试验方法和定义》进行拉伸试验,试验结果(表 2)显示钻铤拉伸性能和硬度符合 SY/T 5144—2007 标准要求。

表 2 拉伸性能试验结果

项目 试样号	屈服强度 $R_{r0.2}$/MPa	抗拉强度 R_m/MPa	延伸率 A/%	断面收缩率 Z/%	硬度 HBW10/3000
1	910	1 040	20.0	61.0	304,309,302
2	900	1 045	20.0	61.0	
3	905	995	20.0	67.5	
SY/T 5144—1997	≥758	≥965	≥13	/	285～341
备注:试验温度为室温					

从失效钻铤上分别取纵、横向夏比 V 型缺口冲击试样,按照 ASTM E23—2002《金属材料缺口试样冲击试验方法》对试样冲击韧性试验,试验结果(表 3)显示钻铤冲击韧性符合标准要求。

表 3 冲击韧性试验结果

项目 试样号	纵向冲击功/J	横向冲击功/J	试验温度/℃
1	77.0	44.0	20
2	78.0	44.0	20
3	83.0	44.0	20
SY/T 5144—1997	≥54	/	20±5

1.5 金相分析

分别从钻铤管体及含裂纹螺纹根部取样,根据 GB/T 13298—1991《金属显微组织检验法》、GB 10561—2005《钢中非金属夹杂物含量的测定》和 GB/T 6394—2002《金属平均晶粒度测定方法》进行金相检验。结果显示(图2),钻铤断裂部位螺纹牙底区域多处存在疲劳裂纹,其深度达到 0.08 mm。管体试样及螺纹试样晶粒度均为 8 级,组织为回火索氏体。

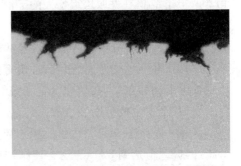

图2　钻铤断口附近螺纹牙底疲劳裂纹

2 断裂原因分析

2.1 受力条件恶化导致钻铤断裂

断裂的 Φ120.7 mm 钻铤在该井首次使用,纯钻时间为 337.8～911.8 h,累计进尺为 297～679 m。这说明该井钻铤断裂属于非正常早期损坏。钻铤非正常早期损坏原因是井眼全角变化率大,卡钻、蹩钻严重引起的,具体分析如下。

(1) 全角变化率增大和井径扩大使钻具受力条件恶化。

井眼全角变化率大会使钻具承受额外的弯曲载荷,很容易使钻具发生早期疲劳断裂事故[3-7]。

该井在井深 5 347 m 的位置全角变化率突然升至 2.9 ℃/30 m,此后随着井深变化,全角变化率呈急剧增大趋势。在 5 197～5 737 m 井段全角变化率见图3。可见在井深 5 707 m 的位置全角变化率达到了 26.8 ℃/30 m。

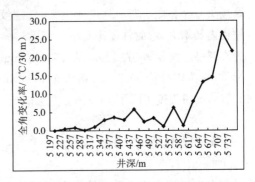

图3　在 5 197～5 737 m 井段全角变化率

该井断裂最多的钻具是 Φ120.7 mm 钻铤。Φ120.7 mm 钻铤断裂时井深范围为 5 346.07～5 751.45 m,钻铤断裂位置处在井段 5 535.05 m～5 740.47 m。可见所有 Φ120.7 mm 钻铤断裂时全部处在全角变化率大的井段(5 317～5 737 m)。这说明全角变化率大是 Φ120.7 mm 钻铤断裂的主要原因。

井眼全角变化率大容易发生遇阻、卡钻和蹩钻。该井遇阻、卡钻和蹩钻位置在井深 5 564.40 m 至 5 737.88 m 井段。这与该井段全角变化率大以及井径扩大有一定关系。

井眼异常扩大会使下部钻柱受力条件恶化。在钻井过程中井眼下部井径扩大使得钻铤失去井壁支撑,有可能在受压条件下使钻铤出现螺旋弯曲现象,从而使钻铤承受的弯曲应力增大,最终加速了钻铤的弯曲疲劳损坏。该井另外一根 Φ120.7 mm 断裂之后,出现上部钻柱可以通过断裂位置下放一定深度的情况,说明该井下部井径已经垮塌变大。Φ120.7 mm 钻铤在井眼垮塌增大的下部井段工作,其受力条件恶化,很容易发生疲劳断裂事故。

(2) 卡钻和蹩钻导致钻具承受异常载荷。

钻具在井下承受弯曲、扭转、冲击等疲劳载荷,容易在其危险截面产生疲劳失效[8-11]。一旦发生卡钻和蹩钻,在处理卡钻和蹩钻事故过程中钻具受到异常载荷后很容易产生疲劳裂纹,甚至发生疲劳断裂事故。

该井共发生了 5 起卡钻事故和一起蹩钻事故,在处理卡钻事故过程中曾多次上提和下压,上提载荷达到 270 t。这会使钻柱受到异常的疲劳载荷。在蹩钻过程中转盘曾突然蹩停,并产生转盘倒转现象。这说明蹩钻之后钻柱受到了非常大的扭转载荷。断裂的 7 根 Φ120.7 mm 钻铤中有 6 根是在卡钻之后发生的。这说明在处理卡钻和蹩钻事故过程中钻具会受到异常载荷而发生断裂。

2.2 内径偏大导致钻铤外螺纹接头早期断裂

断裂的 7 根 Φ120.7 mm 钻铤有 5 根内径为 57.2 mm,占 71.4%;2 根内径为 50.8 mm,占 28.6%。API Spec 7 规定,Φ127.0 mm 钻铤 NC35 接头内径为 50.8 mm。大多数 Φ120.7 mm 钻铤断裂与其内径偏大、外螺纹抗扭强度降低、弯曲强度比不合理有关。

API RP7G[12] 对钻铤是按弯曲强度比校核的。钻铤弯曲强度比为 2.50:1 时,内、外螺纹接头寿命相同。弯曲强度比增大,外螺纹接头变弱;弯曲强度比变小,内螺纹接头变弱。钻铤内径增大,弯曲强度比变小。API Spec 7 规定,Φ120.7 mm 钻铤 NC35 接头弯曲强度比为 2.58:1。内径为 57.2 mm 的 Φ120.7 mm 钻铤弯曲强度比为 2.80:1。Φ120.7 mm 钻铤 NC35 接头内径从 50.8 mm 增大至 57.2 mm 时,弯曲强度比增大了 (2.80−2.58)/2.58 = 8.5%,抗扭强度下降了 19.2%。这会降低外螺纹接头强度,导致外螺纹接头早期断裂。

3 钻具断裂事故预防

无损检测是防止钻具发生断裂事故最有效的方法。如果通过无损检测及时发现钻具上已经产生的疲劳裂纹,就可以避免有裂纹的钻具继续入井,有效地防止钻具发生断裂事故。磁粉探伤检测钻铤外螺纹接头疲劳裂纹非常有效,但是如果清洗不干净,螺纹牙底的疲劳裂纹也不容易发现。如在井场多次采用超声波+磁粉探伤却未发现疲劳裂纹,而在大二线检测点采用超声波+磁粉探伤发现有疲劳裂纹的钻铤占 6.1%。主要原因有两点:第一,受井场探伤条件的限制,无法保证探伤精度,尤其是磁粉探伤在清洗不干净的情况下很难保证探伤精度;第二,钻铤疲劳裂纹的产生具有不确定性。在井场探伤时可能没有产生疲劳裂纹,井场探伤后在井下继续使用一定时间再回收到大二线检测点探伤检查,在这段时间内产生了疲劳裂纹。因此现场探伤周期的确定非常关键,应确保在疲劳裂纹产生之前进行探伤。

4 结论及建议

(1) 断裂钻铤材质符合 SY/T 5144—1997 标准规定,但内径不符合标准要求。

(2) Φ120.7 mm 钻铤早期疲劳断裂的主要原因是井眼全角变化率大,也与钻铤内径偏大使其抗疲劳断裂的能力降低有一定关系。

(3) 建议严格控制井眼全角变化率,合理设置钻具探伤周期。

参考文献

[1] SY/T 5144—2007 钻铤[S].

[2] API Spec 7 Specification for rotary drill stem element[S].

[3] Lü Shuanlu,Feng Yaorong,Luo Faqian, et al. Failure analysis of IEU drill pipe wash out. Fatigue,2005,27:1 360-1 365.

[4] [美]得克萨斯大学编. 钻井基本操作. 北京:石油工业出版社,1981.

[5] 吕拴录,骆发前,等. 钻杆刺穿原因统计分析及预防措施. 石油矿场机械,2006,35(Sl):12-16.

[6] 高洪志,吕拴录,李鹤林,等. 随钻震击器断裂事故分析及预防. 石油钻采工艺,1991(6):29-35.

[7] 吕拴录,高林,迟军,等. 石油钻柱减震器花健体外筒断裂原因分析. 机械工程材料,2008,32(2):71-73.

[8] 吕拴录,王新虎. WS1 井 Φ88.9 mm 四方钻杆断裂原因分析. 石油钻采工艺,2004,26(5):47-49.

[9] 吕拴录,骆发前,周杰,等. 塔中 83 井钻杆 SSC 断裂原因分析及预防措施. 腐蚀科学与防护技术,2007,19(6):451-453.

[10] 吕拴录,骆发前,周杰,等. 钻杆接头纵向裂纹原因分析. 机械工程材料,2006(4):99-101.

[11] 吕拴录,高蓉,殷廷旭,等. Φ127 mm S135 钻杆接头脱扣和胀扣原因分析. 理化检验,2008,44(3):146-149.

[12] API RP 7G Recommended practice for drill stem design and operating limits[S].

MJ1 井钻具断裂原因分析

吕拴录[1,2]　王　震[1]　康延军[2]　杨成新[2]　冯少波[2]　刘德英[2]

（1.中国石油大学,北京昌平 100249;

2.中国石油塔里木油田公司,新疆库尔勒 841000）

摘　要:对 MJ1 井发生的多起钻具断裂事故进行了调查研究,对钻井参数、钻具组合和地层岩性对钻具寿命的影响进行了分析,对钻柱转换接头材质进行了试验分析。认为钻具断裂为疲劳失效,憋钻、卡钻严重,送钻不匀,加剧了钻具疲劳破坏。钻柱转换接头尺寸不符合 API SPEC 7 标准,材料韧性不符合 SY/T 5200—2002 标准,导致转换接头发生早期疲劳失效事故。钻具稳定器外螺纹接头断裂原因与结构尺寸不合理有很大关系。

关键词:钻柱转换接头;钻具稳定器;疲劳断裂;全角变化率

1　井况

MJ1 井为一口直井,设计井深 6 970 m。实际井眼最大全角变化率为 2.30°/25 m（图 1）。地层岩性为泥岩、粉砂岩、细沙岩和灰岩。在一开、二开和三开井段都发现有不同程度的井壁垮塌和泥包钻头现象。由于地层岩性具有蠕变特性,2007 年 1 月 2 日 2:40 第 54 根 Φ339.7 mm 表层套管下深 611.70 m,接 55 根套管时上提遇卡,后多次上提（从原悬重 60 t 提至 120 t）、下放无效,套管被卡死。

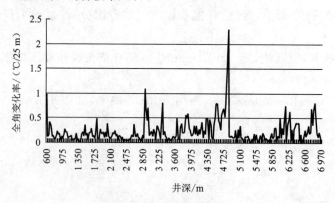

图 1　不同井深位置全角变化率

2　钻具失效事故

2.1　钻柱转换接头断裂事故

（1）2007 年 2 月 22 日钻进至井深 3 949.00 m，由于钻时较慢，起钻后发现与钻具稳定器连接的 NC610×NC561 转换接头外螺纹接头断在钻具稳定器内螺纹接头内。落鱼结构为 12¼ in DM653H 钻头×0.40 m＋630×NC610 接头×0.54 m＋9 in 钻铤×16.74 m＋NC611×NC560 接头×0.48 m＋12¼ in 钻具稳定器×1.63 m。落鱼长度 19.79 m，鱼顶深度 3 929.21 m。钻柱转换接头断裂时钻井参数为钻压 120 kN，转速 105 r/min，泵压 21 MPa，排量 40 L/s。

（2）3 月 24 日钻至井深 4 511.97 m 起钻，发现 NC610×NC561 转换接头外螺纹接头断入钻具稳定器内螺纹接头内。落鱼结构为 12¼ in 钻头×0.30 m＋630×NC610 接头×0.60 m＋9 in 钻铤×17.03 m＋NC611×NC560 接头×0.47 m＋12¼ in 钻具稳定器×1.66 m。落鱼长 20.06 m，鱼顶井深 4 491.91 m。钻柱转换接头断裂时钻井参数为钻压 120～160 kN，转速 60～70 r/min，泵压 20 MPa，排量 38 L/s。

2.2　钻具稳定器断裂事故

2007 年 3 月 19 日正常钻进至井深 4 473.50 m，发现扭矩波动大（7～14 kN·m）。上提钻具划眼，在上提 2～3 m，转速 70 r/min 左右时，扭矩值 8～9 kN·m；下放至钻压 40～50 kN 时，扭矩值 12～14 kN·m。经反复划眼到底无进尺，循环起钻，发现 12¼ in 钻具稳定器 NC56 外螺纹接头距台密封肩面 32 mm 处断裂。落鱼结构：12¼ in 钻头×0.30 m＋630×NC610 转换接头×0.60 m＋9 in 钻铤×17.03 m＋NC611×NC560 接头×0.47 m＋12¼ in钻具稳定器×1.66 m＋NC561×NC610 接头×0.47 m＋9 in 钻铤×8.58 m＋NC611×NC560 接头×0.47 m。落鱼长 29.58 m，鱼顶井深 4 443.92 m。钻具稳定器断裂时钻井参数为钻压 180～200 kN，转速 75～80 r/min，泵压 20～21 MPa，排量 38～40 L/s。

断裂的 NC56 外螺纹接头加工有 API Spec 7[1] 规定的应力分散槽。断口平齐，已磨光滑。断口外径 203 mm，内径 74 mm。

3　断裂的转换接头材质试验分析结果

为确定转换接头断裂原因，对 3 月 24 日断裂的转换接头材质进行了试验分析。

3.1　化学成分分析

在转换接头上取样进行化学成分分析，分析结果表明转换接头的化学成分符合 SY/T 5200—2002[2] 标准。

3.2 金相分析

在转换接头断口附近取样进行金相分析,结果见表1。

表 1 金相分析结果

项目 编号	夹杂物	组织	晶粒度	裂纹分析
1 号	A0.5,B0.5,D$_{TiN}$2.0	内表面脱碳层深度 0.28 mm,组织为 S$_回$+B。	6.5 级	无
2 号	A0.5,B0.5,D$_{TiN}$2.0	外表面:S$_回$;靠本体心部:S$_回$+B(图 2)。	6.5 级	无
3 号	A0.5,B0.5,D$_{TiN}$2.0	组织:S$_回$+B	7.0 级	扭矩台肩和断口表面磨损,并存在多处微小裂纹,裂纹最大深度 0.06 mm

3.3 机械性能试验

在钻柱转换接头上沿纵向分别取 Φ12.5 mm 圆棒拉伸试样、10 mm×10 mm×55 mm 夏比 V 形缺口冲击试样和全壁厚硬度试样进行力学性能试验。试验结果拉伸性能和硬度合格,冲击韧性不合格,脆性转化温度为－20 ℃(表 2)。

图 2　断口位置靠近壁厚
中心部位组织形貌

表 2　钻柱转换接头系列冲击试验结果

试验温度/℃	纵向冲击试验结果	
	A$_{KV}$/J	S$_A$/%
20	44.7	48
0	31.2	9
－20	18.7	3
－40	14.5	0
SY/T5200-2002 规定	≥54(室温)	—

4 钻具断裂原因分析

4.1 井眼轨迹对钻具断裂的影响

井眼全角变化率大会使钻具承受额外的弯曲载荷,且全角变化率增大,钻柱易与井壁发生严重摩擦,使钻具发生早期疲劳断裂和磨损事故。该井最大全角变化率(2.3°/

25 m)在 4 825 m 井深位置,但没超过钻井设计井深质量要求(在井深 5 000 m 位置全角变化率≤2.5°/25 m)。这说明井眼全角变化率对钻具断裂不会产生大的影响。

4.2 地层岩性对钻具断裂的影响

卡钻、蹩钻和跳钻时,钻具会受到异常载荷,导致钻具疲劳失效。

该井地层含有具有蠕变特性的泥岩和砂岩等,在下表层套管时因井眼缩颈曾发生过卡套管事故,在一开、二开和三开井段都发现有不同程度的井壁垮塌现象。这不仅降低了钻井速度,而且增大了钻柱扭矩,使钻柱承受了异常的交变载荷。

该井钻进至井深 550.00 m 和 4 473.00 m 曾发生过严重蹩跳现象。钻进至井深 5 017.31 m 时第 11 根加重钻杆断裂,钻进至井深 4 511.97 m 时转换接头断裂,这与钻进过程中蹩跳钻严重有很大关系。

4.3 钻压的影响

送钻不匀会增大钻压,并使钻具承受额外的交变载荷。钻压越大,钻具承受的扭矩和弯曲载荷就越大,容易发生钻具疲劳断裂等失效事故。

该井在 3 900～4 500 m 之间,钻压不稳(图 3),忽高忽低(100～200 kN)。这必然导致中和点不断变化,使钻具承受的交变载荷增加。

按设计要求,在 4 100～4 800 m 井段钻压为 120 kN。该井钻至 4 473.50 m 时发生

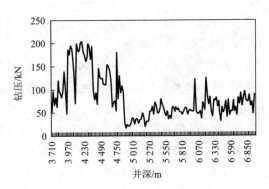

图 3 不同井深位置钻压变化曲线图

了钻具稳定器外螺纹接头断裂事故,当时钻压高达 200 kN。钻具稳定器外螺纹接头断裂与钻压过大有很大关系。

4.4 钻柱不同位置受力分析

钻具受力过大影响钻具使用寿命。该井在钻至井深 3 149.00 m 和 4 511.97 m 发生两次转换接头断裂事故,断裂位置分别距钻头 19.79 m 和 20.06 m。在钻至井深 4 473.50 m 发生一起钻具稳定器断裂事故,断裂位置距钻头 29.58 m。

按照 landmark 软件中 WELLPLAN 模块计算结果,在距钻头 100 m 范围,当钻压为 120 kN 时,从钻头位置往上应力呈上升趋势,最大等效应力为 3 650 kPa(图 4);当钻压为 200 kN 时,从钻头位置至 70 m 范围应力明显增加,在距钻头 31 m 位置最大等效应力达到 5 000 kPa(图 5),其应力值是钻压为 120 kN 时该位置所承受的等效应力(2 900 kPa)的 1.7 倍。按照 landmark 软件计算的等效应力远小于材料屈服极限,此力并非螺纹根部的实际应力,实际断裂部位螺纹根部存在严重的应力集中。钻具稳定器实际断裂部位为危险截面,当钻压增大,等效应力增加至 1.7 倍时,该位置螺纹根部的应

力集中会更大,很容易产生疲劳裂纹。

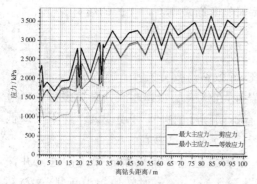

图 4　钻压 120 kN 时距离钻头 100 m
范围钻具受力图

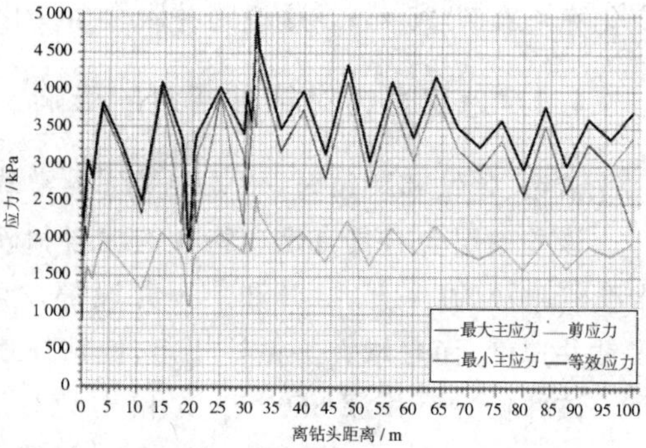

图 5　钻压 200 kN 时距离钻头 100 m
范围钻具受力图

4.5　结构尺寸对钻具断裂的影响

钻具均在螺纹接头位置断裂。这说明钻具螺纹接头部位为薄弱环节。

断裂的转换接头上端与 Φ228.6 mm 钻铤连接,下端与 Φ311.2 mm 钻具稳定器相连,断裂位置正好是下部钻柱中外径最小部位。外径小的钻柱部位刚度差,容易弯曲变形,发生疲劳断裂事故。另外,断裂的转换接头长度为 547 mm,不符合 API Spec 7 标准规定(914 mm)。转换接头长度不足会增加螺纹部位的应力集中,减少使用寿命。

断裂的钻具稳定器上端和下端通过转换接头与 Φ228.6 mm 钻铤连接(图 6)。断裂位置正好处在外径小的部位,该部位正好是外螺纹接头的危险截面。从钻具整体结构分析,钻具内径相同,外径小的部位刚度差,容易弯曲变形,容易从外螺纹接头危险截面产生疲劳断裂[3]。

4.6　材料韧性对钻具断裂的影响

材料韧性越好,钻具疲劳裂纹萌生和扩展所

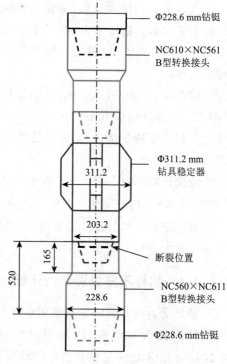

图 6　断裂位置附近钻具组
合及转换接头尺寸测量结果

用的时间越长,即钻具使用寿命越长[4]。钻具刺漏后泵压下降容易发现,可减少断裂事故发生。该井断裂的转换接头材料冲击韧性远低于标准 SY/T 5200—2002 规定,且材料中含有较多的脆性贝氏体组织。这必然大幅度降低钻具使用寿命。

5 结论

（1）MJ1 井钻具断裂为疲劳失效。

（2）蹩钻、卡钻严重，送钻不匀，加剧了钻具疲劳破坏。

（3）钻柱转换接头尺寸不符合 API Spec 7 标准，材料韧性不符合 SY/T 5200—2002 标准，导致转换接头发生早期疲劳失效事故。

（4）钻具稳定器外螺纹接头断裂原因与结构尺寸不合理有很大关系。

参考文献

[1] API Spec 7 Specification for rotary drill stem element[S].

[2] SY/T 5200—2002 钻柱转换接头. 中华人民共和国石油天然气行业标准,2002.

[3] 吕拴录,李鹤林,高宏智,等. 随钻震击器冲管体断裂原因分析. 石油钻采工艺,1991.

[4] 王新虎,薛继军,谢居良,等. 钻杆接头抗扭强度及材料韧性指标研究. 石油矿场机械,2006.35(增刊):1-4.

[5] Lü Shuanlu,Feng Yaorong,Luo Faqian,et al. Failure analysis of IEU drill pipe wash out. Fatigue,2005,27:1 360-1 365.

Φ139.7 mm 加重钻杆外螺纹接头断裂原因分析

吕拴录[1,2]　姬丙寅[1]　骆发前[2]　康延军[2]　张　琦[2]　冯少波[2]　李金凤[3]

(1. 中国石油大学,北京昌平 102249;

2. 中国石油塔里木油田公司,新疆库尔勒,841000;

3. 中国石油天然气集团公司管材研究所,陕西西安 710065)

摘　要:为查明某井 Φ139.7 mm 加重钻杆外螺纹接头断裂原因,对断口进行了宏观和微观分析,对材料进行了化学成分分析、力学性能试验和金相分析,并进行了有限元分析等。结果表明:加重钻杆断裂属于腐蚀疲劳破坏;断裂主要原因是加重钻杆接头内径大于标准规定值,降低了加重钻杆外螺纹接头断裂扭矩和抗拉载荷,在疲劳载荷与腐蚀介质作用下,腐蚀疲劳裂纹首先在加重钻杆外螺纹接头危险截面部位螺纹牙底萌生,随后在载荷作用下裂纹不断扩展,进一步降低了接头的强度,最终发生了断裂事故。

关键词:加重钻杆;外螺纹接头;腐蚀疲劳裂纹;断裂

某井钻进至井深 3 487.33 m 时,因泵压有轻微变化,停钻检查地面设备未发现异常后继续钻进作业。起钻接单根,后下放钻具,距井底约 1 m 时,悬重突然由 150 t 降至 120 t,泵压由 8.7 MPa 降至 6 MPa。起钻后,发现第四柱上单根 Φ139.7 mm 加重钻杆外螺纹接头断裂。该加重钻杆入井前探伤检查合格,随后使用 22 天即发生了断裂事故。为查清断裂事故原因,作者对加重钻杆外螺纹接头进行了失效分析。

1　理化检验与结果

1.1　断口宏观形貌及螺纹尺寸

加重钻杆外螺纹接头从大端第 2～4 扣之间断开。由图 1 可见,大约 3/4 区域断面较平,其上有刺漏痕迹,该区域为先断裂区;其余断面高低不平,为最后断裂区。由图 2 可见,断裂在内螺纹接头里的外螺纹接头断面上有明显可见的疲劳弧线。加重钻杆外接头宏观断口具有疲劳断裂的特征。

断裂的加重钻杆接头外径 177.48 mm,内径 99.21 mm。该批未用的新加重钻杆内外螺纹接头外径 177.8 mm,内径 98 mm。SY/T 5146—2006《整体加重钻杆》规定加重钻杆接头外径为 177.8 mm,内径为 $92.1^{+1.6}_{0}$ mm,则可知,该批加重钻杆接头外径尺寸符合规定,但内径超差 5.51 mm。

图 1　加重钻杆外螺纹接头断口形貌

图 2　加重钻杆外螺纹接头断口在内螺纹接头里断裂形貌

1.2　化学成分分析

在加重钻杆接头断口附近取样,用直读光谱仪和红外碳硫分析仪检测其化学成分。化学成分分析结果表明,加重钻杆接头化学成分符合 SY/T 5146—2006 标准规定(表 1)。

表 1　加重钻杆接头化学成分(质量分数/%)

元　素	C	Si	Mn	P	S	Cr	Mo	Ni	V	Ti	Cu
含　量	0.45	0.29	1.05	0.014	0.010	1.19	0.30	0.16	0.010	0.007	0.16
SY/T 5146—2006 规定值	—	—	—	≤0.035	≤0.035	—	—	—	—	—	—

1.3　力学性能试验

沿断裂接头纵向取标距段直径 12.5 mm、长度 50 mm 的圆棒拉伸试样,沿纵向和横向分别取 10 mm×10 mm×55 mm 的夏比 V 形缺口冲击试样和硬度试样,试验在室温下进行。由表 2 的力学性能检测结果可知,加重钻杆接头拉伸性能、纵向冲击功以及硬度均符合 SY/T 5146—006 标准规定。

表 2　力学性能测试结果

项目	抗拉强度 R_m/MPa	屈服强度 $R_{p0.2}$/MPa	伸长率 A/%	纵向冲击功 A_{KV}/J	横向冲击功 A_{KV}/J	硬度试验/HB
试验结果(平均值)	1 077	927	18.0	75.0	56	310
SY/T 5146—2006 规定值	≥964	≥758	≥13	平均值≥54 最小值≥47	—	285~341

1.4　显微组织

在接头断口附近取样,对纵向截面进行金相观察和分析。发现内表面组织为 $S_回$(回火索氏体)＋B$_上$(上贝氏体),心部组织为 S$_回$＋少量 B$_上$,螺纹部位组织为 S$_回$,见图 3 至图 5。

图 3 内表面组织

图 4 壁厚中心组织

对试样螺纹根部进行金相观察,发现螺纹根部有多处裂纹,最大深度达 0.65 mm。另外发现裂纹两侧组织与基体组织相同(图 6),其中一处裂纹尖端有沿晶特征。金相分析结果表明,加重钻杆接头裂纹具有腐蚀疲劳裂纹的特征。

图 5 螺纹部位组织

图 6 裂纹特征及两侧组织

1.5 有限元分析

为了研究螺纹接头的应力变化规律,寻找断裂的原因,依据本批加重钻杆尺寸建立有限元模型进行了计算。忽略牙型角的影响,建立轴对称模型[1](图 7)。把 36.7 kN·m 上扣扭矩转化为轴向载荷加在内、外螺纹接头密封台肩上,然后再加 30 t 轴向载荷、48 MPa 内压和 40 MPa 外压。采用理想弹塑性材料模型,屈服强度 927 MPa,弹性模量 206 850 MPa,泊松比 0.3,接触摩擦系数 0.08。分析结果见图 8 和图 9,可知,Von Mises 等效应力最大值在外螺纹接头第 2 扣牙底处,外螺纹接头牙底 Von Mises 等效应力在第 1～3 扣牙底均较大。如果受到交变载荷,在受力大的外螺纹牙底容易产生疲劳裂纹。

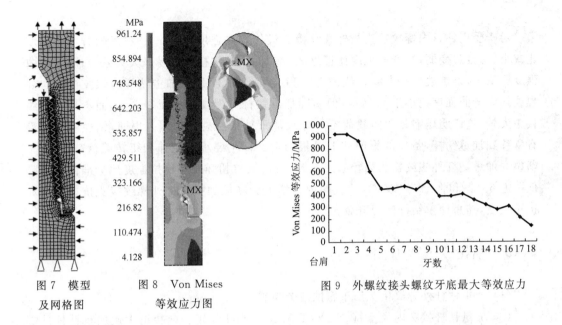

图 7　模型　　　图 8　Von Mises　　　　图 9　外螺纹接头螺纹牙底最大等效应力
　　　及网格图　　　　　等效应力图

2　断裂原因分析

2.1　断裂性质

加重钻杆接头为腐蚀疲劳断裂,在交变的扭转、轴向拉伸和压缩、弯曲和腐蚀介质共同作用下[2-4],首先在接头薄弱位置的螺纹牙底处产生腐蚀疲劳裂纹,裂纹在交变载荷作用下不断扩展,当裂纹扩展到内压极限位置时会发生刺漏事故,继续扩展至强度极限时会发生断裂事故。

该加重钻杆在泵压轻微变化时,估计接头疲劳裂纹已经穿透壁厚,但由于泄漏量小,泵压变化不明显。在后续钻进作业过程中,裂纹进一步扩展。在接单根时,裂纹的加重钻杆外螺纹接头承受了其下部钻具的全部重量,但由于此时处于静止状态,拉伸载荷并没有达到使加重钻杆外螺纹接头断裂的地步。随后在开泵下放过程中,在内压和拉伸等复合载荷作用下,加重钻杆外螺纹接头裂纹迅速扩展,最终发生断裂。

加重钻杆接头内径不符合订货标准,内径减小会降低加重钻杆接头弯曲强度和扭曲强度,借助美国石油学会制定的 API Spec 7《旋转钻井钻柱构件规范》和 API RP 7G《钻柱设计和操作极限推荐做法》规定的钻铤弯曲强度比计算公式和钻杆抗扭强度计算公式对该加重钻杆进行计算,结果见表 3。

表 3　加重钻杆弯曲强度比、抗扭强度和抗拉强度

项　目	外径/mm	内径/mm	母接头与外螺纹接头弯曲强度比	抗扭强度/(N·m)	抗拉载荷/kN
标准的新加重钻杆	177.8	92.1	2.00:1	95 552	7 674
此批新加重钻杆	177.8	98.0	2.16:1	92 130	6 858
断裂的加重钻杆	177.48	99.2	2.18:1	89 708	6 686

对于受压钻具内螺纹接头与外螺纹接头最佳弯曲强度比是 2.50:1。随着弯曲强度比减小,母接头变弱,当弯曲强度比接近 2.00:1时内螺纹接头容易胀大失效[5];随着弯曲强度比增大,外螺纹接头变弱。从表 5 计算结果可知,断裂的加重钻杆内螺纹接头与外螺纹接头弯曲强度比小于 2.50:1,但实际加重钻杆外螺纹接头断裂失效,而不是内螺纹接头失效,这说明压缩和弯曲载荷不是导致加重钻杆断裂的原因。也即,钻柱中性点没有飘移到加重钻杆,断裂的第四柱上单根加重钻杆主要承受拉伸和扭转载荷[6-7]。由于断裂的加重钻杆外螺纹接头内径超差 5.51 mm,其抗扭强度和抗拉强度比标准值分别降低了近 6.1% 和 12.9%(表 3),这说明内径增大会降低加重钻杆外螺纹接头抗扭强度和抗拉强度,缩短加重钻杆使用寿命。

3 结论

(1)加重钻杆外螺纹接头属于腐蚀疲劳断裂。

(2)加重钻杆接头内径不符合 SY/T 5146—2006 规定。内径增大使加重钻杆外螺纹接头抗扭强度和抗拉强度减低,缩短了加重钻杆使用寿命。

参考文献

[1] 林腾蛟,李润方,徐铭宇.双台阶钻柱螺纹联接弹塑性接触特性数值仿真.机械设计与研究,2004,20(1):48-49.

[2] 吕拴录,骆发前,周杰,等.钻杆接头纵向裂纹原因分析.机械工程材料,2006,30(4):95-97.

[3] 吕拴录,高林,迟军,等.石油钻柱减震器花健体外筒断裂原因分析.机械工程材料,2008,32(2):71-73.

[4] Lü Shuanlu,Feng Yaorong,Luo Faqian,et al. Failure analysis of IEU drill pipe wash out. Fatigue,2005,27:1 360-1 365.

[5] 吕拴录,高蓉,殷廷旭,等.127mm S135 钻杆接头脱扣和胀扣原因分析.理化检验-物理分册,2008,44(3):146-149.

[6] 吕拴录,骆发前,高林,等.钻杆刺穿原因统计分析及预防措施.石油矿场机械,2006,35(增刊):12-16.

[7] [美]得克萨斯大学编.钻井基本操作.北京:石油工业出版社,1981.

石油钻铤断裂原因分析

吕拴录[1,2]　张　宏[1]　许　峰[1]　历建爱[2]　乐法国[2]　康相千[3]

（1.中国石油大学,北京昌平 100249;

2.中国石油塔里木油田公司,新疆库尔勒,841000;

3.中国石油大港油田分公司井下作业公司,天津 300283）

摘　要:为查明某油井钻铤断裂原因,对钻铤断口形貌、材料化学成分、力学性能和显微组织进行了分析。结果表明:钻铤断裂属于疲劳断裂,断裂原因主要是材料韧性不足及螺纹形状不规则,存在应力集中,易在此处形成疲劳纹源。建议提高钻铤材料韧性,并对易断裂部位结构进行改进。

关键词:钻铤;疲劳断裂;失效分析

2004 年 4 月 23 日,某井一开钻具组合为 1 根 Φ127.0 mm DP＋2 根 Φ203.2 mm DC＋钻头。因考虑所用钻铤不是新钻铤,且井深只有 400 m,用液压大钳对钻铤紧扣扭矩为 55 kN·m（API RP 7G 推荐的扭矩为 64 kN·m）。当接好钻铤之后,钻工将钻头转换接头和钻头接到钻铤上,并轻放于井口钻头盒内。突然两钻铤之间断开,下面一根钻铤侧向倾倒靠在井架右侧,因为钻头在钻头盒内,钻铤没有继续滑倒。上面一根钻铤外螺纹接头从大端 1～2 扣位置处断裂,断裂的外螺纹接头残留在下面一根钻铤的内螺纹接头里。为搞清断裂原因,作者对断裂钻铤进行了失效分析。

1　理化分析与结果

1.1　断口形貌

钻铤外径为 198.0 mm,内径为 82 mm,扣型为 6⅝ REG（正规接头）。

钻铤断裂位置在距外螺纹接头密封台肩 12.7～19.1 mm 的螺纹根部。由图 1 可见,断口上 3 条疲劳裂纹起源于螺纹根部。第 1 条周向长度为 82.7 mm,深度为 9.1 mm;第 2 条周向长度为 67.3 mm,深度为 10.3 mm;第 3 条周向长度为 41.5 mm,深度为 7.5 mm。其余断面为裂纹快速扩展瞬断区。

对断口疲劳裂纹区和扩展区用扫描电镜分析,发现疲劳裂纹源区断口有沿晶形貌

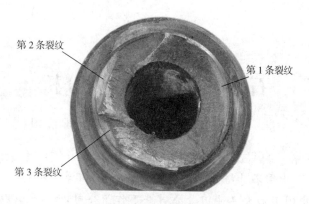

第2条裂纹

第1条裂纹

第3条裂纹

图1　断口宏观形貌

（图2），瞬断区为解理和沿晶形貌（图3）。断口特征表明，钻铤是产生多源疲劳裂纹之后才发生断裂的。

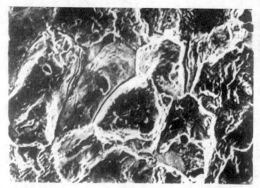

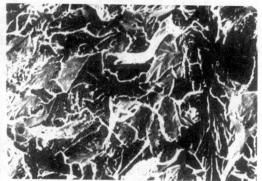

图2　疲劳裂纹源区断口沿晶形貌 　　　　图3　瞬断区断口解理形貌

1.2　化学成分

断裂钻铤材料牌号为4145H，其化学成分分析结果见表1，可知该钻铤材料硫含量超标。

表1　钻铤材料化学成分（质量分数/%）

元　素	C	Si	Mn	P	S	Cr	Mo	Ni	V	Ti	Cu
测定结果	0.45	0.31	1.10	0.022	0.041	1.06	0.23	0.045	0.010	0.010	0.05
SY/T 5144—2007	—	—	—	≤0.030	≤0.030	—	—	—	—	—	—

1.3　力学性能

在断裂钻铤管体上取直径为12.5 mm、标距为50 mm的圆棒拉伸试样，取10 mm×10 mm×55 mm的CVN冲击试样，试样中心线距钻铤外表面25.4 mm。力学性能试验结果如表2及图4所示。

表 2　钻铤材料室温力学性能检测结果

指标	屈服强度/MPa	抗拉强度/MPa	延伸率/%	冲击功/J	硬度/HB
试验结果	919	1 076	17.7	15.8	325～341
SY/T 5144—1997 规定	≥690	≥930	≥13	≥54	285～341

可见钻铤材料拉伸性能符合 SY/T 5144-1997 规定,但钻铤材料冲击性能不符合标准要求,其冷脆转化温度超过了 20 ℃。

1.4　显微组织

在钻铤断口上取样进行金相分析。分析结果表明,断口处夹杂物为 A2.0,A1.5e,B2.0,B1.0e,D0.5[1](A 硫化物类夹杂,B 氧化铝类夹杂,C 硅酸盐类夹杂,D 球状氧化物类夹杂,B1.0e 表示出现粗系的夹杂物)。基体组织为 $S_{回}+B_{上}$(图 5),晶粒度 5 级。断裂部位螺纹牙底形状不规则,不是圆弧形状,而是平底形状,裂纹起源处正好在螺纹根部平底与齿侧面相交位置的尖角部位(图 6 和图 7)。

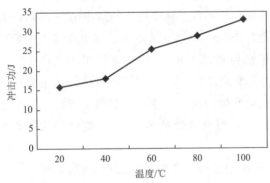

图 4　冲击功随试验温度变化曲线

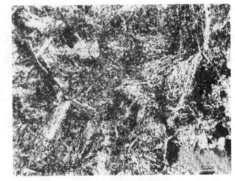

图 5　钻铤显微组织

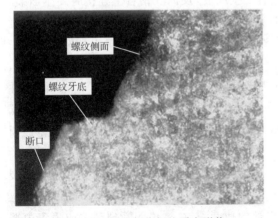

图 6　裂纹起源部位螺纹牙底形状

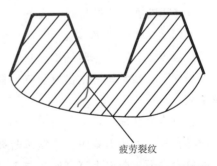

图 7　钻铤螺纹接头疲劳裂纹位置示意图

2 断裂原因

由理化检验可知,该断裂钻铤原材料硫含量超标、显微组织粗大、存在粗系的夹杂物、韧性不合格,且螺纹部加工质量不合格,螺纹牙根存在尖角。

钻铤硫含量超标会在材料中形成夹杂物,由于含硫夹杂物强度和韧性均低于基体,裂纹容易从夹杂物位置萌生和扩展(图8)[2]。钻铤硫含量超标主要是在炼钢过程中脱硫不彻底所致。钻铤显微组织粗大会导致材料韧性降低。钻铤显微组织粗大与钢材化学成分、热处理淬火加热温度及时间、回火温度及时间等有关。钻铤材质和螺纹加工质量不合格,容易发生

图 8 裂纹尖端形貌
(主裂纹垂直于轧制方向,分支裂纹平行于轧制方向)

疲劳断裂事故。如何提高钻铤材料质量和螺纹加工精度,今后应当进一步试验研究。

钻铤在使用过程中承受旋转弯曲、扭转、压缩、冲击、震动等交变载荷。钻铤断裂属于多源疲劳断裂。断裂钻铤冲击功只有 15.8 J,远远低于标准规定的最小值(54 J),而其屈服强度较标准规定要高得多,即材料强度有余,韧性不足,在使用过程中容易产生疲劳裂纹。此外,疲劳裂纹不但会减小钻具危险部位承载面积,而且在裂纹尖端会产生严重的应力集中,很容易导致裂纹快速扩展,发生断裂事故[3-8]。在上提钻柱时,该钻铤所受的拉力只有一根钻铤和一个钻头的重力,但却发生断裂。这主要与钻铤上存在多条疲劳裂纹有关。在本次上扣使用之前,该钻铤上已经存在 3 处疲劳裂纹,钻铤断裂实际是原始疲劳裂纹快速扩展的结果。

断裂钻铤上 3 条疲劳裂纹是在上一口井使用过程中产生的。按理来说,钻铤在井下使用过程中的受力条件要比在钻台上连接时的受力条件苛刻得多。实际该钻铤虽然在井下使用过程中产生多条疲劳裂纹,但却没有发生断裂,反而在钻台上连接时发生断裂,其原因主要与使用温度有关。从图 4 可知,钻铤材料韧性随着温度增加而提高,当温度从 20 ℃升高到 100 ℃时,材料韧性提高了 3.2 倍(50.0/15.8)。该油田 4 月份气温低于 20 ℃,实际断裂时的材料韧性低于 15.8 J。而钻铤在使用过程中处在靠近井底的位置,按照井深 3 000 m、温度梯度 30℃/1 000 m 计算,其井底温度超过了 100 ℃。也即,在井底较高温度条件下使用时钻铤材料韧性提高,抗脆性断裂的能力提高。而在钻台上较低温度条件下连接钻铤时钻铤材料韧性降低,抗脆性断裂的能力减小,更容易发生脆性断裂事故。

钻铤容易从薄弱环节和受力大的部位发生断裂[9-10]。如果裂纹从多处起源,则断裂部位存在较大的应力集中。该钻铤断裂部位在外螺纹接头密封台肩 12.7～19.1 mm 位置的危险截面。断口上有多处起源于裂纹根部的疲劳裂纹,这说明断裂部位应力集中严重。断裂钻铤螺纹牙型为 6⅝ in REG,其螺纹牙底应当为圆弧形状,圆弧半径应当为 0.635 mm[11]。金相分析结果表明,断裂部位螺纹牙底不是圆弧形状,而是平底形状,裂

纹起源位置正好在螺纹根部平底与齿侧相交位置的尖角处。这说明螺纹牙底的尖角部位应力集中严重，导致疲劳裂纹从该部位萌生和扩展。

3　结论及建议

（1）钻铤属于疲劳断裂。

（2）断裂原因主要是钻铤材料韧性不足，且接头螺纹形状不规则，存在一定的应力集中。

（3）建议提高钻铤材料韧性，改进钻铤螺纹接头加工质量。

参考文献

[1]　GB 10561—2005　钢中非金属夹杂物含量的测定.

[2]　Lü Shuanlu, Feng Yaorong, Luo Faqian, et al. Failure analysis of IEU drill pipe wash out. Fatigue, 2005, 27:1 360-1 365.

[3]　吕拴录，王新虎. WS1 井 Φ88.9 mm 四方钻杆断裂原因分析. 石油钻采工艺, 2004, 26(5):47-49.

[4]　袁鹏斌，吕拴录，孙丙向，等. 在空气钻井过程中钻杆断裂原因分析. 石油钻采工艺, 2008, 30(5):34-37.

[5]　吕拴录，骆发前，周杰，等. 钻杆接头纵向裂纹原因分析. 机械工程材料, 2006, 30(4):95-97.

[6]　吕拴录，高林，迟军，等. 石油钻柱减震器花健体外筒断裂原因分析. 机械工程材料, 2008, 32(2):71-73.

[7]　高洪志，吕拴录，李鹤林，等. 随钻震击器断裂事故分析及预防. 石油钻采工艺, 1991, 13(6):29-35.

[8]　王新虎，薛继军，谢居良，等. 钻杆接头抗扭强度及材料韧性指标研究. 石油矿场机械, 2006, 35(Sl):1-4.

[9]　吕拴录，王震，康延军，等. MJ1 井钻具断裂原因分析. 钻采工艺, 2009, 32(2): 79-80.

[10]　吕拴录，骆发前，高林，等. 钻杆刺穿原因统计分析及预防措施. 石油矿场机械, 2006, 35(Sl):12-16.

[11]　API Spec 7　Specification for rotary drill stem element[S].

塔里木油田钻柱转换接头失效原因分析及预防

骆发前[1]　吕拴录[1,2]　周　杰[1]　迟　军[1]　康延军[1]　胡安智[1]

(1.中国石油塔里木油田公司,新疆库尔勒,841000;

2.中国石油大学,北京昌平,100249)

摘　要:对塔里木油田 2006 年 1～5 月发生的钻柱转换接头失效事故进行了分析研究。对失效的钻柱转换接头尺寸进行了测量,对钻柱转换接头断口形貌进行了宏观分析,发现钻柱转换接头断裂位置都在外螺纹接头危险截面上。通过分析计算认为,钻柱转换接头断裂原因与外径不符合标准及内、外螺纹接头弯曲强度比不合理有关。对钻柱转换接头刺漏形貌分析结果认为,刺漏与接头密封能力不足有关。进一步调查研究发现,钻柱转换接头失效与没有严格执行 SY/T 5200 行业标准和 API SPEC 7 标准有一定关系。在调查分析的基础上,对如何防止或减少钻柱转换接头失效事故提出了有效的预防措施。

关键词:钻柱转换接头;钻柱损坏;断裂;钻具刺漏;弯曲强度比

20 世纪 90 年代初,塔里木油田发生了多起钻柱转换接头断裂事故,造成了极大的经济损失。例如,某井所用的外径为 168.3 mm NC50 内螺纹接头×NC38 外螺纹接头钻柱转换接头断裂后导致 1 400 m 规格为 88.9 mm 的钻杆顿弯失效。失效分析结果认为,钻柱转换接头断裂原因是未采用 B 型变径转换接头,接头外径为 168.3 mm 的 NC38 外螺纹端应力集中大,连接强度低(图 1)。为解决钻柱转换接头失效问题,塔里木油田从 1991 年开始在全国油田率先推广使用了 B 型变径钻柱转换接头,并取得了一定的效果。然而,由于采用 B 型钻柱转换接头之后,其长度并没有执行 API Spec 7[1] 规范。经过 10 多年的应用实践,发现钻柱转换接头在使用过程中还存在一定问题,且发生了多起失效

图 1　结构不合理的 A 型转换接头

事故。据不完全统计塔里木油田 2006 年 1 月～5 月就发生了 6 起钻柱转换接头失效事故,严重影响了正常的钻井生产。目前,塔里木油田钻柱转换接头断裂不仅与材质有关,还与本身的结构尺寸和与其连接的钻具尺寸及工况有关。

长期以来,我国钻柱转换接头标准与 API Spec 7 标准在结构尺寸方面存在一定差异。我国油田所用的钻柱转换接头长度与 API Spec 7 规范和 SY 5200[2] 行业标准规定不一致。油田用户对转换接头结构形式和尺寸规定也有不同看法。许多油田至今还未采用 B 型变径钻柱转换接头。

为找出钻柱转换接头失效的真正原因和解决办法,并使大家对在执行钻柱转换接头标准方面存在的问题有所认识,本文对塔里木油田 2006 年 1 月～5 月钻柱转换接头失效情况进行了统计分析,并提出了预防措施。希望对防止或减少钻具失效事故和全面贯彻执行钻柱转换接头标准能起一定作用。

1 钻柱转换接头失效统计

塔里木油田 2006 年 1 月～5 月钻柱转换接头失效统计结果见表 1 及图 2 和图 3。

表 1 塔里木油田 2006 年 1 月～5 月钻柱转换接头失效统计结果

井号	名称规格	外径 /(mm×mm)	内径 /mm	长度 /mm	失效形式	失效时 井深/m	弯曲 强度比
YH10	NC38 内螺纹 × NC35 外螺纹	127×127	54.0	610	外螺纹接头大端断裂。断口平齐。	下钻井深 6 243.9 m	NC38 2.38:1 NC35 3.37:1
大北 101	NC38 内螺纹 × NC35 外螺纹	127×127	50.8	610	外螺纹接头大端断裂。先胀扣,密封面损坏后刺断。	下钻井深 5 748.9 m	NC38 2.38:1 NC35 3.37:1
TZ 243	NC61 外螺纹 × NC56 内螺纹	230×203	71.4	610	外螺纹接头刺漏后脱扣(图2)。	下钻井深 2 656.3 m	NC56 3.02:1 NC61 3.17:1
和田 1	NC61 内螺纹 × NC56 外螺纹	230×203	71.4	610	外螺纹接头大端断裂(图3)。	下钻井深 2 311.5 m	NC56 3.02:1 NC61 3.17:1
HD 18C	NC38 内螺纹 × NC311 外螺纹	127×111	47.0	510	外螺纹接头大端断裂。	/	NC38 3.06:1 NC26 2.96:1
YM38	NC61 外螺纹 × NC56 内螺纹	230×204	72.0	460	内螺纹接头刺漏。	下钻井深 3 602.0 m	NC56 3.02:1 NC61 3.17:1

从表 1 可知,4 根钻柱转换接头外螺纹接头断裂,占失效总数的 66.7%;2 根钻柱转

换接头刺漏,占失效总数的 33.3%。从图 2 可知钻柱转换接头刺漏位置在密封台肩位置。从图 3 可知,钻柱转换接头断裂位置在外螺纹接头危险截面。从图 4 可知,断裂的钻柱转换接头在钻柱组合中为外径小的薄弱环节位置。

图 2　TZ243 井钻柱转换接头
刺漏脱扣形貌

图 3　和田 1 井钻柱转换接头
断裂位置及断口形貌

2　钻柱转换接头失效原因分析

外螺纹接头断裂[3-4]为钻柱转换接头主要的失效形式。导致外螺纹接头断裂的主要原因与很多因素有关,下面分别予以分析。

2.1　弯曲强度比不合理

弯曲强度比不合理导致外螺纹接头断裂。按照 API RP 7G 规定,钻铤弯曲强度比为 2.50:1 时内、外螺纹接头强度相同。钻铤弯曲强度比小于 2.50:1 时内螺纹接头为薄弱环节,钻铤弯曲强度比大于 2.50:1 时外螺纹接头为薄弱环节。钻铤外螺纹接头断裂与弯曲强度比偏大,外螺纹接头为薄弱环节直接相关。

API Spec 7 规定,Φ120.7 mm 钻铤接头为 NC35,内径为 50.8 mm,弯曲强度比 2.58:1。YH10 井和大北 101 井断裂的 NC38 内螺纹×NC35 外螺纹钻柱转换接头外径为 127.0 mm,其 NC35 接头弯曲强度比 3.37:1。在这种情况下,钻柱转换接头外螺纹接头为薄弱环节,容易发生断裂事故。如果采用标准尺寸的 B 型变径转换接头,弯曲强度比适中,外螺纹接头不容易断裂。

API Spec 7 规定,Φ203.2 mm 钻铤接头为 NC56,内径为 71.4 mm,弯曲强度比 3.02:1,外螺纹接头相对较弱。和

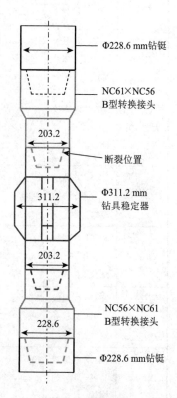

Φ228.6 mm钻铤

NC61×NC56
B型转换接头

203.2

断裂位置

Φ311.2 mm
钻具稳定器

311.2

203.2

NC56×NC61
B型转换接头

228.6

Φ228.6 mm钻铤

图 4　断裂位置
附近钻具组合

田 1 井断裂的 NC61 内螺纹×NC56 外螺纹钻柱转换接头弯曲强度比虽然符合 API Spec 7 规定，但 NC56 外螺纹接头端为薄弱环节，容易发生断裂事故。

API Spec 7 规定，Φ104.8mm 钻铤接头为 NC31，内径为 50.8 mm，弯曲强度比 2.43∶1。HD18C 井断裂的 NC38 内螺纹×NC31 外螺纹 B 型钻柱转换接头内径为 47 mm，NC31 外螺纹接头端外径为 111 mm。NC31 接头外径为 111 mm，内径为 47 mm 时弯曲强度比为 2.96∶1。在这种情况下，钻柱转换接头 NC31 外螺纹接头薄弱，容易发生断裂事故。如果采用标准尺寸的变径接头，弯曲强度比趋于合理，外螺纹接头不容易断裂。

2.2　钻柱转换接头长度不足

钻柱转换接头长度不足加剧了外螺纹接头危险截面的应力集中。钻柱转换接头越长，越有利于缓解外螺纹接头大端的应力集中。API Spec 7 规定，A 型转换接头长度为 914 mm，B 型转换接头长度为 1 219 mm。SY 5200-2000 标准将 A 型和 B 型转换接头长度分为一类长度和二类长度。一类长度的 A 型和 B 型转换接头长度与 API Spec 7 规定相同，二类 A 型和 B 型转换接头长度均为 610 mm，但明确规定在井深大于 2 000 m 时应选用一类长度。

断裂的 A 型转换接头长度只有标准规定值的 66.7%，断裂的 B 型转换接头长度只有标准规定值的 41.8%～50.0%。有些断裂的钻柱转换接头弯曲强度比虽然偏大，但仍在 API Spec 7 规定的范围。所有从外螺纹接头危险截面断裂的钻柱转换接头使用时间均不长。这与接头长度不足，螺纹接头危险截面的应力得不到缓解有一定关系。

2.3　钻柱结构尺寸不合理

钻柱结构尺寸不合理容易导致接头断裂。和田 1 井断裂的 B 型转换接头上端与 Φ228.6 mm 钻铤连接，下端与 Φ311.2 mm 钻具稳定器相连。在 Φ311.2 mm 钻具稳定器下端还连接有一个 NC56（内螺纹）×NC61（外螺纹）B 型转换接头。从钻柱整体结构分析，下部钻柱水眼尺寸相同，外径小的部位刚度差，在使用过程中容易弯曲变形，并产生疲劳裂纹。即外径小的部位是钻柱薄弱环节。断裂的 B 型转换接头下端正好是下部钻柱中外径最小的部位，该部位刚度差易于弯曲变形，在使用过程中很容易发生疲劳断裂事故。

2.4　接头材料冲击韧性合格

对断裂的 1 根钻柱转换接头取样试验结果，材料冲击韧性不合格，脆性转化温度为 −20 ℃（见表 2）。材料韧性越差，钻具使用寿命越短；材料韧性越好，钻具疲劳裂纹萌生和扩展所用的时间越长，钻具刺漏后泵压下降容易发现，可减少断裂事故发生[5-7]。该钻柱转换接头材料冲击韧性不合格，必然降低其使用寿命，很容易发生断裂事故。

表 2　纵向冲击试验结果

试验温度/℃	纵向冲击试验结果	
	冲击功/J	剪切面积比例/%
20	35	48
0	18	9
−20	10	3
−40	10	0
SY/T 5200—2002 规定	≥54（室温）	—

2.5　接头密封性能差

接头密封性能差导致接头刺漏。API 钻具螺纹接头是靠内、外接头密封台肩的接触压力来保证的。TZ243 井 NC61 外螺纹×NC56 内螺纹钻柱转换接头外螺纹端刺漏后发生脱扣事故。YM38 井 NC61 外螺纹×NC56 内螺纹钻柱转换接头内螺纹端刺漏。钻柱转换接头从密封台肩部位刺漏主要是其密封性能差所致。钻柱转换接头一旦从密封台肩部位刺漏，内、外螺纹几何形状很快会被冲刷破坏，螺纹连接强度会大幅度减低，很容易发生脱扣事故[8]。接头密封性能主要与接头上扣扭矩、螺纹加工质量、密封台肩面损伤等因素有关。下面分别予以说明：

（1）如果螺纹接头上扣扭矩偏小，接头密封台肩接触压力不足，很容易发生刺漏事故；

（2）如果螺纹加工质量不合格，内、外螺纹接头不同心，上扣配合之后密封台肩不同部位接触压力不同，在接触压力小的部位容易发生刺漏；

（3）如果接头密封台肩面损伤，内、外螺纹接头上扣配合之后在密封台肩面损伤部位会形成泄漏通道，导致接头刺漏。

由于本文对上述 2 根刺漏的钻柱转换接头样品没有进行检测分析，无法确定刺漏的确切原因。上述两口井钻柱转换接头刺漏原因有待进一步试验研究。

3　预防措施

3.1　使用 API 标准钻柱转换接头的可行性

符合 API Spec 7 标准的钻柱转换接头有利于缓解接头危险截面的应力集中，可有效地预防断裂失效事故。那么，钻柱转换接头长度从 610 mm 增加到 914 mm（A 型）和1 219 mm（B 型）之后是否在井队可行呢？这是我们必须考虑的问题。

（1）对扣问题。

标准钻柱转换接头重量比现用的钻柱转换接头重量增加，不容易搬动；标准钻柱转换接头长度比现用的钻柱转换接头长度增加，不容易对扣。如果采用提环，或者提升短节来提升标准钻柱转换接头,这些问题完全可以解决[9]。

(2)立柱长度问题。

标准 A 型钻柱转换接头长度比现有的钻柱转换接头长度增加了 304 mm,标准 B 型钻柱转换接头长度比现有的钻柱转换接头长度增加了 609 mm。钻柱转换接头长度增加之后立柱长度也会随之增加。这是否会影响钻井操作,这是值得考虑的问题。

塔里木油田现有钻杆长度为 9.50 m±0.25 m,钻铤长度范围为 9.45 m±0.152 m。塔里木油田现有钻机从钻台到二层台的距离为 24.5~26.5 m,立柱长度增加 609 mm,钻井工人完全可以正常操作。

(3)API 标准钻柱转换接头在塔里木油田使用情况。

1995~1998 年美国埃索公司(ESSO)、意大利阿吉普公司(AGIP)和日本石油工团等公司在塔里木承包区块打井期间所用的钻柱转换接头全部是 API 标准接头,塔里木几个勘探公司反承包打井都很成功。这说明 API 标准钻柱转换接头在塔里木油田使用不存在问题。

塔里木油田从美国格兰特公司进口一批规格为 Φ101.6 mm,接头为 HT40 的钻杆。塔里木油田要求格兰特公司加工长度为 610 mm 的 HT40 外螺纹×NC35 内螺纹钻柱转换接头,但格兰特拒绝提供。最终格兰特公司提供了长度为 914 mm API 标准 A 型钻柱转换接头,这些钻柱转换接头在使用过程中没有发现问题。

综上所述,采用 API 标准钻柱转换接头是防止钻柱转换接头断裂的有效措施之一。实践已经证明,在塔里木油田采用 API 标准钻柱转换接头是完全可行的。

3.2 提高材料韧性

提高钻柱转换接头材料韧性,可以增强其抗裂纹萌生和扩展的能力。塔里木油田已经依据失效分析结果,在企业标准中对钻柱转换接头材料韧性做了规定,并对钻柱转换接头到货验收和使用管理等做了详细规定。

4 结论与建议

(1)钻柱转换接头断裂位置在外螺纹接头危险截面,断裂原因与钻柱转换接头弯曲强度比偏大和钻柱结构不合理有关。

(2)建议采用长度为 914 mm 的 A 型标准钻柱转换接头和长度为 1 219 mm 的 B 型标准钻柱转换接头。

(3)建议将 Φ311.2 mm 钻具稳定器两端接头外径全部统一规定为 228.6 mm,省去 Φ311.2 mm 钻具稳定器与 Φ228.6 mm 钻铤之间的转换接头。

参考文献

[1] API Spec 7 Specification for rotary drill stem element[S].

［2］　SY 5200—2002.钻柱转换接头.中华人民共和国石油天然气行业标准,2002.

［3］　高洪志,吕拴录,李鹤林,等.随钻震击器断裂事故分析及预防.石油钻采工艺,1991,6:29-35.

［4］　吕拴录,王新虎.WS1 井 Φ88.9 mm 四方钻杆断裂原因分析.石油钻采工艺,2004.5,26(5):47-49.

［5］　王新虎,薛继军,谢居良,等.钻杆接头抗扭强度及材料韧性指标研究.石油矿场机械,2006,35(增刊):1-4.

［6］　吕拴录,高林,迟军,等.石油钻柱减震器花健体外筒断裂原因分析.机械工程材料,2008,32(2):71-73.

［7］　袁鹏斌,吕拴录,孙丙向,等.在空气钻井过程中钻杆断裂原因分析.石油钻采工艺,2008,5:34-37.

［8］　吕拴录,高蓉,殷廷旭,等.127mm S135 钻杆接头脱扣和胀扣原因分析.理化检验,2008,44(3):146-149.

［9］　［美］得克萨斯大学编.钻井基本操作.北京:石油工业出版社,1981.

钻杆弯曲断裂原因分析及预防措施

吕拴录[1,2]　姬丙寅[1]　康延军[2]　张　宏[1]　龚建文[2]　杨向同[2]

(1. 中国石油大学,北京昌平 100249;

2. 中国石油塔里木油田公司钻井技术办公室,新疆库尔勒 841000)

摘　要:某油田在钻井过程中发生了多起钻杆弯曲断裂事故,为了搞清钻杆弯曲断裂原因,对 YM35-9H 井钻杆弯曲断裂事故进行了调查研究,对钻杆弯曲断裂形貌进行了分析。结果表明:钻杆断裂原因是井口摘挂吊环的操作工人与司钻操作配合失误,单吊环起钻所致;在单吊环起钻过程中钻杆弯曲断裂部位承受了异常的撞击、弯曲、剪切和拉伸等载荷;经过理论计算,发生单吊环起钻时钻杆所受的应力已超过材料断裂强度。为有效地防止单吊环起钻事故,建议采用带有锁紧销子的吊卡和液压卡盘。

关键词:钻杆;吊卡;撞击;弯曲;断裂

在石油天然气勘探开发过程中,几乎每年都要发生多起单吊环起钻事故。

2006 年 8 月,A 油田甲钻井队在起钻至倒数第三柱第一根钻杆时发生单吊环起钻事故,导致一根 Φ127.0×9.19 mm G105 钻杆发生弯曲。弯曲点距离钻杆内螺纹接头密封台肩大约 600 mm,弯曲弧度 170°左右。

2007 年 10 月 27 日,A 油田乙钻井队在另一口井起钻过程中又发生一起单吊环起钻事故,一根新钻杆发生弯曲。钻杆弯曲时悬重为 90 t。

2007 年 6 月 18 日,B 油田丙钻井队在起钻过程中发生单吊环起钻事故,导致与吊卡配合的钻杆从距内螺纹接头密封台肩面 660 mm 处断裂。

2007 年 8 月 8 日 B 油田丁钻井队在 YM35-9H 井起钻过程中,又发生一起单吊环起钻事故,导致首次投入使用的 Φ127.0 mm×9.19 mm S135 新钻杆弯曲断裂,钻具落井。当时钻柱悬重为 2 136 400 N(218 t)。

单吊环起钻事故频繁发生,单吊环起钻会使钻杆弯曲或断裂,导致钻具落井,造成极大的经济损失。因此,分析单吊环起钻时钻杆断裂和弯曲原因,采取预防措施很有必要。

本文对 YM35-9H 井钻杆弯曲断裂原因进行了分析。

1   宏观分析

YM35-9H 井断裂的钻杆断口距接头台肩密封面 680 mm,距吊卡台肩面 350 mm,钻杆断口具有过载弯曲和拉伸断裂的特征(图 1)。钻杆弯曲拱起一侧为弯曲载荷导致的平断口,是先断裂位置;钻杆弯曲凹进一侧为拉伸载荷导致的斜断口,为最后断裂区。在钻杆弯曲凹进一侧有明显可见的横向弧形印痕,印痕弧长 70 mm,印痕距钻杆吊卡台肩面 320～325 mm(图 2)。钻杆断口宏观特征表明,钻杆是在受到异常弯曲载荷之后才发生过载弯曲断裂的[1]。

图 1   钻杆断裂及弯曲形貌   图 2   钻杆弯曲内侧横向印痕

2   断裂原因分析

在正常情况下,坐在吊卡上提升的这根钻杆不会受到弯曲载荷。实际钻杆是在受到异常弯曲载荷之后才发生断裂的,这说明吊卡在提升过程中出现了异常情况。如果发生单吊环起钻,吊卡倾斜,吊卡下平面位置的内孔棱线将与钻杆管体接触撞击,其结果必然会使钻杆承受弯曲载荷,并在钻杆上留下撞击痕迹(图 3)。在钻杆弯曲凹进一侧有明显可见的与吊卡下平面位置的内孔棱线撞击后留下的横向弧形印痕,这说明钻杆弯曲断裂原因是单吊环起钻引起的。

按理来说,钻杆与吊卡下平面位置的内孔棱线撞击后留下的横向弧形印痕距钻杆吊卡台肩的距离应当与吊卡高度一致。实际失效钻杆上的横向弧形印痕距钻杆吊卡台肩的距离为 325 mm,钻杆吊卡高度为 360 mm,前者比后者小 35 mm。这说明吊卡承载面与钻杆接头斜坡台肩的配合尺寸不一致。断裂钻杆为新钻杆,可以排除其尺寸偏差过大的可能性。吊卡承载面严重磨损之后,钻杆接头非承载面位置会进入吊卡承载面。最终在单吊环起钻的情况下,实际钻杆与吊卡下平面位置的内孔棱线撞击后留下的横向弧形印痕距钻杆吊卡台肩的距离小于吊卡高度。

在单吊环起钻的情况下,钻杆首先会受到异常的弯曲载荷。如果钻柱悬重不大,钻杆发生弯曲之后不会断裂;如果钻柱悬重很大,钻杆发生弯曲之后会发生断裂事故。该井落鱼长度 5 517.61 m,悬重达 218 t,单吊环起钻导致钻杆弯曲断裂。

单吊环起钻(图3)事故的原因基本有两种[2-3]:一种是操作者配合不当,当井口人员只挂上一侧吊环时,而另一侧的吊环还没有挂好,司钻起钻,瞬间造成单吊环起钻,此种情况引发的单吊环事故比较常见;另一种是井中管柱遇卡,上提管柱时产生跳钻,一边吊卡销子飞出,吊环脱离吊卡,造成单吊环事故,此种情况导致的单吊环事故较少。单吊环起钻时,吊卡会在瞬间发生倾斜,其下端对钻杆产生撞击载荷,使钻杆承受异常的弯曲和剪切应力,很容易导致钻杆弯曲和断裂事故。

经调查,该井单吊环事故是由于井口挂吊环工人与司钻配合失误所致。

3 单吊环起钻受力分析

该井所用的钻机型号为ZJ70LC。ZJ70LC钻机是机械传动,根据钻机说明书[4-5],刚开始起钻时加速时间为5~7 s,速度为0.5 m/s。假设加速时间为7 s,求出起钻的加速度为0.071 m/s²,则惯性力=218 000 kg×0.071 m/s²=15 478 N。在刚开始起钻时大钩提升力为钻柱悬重与惯性力之和,即2 136 400+15 478=2 151 878 N。

根据材料力学理论,单吊环起钻时钻杆受力属于拉伸和弯曲组合变形问题。由图3和图4可知,吊卡下端面与钻杆撞击处钻杆所受的力可以简化为四个力和一个弯矩:F_1为吊卡下端面与钻杆撞击处吊卡对钻杆的压力;F_2为悬重加动载荷[5];F_3为钻杆与吊卡接触处,吊卡对钻杆向上的等效支持力;F_4为单吊环起钻时钻杆与吊卡接触处,吊卡对钻杆向右的压力;M为吊卡下端面与钻杆撞击处钻杆下部对钻杆上部内力矩。

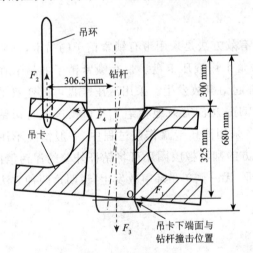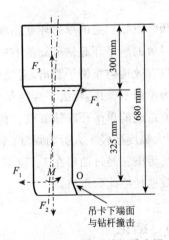

图3 单吊环起钻时钻杆与吊卡配合受力示意图　图4 单吊环起钻时钻杆受力图

在此,将吊卡下端面与钻杆撞击处钻杆位置近似地看作是固定铰支座[6-7],按悬臂梁计算(图5)。由于钻杆在受到吊卡下端面撞击的瞬间钻柱会沿受力方向横向移动,对冲击载荷有缓冲作用,按照悬臂梁受力模型计算的应力大于实际钻杆受力。根据计算的弯曲正应力、弯曲剪应力和拉应力,并按照第三强度理论得出组合应力为8 048 MPa,而新钻杆管体的屈服强度平均值为1 027 MPa,抗拉强度平均值为1 103 MPa。

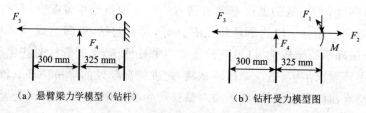

（a）悬臂梁力学模型（钻杆）　　　　　（b）钻杆受力模型图

图 5　单吊环起钻时的力学模型

由计算结果可知,在单吊环起钻的瞬间,由于吊卡倾斜,钻杆外壁所受正应力已经达到钻杆材料抗拉强度的 7.3 倍。根据力学模型和材料的抗拉强度,可以反求出发生单吊环时的钻杆不发生断裂的最大悬重约为 30 t,而此次事故发生时悬重为 218 t,这必然导致钻杆断裂。

4　钻杆断裂位置分析

钻杆断裂位置与吊卡撞击位置不在同一截面,这主要与钻杆结构有关。钻杆被吊卡撞击位置距接头密封端面 625 mm,处在钻杆内加厚过渡带位置;钻杆断裂位置距接头密封端面 650 mm,处在钻杆内加厚过渡带消失位置。后者比前者壁厚小,且存在结构应力集中,更容易发生断裂[8-14]。

5　预防措施

预防跳钻引起的单吊环起钻事故的有效方法是采用带有锁紧销子的吊卡,预防操作失误导致的单吊环起钻事故的有效方法是采用液压卡盘。带有锁紧销子的吊卡在跳钻时可以有效地防止销子脱出,避免单吊环起钻事故发生。采用液压卡盘可以变双吊卡起下钻为单吊卡操作,免去了摘挂吊卡的工序,从而有效地杜绝了井口操作工与司钻配合不当而造成的单吊环起钻事故。此外,在采用液压卡盘作业过程中,一般情况不用打背钳,可大幅度减轻工人劳动强度,卡盘下方的刮油橡胶圈还可将钻杆外壁的泥污清除,减轻井场污染。经过油田在 1 153 井次作业,无一例单吊环事故发生,说明这两种方法确实能有效地杜绝此类事故。

6　结论

（1）钻杆断裂原因是单吊环起钻所致。在单吊环起钻过程中钻杆受力已经远远超过材料断裂强度。

（2）发生单吊环起钻的主要原因是操作失误所致。

（3）建议严格执行起下钻操作规程。

（4）建议采用带有锁紧销子的吊卡和液压卡盘。

参考文献

[1] 吕拴录,秦宏德,江涛,等.Φ73.0mm×5.51mm J55 平式油管断裂和弯曲原因分析.石油矿场机械,2007,36(8):47-49.

[2] 董文奎,刘喜林,董向阳,等.防止单吊环事故的两种方法.钻采工艺,2001,24(6):86-87.

[3] [美]得克萨斯大学编.钻井基本操作.北京:石油工业出版社,1981.

[4] 赵国珍,龚伟安.钻井力学基础.北京:石油工业出版社,1988:208-223.

[5] 侯勇俊,艾志久,任杰,等.自走式修井机游动系统仿真模型.石油学报,2002,23(4):90-92.

[6] 刘鸿文.材料力学.北京:高等教育出版社,2003.

[7] 单辉祖.材料力学(Ⅱ).北京:高等教育出版社,2003.

[8] 高洪志,吕拴录,李鹤林,等.随钻震击器断裂事故分析及预防.石油钻采工艺,1991,6:29-35.

[9] 吕拴录,王新虎.WS1 井 Φ88.9 mm 四方钻杆断裂原因分析.石油钻采工艺,2004.5,26(5):47-49.

[10] Lü Shuanlu,Feng Yaorong,Luo Faqian,et al. Failure analysis of IEU drill pipe wash out. Fatigue,2005,27:1 360-1 365.

[11] 吕拴录,高林,迟军,等.石油钻柱减震器花健体外筒断裂原因分析.机械工程材料,2008,32(2):71-73.

[12] 袁鹏斌,吕拴录,孙丙向,等.在空气钻井过程中钻杆断裂原因分析.石油钻采工艺,2008,30(5):34-37.

[13] 王新虎,薛继军,谢居良,等.钻杆接头抗扭强度及材料韧性指标研究.石油矿场机械,2006,35(Sl):1-4.

[14] 吕拴录,骆发前,周杰满,等.加 1 井钻柱转换接头外螺纹接头断裂原因分析.石油矿场机械,2010.

钻杆弯曲原因分析

袁鹏斌[1]　吕拴录[2,3]　康延军[3]　迟　军[3]　谢又新[3]　刘德英[3]

(1.上海海隆石油管材研究所,上海 200949;

2.中国石油大学,北京昌平 102249;

3.中国石油塔里木油田公司,新疆库尔勒 841000)

摘　要:通过分析钻杆弯曲形貌和位置,测量起钻用的吊卡尺寸,分析钻杆与吊卡和卡瓦在起钻之前配合状态和受力条件,对新钻杆在起钻过程中弯曲的原因逐一进行了排查。结果表明,钻杆弯曲是单吊环起钻时受到异常弯曲载荷所致。

关键词:钻杆;弯曲;吊卡;卡瓦;吊环;异常载荷

1　现场情况

某井在起钻过程中一根新钻杆发生弯曲。钻杆弯曲时悬重 90 t。

该井采用吊卡和卡瓦起下钻。在起吊之前钻杆与吊卡和卡瓦配合状态如图 1 所示。弯曲的钻杆是该井首次使用的 Φ127.0 mm×9.19 mm G105 斜坡台肩新钻杆,累计使用时间 800 h,累计纯钻时间 550 h。为搞清钻杆弯曲原因,本文进行了计算分析。

2　宏观分析

钻杆弯曲凸起一侧表面形貌如图 2 所示,钻杆弯曲凹进一侧表面形貌如图 3 所示。钻杆弯曲中心点正好是卡瓦的最上端印痕位置。钻杆弯曲中

图 1　起吊之前钻杆与吊卡
和卡瓦配合状态

心点和卡瓦的最上端印痕位置距钻杆内螺纹接头密封台肩面均为 860 mm,弯曲弧度大约 150°,弧长 230 mm,弯曲半径 87.4 mm。钻杆弯曲点和卡瓦印痕位置如图 4 所示。

钻杆与吊卡配合状态及主要尺寸如图 5 所示。在正常起下钻过程中,坐在吊卡上的

钻杆不受弯曲载荷,不会发生弯曲变形。起吊前卡瓦距吊卡下端面约 250 mm(卡瓦牙板上端面距吊卡下端面 230 mm)。

图 2　钻杆弯曲凸起一侧表面形貌

图 3　钻杆弯曲凹进一侧表面形貌

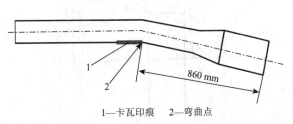

1—卡瓦印痕　2—弯曲点

图 4　钻杆弯曲点和卡瓦印痕位置示意图

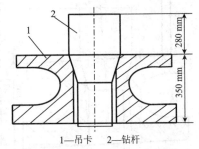

1—吊卡　2—钻杆

图 5　钻杆与吊卡配合状态及主要尺寸示意图

3　钻杆弯曲原因分析

在正常起钻的情况下,坐在吊卡上被提升的斜坡台肩钻杆不会受到弯曲载荷。钻杆弯曲宏观特征表明,钻杆是在受到异常弯曲载荷之后才发生弯曲变形的[1]。这说明吊卡在提升过程中承受了异常弯曲载荷。只有发生单吊环起钻,坐在吊卡上的斜坡台肩钻杆才会承受异常弯曲载荷。当钻杆承受的弯曲载荷超过其承载能力时,钻杆就会发生弯曲变形。

3.1　钻杆弯曲点位置的影响

在单吊环起钻的情况下,吊卡倾斜之后坐在其上的钻杆有两个弯曲支点:一是吊卡下端面位置;二是卡瓦牙板上端面位置。下面分别予以分析。

(1)钻杆弯曲点在吊卡下平面位置。

如果钻杆弯曲点在吊卡下平面位置(图 6),钻杆弯曲点距内螺纹接头密封台肩面的距离应为 630 mm。这与实际钻杆弯曲点距内螺纹接头密封端面的距离(860 mm)不符,两者相差 230 mm。这说明钻杆弯曲点在吊卡下平面位置的假设不成立。

(2)钻杆弯曲点在卡瓦牙板上端面位置。

如果钻杆弯曲点在三片卡瓦牙板上端面位置(图 7),钻杆弯曲点距内螺纹接头密封端面的距离与卡瓦的最上端印痕距钻杆内螺纹接头密封端面的最短距离应当相同。实际钻杆弯曲点和卡瓦的最上端印痕位置距钻杆内螺纹接头密封台肩面的最短距离完全相同(860 mm),钻杆弯曲点正好处在卡瓦的最上端印痕位置。这说明钻杆弯曲点在三片卡瓦牙板上端面位置的假设成立。

在单吊环起钻时,卡瓦受到弯曲侧向力后不会松开,钻杆在卡瓦上端面位置的受力类似于悬臂梁固定位置的受力,此位置会承受巨大的弯曲载荷,很容易使钻杆发生弯曲变形[2]。

钻柱悬重一定,在单吊环起钻的情况下,钻杆有两个弯曲支点(图6和图7),但没有从上面的吊卡底边支点位置弯曲,而是从下面的三片卡瓦牙板上端面支点位置弯曲。这主要是因为后者作用在钻杆上的弯曲力臂大于前者,即后者受到的弯矩大于前者。

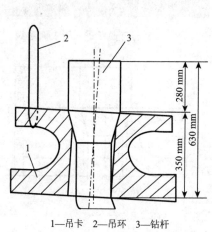 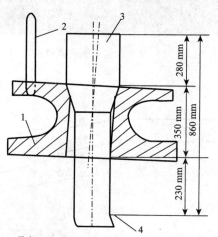

1—吊卡 2—吊环 3—钻杆

图6 钻杆弯曲点在吊卡下平面位置时钻杆与吊卡配合状态及主要尺寸示意图

1—吊卡 2—吊环 3—钻杆 4—卡瓦牙上端面位置

图7 单吊环起钻时钻杆与吊卡配合状态及主要尺寸示意图

3.2 材料因素与失效类型

材料韧性越高,越不容易发生断裂事故;反之,材料韧性越低,越容易发生断裂事故[3-6]。该井在单吊环起钻的情况下,悬重90 t,Φ127.0 mm×9.19 mmG105 斜坡台肩新钻杆承受异常弯曲载荷后弯曲弧度达到150°,但没有发生断裂事故。这说明钻杆材料韧性相当高,钻杆弯曲与钻杆材料没有关系。

4 结论及建议

(1)钻杆弯曲是单吊环起钻所致。

(2)建议严格执行作业规程,防止发生单吊环起钻事故。

参考文献

[1] 吕拴录,秦宏德,江涛,等.Φ73.0 mm×5.51 mm J55 平式油管断裂和弯曲原因分析.石油矿场机械,2007,36(8):47-49.

[2] Lü Shuanlu. The analysis on causes of 244.5 mm 350 t elevator fracture. Engineering Failure Analysis,2007,14(4):606-613.

[3] 高洪志,吕拴录,李鹤林,等.随钻震击器断裂事故分析及预防.石油钻采工艺,1991,13(6):29-35.

[4] 吕拴录,王新虎.WS1 井 Φ88.9 mm 四方钻杆断裂原因分析.石油钻采工艺,2004,26(5):47-49.

[5] 王新虎,薛继军,谢居良,等.钻杆接头抗扭强度及材料韧性指标研究.石油矿场机械,2006,35(增刊):1-4.

[6] 骆发前,吕拴录,周杰,等.塔里木油田钻柱转换接头失效原因分析及预防措施.石油钻探技术,2010,38(1):80-83.

提升短节外螺纹接头断裂原因分析

吕拴录[1,2] 龚建文[2] 卢 强[2] 迟 军[2] 许 峰[1] 张国正[3] 张春婉[3]

(1.中国石油大学,北京昌平 102249;

2.中国石油塔里木油田公司,新疆库尔勒 841000;

3.西安摩尔石油工程实验室,陕西西安 710065)

摘 要:为了查明某油井提升短节外螺纹接头断裂原因,对提升短节断口形貌、化学成分、力学性能、显微组织和受力状态进行了分析。结果表明:提升短节断裂属于淬火裂纹诱发的脆性断裂,断裂原因主要是存在原始淬火裂纹,且材料韧性不足。

关键词:提升短节;断裂;失效分析

某井起钻至第一柱钻铤,接提升短节[1]上提钻具,游车以Ⅰ挡低速上行,提出约两根半钻铤时,提升短节外螺纹接头突然断裂,导致 15 根 Φ120.7 mm 钻铤落井,落鱼总长 137.96 m,落鱼在空气中的质量为 9.61 t。断裂的提升短节外螺纹接头为 NC35。为了查明提升短节外螺纹接头断裂原因,作者对断裂的提升短节进行了失效分析。

1 理化检验与结果

1.1 断口形貌

提升短节断裂位置距外螺纹接头密封台肩面约 25 mm。由图 1 可见,裂纹起源于内壁,断口形貌呈明显的脆性断裂的特征,断口附近内壁存在多条裂纹,有些裂纹已经延伸到外螺纹表面。

由图 1 可见,断口内壁侧有径向宽为 1~2 mm,周向长度约 69 mm 的环状平坦粗糙裂源区,断口上的放射条纹收敛于断口内壁侧的裂源区。

断口宏观特征表明,提升短节内壁裂纹具有淬火裂纹的特征。提升短节断裂实际是其危险截面的内壁原始裂纹快速扩展的结果。

在断口裂纹源区和扩展区用扫描电镜分析,发

图 1 断口宏观形貌

现断口已经被腐蚀,且存在裂纹,其中断口源区为沿晶形貌(图 2),断口扩展区为解理和沿晶形貌(图 3)。能谱分析表明,断口裂纹源区氧质量分数为 11.30%,原子百分数为 24.69%;铁质量分数为 70.60%,原子百分数为 44.20%。断口裂纹扩展区氧质量分数为 19.08%,铁质量分数为 35.45%;铁质量分数为 59.50%,原子百分数为 32.87%。断口源区氧质量分数是断口裂纹扩展区的 59.2%,原子百分数是断口扩展区的 69.6%,铁质量分数是断口扩展区的 118.7%,原子百分数是断口扩展区的 135.5%。

如果断口源区的裂纹是在工厂淬火冷却过程产生的,在随后高温回火过程中裂纹表面会形成氧化层,该氧化层具有一定的防腐作用[2]。断口扩展区是在使用过程中产生的新鲜断口,更容易产生腐蚀[3]。

由于该提升短节断裂后在空气中存放较长时间,最终导致断口源区氧含量明显低于扩展区,断口源区铁含量明显高于扩展区。

 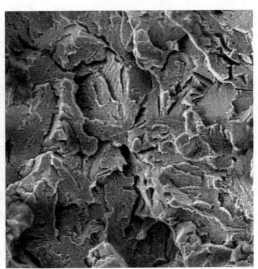

图 2　断口裂纹源区沿晶及裂纹形貌　　　　图 3　断口裂纹扩展区解理、沿晶及裂纹形貌

1.2　显微组织

在提升短节断口附近取金相试样,用 3%的硝酸酒精腐蚀后,肉眼可见组织不均匀,呈条带状分布,组织条带垂直于断口表面,沿提升短节轴向分布。断口源区组织与扩展区相同,为回火索氏体和粗大的上贝氏体,带状组织严重(图4)。这更进一步证明裂纹是在淬火冷却过程中产生的,即裂纹为淬火裂纹。提升短节材料晶粒度为 5.5 级,夹杂物含量为 A0.5、B0、C0.5、D0。

图 4　断口附近微观组织

1.3　化学成分

断裂的提升短节材料为 42CrMo 钢,其化学成分分析结果见表1。

表 1　提升短节化学成分(质量分数/%)

元　素	C	Si	Mn	P	S	Cr	Mo	Ni	Al	Cu
元素含量	0.47	0.33	0.73	0.007	0.011	1.1	0.189	0.026	0.018	0.039
SY/T 5699—1995 标准	—	—	—	≤0.035	≤0.035	—	—	—	—	—

1.4　力学性能

力学性能试验结果见表2。可见拉伸性能符合标准要求,但韧性不符合标准要求。

表 2　提升短节力学性能

指　标	屈服强度/MPa	抗拉强度/MPa	伸长率/%	冲击功(20 ℃)/J
试验结果	882	996	17.0	16
SY/T 5699—1995 标准	≥760	≥970	≥13	平均值≥54,单个试样≥47

2　有限元分析

当游车以正常速度提出两根半左右钻铤时,提升短节外螺纹接头突然断裂。此时可以忽略加速度引起的附加载荷,断裂时提升短节所受的载荷为落鱼重量。落鱼在空气中净重 9.61 t,仅有提升短节承载能力(289.9 t)的 3.3%。

为了研究提升短节外螺纹接头受力情况,分析断裂原因,用有限元分析软件 Ansys,建立提升短节 NC35 接头有限元模型(图 5),施加 9.61 t 轴向拉力,提升短节外螺纹接头应力集中区在台肩面根部及距台肩面 12.7～25.4 mm 螺纹根部,该部位是外螺纹接头的危险截面。根据受力分析结果,提升短节外螺纹接头裂纹源应当在螺纹根部的应力集中位置[4-6]。实际提升短节外螺纹接头断口起源于内壁,而不在螺纹根部。这与提升短节内壁存在多条淬火裂纹有关。提升短节内壁有多条淬火裂纹,在使用过程中应力集中严重的危险截面位置的淬火裂纹首先扩展断裂。

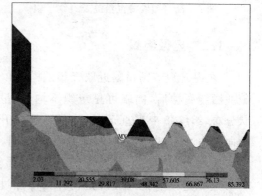

图 5　提升短节外螺纹接头受拉伸载荷时的局部等效 VME 应力分布图

3 断裂原因分析

原始淬火裂纹会减少钻具接头承载面积,并在裂纹尖端形成应力集中,大幅度降低其承载能力。提升短节断裂载荷只有其承载能力的 3.3%,这主要是提升短节内壁存在淬火裂纹所致。

材料韧性越好,钻具疲劳裂纹萌生和扩展所用的时间越长,即钻具使用寿命越长[7-11]。该井断裂的提升短节材料带状组织严重,组织中存在韧性很差的粗大上贝氏体,室温冲击韧性只有 SY/T 5699—95 标准规定的最小值的 29.6%,且内壁存在淬火裂纹。这必然会导致淬火裂纹快速扩展,发生断裂事故。该提升短节是在冬天发生断裂的,井队的环境温度大约为-15 ℃。随着环境温度降低,材料韧性也会降低,提升短节更容易断裂。

淬火裂纹一般与淬火加热温度和保温时间有关,也与构件的几何形状有关。一般深孔型构件淬火之后在内孔容易形成残余拉应力。该提升短节淬火工艺不详,但从粗大的显微组织和淬火裂纹判断,其热处理工艺不当,淬火后内壁存在相当大的淬火应力。

4 结论与建议

(1)提升短节外螺纹接头断裂属于淬火裂纹诱发的脆性断裂。

(2)断裂原因是材料带状组织严重,存在粗大贝氏体,材料韧性不符合 SY/T 5699—1995 的规定,且内壁存在淬火裂纹,在提升短节使用过程中淬火裂纹快速扩展,最终导致断裂。

参考文献

[1] SY/T 5699—1995 提升短节.

[2] Lü Shuanlu. The analysis on causes of 244.5 mm 350 t elevator fracture. Engineering Failure Analysis,2007,14(4):606-613.

[3] Lü Shuanlu,Feng Yaorong,Luo Faqian,et al. Failure analysis of IEU drill pipe wash out. Fatigue,2005,27:1 360-1 365.

[4] 吕拴录,王震,康延军,等.MJ1 井钻具断裂原因分析.钻采工艺,2009,32(2):79-80.

[5] 吕拴录,姬丙寅,骆发前,等.139.7 mm 加重钻杆外螺纹接头断裂原因分析.机械工程材料,2009,33(10):99-102.

[6] 吕拴录,骆发前,周杰,等.钻铤断裂原因分析.理化检验:物理分册,2009,45(5):309-311.

[7] 高洪志,吕拴录,李鹤林,等.随钻震击器断裂事故分析及预防.石油钻采工艺 1991,13(6):29-35.

[8] 吕拴录,骆发前,周杰,等.钻杆接头纵向裂纹原因分析.机械工程材料,2006,30

(4):95-97.

[9] 吕拴录,高林,迟军,等.石油钻柱减震器花健体外筒断裂原因分析.机械工程材料,
    2008,32(2):71-73.

[10] 吕拴录,张宏,许峰,等.石油钻铤断裂原因分析.机械工程材料,2010.

[11] Wang Xinhu,Kuang Xianren,Lü Shuanlu,et al. Experimental study on influence of mate-
    rial property on corrosion fatigue life of drill pipes. Shiyou Xuebao,2009,30(2):312-316.

IEU 钻杆刺穿断裂原因分析

吕拴录[1,2] 李鹤林[3] 韩 勇[4] 骆发前[1] 周 杰[1] 王新虎[3]

(1. 中国石油塔里木油田公司,新疆库尔勒 841000;

2. 中国石油大学,北京昌平 102249;

3. 中国石油天然气集团公司管材研究所,陕西西安 710065;

4. 西安摩尔石油工程实验室,陕西西安 710065)

摘 要: 某油田 C1 井用的一批 127.0 mm×9.19 mm IEU G105 钻杆,当纯钻时间 2 367 h,进尺 8 769 m,发生了多起钻杆刺穿和断裂事故。深入调查了钻杆断裂和刺穿事故,对钻杆使用工况和受力状态、结构尺寸、化学成分、力学性能、断口宏观形貌和微观形貌、金相组织和腐蚀产物等进行了测定和试验分析;对钻杆材质本身腐蚀疲劳裂纹扩展速率进行了测定。结果表明:钻杆刺穿和断裂属于早期腐蚀疲劳失效;钻杆腐蚀疲劳失效既与钻杆本身的结构和材料质量有关,也与钻杆使用井的结构和环境状况有关。

关键词: 钻杆;断裂;疲劳裂纹;应力集中

1 现场情况

1.1 事故情况

C1 井正常钻进时连续发生 3 起(1 号、2 号和 3 号)钻杆刺穿和断裂事故。钻杆刺穿和断裂位置全在内加厚过渡带位置。

将该井队 375 根钻杆进行全部无损探伤检查的结果表明,20 根钻杆内加厚过渡带部位有缺陷。

1.2 钻杆使用情况

该批钻杆为首次在 Q1 井使用的新钻杆,随后转到 C1 井使用。在 Q1 井和 C1 井所用钻井液体系相同,钻井液成分中含有水、殿土(蒙脱石)、纯碱、烧碱、乳化剂、重晶石、聚合醇等。

1.2.1 Q1 井钻杆使用情况

Q1 井是 1 口直探井,钻井作业采用顶驱钻机。该井井深 4 500 m,全井纯钻时间 826.75 h。该井钻井参数控制范围为钻压 4.8～19.9 t,转速 50～122 r/min,扭矩 3～

34 kN·m,立管压力 4.2～19 MPa。钻井液密度 1.08～1.38 g/cm³。

1.2.2　C1 井钻杆使用情况

C1 井是一口斜探井。至发生刺穿和断裂事故日期为止,井深 4 269.82 m,纯钻时间 1 541 h,实际最大全角变化率为 5.6°/30 m。

C1 井钻井参数控制范围为最大钻压 27.62 t,转速 6～189 r/min,泵压 2.6～27.6 MPa。

1.3　失效分析取样情况

对刺穿的 2 号钻杆取样,进行了如下试验分析。

2　钻杆刺穿形貌宏观分析及尺寸测量

2.1　钻杆刺穿形貌宏观分析

钻杆刺穿 3 处(图 1),刺穿位置距外螺纹接头密封台肩面分别为 495 mm、497 mm 和 503 mm,刺孔周向长度分别为 21 mm、33 mm 和 35 mm。钻杆没有内涂层。

将失效钻杆沿纵向铣开,钻杆内加厚过渡带形状不规则,有些区域呈波浪状。钻杆内壁严重腐蚀。经测量,腐蚀坑深度为 0.30～1.06 mm。

用 1:1 工业盐酸将试样热蚀 1 h 之后,钻杆内加厚及过渡带区的腐蚀坑更加明显,在刺穿位置附近又显现出了许多横向裂纹(图 2)。

图 1　2 号钻杆刺穿形貌

图 2　2 号钻杆酸洗之后裂纹形貌

为进一步弄清失效钻杆的抗腐蚀特性,我们将使用寿命短的失效钻杆与使用寿命长的进口钻杆内加厚部位的试样同时在 1:1 工业盐酸中热蚀 1 h,试验结果进口钻杆抗腐蚀能力强,内外壁抗腐蚀性差别不大;而失效钻杆抗腐蚀性差,且内壁侧抗蚀性比外壁更差(见图 3)。

钻杆刺穿形貌分析及酸洗检查结果表明,钻杆刺穿和断裂位置均在内加厚过渡带位置,刺穿

图 3　同样条件下酸洗之后失效钻杆与其他厂家钻杆 M_u 部位形貌对比(图中上方试样为进口钻杆,下方试样为失效钻杆)

位置存在严重的腐蚀坑,裂纹是从内壁腐蚀坑萌生的。

2.2 钻杆主要尺寸测量

对钻杆主要尺寸测量结果,钻杆内加厚过渡带总长度 M_{iu} 和内加厚过渡带消失点处过渡圆弧符合 API Spec 5D 规定,但内加厚过渡带形状不规则,呈多圆弧形状。圆弧半径分别为:181 mm、209 mm、53 mm 和 128 mm。

3 材质分析

3.1 化学成分分析

化学成分分析结果表明,钻杆材料化学成分符合 API Spec 5D 规定。

3.2 机械性能试验

机械性能试验结果表明,钻杆机械性能符合 API Spec 5D 标准要求。

3.3 金相检验

金相检验结果表明,钻杆内加厚过渡带部位内表面有严重的腐蚀坑及裂纹,裂纹深度范围为1.25~7.33 mm(图 4~图 6)。基体组织为 $S_{回}$。夹杂物级别为A1.0、B0.5、D1.0。

金相分析结果表明,钻杆内加厚过渡带区的裂纹起源于内壁腐蚀坑,具有腐蚀疲劳裂纹的特征。有些裂纹尖端沿轧制方向分支扩展。

图 4　钻杆刺口附近内壁腐蚀坑形貌

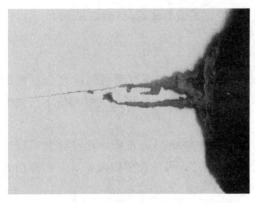

图 5　钻杆过渡带消失部位腐蚀坑底裂纹

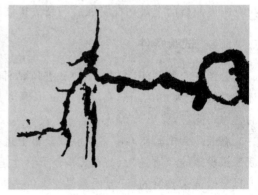

图 6　裂纹尖端形貌(图中主裂纹与轧制方向垂直,分支裂纹平行于轧制方向)

4 断口微观形貌分析及腐蚀产物分析

4.1 断口微观形貌分析

将钻杆内壁裂纹打开，宏观断口上有起源于内壁腐蚀坑的圆形小平区，断口呈黑褐色。

用扫描电镜观察，内壁腐蚀坑底裂纹源区及扩展区有腐蚀坑，腐蚀产物较多。经 X 射线能谱分析，腐蚀产物成分为 Fe、Cl^-、Cr、Mn、S、Si。在小平台区前沿可见到疲劳辉纹。

断口微观形貌分析结果，钻杆裂纹起源于内壁腐蚀坑，裂纹前沿有疲劳辉纹存在，断口上的腐蚀产物中含有较高的 Cl^-、S、K、Ca 等，裂纹性质属于腐蚀疲劳。腐蚀产物中 Cl^-、S、K、Ca 等来自钻井液和地层水。

4.2 腐蚀产物物相分析

对钻杆内壁过渡带部位的腐蚀产物物相进行 X 射线衍射分析，$FeO(OH)$ 含量为 7.96％，$FeFe_2O_4$ 含量为 82.24％，Ca_2SiO_4 含量为 9.80％。

钻杆内壁腐蚀产物中氧化物占很大比例。这些氧化物是钻杆材料在钻井液介质中由于电化学腐蚀而产生的常见化合物。

5 钻杆腐蚀疲劳试验

失效钻杆内加厚过渡带部位金属流线明显，偏析严重。从理论上分析，偏析会降低钻杆腐蚀疲劳寿命。为了定量分析偏析对钻杆腐蚀疲劳寿命的影响，我们对失效钻杆和没有明显偏析的进口钻杆腐蚀疲劳裂纹扩展速率进行了试验测定，试验结果如下。

5.1 试验条件

分别在失效钻杆（编为 1 号）和进口钻杆（编为 2 号）内加厚过渡带部位取全厚度试样，试样长度为 120 mm，宽度为 6 mm，厚度为原壁厚。钻杆内加厚过渡带部位不同截面的壁厚不同。

腐蚀疲劳试验在 GD-多功能试验机上进行，应力比是 0.5，应力幅为正弦波型。腐蚀疲劳试验用的介质是 3.5％NaCl，介质温度是 (14 ± 2)℃。腐蚀疲劳裂纹扩展是用移动式工具显微镜来监测的，读数误差是 ±0.005 mm。

5.2 试验结果

腐蚀疲劳试样的裂纹扩展速率（d_a/d_n）和裂纹尖端应力强度因子幅（ΔK）的关系测定结果表明，1 号试样腐蚀疲劳扩展速率明显高于 2 号试样，前者腐蚀疲劳裂纹扩展速率为后者的 1.7～2.3 倍。

6 钻杆刺穿断裂原因分析

该批钻杆失效之前累计纯钻时间 2 367 h,进尺 8 769 m。根据多年的使用经验,该油田钻杆使用寿命一般为 90 000 m 进尺。该批钻杆仅有油田一般钻杆使用寿命的 9.6％,可见该批钻杆属非正常早期失效。根据 M. W. Joosten 的研究结果[2],该批钻杆也为早期腐蚀疲劳失效。

分析结果表明,钻杆刺穿裂纹属于早期腐蚀疲劳裂纹,钻杆失效过程如下。

在钻杆内壁产生腐蚀坑→腐蚀坑底萌生疲劳裂纹→裂纹扩展→裂纹穿透壁厚或快穿透壁厚时刺穿或断裂。

钻杆腐蚀疲劳裂纹是交变应力和腐蚀介质共同作用的结果。钻杆使用环境中的腐蚀介质、受力条件和钻杆结构应力集中对钻杆的失效都有很大影响。

从试验分析结果可知,钻杆腐蚀疲劳裂纹均起源于腐蚀坑,尤其是在内加厚过渡区最严重。钻杆早期腐蚀具有典型的小孔腐蚀(点蚀)特征,即首先在钻杆内表面金属中的组织不连续处(如夹杂物、碳化物、金属流线露头处等)和结构上的不连续处(如内加厚渡结构突变区及表面不光滑处)形成以 Fe 为阳极的微电池,Fe 发生溶解形成孔蚀源。在含有溶解氧、烧碱、纯碱等腐蚀介质的钻井液中,孔蚀源处溶解的铁离子发生水解生成 H^+ 和 $Fe(OH)_2$,$Fe(OH)_2$ 又和钻井液中的 OH^- 结合生成 $Fe(OH)_3$ 在坑口沉淀把坑口封住,H^+ 可使坑内的 pH 下降,从而加速 Fe 的溶解。另一方面,钻井液中的 Cl^- 离子借"电泳"作用通过坑口进入坑内,Cl^- 与 H^+ 可生成 HCl,使坑内介质酸度增加,溶解进一步加速,即发生"自催化"作用。

失效钻杆内加厚过渡区的金属流线很明显,且内表面比外表面金属流线更明显。从微观上看,难免存在组织上的不连续处和结构上的不连续处,而钻井液中存在溶解氧、Cl^- 等,结果会在内加厚过渡区应力集中较大的地方产生腐蚀集中。钻杆内壁有腐蚀坑存在,腐蚀越严重的位置,其上的疲劳裂纹也越严重。

防止钻杆内壁腐蚀,采用内涂层是很有效的方法。没有内涂层的钻杆在含有溶解氧、Cl^- 等介质的钻井液里工作必然会在有结构应力集中的部位发生较严重的腐蚀。腐蚀疲劳试验结果已经证明,严重偏析的失效钻杆腐蚀疲劳裂纹扩展速率为没有明显偏析的进口钻杆的 1.7～2.3 倍。也就是说,失效钻杆发生早期腐蚀疲劳失效与材料本身严重偏析有一定关系,仅材料偏析一项就会使该批钻杆寿命缩短 41.2％～56.5％。

钻杆内加厚过渡区的腐蚀坑形成后,坑底应力集中更加严重,腐蚀疲劳裂纹萌生并扩展。从试验分析结果来看,钻杆裂纹萌生位置和断裂位置多数在内加厚过渡带消失处,有的在过渡区不光滑处。这表明内加厚过渡区仍是钻杆上的薄弱环节,而过渡区不光滑对腐蚀疲劳裂纹萌生和扩展有较大影响。这已由实物断口和裂纹位置得到证明。

另一方面,C1 井属于斜井,井斜和方位变化较大,总体分析来说钻杆所承受的应力较高[3],这会加速腐蚀疲劳裂纹的萌生和扩展。

综上所述,C1 井钻杆的腐蚀疲劳失效,取决于钻杆的服股条件和钻杆本身质量两个方面。从钻杆的服役条件来看,该井中存在较严重的腐蚀介质,在深井中钻杆整体受力也较大;从钻杆本身来看,钻杆内加厚过渡区存在较大的应力集中和腐蚀集中,加之过渡区不光滑会加剧应力集中和腐蚀集中程度,而钻杆本身的耐蚀性又较差。上述因素综合作用导致钻杆发生早期腐蚀疲劳失效。

7　结论与建议

(1) 钻杆内加厚过渡带部位刺穿断裂的性质属于早期腐蚀疲劳破坏。

(2) 钻杆使用寿命短,发生早期腐蚀疲劳刺穿断裂事故的主要原因如下:

(a) 钻井液中存在腐蚀介质,而钻杆本身耐腐蚀性能较差、腐蚀疲劳裂纹扩展速率快;

(b) 钻杆内加厚过渡区本身是钻杆上的薄弱环节,加之内加厚过渡带部位不规则,会产生较大的应力集中和腐蚀集中,而 C1 井为定向深井,总体来说钻杆承受的载荷较大;

(c) 建议油田尽量选用内涂层钻杆,工厂应对钻杆内加厚过渡带部位结构和材料质量进一步改进。

参考文献

[1]　API Spec 5D　Specification for drill pipe[S]. Fourth Edition, Washington(DC): API; August 1999.

[2]　Joosten M W. New study shows how to predict accumulated drill pipe fatigue, World Oil, 1985.

[3]　Dale B A. Inspection interval guidelines to reduce drill string failures, 1988.

定向钻穿越 S135 钢级钻杆的断裂分析

龚丹梅[1]　余世杰[1,2]　刘贤文[3]　魏立明[3]　马金山[3]　袁鹏斌[1,2]

(1.上海海隆石油管材研究所,上海 200949;

2.西南石油大学,四川成都 610500;

3.渤海钻探公司钻井技术服务公司,天津 300280)

摘　要:为查明在某定向穿越钻孔过程中 S135 钻杆断裂原因,对失效钻杆断口形貌、材料化学成分、力学性能和金相显微组织进行了分析,并运用断裂力学理论知识进行相关计算。结果表明:失效钻杆的断裂性质属于脆性断裂;断裂原因是钻杆在生产过程中,管体加厚过渡带外表面存在横向淬火裂纹,钻杆使用时在裂纹尖端形成较大的应力集中。当裂纹尖端实际受到的应力大于裂纹发生失稳扩展的临界应力时,钻杆发生断裂失效。

关键词:钻杆;失效分析;断口形貌;断裂力学

0　引言

目前城市燃气管道、油气输送管道的主要敷设方式是以大开挖为主,但在一些地势复杂的区域不能采取开挖方式,只能采取非开挖施工方法。水平定向穿越是目前使用最为广泛的一种非开挖技术,通过穿越地表建筑物、自然障碍物铺设燃气管道,可有效解决问题。钻杆是定向穿越常用的钻具,起着传递扭矩循环钻进流体的作用。钻杆在钻导向孔及扩孔过程中,承受恶劣工况所产生的高值应力容易在表面萌生疲劳裂纹,发生疲劳失效[1]。某穿越施工单位在定向穿越某河段工程钻导向孔结束后,发现一根钻杆在管体加厚过渡带断裂。该失效钻杆为新投入使用,按 API Spec 5DP 标准进行生产与检验,规格为 Φ139.7 mm×10.54 mm,钢级为 S135,钻杆管体材料牌号为 26CrMo。该钻杆累计钻进时间约 48 h。施工工程为穿越河流段,工程长度为 1 340 m,水平段深度约为20 m,地质为沙烁、膨润土矿床,无 H_2S、CO_2 等腐蚀介质。导向孔直径为 0.2 m,入土角约 6°~15°,泵压约 20 MPa。断裂前工程施工扭矩为 14~16 MPa(约为 3 118.3~3 424.7 N·m),推进力约为 3~6 MPa。为了弄清钻杆断裂原因,笔者对此进行了失效分析。

1 理化检验及结果

1.1 断口宏观形貌

由图1可见,失效钻杆断口无明显宏观塑性变形。断口处壁厚约为16.8 mm,为钻杆管体加厚过渡带部位。整个断面与钻杆轴线约呈45°,裂纹源区为平坦的扇形区域,其周向长度约为51 mm,径向深度最深约为8 mm(见图2)。扇形裂源区前沿扩展区存在放射状条纹,人字纹收敛于裂纹源区方向。人字纹为脆性断口的宏观特征。瞬断区与裂纹失稳扩展区呈一定角度,有明显剪切唇,且中间较为光滑,这是由于断裂时该区域受力状态由二向应力状态瞬间变成了单向应力状态所致。对失效样品进行磁粉探伤检验,样品外表面并无裂纹或缺陷存在。断口特征表明,失效钻杆为脆性断裂,断裂起源于钻杆外壁。

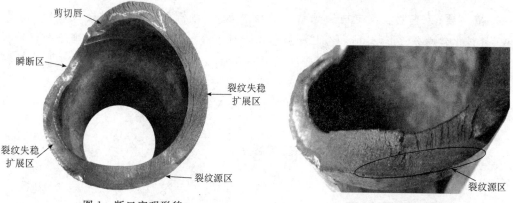

图1 断口宏观形貌   图2 断口源区形貌

1.2 化学成分

在断口附近取样,采用直读光谱仪对失效钻杆样品的化学成分进行分析,失效钻杆的化学成分符合API Spec 5DP标准[2]对于钻杆材质的要求(表1)。

表1 失效钻杆样品化学成分分析结果(质量分数/%)

元 素	C	Si	Mn	P	S	Cr	Mo	Ni	V	Al	Cu	Ti
失效钻杆	0.24	0.27	1.11	0.008	0.004	0.90	0.15	0.03	0.008	0.008	0.05	0.002
API Spec 5DP 标准	—		—	≤0.020	≤0.015	—						

1.3 力学性能

在失效钻杆断口附近沿钻杆轴向分别取规格为25.4 mm×10.54 mm的板状拉伸试样和规格为10 mm×10 mm×55 mm的夏比V形缺口冲击试样,按照ASTM A370—11《钢产品机械测试的方法和定义》标准进行试验,失效钻杆的力学性能均符合API Spec

5DP 标准要求(表 2)。

表 2　失效钻杆管体的力学性能

项目	抗拉强度/MPa	屈服强度/MPa	伸长率/%	冲击功/J (23 ℃)	
				单个值	平均值
失效钻杆管体	1 213.8	1 119.5	18.6	80	74
				80	
				62	
API Spec 5DP 标准要求	≥1 000	931~1 138	≥12	≥47	≥54

1.4　显微组织

在裂纹源区取纵向试样,根据 GB/T 6394—2002《平均晶粒度测定方法》和 GB/T 13298—1991《金属显微组织检验方法》对失效钻杆样品进行金相分析,失效钻杆基体晶粒度为 8.5 级,靠近内壁组织为回火索氏体、上贝及少量网状铁素体,如图 3(a)所示;而靠近外壁组织为回火索氏体,但明显能够观察到晶界,如图 3(b)所示。这表明断口靠近外壁组织淬透性优于内部。

（a）内壁　　　　　　　　　　（b）外壁

图 3　失效钻杆的显微组织

1.5　SEM 形貌

在扫描电镜下观察断口源区形貌,裂纹源区呈放射状,形貌由外壁向内扩展形成扇形(图 4)。裂纹源区不同位置处均呈冰糖状沿晶形貌,其典型形貌如图 5(a)所示,而裂纹失稳扩展区局部形貌为准解理形貌,如图 5(b)所示。

在裂纹源区沿管体纵向剖开,经磨抛后在电镜下观察纵截面。观察发现裂纹源区断面底部多处存在沿晶微裂纹如图 6 所示。这表明,裂纹源区具有淬火裂纹特征。

图 4　裂纹源区的 SEM 形貌

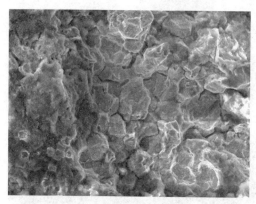

（a）裂纹源区

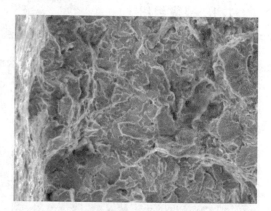

（b）裂纹失稳扩展区

图 5　失效钻杆断口上不同区域的 SEM 形貌

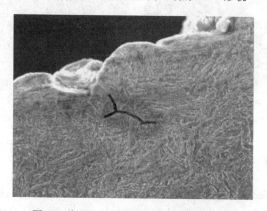

图 6　裂纹源区沿晶微裂纹的 SEM 形貌

1.6　微区成分

对裂纹源纵截面的沿晶微裂纹内进行能谱 EDS 分析,采集位置如图 7(a)所示,分析结果见图 7(b)和表 3,可见,沿晶微裂纹内主要含有 O、Ca、S 等元素,其中氧含量高达

24％,裂纹内部可能为铁的氧化物(图 8 及表 3)。这进一步表明裂纹源区为热处理时形成的淬火裂纹区,在随后的高温回火中形成氧化层,因此含氧量高。

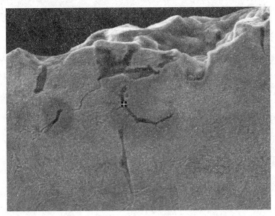

（a）EDS 采集位置

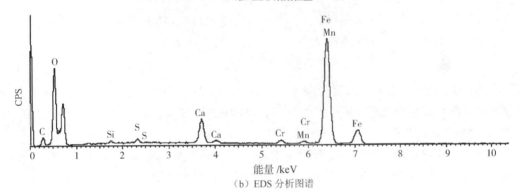

（b）EDS 分析图谱

图 7　沿晶微裂纹内 EDS 分析位置及图谱

表 3　EDS 分析结果(质量分数/％)

元素	质量比/%	原子百分比/%
C K	5.56	14.12
O K	24.10	45.97
Si K	0.31	0.34
S K	0.56	0.54
Ca K	4.68	3.57
Cr K	1.09	0.64
Mn K	1.05	0.58
Fe K	62.65	34.24
合计	100.00	100.00

2　断裂力学分析

由表 2 可知,失效钻杆断裂部位屈服强度为 1 119.5 MPa,属于高强钢范畴,断裂起源于外壁淬火裂纹,其性质为脆性断裂,可用相关断裂力学理论分析。线弹性断裂力学理论认为[3-5],带裂纹的构件,只要裂纹低于临界尺寸仍可使用;在循环载荷作用下,裂纹会缓慢扩展,直至达到临界长度时,构件才失稳破坏。可利用线弹性断裂力学理论分析裂纹发生失稳扩展的临界应力状态。

断裂韧度是表征材料抵抗裂纹失稳扩展的力学性能指标。Barsom 等[4]根据屈服强度 σ_s 为 758~1 696 MPa、断裂韧度 K_{IC} 为 95.6~270 MPa·m$^{\frac{1}{2}}$、冲击功 A_{kv} 为 21.7~120.6 J 的不同钢种性能指标,得出了 K_{IC} 与 A_k 以及 σ_s 之间的经验公式:

$$K_{IC}=0.79[\sigma_s(A_k-0.01\sigma_s)]^{\frac{1}{2}} \tag{1}$$

将失效钻杆的屈服强度、冲击功(取最小值)带入公式(1),可计算出该钻杆材料的断裂韧度约为 188.4 MPa·m$^{\frac{1}{2}}$。根据钻杆使用的受力情况,其表面淬火裂纹可视为平面应变状态下 I 型裂纹,裂纹尖端区域应力强度因子可表示为[3-4]:

$$K_I=Y\cdot\sigma\cdot\sqrt{\pi a} \tag{2}$$

其中 K_I 为裂纹尖端应力强度因子 MPa·m$^{\frac{1}{2}}$;a 为二分之一的裂纹长度(在此为裂纹径向深度),m;σ 为与裂纹面垂直的拉应力,MPa;Y 为裂纹形状因子,一般不小于 1,可查阅相关资料获得。

由式(2)可知,对于具有一定尺寸的裂纹,K_I 值将随应力的升高而增加。根据线弹性断裂力学平面应变状态下的 K 判据[4],含裂纹的弹性体在外力作用下,裂纹尖端的应力强度因子 K_I 达到裂纹发生失稳扩展时材料的临界值 K_{IC} 时,裂纹发生失稳扩展而导致断裂。此时:

$$K_I=K_{IC}=Y\cdot\sigma_c\cdot\sqrt{\pi a} \tag{3}$$

其中 σ_c 为断裂强度,MPa;a 为裂纹尺寸,m;K_{IC} 为平面应变断裂韧度。

失效钻杆外表面裂纹径向深度约为 8 mm,根据裂纹形状查阅相关资料[6-7],裂纹形状因子 Y 取 2.89。根据式(3),可计算失效钻杆裂纹发生失稳扩展的临界应力 σ_c 约为 411 MPa,此即为失效钻杆在该淬火裂纹存在情况下的断裂强度。可见,裂纹的存在使该区域实际断裂强度大大降低,仅为材料抗拉强度的 33%。

3　断裂原因分析

理化检验结果表明,失效钻杆化学成分、力学性能均符合标准要求。断口附近靠近外壁区域的组织为回火索氏体,靠近内壁处存在少量的网状铁素体、上贝氏体等组织。从断口形貌上看,该失效钻杆的断裂性质为脆性断裂,裂纹源区存在淬火开裂的沿晶形貌,可以推断钻杆断裂起源于外壁淬火裂纹。基于线弹性断裂力学理论,原始淬火裂纹的存在使裂纹附近区域的实际断裂强度降低,进而在循环载荷作用下,随着裂纹的缓慢扩展,临界断裂应力越来越小。

在钻井过程中,大部分钻杆容易在加厚过渡带消失区域发生失效[8-9]。这是由于该区域壁厚发生了变化,引起了较大应力集中而导致的。钻杆管体经调质处理后,表面的残余应力虽然得到了部分释放,但仍然较大,甚至可达 $100\sim200$ MPa。外壁淬火裂纹的存在使材料本身的承载能力降低[10],裂纹尖端实际所受应力为残余应力、工作应力以及应力集中效应的叠加,其应力值远远大于钻杆所受工作应力。当裂纹尖端所受应力超过临界断裂应力时,必然会导致淬火裂纹快速扩展,从而发生断裂。

4 结论与建议

(1) 失效钻杆加厚过渡带处脆性断裂原因主要是生产过程中形成的淬火裂纹所致。

(2) 建议加强钻杆出厂前的探伤检查,避免有缺陷的钻杆投入使用。

参考文献

[1] 李国辉,马晓成,付国英.渭河水平定向钻穿越钻杆疲劳断裂分析[J].石油工程建设,2012,38(2):4-5.

[2] API Spec 5DP—2009 Specification for drill pipe[S].

[3] 白秉三.断裂力学[M].沈阳:辽宁大学出版社,1992.

[4] 钟群鹏,赵子华.断口学[M].北京:高等教育出版社,2006:26-32.

[5] 陈晓.钢材淬火开裂的预测[J].国外金属热处理,1994,15(1):18-22.

[6] 中国航空研究院.应力场强度因子手册[M].北京:科学出版社,1993.

[7] 王从曾,刘会亭.材料性能学[M].北京:北京工业大学出版社,2008:66-85.

[8] 吕拴录,骆发前,高林,等.钻杆刺穿原因统计分析及预防措施[J].石油矿场机械,2006,35(增刊):12-16.

[9] 李磊,刘文红,宋生印,等.X95 钢级钻杆开裂原因分析[J].机械工程材料,2011,35(11):109-112.

[10] 吕拴录,龚建文,卢强,等.提升短节外螺纹接头断裂原因分析[J].机械工程材料,2011,35(2):86-88.

CXL5 井钻具断裂原因分析

吕拴录[1,2]　　柳　栋[1]　杨成新[2]　李　宁[2]　乐法国[2]　文志明[2]

（1. 中国石油大学，北京昌平 102249；

2. 中国石油塔里木油田公司，新疆库尔勒 841000）

摘　要：塔里木油田的 CXL5 井发生钻具断裂事故。通过钻具结构尺寸和断裂位置分析、断口宏观分析、化学成分分析、力学性能试验，认为钻具断裂属于早期疲劳断裂。地质条件复杂，蹩钻和跳钻严重，没有使用减震器，使得钻具受力条件特别苛刻，加速了钻具的疲劳破坏。钻具早期疲劳断裂既与受力条件苛刻有关，也与钻具结构和钻具磨损有关，材料问题不是钻具断裂的主要原因。为了防止或减少钻具断裂事故，应严格进行探伤检查。

关键词：钻具；断裂；分析；试验

钻具失效事故会造成巨大经济损失，甚至导致整口井报废。钻具断裂原因不但与钻具本身质量有关，也与钻具在井下的受力状态有关，是很复杂的系统工程问题。长期以来钻具失效分析一直是学者研究的重点，但以前钻具失效分析通常是依据某起钻具事故，对单个钻具断裂原因进行分析[1-3]，对一口井发生的多起钻具断裂事故进行全面综合分析的文章不多。在实际钻井过程中，尤其是在深井、超深井和苛刻地层井钻井过程中，一口井经常发生多起钻具失效事故。因此，应当对一口井发生的多起钻具失效事故进行系统分析，寻找失效原因，全面采取预防措施，才能更有效地预防钻具失效事故。

CXL5 井在钻井过程中，1 个月内发生了 5 起钻具断裂事故，造成了巨大经济损失。为分析钻具断裂原因，本文对 CXL5 井发生的 5 起钻具断裂事故进行了深入调查研究，并对所有钻具断裂原因进行了系统失效分析。

1　现场情况

CXL5 井是一口预探直井。2009 年 2 月 18 日，二开用 Φ311.2 mm MP2 钻头，3 月 15 日钻至井深 1 069.83 m。二开钻井期间，井下蹩钻和跳钻严重，钻井参数变化范围很大。其中转速 90～112.7 r/min，升幅达 25%；钻压 56.79～201.09 kN，升幅达 254%；扭矩 8～30.66 kN·m，升幅达 283%。其间共发生 5 起钻具断裂事故（如表 1）。为防止跳钻和蹩钻，2009 年 3 月 5 日在原钻柱中使用了 1 套 Φ228.6 mm 减震器。2009 年 3 月 10

日更换了加重钻杆及下部所有钻具。

表 1　CXL5 井钻具断裂概况

日　期	断裂钻具说明	断裂位置	井深/m	鱼顶深度/m	失效前钻井参数			纯钻时间/h	进尺/m
					钻压/kN	钻速/(r·min⁻¹)	扭矩/(kN·m)		
2009 年 2 月 24 日	Φ311.2 mm 钻具稳定器 LET 外螺纹接头断裂	距密封台肩面 60 mm	571.8	499.5	50～80	100	7.5	95.5	317.0
2009 年 2 月 27 日	NC561×410B 钻柱转换接头内螺纹接头断裂	距密封台肩面 110 mm	646.9	511.2	50～80	100	7.5	124.0	446.2
2009 年 3 月 8 日	Φ127.0 mm 加重钻杆内螺纹接头断裂	距密封台肩面 107 mm	1 069.8	899.8	56～201	100	8.30	379.0	903.0
2009 年 3 月 9 日	Φ203.2 mm 螺旋钻铤双台肩外螺纹接头断裂	距密封台肩面 35 mm	1 105.7	1 077.9	50～80	95	11.5	328.0	1 105.7
2009 年 3 月 15 日	NC561×410 转换接头外螺纹接头断裂	距密封台肩面 36 mm	1 334.3	1 173.4	120	100	14.0		

注:① 该井在 2009 年 3 月 1 日探伤过程中发现一根加重钻杆内螺纹有伤甩去,但没有及时更换其他加重钻杆及下部所有钻具。至 2009 年 3 月 9 日又发生了 2 起钻具断裂事故,其中 Φ127 mm 加重钻杆探伤后纯钻时间 135 h 发生断裂。

② 2009 年 3 月 10 日更换了加重钻杆及下部所有钻具,2009 年 3 月 15 日又发生一起钻柱转换接头断裂事故,其使用寿命仅 5 天。

2　断口宏观分析

2.1　钻具稳定器[4]LET 扣外螺纹接头

断裂的 Φ311.2 mm 钻具稳定器外螺纹接头为 LET 扣。断口距离密封台肩面 60 mm,疲劳裂纹产生于螺纹大端第 6 扣螺纹根部。断口具有明显的疲劳裂纹区,其面积约占整个断面的 2/5(如图 1)。钻具稳定器外径 308.8 mm,本体外径 226 mm,内径 77 mm。

2.2 NC561×410B[5]内螺纹接头

NC561×410B 变径内螺纹接头断口位于距内螺纹接头密封端面约 110 mm 处,大部分断面光滑且有多处纵向贯穿的刺漏痕迹,断口具有疲劳断裂特征(如图 2)。疲劳断口区约占整个断面的 70%。内螺纹接头外径为 168.3 mm,内径为 71.4 mm。

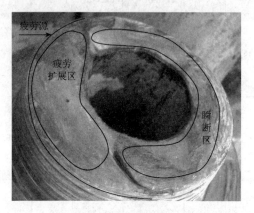

图 1 Φ311.2 mm 钻具稳定器外螺纹接头断口形貌   图 2 NC561×410 内螺纹接头断口形貌

2.3 加重钻杆[6]内螺纹接头

加重钻杆内螺纹接头断口上有两处光滑疲劳断裂面。其中,一处较大的疲劳裂纹区约占整个断面的 50%,另外一处较小的疲劳裂纹区约占整个断面 1%(图 3)。疲劳裂纹起源于距内螺纹接头台肩面 107 mm 的螺纹根部,断裂位置为内螺纹接头危险截面。内螺纹接头外径为 162.2 mm。

2.4 螺旋钻铤[7]双台肩外螺纹接头

断裂的 Φ203.2 mm 钻铤为双台肩接头钻铤。断口位于外螺纹接头大端第 5～6 扣位置(图 4),距外螺纹接头密封台肩 35 mm。大约 2/5 的断面为平滑的疲劳裂纹区,其余为瞬断面。

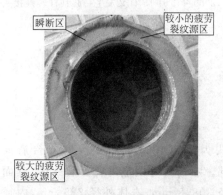

图 3 加重钻杆内螺纹接头断口形貌   图 4 Φ203.2 mm 螺旋钻铤双台肩外螺纹接头断口形貌

3　断裂原因分析

3.1　钻井条件苛刻导致钻具发生早期疲劳断裂

钻具在井下承受弯曲、扭转、冲击、轴向拉压等交变载荷,在交变载荷作用下钻具容易在其危险截面产生疲劳裂纹[5-9]。卡钻会使钻柱在井内不能上提、下放或者转动。在卡钻、蹩钻和跳钻过程中,钻具会受到异常的拉伸、弯曲、扭转等交变载荷,在处理卡钻事故过程中,钻具受力条件会更苛刻。频繁地发生卡钻、蹩钻和跳钻会使钻具受力条件恶化,加速钻具疲劳裂纹破坏。

CLX5 井存在砾石层,自二开钻井以来,曾多次发生卡钻、蹩钻和跳钻。在处理卡钻事故过程中曾多次上提、下压和强扭。其中,转速最高达 110 r/min;钻压最高达 253.62 kN,升幅达 211%(253.62/120);扭矩最高达 30.66 kN·m,最高升幅达到 383%(30.66/8)。该井在钻井过程中不到一个月时间内发生 5 起钻具疲劳断裂事故。这与在钻井过程中多次卡钻、蹩钻以及在处理卡钻和蹩钻事故过程中曾强行上提、下压和扭转钻柱有很大关系。

3.2　未使用减震器不利于防止钻具疲劳断裂

在钻井过程中,钻柱难免会受到震动载荷,很容易发生蹩钻、卡钻和跳钻。当钻井遇到砾石层等复杂地层时,钻柱受到震动载荷更大,蹩钻、卡钻和跳钻问题会更加严重。采用减震器的作用就是减少钻柱震动,防止蹩钻、卡钻和跳钻。如果不采用减震器,钻柱在震动载荷作用下很容易疲劳损伤,发生疲劳断裂事故。

该井二开钻井在砾石层井段跳钻严重,但未使用减震器。发生 2 次钻具断裂事故(1 次钻具稳定器断裂,1 次钻柱转换接头断裂)后,2009 年 3 月 5 日才在原钻柱中使用了 1 套 Φ228.6 mm 减震器,但未更换下部钻具。由于该套钻具在未使用减震器之前经受了多次跳钻和蹩钻,该套钻具已经承受了异常的疲劳载荷,部分钻具可能已经产生了疲劳裂纹或疲劳损伤,在采用减震器后的 5 天内,又发生 2 起断裂事故。当 3 月 10 日更换了加重钻杆及下部所有钻具后,3 月 15 日又发生一起钻柱转换接头断裂事故。该井在井深 517～1 334 m 共发生了 5 起钻具断裂事故。3 月 15 日至 6 月 9 日钻至井深 2 788 m 没有发生一起钻具事故,这充分说明使用减震器可以有效地防止钻具断裂。

3.3　弯曲强度比不合理导致钻具接头承载能力降低

API RP7G[10] 对承受压缩和弯曲的钻具是按接头弯曲强度比来校核的。接头弯曲强度比可以反映内、外螺纹接头连接强度是否匹配。当弯曲强度比为 2.50:1 时,内、外螺纹接头等寿命。弯曲强度比增大,外螺纹接头变弱;弯曲强度比减小,内螺纹接头变弱。

断裂的 Φ311.2 mm 钻具稳定器和 Φ203.2 mm 螺旋钻铤均处在钻柱中性点以下,在钻井过程中会承受弯曲载荷。断裂的 Φ127.0 mm 加重钻杆和 NC561×410B 转换接头处在井底靠近钻柱中性点的位置,一旦发生跳钻,中性点漂移,这些钻具也会承受压缩和弯曲载荷。

按照 API RP7G 推荐的公式对断裂钻具接头的弯曲强度比计算结果见表2。

表 2　断裂钻具接头的弯曲强度比

断裂钻具说明	弯曲强度比	
	公称值	实际值
Φ311.2 mm 钻具稳定器外螺纹接头断裂	3.17	3.23
Φ203.2 mm 螺旋钻铤外螺纹接头断裂	3.02	3.05
NC561×410B 型转换接头内螺纹接头断裂	2.27	2.28
Φ127.0 mm 加重钻杆内螺纹接头断裂	2.27	1.95

从表2可知,Φ311.2 mm 钻具稳定器和 Φ203.2 mm 螺旋钻铤接头弯曲强度比分别为 3.23 和 3.05,大于标准规定值,则外螺纹接头为薄弱环节。弯曲强度比变大主要与外螺纹接头内径大有关。API 规定 NC61 和 NC56 外螺纹接头内径均为 71.4 mm,而断裂的 Φ311.2 mm 钻具稳定器 NC61 外螺纹接头内径为 77 mm,断裂的 Φ203.2 mm 钻铤 NC56 外螺纹接头内径为 73.2 mm。外螺纹接头内径变大,会使其危险截面处壁厚变薄,承载能力降低,容易发生断裂。

NC561×410B 转换接头内螺纹接头弯曲强度比偏小,容易发生断裂事故。

Φ127.0 mm 加重钻杆接头弯曲强度比仅为 1.95,弯曲强度比严重不足,内螺纹接头为危险环节。弯曲强度比小与内螺纹接头磨损有关。外径磨损减小后,会使内螺纹接头危险截面处壁厚变薄,承载能力降低,容易发生断裂。该井断裂的 Φ127.0 mm 加重钻杆内螺纹接头外径磨损后比公称值小 6.1 mm,断裂与接头外径严重磨损有一定关系。

3.4　钻具结构存在应力集中

3.4.1　钻具稳定器和钻铤 NC61 接头断裂位置

钻具断裂位置实际是钻具薄弱环节。API 钻具外螺纹接头大端第 1～3 扣的位置是受力最大的部位,该位置容易产生疲劳裂纹。对 API NC40 接头每个螺纹承受的轴向载荷分析结果见图5[11]。

该井 Φ311.2 mm 钻具稳定器 NC61 外螺纹接头断裂位置在大端第 6 扣位置,而不在大端第 1～3 扣位置。这与外螺纹接头采用 LET 扣有一定关系。LET 扣设计原理是通过降低外螺纹接头大端几扣

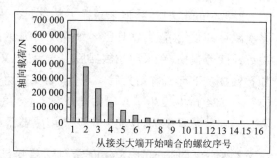

图 5　API NC40 钻具接头每个螺纹承受的轴向载荷分布

螺纹高度来降低接头大端几扣螺纹部位应力集中,并将大端几扣螺纹降低的载荷分摊到了其他螺纹[12]。由于锥度螺纹壁厚从大端到小端逐渐减小,当外螺纹接头大端第 1～3 扣位置应力降低之后,危险截面位置也会随之发生变化。即危险截面既与螺纹牙齿受力有关,也与该部位的壁厚有关。

从 Φ311.2 mm 钻具稳定器 NC61 接头断裂位置可知,采用 LET 扣之后,外螺纹接头危险截面已经转移到大端第 5～6 扣位置。有关如何利用 LET 扣技术延长钻具使用寿命问题,有待进一步研究。

该井 Φ203.2 mm 螺旋钻铤 NC56 外螺纹接头断裂于大端第 5～6 扣螺纹位置,而不在大端第 1～3 扣的位置。这与 Φ203.2 mm 螺旋钻铤采用 NC56 双台肩接头有一定关系。双台肩接头钻具是为增大接头抗扭能力,防止内螺纹接头发生胀扣而专门设计的。采用双台肩接头之后,接头危险截面会发生变化。从 Φ203.2 mm 螺旋钻铤 NC56 外螺纹接头断裂位置可知,采用双台肩接头之后,外螺纹接头危险截面已经转移到大端第 5～6 扣位置。锥度外螺纹接头从大端第 1 扣螺纹位置至第 6 扣螺纹位置,其横截面积依次减小。也即,采用双台肩接头之后,Φ203.2 mm 螺旋钻铤 NC56 外螺纹接头抗断裂的能力实际降低。另外,对于 Φ203.2 mm 螺旋钻铤 NC56 螺纹接头而言,其抗扭能力很强,一般不会发生内螺纹接头胀扣事故。因此,没有必要在 Φ203.2 mm 螺旋钻铤上采用 NC56 双台肩螺纹接头。

3.4.2 钻柱结构影响钻柱转换接头的强度

从钻柱整体结构分析,下部钻柱外径小的部位刚度差,在使用过程中容易弯曲变形,并产生疲劳裂纹,即外径小的部位是钻柱薄弱环节[13-14]。钻柱转换接头越短,螺纹接头部位的应力集中越严重,在使用过程中很容易发生疲劳断裂。

根据 API Spec 7 的规定,B 型转换接头的长度应为 1 219.2 mm;按照 SY/T 5200—2002 规定,井深大于 2 000 m 时,应选用一类长度(1 220 mm)的 B 型转换接头,井深小于等于 2 000 m 时,可选用一类长度或二类长度(610 mm)的 B 型转换接头。

该井为超深井,应选用一类长度的 B 型接头。断裂的 NC561×410B 型转换接头长度为 610 mm,不符合标准要求。该转换接头下部与 Φ203.2mm 钻铤相连,上部与 Φ127.0 mm 加重钻杆相连。转换接头正好是钻柱刚度小的部位,容易弯曲变形,在使用过程中很容易产生疲劳裂纹。加之转换接头长度不符合标准,这会使转换接头受力条件更加苛刻,使用寿命缩短。

3.5 材料对钻具断裂的影响

钻具使用寿命与材料性能密切相关[15-16]。韧性是衡量材料抗裂纹萌生和扩展能力的重要指标之一。韧性越高,材料抗裂纹萌生和扩展的能力越高;韧性越低,材料抗裂纹萌生和扩展的能力越差。材料韧性越高,钻具疲劳断口占的面积越大。该井断裂的 4 根钻具疲劳断口占的比例分别为 40%、70%、50% 和 40%。断裂钻具疲劳断口占的比例较高,由此推断钻具材料韧性不会太差。

为掌握断裂钻具材质真实状况,对外螺纹接头断裂的 NC561×410 钻柱转换接头材质进行了检验。检验结果(表 3 和表 4)表明,其材料为 40CrMnMo,力学性能符合标准要求。因此,材质因素不是导致该钻柱转换接头早期疲劳断裂的主要原因。

表3　NC561×410钻柱转换接头化学成分(W_B%)

元　素	C	Si	Mn	Cr	Mo	P	S
分析结果	0.40	0.29	0.95	0.95	0.23	0.017	0.004
GB/T307[17] 规定	0.37~0.45	0.17~0.37	0.90~1.20	0.90~1.20	0.20~0.30	＜0.035	＜0.035

表4　NC561×410钻柱转换接头力学性能

数据来源	屈服强度 σ_s/MPa	抗拉强度 σ_s/MPa	延伸率 δ_4/%	冲击功 A_{ku}/J
实测平均值	895	960	17	85
SY/T 5200—2002标准规定	≥690	≥930	≥13	≥54

3.6　探伤检查

钻具在使用过程中承受交变的弯曲、扭转、冲击和震动等载荷,钻具在经过一段时间使用之后,其危险截面容易产生疲劳裂纹[18-21]。当钻具疲劳裂纹扩展到断裂临界尺寸时会发生断裂事故。该井发生的钻具失效事故均为疲劳断裂,且断口上存在很深的疲劳裂纹。如果在裂纹未达到断裂的临界尺寸之前及时探伤发现,就可以避免断裂事故。

受现场探伤条件的限制,现场探伤结果很难保证百分之百准确,特别是内螺纹接头危险截面螺纹根部的疲劳损伤很难发现。该井3月1日对下井钻具探伤发现1根加重钻杆和2根转换接头有伤,应当更换所有下部钻具。但该井没有更换所有下部钻具,结果探伤检查之后又发生了3起钻具断裂事故,其中Φ127 mm加重钻杆探伤后纯钻时间仅135 h就发生断裂。根据加重钻杆断口特征,如果在探伤时没有疲劳裂纹,在使用135 h后断裂的可能性很小。探伤之后短时间内就发生断裂的原因很可能是在探伤之前已经存在疲劳裂纹。这说明不严格按照探伤结果及时更换下部钻具,可能会导致钻具断裂事故发生;反之,可以有效地防止钻具断裂事故的发生。

4　结论

(1)钻具断裂属于早期疲劳断裂。断裂原因主要是该井地质条件复杂,蹩钻和跳钻严重,没有使用减震器,钻柱受力条件苛刻,没有及时更换可能有伤的钻具。

(2)为了避免钻具断裂,应严格执行钻具探伤规程,及时更换严重磨损的钻具。严格执行SY/T 5200钻柱转换接头标准。

(3)对于地质条件复杂、容易发生蹩钻和跳钻的井,应当采用减震器。

参考文献

[1]　吕拴录,姬丙寅,骆发前,等.Φ139.7mm加重钻杆外螺纹接头断裂原因分析[J].机械工程材料,2009,33(10):99-102

[2] 吕拴录,高林,迟军,等.石油钻柱减震器花健体外筒断裂原因分析[J].机械工程材料,2008,32(2):71-73.

[3] 高洪志,吕拴录,李鹤林,等.随钻震击器断裂事故分析及预防[J].石油钻采工艺 1991,13(6):29-35.

[4] SY5051—1991 钻具稳定器[S].

[5] SY/T 5200—2002 钻柱转换接头[S].

[6] SY/T 5146—2006 整体加重钻杆[S].

[7] SY/T 5144—2007 钻铤[S].

[8] 吕拴录,骆发前,周杰,等.钻铤断裂原因分析[J].理化检验:物理分册,2009,45(5):309-311.

[9] [美]得克萨斯大学.钻井基本操作[M].北京:石油工业出版社,1981.

[10] API RP 7G Recommended practice for drill stem design and operating limits [S].16th ed.Washington(DC): API;August 1998.

[11] 闫铁,范森,石德勤,等.钻铤螺纹连接处载荷分布规律研究[J].石油学报,1996,17(3):116.

[12] 周易甫,李立伟.LET 扣钻具在塔里木油田的应用[J].断块油气田,1999,6(6):46.

[13] 吕拴录,王震,康延军,等.MJ1 井钻具断裂原因分析[J].钻采工艺,2009,32(2):79-80.

[14] 骆发前,吕拴录,周杰,等.塔里木油田钻柱转换接头失效原因分析及预防措施[J].石油钻探技术.

[15] Lü Shuanlu,Feng Yaorong,Luo Faqian,et al. Failure analysis of IEU drill pipe wash out. Fatigue,2005,27:1 360-1 365.

[16] 王新虎,薛继军,谢居良,等.钻杆接头抗扭强度及材料韧性指标研究[J].石油矿场机械,2006,35(Sl):1-4.

[17] GB/T 3077—1999,合金结构钢[S].

[18] 吕拴录,骆发前,周杰,等.钻杆接头纵向裂纹原因分析[J].机械工程材料,2006,30(4):95-97.

[19] 吕拴录,骆发前,高林,等.钻杆刺穿原因统计分析及预防措施[J].石油矿场机械,2006,35(Sl):12-16.

[20] 袁鹏斌,吕拴录,孙丙向,等.在空气钻井过程中钻杆断裂原因分析[J].石油钻采工艺,2008,30(5):34-37.

[21] 吕拴录,袁鹏斌,姜涛.钻杆 NC50 内螺纹接头裂纹原因分析,石油钻采工艺,2008,30(6):104-107.

双台肩钻杆外螺纹接头断裂原因分析

吕拴录[1,2]　卢　强[2]　张国正[3]　张春婉[3]

祖　强[2]　谢居良[2]　胡芳婷[2]　陈家磊[2]

(1. 中国石油大学,北京昌平 102249;

2. 中国石油塔里木油田公司,新疆库尔勒 841000;

3. 西安摩尔石油工程实验室,陕西西安 710065)

摘　要:对 101.6 mm×9.65 mm S135 DSTJ 型双台肩钻杆外螺纹接头断裂事故进行了调查研究。对该批用过的钻杆进行了详细的探伤检查,发现许多钻杆外螺纹接头部位存在裂纹。通过对钻杆接头断口和裂纹形貌进行分析,认为钻杆接头为硫化氢应力腐蚀开裂失效。通过对钻杆接头结构尺寸、材料性能和承载能力进行分析计算,认为采用同时增大外螺纹接头内径和材料强度的方法,虽然可以保证接头抗扭强度,减小钻柱水力损失,但却降低了钻杆接头抗应力腐蚀开裂的能力,增大了接头危险截面的应力集中,降低了钻杆外螺纹接头的使用寿命。

关键词:钻杆;双台肩接头;断裂;硫化氢应力腐蚀

　　钻杆是钻柱的重要组成构件之一,其数量在钻柱构件中所占比例最高。双台肩接头钻杆具有良好的抗扭能力,在深井、超深井钻井作业和试油作业过程中广泛使用,并收到了好的效果。由于油田使用工况条件越来越苛刻,加之目前没有双台肩接头钻杆标准,双台肩接头的几何尺寸一般由工厂和用户自己决定,近几年发生了不少双台肩接头钻杆失效事故。以往对单根双台肩接头钻杆失效原因进行分析的文章已经不少[1],但依据双台肩接头钻杆断裂失效情况,对该井钻柱所用的双台肩接头钻杆进行全面探伤检查和系统失效分析的文章却不多。某井在采用钻柱处理试油事故过程中发生了双台肩接头钻杆断裂事故。本文对该井钻柱所用的双台肩接头钻杆进行了全面探伤检查和系统失效分析。

1　现场情况

1.1　钻杆使用及事故情况

某井在采用钻柱处理试油事故过程中发现第 149-2/3 单根 Φ101.6 mm×9.65 mm

S135 DSTJ40 钻杆双台肩外螺纹接头断裂。钻杆断裂时钻具组合 Φ60 mm 领眼磨鞋 ＋Φ60.3 mm(2⅜ in)钻杆×55 根＋NC26×DSTJ40 转换接头＋Φ101.6 mm(4 in) DSTJ40 钻杆×527 根＋DSTJ40×HT40 转换接头＋另外一种 Φ101.6 mm(4 in)双台肩接头钻杆×90 根＋Φ88.9 mm(3½ in)方钻杆。

该井井深 6 780 m。该批钻杆在 6 485～6 780 m 井段使用,进尺 295 m,纯钻时间 599.16 h。该批钻杆在试油处理事故过程中,曾在 1 200～1 800 kN 拉伸载荷和 1 150～1 250 kN下压载荷条件下多次上提和下压,并多次造扣。

1.2 钻杆型号及主要尺寸

该批钻杆型号为 Φ101.6 mm×9.65 mm S135 DSTJ40 双台肩接头钻杆,外螺纹接头内径为 Φ65.09 mm,实际内、外螺纹接头内径范围为 Φ64.7～65.2 mm。钻杆管体实际壁厚平均值为 10.15 mm。

该井同时使用的另外一种 Φ101.6 mm×9.65 mm S135 双台肩接头钻杆,接头中径和内径与 DSTJ40 相同,但形状与 DSTJ40 不同,材料屈服强度为 827 MPa。

1.3 探伤检查结果

发生钻杆外螺纹接头断裂事故之后,对该批 527 根钻杆探伤发现,103 根钻杆外螺纹接头有伤,有伤比例 19.5％。其中 92 根有伤钻杆曾在钻井和完井试油阶段处理事故过程中使用过,占有伤钻杆总数的 89.3％;11 根有伤钻杆仅在完井试油阶段处理事故过程中使用过,占有伤钻杆总数的 10.7％。

对该井回收的 170 根另外一种 Φ101.6 mm×9.65 mm S135 双台肩接头钻杆探伤结果表明,外螺纹接头全部无伤。

2 断口及裂纹分析

2.1 宏观分析

断口位于钻杆外螺纹接头大端 1～3 扣位置,断口上约有 1/4 的区域有明显的刺穿痕迹,其余区域为最后瞬断区(图 1)。断口上刺穿区域实际是裂纹区,当裂纹穿透壁厚之后,对应的密封台肩位置接触压力降低,高压钻井液从裂纹部位及对应密封台肩部位泄漏,刺漏破坏了裂纹原始形貌,最终在裂纹区域留下了刺穿痕迹。随着裂纹扩展,钻杆接头承载能力下降,最终发生了断裂事故。

探伤检查结果表明,19.5％的钻杆外螺纹接头大端螺纹根部和台肩根部有裂纹(图 2)。这进

图 1　DSTJ40 型钻杆外螺纹
接头断口形貌

一步说明裂纹起源于外螺纹接头表面，裂纹部位存在严重的应力集中。

2.2 断口微观分析

将钻杆接头裂纹打开，进行扫描电镜观察，裂纹区断口为沿晶形貌，人为打开断口为撕裂韧窝形貌（如图3）。

对裂纹断口表面能谱分析结果表明，从裂纹尖端至起源部位，裂纹表面腐蚀产物中的 C、O 元素含量逐渐增加，Fe 元素含量降低，且在裂纹不同部位均发现有不同含量的 S 元素存在。裂纹尖端 S 元素含量达到 0.26%，螺纹根部裂纹起源处则达到 0.27%（如表1 及图4）。说明 S 始终参与了裂纹扩展过程。断口微观特征表明，裂纹具有硫化氢应力腐蚀开裂特征。

图 2 DSTJ40 型钻杆外螺纹接头密封台肩根部
及大端 1～3 扣螺纹牙底裂纹形貌

图 3 裂纹尖端断口沿晶形貌（上部）与
人为打开断口撕裂韧窝形貌（下部）

表 1 台肩根部裂纹不同部位能谱分析结果

元素	裂纹起源位置		裂纹中部		裂纹尖端	
	质量分数/%	原子百分比/%	质量分数/%	原子百分比/%	质量分数/%	原子百分比/%
C	16.66	30.3	12.96	28.72	4.92	13.75
O	37.5	51.22	24.79	41.25	19.37	40.63
Na	0.38	0.36	0.39	0.45	—	—
Si	0.35	0.27	—	—	—	—
S	0.27	0.18	0.21	0.17	0.26	0.27
K	0.16	0.09	—	—	—	—
Ca	0.5	0.27	—	—	—	—
Cr	0.47	0.2	0.46	0.24	0.77	0.5
Mn	0.35	0.14	0.61	0.29	0.73	0.45
Fe	43.36	16.97	60.58	28.88	73.38	44.08
Ni	—	—	—	—	0.57	0.32
合计	100.00	100.00	100.00	100.00	100.00	100.00

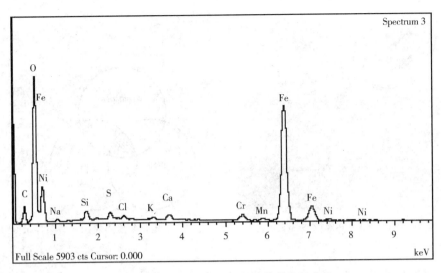

图 4　螺纹根部裂纹起源部位能谱分析曲线

3　材质分析

3.1　化学成分

钻杆外螺纹接头材料化学成分符合标准要求。

3.2　力学性能

钻杆外螺纹接头力学性能试验结果见表 2。

表 2　力学性能试验结果

数据来源	屈服强度 $R_{p0.2}$/MPa	抗拉强度 R_m/MPa	伸长率 A/%	断面收缩率 Z/%	冲击功/J	硬度/HB
试验	1 030	1 127	17.5	64.7	102	353
API Spec 7	≥827	≥965	≥13	—	—	≥285

3.3　金相分析

在台肩根部及螺纹根部有裂纹处取样进行金相分析。接头台肩根部存在两条裂纹,裂纹均起源于台肩根部表面,其中较长的 1 根裂纹深度约 1.8 mm。从接头台肩根部算起的第 1 扣螺纹根部存在 3 条裂纹,最长一条裂纹深度约 0.53 mm;从台肩根部算起的第 2 扣螺纹根部存在 5 条小裂纹,裂纹在 0.15～0.3 mm 范围内。这些小裂纹均垂直起源于外表面,呈树枝状沿晶开裂,裂纹内填充有腐蚀产物(图 5)。上述特征都表现出了明显的应力腐蚀裂纹特征。

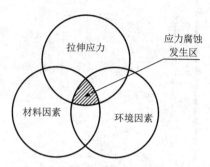

图5　距台肩第1扣螺纹根部裂纹全貌　　　　图6　硫化氢应力腐蚀开裂条件示意

4　结果分析

一般钻杆薄弱环节在内加厚过渡带部位[2-3]，而该批钻杆却从外螺纹接头部位失效。分析结果表明，钻杆外螺纹接头属于硫化氢应力腐蚀裂纹失效。

硫化氢应力腐蚀开裂是金属材料在拉伸应力和硫化氢腐蚀环境共同作用下发生的一种破坏现象。这种断裂机理必须有拉伸应力、对硫化氢敏感的材料和硫化氢腐蚀环境，这些条件缺一不可，如图6中的阴影区所示。以下对这些条件做详细讨论。

4.1　钻杆外螺纹接头强度计算

当钻杆外螺纹接头采用 API 标准时，钻杆接头的薄弱环节在接头密封面。当钻杆接头承受的扭矩过大时，内螺纹接头容易发生胀扣或纵向开裂[4-6]。采用双台肩钻杆接头的目的主要是为了改善钻杆接头密封面的受力状态，提供接头抗扭性能，防止钻杆内螺纹接头发生胀扣和开裂。当钻杆外螺纹接头内径大于标准内径时，钻杆接头薄弱环节已经从内螺纹接头转移到外螺纹接头。为了减小水力损失，同时又保证接头抗扭强度和拉伸强度，该批钻杆 DSTJ40 接头同时增大了内径和强度。

API RP7G[7] 按照钻杆接头密封台肩屈服计算其抗扭强度，按照接头危险截面计算接头抗拉强度。双台肩钻杆接头在主密封台肩开始屈服时副台肩才起作用，因此，API RP 7G 规定的计算公式对双台肩钻杆接头在主密封台肩开始屈服时也适用。按照 API RP 7G 规定的公式对不同内径 NC40 和 DSTJ40 接头钻杆抗扭强度和抗拉强度计算结果见表3。

从表3可知，在相同的材料屈服强度条件下，随着外螺纹接头内径增大，其抗扭强度和拉伸强度降低；在相同的内径条件下，随着钻杆外螺纹接头屈服强度增大，其抗扭强度和拉伸强度增加。在副扭矩台肩未起作用之前，DSTJ40 钻杆外螺纹接头与管体抗扭强度比为 0.76，其抗扭强度为 API NC40 钻杆外螺纹接头抗扭强度的 96.6%（47625/49302）。

表3 不同工具接头钻杆强度计算结果

| 钻杆接头扣型 | 接头 | | | 管体 | | | 抗扭 | | 接头与管体抗扭强度比 | 拉伸 | |
	外径/mm	内径/mm	屈服强度/MPa	外径/mm	壁厚/mm	屈服强度/MPa	接头 T_y/(N·m)	管体 Q/(N·m)		接头/kN	管体/kN
NC40	139.7	50.8	827	101.6	8.38	931	49 302	56 822	0.87		2 284
NC40	139.7	50.8	1 034	101.6	8.38	931	61 628	56 822	1.08		2 284
DSTJ40	139.7	50.8	827	101.6	9.65	931	49 302	62 978	0.78	4 736	2 594
DSTJ40	139.7	65.9	827	101.6	9.65	931	38 101	62 978	0.60	3 666	2 594
DSTJ40	139.7	50.8	1 034	101.6	9.65	931	61 628	62 978	0.98	5 920	2 594
DSTJ40	139.7	65.9	1 034	101.6	9.65	931	47 625	62 978	0.76	4 582	2 594

该批钻杆短期使用后外螺纹接头断裂和裂纹。这进一步说明,当增大钻杆外螺纹接头内径时,虽然其材料强度提高,但外螺纹接头为薄弱环节。

4.2 钻杆外螺纹接头应力集中及应力分散结构对使用寿命的影响

外螺纹接头内径越大,其危险截面与接头本体的壁厚差越大,外螺纹接头应力集中越严重[8-9]。

失效钻杆外螺纹接头裂纹在大端第1扣、大端第2扣、主台肩根部和大端第3扣裂纹数量最多(如图7),分别占43%、41%、29%和20%。这说明钻杆接头在上述位置应力集中非常严重。

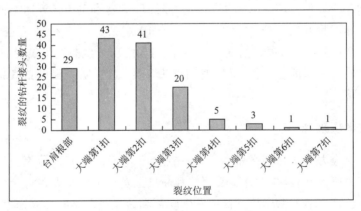

图7 钻杆外螺纹接头不同部位裂纹数量

钻杆在使用过程中主要承受拉伸、扭转、内压和冲击载荷。实际使用时失效钻杆接头副台肩发生了严重变形,这说明钻杆及接头承受的扭矩已经超过接头的扭转屈服强度。也即,失效钻杆接头在使用过程中承受了过扭矩载荷。在扭矩过大的情况下,接头失效部位(台肩面根部和1-3扣螺纹根部)承受的应力更大,对硫化氢应力腐蚀开裂更加敏感。钻杆接头实际裂纹位置与其应力分布一致。

该井同时使用了 Φ101.6 mm×9.65 mm S135 DSTJ40 钻杆和另外一种 Φ101.6 mm

×9.65 mm S135 双台肩接头钻杆,但后者外螺纹接头却没有产生断裂和裂纹。这与两者结构不同有关。

DSTJ40 钻杆接头除采用双台肩结构,增大外螺纹接头内径之外,其余结构尺寸与 API NC40 相同。API NC40 接头螺纹大端和密封主台肩根部存在应力集中。由于 DSTJ40 没有采用应力分散结构,当内径增大之后,外螺纹接头大端和密封台肩根部应力集中会更大。

另外一种 Φ101.6 mm×9.65 mm S135 双台肩接头钻杆采用了分散应力集中的结构,有效地减小了主台肩根部和螺纹大端的应力集中,在同样使用条件下接头没有产生裂纹。

4.3　材料对环境的敏感性

API S135 钻杆管体材料最小屈服强度为 931 MPa,接头材料最小屈服强度为 827 MPa,一般有硫化氢存在时,都是钻杆管体发生硫化氢应力腐蚀开裂[10]。

失效钻杆接头材料为低合金结构钢,屈服强度平均 1 030 MPa,相当于 150 ksi 钢级。已经有很多文献研究表明,这种钢在硫化氢环境会发生硫化氢应力腐蚀开裂。

材料抗硫化氢应力腐蚀开裂要求材料硬度必须小于 HRC 29[11]。失效钻杆接头材料屈服强度为 1 030 MPa,硬度(HB 353,换算后为 HRC 37)远超过了硫化氢应力腐蚀开裂最大硬度要求,应力腐蚀敏感性很高。在该井同时使用的另外一种双台肩钻杆接头材料屈服强度为 827 MPa,却没有发生裂纹。这说明当钻杆接头强度提高之后,容易发生应力腐蚀开裂。

西安摩尔石油工程实验室曾对 150 ksi 钢级钻杆接头进行过硫化氢应力腐蚀试验。试验溶液为 NACE TM0177—2005 标准 A 溶液(H_2S 饱和的 0.5% 冰醋酸＋5% NaCl 的水溶液),具体试验方法参照 NACE Standard TM0177—2005 标准 A 法执行,加载应力为最小屈服强度的 72%,试验温度为室温,压力为常压。试验结果表明,三个试样都没有通过硫化氢应力腐蚀试验,断裂最短时间仅为 6 h。这说明高强度钻杆接头不适用于硫化氢腐蚀环境。

4.4　硫化氢来源

产生硫化氢应力腐蚀开裂必备条件之一是介质中必须含有硫化氢。钻杆外螺纹接头为硫化氢应力腐蚀开裂,在钻杆接头裂纹和断口上发现了硫元素。

钻杆是在处理试油卡钻事故过程中发生断裂和裂纹的。该井为高压气井,天然气中不含硫化氢。硫化氢来源与该井所用的聚磺钻井液有关。有文献报道过聚磺钻井液在高温分解产生硫化氢而导致金属构件发生硫化氢应力腐蚀开裂的案例。该井井底温度达到 176 ℃,聚磺钻井液在如此高的温度可能会分解出硫化氢。有关聚磺钻井液在高温条件下的分解反应有待进一步研究。

在正常使用条件下,DSTJ40 双台肩钻杆接头主扭矩台肩密封,副扭矩台肩不密封,内、外螺纹接头之间填充有螺纹脂。在高温条件下,内、外螺纹接头之间的螺纹脂中的油脂会蒸发。如果天然气中含有硫化氢,容易从副扭矩台肩位置进入到内、外螺纹接头之间,并在外螺纹接头高应力区产生硫化氢应力腐蚀裂纹。

综上所述,导致发生硫化氢应力腐蚀开裂的三个条件全部满足,钻杆接头失效属于硫化氢应力腐蚀开裂。

5 结论

(1) 钻杆外螺纹接头断裂属于硫化氢应力腐蚀裂纹失效。

(2) 钻杆外螺纹接头早期失效的主要原因是内径偏大,且钢级太高。

参考文献

[1] 吕拴录,骆发前,周杰,等.双台肩 NC50 钻杆内螺纹接头纵向开裂原因分析[J].石油技术监督,2004,20(8):5-7.

[2] Lü Shuanlu,Feng Yaorong,Luo Faqian,et al. Failure analysis of IEU drill pipe wash out[J].Fatigue,2005,27:1 360-1 365.

[3] 吕拴录,骆发前,高林,等.钻杆刺穿原因统计分析及预防措施[J].石油矿场机械,2006,35(增刊):12-16.

[4] 吕拴录,袁鹏斌,姜涛,等.钻杆 NC50 内螺纹接头裂纹原因分析[J].石油钻采工艺,2008(6):104-107.

[5] 吕拴录,高蓉,殷廷旭,等.Φ127mm S135 钻杆接头脱扣和胀扣原因分析[J].理化检验,2008,44(3):146-149.

[6] 吕拴录,骆发前,周杰,等.钻杆接头纵向裂纹原因分析[J].机械工程材料,2006(4):99-101.

[7] API RP7G Recommended practice for drill stem design and operating limits[S]. 16th ed. Washington(DC):API,August 1998.

[8] 高洪志,吕拴录,李鹤林,等.随钻震击器断裂事故分析及预防[J].石油钻采工艺,1991(6):29-35.

[9] 吕拴录,高林,迟军,等.石油钻柱减震器花健体外筒断裂原因分析[J].机械工程材料,2008,32(2):71-73.

[10] 吕拴录,骆发前,周杰,等.塔中 83 井钻杆 SSC 断裂原因分析及预防措施[J].腐蚀科学与防护技术,2007,19(6):451-453.

[11] 王新虎,薛继军,谢居良,等.钻杆接头抗扭强度及材料韧性指标研究[J].石油矿场机械,2006,35(增刊):1-4.

钻杆接头纵向裂纹原因分析

吕拴录[1]　骆发前[2]　周　杰[2]　袁鹏斌[1]　巨西民[1]　王庭建[3]

(1.中国石油天然气集团公司管材研究所,陕西西安 710065;

2.中国石油塔里木油田公司,新疆库尔勒 841000;

3.大庆石油管理局物质装备总公司,黑龙江大庆 163453)

摘　要:对某油田发生的钻杆接头纵向开裂事故进行了系统调查,对钻杆接头裂纹宏观形貌和微观形貌进行了分析,对开裂钻杆接头和未开裂的钻杆接头材质进行了对比。结果表明:钻杆接头纵向开裂原因是摩擦裂纹引起的,摩擦裂纹的原因主要与井眼全角变化率偏大有关。

关键词:钻杆接头;裂纹;断口形貌;失效分析

某钻井队一批 $\Phi127.0$ mm × 9.19 mm G105 新钻杆在第一口井钻至井深 2 111.20 m 时,起钻发现 2 根钻杆接头开裂。在第二口井钻至井深 2 432.01 m 时,起钻又发现 5 根钻杆内螺纹接头开裂。钻杆接头纵向开裂事故不但造成了经济损失,而且影响了该井的正常钻井生产。笔者对钻杆接头开裂事故情况进行了调查,并对在第一口井开裂的 1 根钻杆内螺纹接头和 1 根没有开裂的钻杆内螺纹接头取样,对钻杆接头开裂原因进行了分析。

1　钻杆使用情况

该批钻杆在该井累计进尺 2 505.00 m,纯钻时间(在井里工作时间)218.05 h。钻井参数为:钻压 20～50 kN,转速 160 r/min,排量 32 L/s,泵压 11～13 MPa,钻井液密度 1.25 g/cm³,钻井液黏度 59 s,pH 为 9.0。

井眼轨迹见表 1。

表 1　井眼轨迹

序号	项　　目	
1	垂直井深/m	2 420.49
2	设计造斜点井深/m	800.00

序号	项 目	
3	实际造斜点井深/m	800.00
4	设计最大井斜角/(°)	13.9
5	实际最大井斜角/(°)	21.8
6	设计最大井斜处井深/m	892.64
7	实际最大井斜处井深/m	1 250.00
8	设计最大全角变化率/[(°)/25m]	3.4
9	实际最大全角变化率/[(°)/25m]	5.2
10	最大全角变化率处井深/m	1 708.47

2 裂纹宏观形貌及尺寸测量

开裂钻杆接头上有一条穿透壁厚的纵向裂纹。经磁粉探伤,钻杆接头外表面布满了纵向裂纹(图1)。未开裂的钻杆接头表面经磁粉探伤后没有发现裂纹。钻杆接头外表面的裂纹具有摩擦裂纹的特征。

纵向开裂的钻杆接头外径 165.5 mm,无裂纹的钻杆接头外径 168.1 mm,新钻杆接头外径为 168.3 mm。从外径测量结果可知,开裂钻杆接头外径已经出现明显磨损。

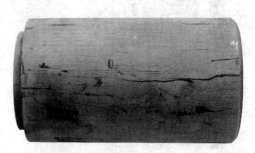

图 1　钻杆接头外壁裂纹形貌

3 理化性能试验

3.1 化学成分分析

化学成分分析结果表明,开裂和未开裂的钻杆接头均符合 API Spec 7[1]规定。

3.2 力学性能试验

沿接头横向取直径为 6.25 mm 的横向拉伸试样,沿接头纵向取直径为 12.5 mm 的圆棒拉伸试样。沿接头横向和纵向分别取 10 mm×10 mm×55 mm 的 CVN 冲击试样,力学性能试验按 ASTM A370 执行。力学性能试验结果表明,开裂和未开裂的钻杆接头均符合 API Spec 7 和 SY/T 5290—2000 规定,且两者性能非常接近,但接头横向冲击韧度低于纵向冲击韧度。

3.3 金相分析

在钻杆接头裂纹部位取样进行金相分析。接头外表面有深度为 3.65 mm 的摩擦烧伤层（图2），摩擦烧伤层外表面为白亮组织（图3），再往里组织发黑。接头表面探伤发现的裂纹起源于外表面，裂纹起源部位与表面基本垂直，裂纹深度在摩擦烧伤层深度以内。开裂和未开裂的钻杆接头基体组织均为回火索氏体。金相分析结果表明，钻杆接头表面裂纹具有摩擦裂纹的特征。

图2　钻杆接头表面摩擦烧伤层及裂纹形貌

将钻杆接头穿透壁厚的裂纹打开检查，裂纹起源于外表面。用扫描电镜观察断口形貌，裂源区有二次裂纹（图4），其形貌为解理，伴有轻微腐蚀。扩展区为准解理加二次裂纹。

图3　钻杆接头表面摩擦烧伤层组织

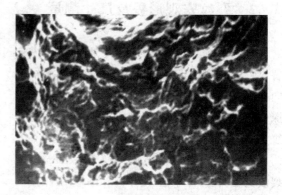

图4　裂纹源区微观形貌

4　钻杆接头纵向开裂原因分析

4.1　裂纹性质及形成机理

在钻井过程中，高速旋转的钻杆接头部位首先会与地层或套管碰撞相互摩擦，瞬间会产生大量的摩擦热，使接头表面层局部区域温度达到接头材料的淬火温度（800～900 ℃，甚至更高），在随后冷却过程中产生二次淬火层。同时，由于从接头表面层到心部温度梯度的变化，次表层将产生高温回火层。不同组织的耐蚀程度不同，经过 4％硝酸酒精腐蚀之后，表层二次淬火层组织呈白亮层，次表层高温回火组织呈黑色。由于接头表层发生了相变，在相变层会产生很大的组织应力和热应力，当组织应力、热应力以及其他外力之和超过其断裂强度时就会产生摩擦裂纹。一般摩擦裂纹与摩擦方向基本垂直，在接头表面呈纵向，裂纹深度方向与接头径向基本一致。但是，在水平井已发现摩擦裂纹呈龟裂状[2]。摩擦裂纹的深度通常在摩擦热导致的烧伤层内。摩擦力越大，摩擦次数越多，淬火层越深，摩擦裂纹越严重。

4.2 影响裂纹萌生和扩展的因素

该批钻杆接头表面摩擦裂纹方向平行于接头母线;内螺纹接头表面有多处摩擦裂纹,全起源于内螺纹大端部位的外表面。也即,纵向穿透型裂纹是摩擦裂纹扩展的结果。产生这种特征的裂纹主要与以下因素有关:

4.2.1 材料因素对裂纹萌生和扩展的影响

接头表面的摩擦裂纹全平行于母线方向,这与材料本身不同方向的性能差别较大有关。由断口微观分析可知,纵向裂纹断口为脆性断口;由力学性能试验结果可知,钻杆接头材料性能虽然符合标准规定,但接头横向冲击韧度低于纵向冲击韧度。接头在摩擦热作用下发生相变过程产生的热应力和组织应力的方向和大小在纵向和横向是没有多大区别的,但摩擦力使接头切向受到一定的拉应力。由于接头材料本身横向性能差,接头表层相变产生的热应力和组织应力以及其他外力之和会首先达到其横向断裂强度,而产生纵向裂纹。

4.2.2 内螺纹接头整体受力对裂纹萌生和扩展的影响

从内螺纹接头整体考虑,接头上扣配合之后在接头切向承受有较大的拉伸应力。这种拉伸应力随着接头连接部位的上紧程度而变化,当接头上紧程度增大时,切向拉伸应力也随之增大。热应力和组织应力等叠加,会促进摩擦裂纹的形成。而当裂纹产生后,切向拉伸应力仍然会促进裂纹继续扩展。

4.2.3 全角变化率对裂纹萌生和扩展的影响

在全角变化率大的井段钻杆要受弯曲载荷,钻杆弯曲拱起一侧要与井壁或套管摩擦,井眼全角变化率越大,钻杆受到的弯曲载荷越大,相应地钻杆接头与井壁或套管之间产生的摩擦力越大,钻杆接头越容易产生摩擦裂纹。该井是一口斜井,造斜段最大全角变化率达到 5.2°/25 m,远超过设计的最大全角变化率(3.4°/25 m)。在这样大的全角变化率 F,井段钻杆要受到很大的侧向力作用,钻杆接头会与井壁或套管碰撞摩擦,并产生摩擦裂纹。一旦产生摩擦裂纹,在弯曲井段裂纹更易扩展。由测量结果可知,裂纹的钻杆接头外径已经磨损了 2.8 mm(新钻杆接头外径为 168.3 mm),这足以说明钻杆接头在井下的摩擦磨损情况是十分严重的。钻杆接头表面布满了摩擦裂纹,摩擦热导致的烧伤层深达 3.65 mm,这说明该钻杆接头在井下受的摩擦力很大,摩擦时间较长。

5 结论与建议

(1)钻杆内螺纹接头材质符合标准规定,钻杆内螺纹接头表面裂纹性质属于摩擦裂纹。

(2)钻杆内螺纹接头产生摩擦裂纹并发生纵向开裂的原因主要与全角变化率大、钻杆接头与井壁或套管严重摩擦有关。

(3)建议对该批钻杆接头逐根进行探伤检查,优先选用具有耐磨带的钻杆接头。

参考文献

[1] API Spec 7-2001 Specification for rotary drill stem elements[S].

[2] 吕拴录,骆发前,周杰,等. 双台肩 NC50 钻杆内螺纹接头纵向开裂原因分析[J]. 石油工业技术监督,2004,20(8).

G105钢级钻杆外螺纹接头裂纹原因分析

龚丹梅[1]　余世杰[1,2]　袁鹏斌[1]　高连新[3]

(1.上海海隆石油管材研究所,上海200949;

2.西南石油大学,四川成都610500;

3.华东理工大学,上海200237)

摘　要:某油田在定向钻井作业过程中有多根G105钢级钻杆外螺纹接头出现断裂和裂纹。对该井钻杆使用情况进行调查研究,并对1根螺纹牙底有裂纹的外螺纹接头进行了失效分析。失效分析内容主要包括断口观察、钻杆接头材料化学成分分析、力学性能及金相组织分析,并通过有限元方法模拟分析API标准NC31接头受到复合载荷时的应力分布状态,比较NC31接头标准外径与增大外径时外螺纹接头螺纹牙受力情况。分析结果表明:接头螺纹牙底裂纹为疲劳裂纹,钻杆接头外螺纹大端第1～3牙为应力集中区域。由于在该定向井造斜点附近井眼全角变化率较大,存在较大的结构弯曲,使接头承受较大的交变复合载荷,最终在接头螺纹应力集中区萌生疲劳裂纹,导致失效。

关键词:钻杆;螺纹;疲劳裂纹;失效分析

随着深部复杂油气资源勘探开发进程的深入,井下钻柱的工作状态愈加复杂多变。在石油钻井、完井、增产、改造等井下作业过程中,井下钻柱的失稳屈曲影响着钻柱的力学性能及作业效果与成功率,因此井下管柱的轴向稳定性是石油工程界关注的重点问题之一[1]。定向钻井中上述问题尤为突出,当钻柱屈曲所承受的交变复合应力超过一定值时,容易引起钻柱疲劳开裂,造成井下事故。对此类事故进行失效分析,并采取针对性的预防措施具有重大意义。

俄罗斯某定向井在钻进过程中,发生2起钻杆接头断裂事故,落鱼打捞后,无损探伤发现多支钻杆接头外螺纹根部存在裂纹。为弄清钻杆接头失效原因,笔者对事故进行了全面调查,并对1根存在裂纹的外螺纹接头进行了失效分析。

1　事故经过调查

该定向井在钻至井深约3 299 m时,钻具重力从220 kN下降至40 kN。提起钻柱后,发现井深235 m处的钻杆外螺纹接头已经断裂,断裂位置为外螺纹大端第2牙(见图1)。后续探伤发现部分外螺纹接头螺纹根部存在裂纹,裂纹基本都位于外螺纹大端第1～2牙处。

图 1　钻杆接头断口及裂纹形貌

接头螺纹发生断裂前井底钻具组合为：Φ126 mm 钻头＋Φ89 mm 加重钻杆（长72 m）＋Φ73 mm 钻杆（长931 m）＋Φ88.9 mm×9.35 mm 钻杆至井口。钻井参数为：钻井液流量9 L/s,泵压 18.36 MPa,转速为 40 r/min,扭矩为 9 kN·m。钻井液参数：密度为 1.30 g/cm³,失水量为 55 s,流速为 1.7 cm³/min。失效钻杆接头型号为 NC31,外径为 108 mm,内径为 50.8 mm,其对应的钻杆管体规格为 Φ88.9 mm×9.35 mm,钢级为 G105。

该井井眼轨迹如图 2 所示,造斜点约位于 300 m 处,垂深约为 2 695 m,斜深约为 3 316 m。该井井身轨迹(部分)如表 1 所示,可以看出,在井深 240～260 m 之间,狗腿度突变较大,从 0.33°/10 m(0.99°/30 m)变化至 1.44°/10 m(4.32°/30 m),在造斜点附近狗腿度最大约为 1.93°/10 m(5.79°/30 m),整个井最大狗腿度约为 4.61°/10 m(13.83°/30 m),位于井深 2 440 m 处。

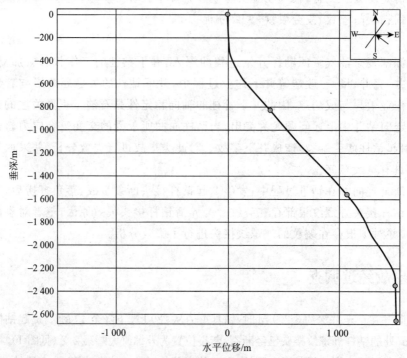

图 2　井眼轨迹

表 1 井眼轨迹(部分)

测点	斜深/m	井斜角/(°)	真方位角/(°)	水平位移/m	垂深/m	全角变化率/(°/10 m)	造斜率/(°/10 m)
11	220	3.48	117.8	6.20	219.87	0.14	0.11
12	240	4.06	112.8	7.52	239.83	0.33	0.29
13	260	5.04	78.0	8.99	259.76	1.44	0.49
14	280	6.50	44.4	10.25	279.66	1.81	0.73
15	300	8.43	18.3	11.27	299.49	1.93	0.96
16	320	10.18	2.2	12.09	319.23	1.56	0.88
17	340	12.63	358.9	13.60	338.83	1.27	1.22
18	360	15.06	356.8	16.39	358.25	1.24	1.22
121	2 420	27.11	8.0	1 286.00	1 954.28	1.00	0.59
122	2 440	35.57	15.2	1 296.34	1 971.34	4.61	4.23
123	2 460	38.67	19.1	1 308.40	1 987.13	1.96	1.55
124	2 480	38.13	22.2	1 320.51	2 002.81	0.99	0.27

2 理化检验

2.1 宏观观察及尺寸测量

失效钻杆接头经磁粉探伤,发现裂纹位于螺纹大端第 1 啮合牙牙底,见图 3,其周向长度约为 120 mm。螺纹承载面已经发生损伤。经测量,该接头外径约为 107.8 mm,内径约为 50.6 mm。根据尺寸测量结果可知,该失效钻杆接头内径及扣型均为 API 标准规定,但外径从 104.8 mm 增加至 108 mm。

2.2 断口微观分析

在外螺纹接头裂纹处取样,将裂纹部位机械压开,断口形貌如图 4 所示。原始裂纹面呈暗灰色,无金属光泽,所占断口面积比例非常小。而新压开的断面呈银灰色,有明显的金属光泽。在低倍电镜下观察,裂纹面形貌见图 5,裂纹以多个扩展平面由外向内呈弧形扩展,相邻裂纹面之间有明显台阶。在高倍电镜下,裂纹面平坦,见图 6。这表明该接头受到交变载荷作用,螺纹牙底多处损坏,形成多个裂纹源。

图 3 钻杆接头裂纹位置

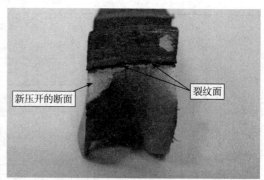

图 4 裂纹部位压开后断口形貌

图 5 裂纹面形貌

图 6 裂纹面高倍形貌

2.3 化学成分分析

在接头裂纹附近取化学试样,采用直读光谱仪按照 ASTM E415-08 标准进行化学成分试验。试验结果(表 2)表明,该外螺纹接头化学成分符合 API Spec 5DP—2009 标准[2]要求。

表 2 化学成分分析结果($W_t\%$)

项 目	C	Si	Mn	P	S	Cr	Mo	Ni	V	Al	Cu	Ti
失效钻杆接头	0.38	0.23	0.95	0.010	0.002	1.04	0.30	0.064	0.008	0.018	0.049	0.003
API Spec 5DP —2009 标准	—	—	—	≤0.020	≤0.015	—	—	—	—	—	—	—

2.4 拉伸及硬度试验

在钻杆接头裂纹附近取 Φ12.5 mm 圆棒拉伸试样,根据 ASTM A370-2010 标准[3]进行拉伸试验。结果表明,该外螺纹接头的拉伸性能符合 API Spec 5DP—2009 标准要求

（如表3）。根据 ASTM E10-10 标准，对接头螺纹部位进行布氏硬度试验，试验结果（表3）符合 API Spec 5DP—2009 标准要求。

表3　拉伸及布氏硬度试验结果

数据来源	抗拉强度 R_m/MPa	屈服强度 $R_{p0.2}$/MPa	断后伸长率 A/%	断面收缩率 Z/%	硬度 /HBW
失效钻杆接头	995	855	22	66	293、298、302
API Spec 5DP—2009 标准	≥965	827~1 138	≥13	—	285~341

2.5　夏比冲击试验

在接头螺纹部位纵向取 10 mm×10 mm×55 mm 夏比 V 形缺口冲击试样，在 20 ℃下按 ASTM E23-07ae1 标准进行冲击试验。试验结果（表4）表明，该接头螺纹部位冲击性能符合 API Spec 5DP—2009 标准要求。

表4　冲击试验结果

数据来源	冲击功(20 ℃)/J	
	单个值	平均值
外螺纹接头	116、116、124	119
API Spec 5DP—2009 标准	≥47	≥54

2.6　金相分析

在该接头裂纹部位取纵向金相试样，发现螺纹牙底存在两条裂纹，平均径向深度约为 0.2 mm，裂纹之间距离约为 0.5 mm，两条裂纹走向互呈一定角度，且与接头轴向的夹角约为 45°，见图7。裂纹开口均较宽，中部至尖端较细，且裂纹最终走向与开口方向呈一定角度，在螺纹牙底裂纹附近发现多处小缺口，见图8。可以判断，该螺纹牙在裂纹形成初期受到多处损伤，在受力最严重处形成裂纹，在交变载荷作用下导致裂纹开口方向与最终走向不同，两条裂纹之间的走向也不同。裂纹形貌特征表明，钻杆受到交变扭转＋旋转弯曲＋拉伸疲劳等复合载荷作用。

在裂纹附近取样，按照 GB/T 13298—1991《金属显微组织检验方法》、GB/T 10561—2005《钢中非金属夹杂物含量的测定》标准对其进行显微组织分析及夹杂物评定。分析结果表明，该接头螺纹部位金相组织为回火索氏体，非金属夹杂物含量为 A 类细系0.5级，D 类细系 0.5 级。

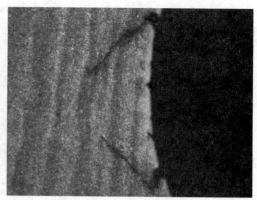

图 7　裂纹形貌　　　　　　　　　　　　　　图 8　裂纹放大形貌

3　有限元模拟与受力状态分析

造斜点附近及井斜段钻杆接头主要受到拉伸、弯曲及扭转载荷作用,当钻杆处于井眼轨迹弯曲部分时,其一侧受到拉伸作用,另一侧受到压缩作用,钻杆旋转时,在弯曲部位的管体或接头会产生周期性交变应力。失效接头在 API 标准 NC31 扣型基础上,将标准外径 104.8 mm 增大至 108 mm,但螺纹尺寸没有增加,这会增加外螺纹接头螺纹的应力集中。下面通过有限元方法模拟分析 API 标准 NC31 接头受到复合载荷时的应力状态,比较 NC31 接头外径分别为 104.8 mm 和 108 mm 时外螺纹接头螺纹牙受力情况。

3.1　复合载荷下 NC31 接头受力情况分析

以 API 标准中内径为 50.8 mm、外径为 104.8 mm 的 NC31 接头为模型进行有限元模拟,为方便计算,模拟时扭矩采用 API 推荐的上扣扭矩 10 736 N·m,拉伸载荷取接头极限拉伸载荷的 70%,约 1 500 kN,弯曲载荷取接头在狗腿度为 20°/30.48 m 井段受到的载荷。在划分接头网格模型时,端部设置 5 个节点,拉伸载荷为 1 500 kN 时,每个节点上的力均为 300 kN,即 $F_1 = F_2 = F_3 = F_4 = F_5 = 300\ 000$ N,如图 9 所示。全角变化

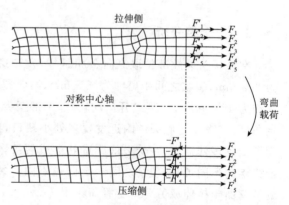

图 9　接头有限元模型载荷示意图

率为 20°/30.48 m,接头此时所受弯曲应力可根据以下材料力学公式[4]计算:

$$\sigma_{\max} = \frac{ED_0}{2\rho} \tag{1}$$

式中,$\sigma_{\max}$ 为接头所受最大弯曲应力,MPa;E 为材料弹性模量,MPa;D_0 为接头外径;ρ 为钻杆弯曲曲率半径,m。

将 $E=206\ 000$ MPa，$l=30.48$ m，$\theta=20°D_0=0.104\ 8$ m，代入(1)式，$\sigma_{max}=127.4$ MPa。

得出最大弯曲应力后，可求出弯矩值：

$$M = \sigma_{max} \cdot W_z = \sigma_{max} \cdot \frac{\pi}{32}\left(D_0{}^3 - \frac{d_0{}^4}{D_0}\right) \tag{2}$$

式中，M 为管端所受弯矩，N·m；W_z 为空心圆截面抗弯截面系数；d_0 为钻杆管体内径，m。

把 $d_0=0.050\ 8$ m 代入(2)式得到 $M=148\ 984$ N·m。

将弯矩 M 转化为呈线性分布的非均匀力，施加在模型右部的管端。计算得：$F'_1 = 47\ 462$ N，$F'_2=60\ 075$ N，$F'_3=72\ 669$ N，$F'_4=85\ 282$ N，$F'_5=97\ 895$ N。

因此综合拉伸载荷可得出在拉伸侧从内壁到外壁 5 个节点的力依次为：

$F''_1 = 347\ 462$ N，$F''_2 = 360\ 075$ N，$F''_3 = 372\ 669$ N，$F''_4 = 385\ 282$ N，$F''_5 = 397\ 895$ N。

压缩侧从内壁到外壁 5 个节点的力依次为：

$F'''_1 = 252\ 538$ N，$F'''_2 = 239\ 925$ N，$F'''_3 = 227\ 331$ N，$F'''_4 = 214\ 718$ N，$F'''_5 = 202\ 105$ N。

在复合载荷下，NC31 接头拉伸侧应力分布情况模拟计算结果见图 10(a)，压缩侧应力分布情况模拟计算结果见图 10(b)。可以看出在拉伸、扭转及弯曲复合载荷作用下，接头螺纹拉伸侧与压缩侧应力分布相差不大，应力主要集中分布在螺纹前 3 牙，以后逐牙降低。

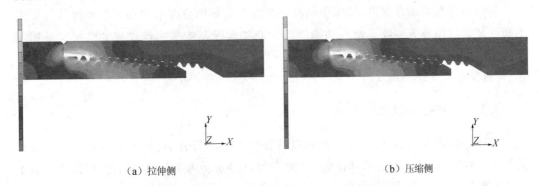

（a）拉伸侧　　　　　　　　　　　　　（b）压缩侧

图 10　NC31 外螺纹接头在拉、弯、扭复合载荷下拉伸侧和压缩侧应力分布情况

为了更清楚地了解螺纹牙上的应力分布情况，对外螺纹接头螺纹牙进行编号，并对每个螺纹牙牙底的应力进行取值。图 11 为 NC31 接头在复合载荷下拉伸侧和压缩侧的外螺纹各牙应力分布曲线，可以看出，拉伸侧与压缩侧前 3 牙应力大小几乎相同，从第 4 牙开始逐步降低，但拉伸侧受到的应力高于压缩侧。这表明，外螺纹接头在受到复合载荷作用下，其薄弱点在螺纹大端第 1、2 啮合螺纹牙，且因弯曲受拉侧更容易发生失效。

3.2　接头螺纹外径对受力的影响

该失效钻杆接头螺纹扣型为 NC31，内径为 50.8 mm，外径为 108 mm，API 标准 NC31 接头外径为 104.8 mm，即该接头外径比 API 标准的大。经有限元分析，API 标准

NC31 接头在正常外径和增大外径两种情况下,施加相同上扣扭矩后,两者螺纹牙底应力分布趋势大致相同,应力集中主要分布在前 3 牙,但外螺纹接头外径增加后,螺纹应力有所增大,其中前 3 牙分别增大了 5％、6％、8％(图 12)。

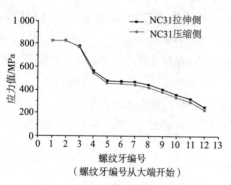

图 11　NC31 外螺纹接头在拉、弯、扭复合载荷下的应力分布曲线图

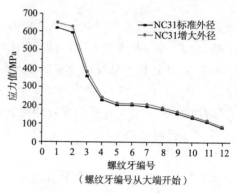

图 12　NC31 外螺纹接头标准外径和增大外径的应力分布曲线图

4　综合分析

失效钻杆总共钻井两口,就发生钻杆外螺纹接头早期疲劳断裂和多根外螺纹接头大端螺纹牙底早期疲劳裂纹。钻杆外螺纹接头断裂实际是疲劳裂纹扩展的结果。外螺纹接头螺纹大端部位产生早期疲劳裂纹主要与钻杆接头材质、钻杆受力情况及钻杆接头外径、井眼全角变化率等因素有关。

4.1　钻杆接头材质的影响

失效钻杆接头化学成分、力学性能以及显微组织均符合 API Spec 5DP—2009 及相关标准的规定,且具有较高的冲击韧性(20 ℃平均冲击功为 119 J)。因此,可以排除由于接头材料质量不合格导致钻杆接头失效的可能性。

4.2　钻杆受力情况及钻杆接头外径的影响

钻具在不同的井深位置,所受应力是不同的。在定向井、水平井中除井口位置的钻杆承受的扭矩和拉力最大外,从造斜点钻进到稳斜段的钻杆还要承受交变弯曲应力的作用,这部分钻杆所承受的复合应力比任何位置的钻杆承受的复合应力都要大[5],并且容易形成疲劳损伤。有限元分析结果表明,外螺纹接头在受到复合载荷作用下,应力集中区域仍在螺纹大端第 1、2 螺纹处。在接头螺纹内径不变的情况下,将 104.8 mm 标准外径增加至 108 mm 时,能够有效防止内螺纹接头胀扣,但将导致螺纹应力增加。当钻杆在弯曲井段承受的交变复合应力超出一定值时,钻杆接头应力集中部位首先发生疲劳损伤,形成疲劳裂纹,甚至断裂。

4.3 井眼全角变化率的影响

井眼全角变化率(狗腿严重度)是在单位井段内井眼前进的方向在三维空间内的角度变化,既包含了井斜角的变化又包含着方位角的变化。全角变化率越大,钻杆受到的弯曲载荷越大,越容易发生疲劳损伤[6-7]。一般越到井口位置要求的全角变化率越小,这是因为越靠近井口钻杆受拉伸载荷越大,越容易发生疲劳裂纹或者疲劳断裂[8-9]。另外,通过井眼全角变化率大的井段的钻杆数量多,容易使很多根钻杆发生疲劳损伤。《钻井手册(甲方)》推荐允许的全角变化率如表 6 所示,从井底至井口,允许的最大全角变化率逐渐降低。

表 6　推荐的全角变化率

井段/m	最大全角变化率/(°/30 m)
0～122	1.5
122～1 830	1.5
1 830～3 660	2.5
3 660～4 270	3.5
4 270～4 575	5

该井造斜点位于井深约 300 m 处。在井深 240～260 m 之间,全角变化率从 0.33°/10 m(0.99°/30 m)变化至 1.44°/10 m(4.32°/30 m)。在 300 m 处全角变化率约为 1.93°/10 m(5.79°/30 m),已经超过表 6 推荐值的 3～4 倍。断裂钻杆位置井深 235 m,正好位于距井口较近的造斜点附近全角变化率严重井段。该处钻杆不但会承受较大的拉伸载荷,还会承受较大的弯曲载荷,很容易发生断裂失效。

综上所述,该定向井在造斜点附近井眼全角变化率较大,使钻杆承受较大的交变复合载荷,加之钻杆接头外螺纹大端第 1～3 牙本身为应力集中区域,最终在钻杆接头螺纹应力集中区产生疲劳裂纹,导致断裂事故。

5　结论与建议

(1) 失效钻杆接头理化性能符合 API Spec 5DP—2009 标准要求。

(2) 该批 G105 钢级钻杆接头失效形式为疲劳裂纹和疲劳断裂,钻杆所服役的定向井井眼全角变化率较大,钻杆承受较大的交变复合载荷是其接头螺纹部位早期疲劳裂纹萌生和疲劳断裂的主要原因,钻杆外螺纹接头内径不变而外径增大也增加了外螺纹大端第 1～3 牙的应力集中,促进了疲劳裂纹的萌生。

(3) 建议在定向井钻井施工过程中使用双台肩高抗扭钻杆。

参考文献

[1] 胡华,夏辉,窦益华.定向井造斜段管柱屈曲分析[J].内蒙古石油化工,2011,17：18-20.

[2] API Spec 5DP—2009 Specification for drill pipe[S].

[3] ASTM A370—2010 Standard test methods and definitions for mechanical testing of steel products[S].

[4] 刘鸿文.材料力学[M].北京:高等教育出版社,2004.

[5] 王玉奎,薄和秋.浅谈预防定向井、水平井钻杆失效的措施[J].西部探矿工程,2003(7):84-85.

[6] 吕拴录,骆发前,周杰,等.钻杆接头纵向裂纹原因分析[J].机械工程材料,2006,30(4):95-97.

[7] 郭海清,马永安.井斜对钻具影响理论在轮古13井钻具此楼原因分析中的应用[J].钻采工艺,2003,26(3):1-4.

[8] 钻井手册(甲方)编写组.钻井手册(甲方)[M].北京:石油工业出版社,2000.

[9] API RP 7G—2003 Recommended practice for drill stem design and operating limits[S].

双台肩钻杆接头纵向裂纹失效分析

赵金凤[1]　余世杰[1,2]　袁鹏斌[1]　王　勇[3]　帅亚民[4]

（1.上海海隆石油管材研究所,上海 200949；

2.西南石油大学,四川成都 610500；

3.华东理工大学,上海 200237；

4.上海海隆石油钻具有限公司,上海 200949）

摘　要：在钻井过程中,曾发生数起双台肩钻杆接头产生纵向裂纹引起的钻井事故。为了查明该钻杆接头纵裂的原因,采用宏观和微观形貌分析、化学成分分析、力学性能试验及应力分布有限元模拟等手段对接头失效原因进行了分析。结果表明,双台肩钻杆接头的结构特点是导致接头失效的主要原因。建议减小接头螺纹锥度以提高接头的抗扭能力,避免失效事故的发生。

关键词：纵向裂纹；双台肩钻杆接头；应力分布；失效分析

2013 年 11 月,某油田某钻井队在定向钻进作业过程中,发生 6 起由于 Φ139.7 mm (5½ in)双台肩钻杆接头大钳空间存在纵向裂纹引起的钻井事故,该接头螺纹类型为 DS55。为了查明此次钻杆接头产生纵向裂纹的原因,避免类似事故的再次发生,笔者对油田送检的失效样进行了失效分析。

1　井况信息

根据井队提供的信息,了解到发生该类事故的钻杆接头均为双台肩接头,且事故多发生在定向井的斜井段。此外,该油田近些年已经发生了多起双台肩钻杆接头纵裂失效,而失效的钻杆涉及多个钻杆厂家的产品。其中,近两年来,发生接头纵裂、加重钻杆中间加厚段纵裂、螺纹根部刺漏或断裂等事故 130 多起。

此次送检的钻杆接头用于储气库项目井,该井设计总深 5 300 m,垂深＜4 000 m,井身结构为：500 m Φ660.4 mm(26 in)钻头＋2804 m Φ444.5 mm(17½ in)钻头＋3 639 m Φ311.15 m(12¼ in)钻头＋螺杆＋Φ139.7 mm (5½ in)加重钻杆＋Φ139.7 mm(5½ in)钻杆。三开时约在 3 000 m 处造斜,目前钻至井深约 3 700 m 时发生卡钻事故,卡钻时还未到达水平段,钻井作业暂停,开始解卡(解卡比较困难,耗时约 20 天),解卡并将钻杆提升上来后,发现钻杆母接头上存在一条明显的纵向裂纹。

2 宏观形貌观察及测量

送检钻杆母接头的整体宏观形貌见图 1(a),样品总长约 400 mm,接头外壁存在一些轻微的锈蚀,在大钳空间上存在一些液压大钳上卸扣时的咬痕;母接头上裂纹起始于主密封端面,并沿接头纵向延伸扩展,裂纹总长度约 170 mm,且裂纹已沿径向穿透接头整个壁厚,纵向上已延伸扩展至接头副台肩面,见图 1(b)。对裂纹局部区域进行放大观察后发现,接头主密封端面裂纹附近已经发生轻微挤压变形,接头主、副台肩表面均存在轻微金属接触磨损的痕迹,分别见图 1(c)和 1(d)。

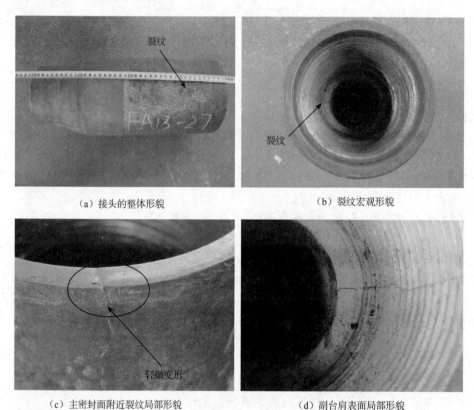

（a）接头的整体形貌　　　　　　　　　　　（b）裂纹宏观形貌

（c）主密封面附近裂纹局部形貌　　　　　　（d）副台肩表面局部形貌

图 1　送检接头的宏观形貌

经测量,母接头大钳空间处外径:Φ179.00 mm、Φ179.10 mm、Φ179.10 mm;钳长:305 mm,焊径:Φ143.94 mm、Φ143.88 mm、Φ144.08 mm,焊径处壁厚约 21.08 mm、21.10 mm、20.90 mm。测量结果表明,该接头已经存在轻微胀大的趋势。

对送检接头螺纹内外表面进行磁粉探伤,结果显示除了在该接头螺纹外表面的大钳空间上存在一条纵向贯穿裂纹,从密封端面观察,约在 6 点钟的位置内壁也存在一条纵向小裂纹(在第 11~16 牙之间),同时,约在 9 点钟的位置内壁存在一条纵向小裂纹(在第 9~14 牙之间)。由此可见,此次接头纵向裂纹起源于母接头内壁,并沿接头纵向径向延伸扩展。磁粉探伤测的裂纹形貌及分布示意图见图 2。

（a）裂纹整体形貌　　　　　　　　　（b）裂纹分布示意图

图 2　磁粉探伤测的裂纹形貌及分布示意图

3　化学成分与力学性能分析

在接头螺纹处取样进行化学成分分析,结果见表 1。表 1 所示化学分析结果表明该钻杆接头的化学成分符合 API Spec 5DP—2009 标准[1]要求。

表 1　失效钻杆接头化学成分(质量分数/%)

项目	C	Si	Mn	P	S	Cr	Mo
实测值	0.35	0.24	0.93	0.009	0.001	1.10	0.28
API Spec 5DP—2009 标准	—	—	—	≤0.02	≤0.015	—	—

在接头螺纹处取规格为 Φ12.5 mm 圆棒拉伸试样、在接头螺纹处取横向和纵向硬度试样、在接头裂纹附近取规格为 10 mm×10 mm×55 mm 的纵向和横向夏比 V 形缺口冲击试样,在室温下分别进行拉伸、硬度测试和冲击试验。钻杆接头的力学性能试验结果见表 2。由表 2 可知,该钻杆接头的拉伸性能及纵向冲击性能均符合 API Spec 5DP—2009 标准要求。

表 2　失效钻杆接头的力学性能

项　目	$R_{p0.2}$/MPa	R_m/MPa	A/%	硬度/HBW		夏比冲击吸收能量/J			
				纵向	横向	纵向		横向	
						单个值	平均值	单个值	平均值
实测值	860	1 100	19	333	337	92	94	86	85
				329	337	98		84	
				329	339	94		86	
API Spec 5DP—2009 标准	827~1 138	≥965	≥13	—		纵向,单个值≥47,平均值≥54			

4 组织形貌分析

4.1 显微组织分析

在接头螺纹表面存在裂纹的部位取样,按照 GB/T 13298—1991《金属显微组织检验方法》标准进行显微组织分析,观察面为接头横截面,裂纹开口处、中间及裂纹尖端的金相组织形貌如图 3 所示。由图 3 可以看出,裂纹起源于接头内表面并向外壁延伸扩展,裂纹走向大体与内表面垂直,裂纹尖端呈沿晶开裂形貌,同时裂纹面上存在锈蚀,但裂纹两侧未见氧化脱碳现象,其周边组织均为回火索氏体。

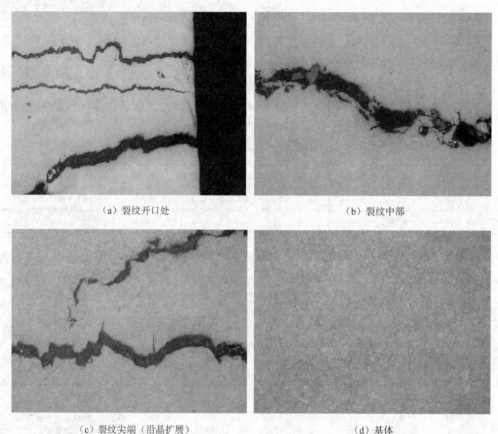

(a) 裂纹开口处 (b) 裂纹中部

(c) 裂纹尖端(沿晶扩展) (d) 基体

图 3 裂纹周边显微组织形貌

对裂纹附近螺纹表面及基体组织进行显微组织分析,观察面为纵截面,螺纹表层及基体的组织形貌见图 4。由图 4 可知,在裂纹附近的螺纹牙侧最外表面形成了一层二次淬火马氏体组织的“白亮层”,其厚度约 0.03 mm,在“白亮层”底下基体组织则为回火索氏体。由此可以推断出,该接头在井下服役时接头已经处于过扭状态,螺纹啮合面由于过盈量过大,已发生过盈干涉并在严重摩擦磨损情况下局部产生大量的热量,使得螺纹表面局部的温度达到金属的相变点以上,从而产生淬火现象,螺纹表面形成"白亮层"。

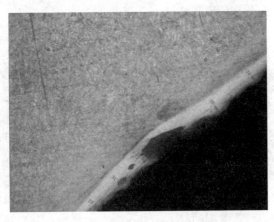

图 4   螺纹表面白亮层组织形貌

4.2   微区形貌分析

首先,在主副台肩面上均存在肉眼可见的金属磨损痕迹,以副台肩面为例,在接头副台肩上分别取样对其表面进行观察分析,宏观形貌见图 5(a)。对图 5(a)中局部区域在扫描电镜下进行放大,见图 5(b),从图 5(b)中可以清晰看到由于金属接触挤压磨损在表面留下的碾轧、挤压、梨沟形貌[2-3]。由此可以推断,该钻杆在服役过程中副台肩面已经发生过盈配合,副台肩面已经受到一定的挤压磨损。

(a) 副台肩面宏观形貌   (b) 挤压形貌

图 5   副台肩面挤压磨损形貌

其次,在裂纹未穿透接头壁厚的区域取样,并将裂纹沿横向压开,用电子扫描显微镜对裂纹面形貌进行观察分析。压开后的裂纹面宏观形貌见图 6(a),除压开的新鲜断口呈银灰色金属光泽外,其余区域覆盖一层灰黑色的腐蚀产物。断口经清洗后,对螺纹牙侧附近的局部区域在扫描电镜下进行放大,其形貌见图 6(b),发现该区域的裂纹呈沿晶扩展形貌。推测其为在解卡过程中,由于接头处于过扭的情况下,螺纹表面在相互干涉挤压过程中局部处于高温状态(约为 800 ℃),当金属材料的温度大于其熔点(T_m 约为 1 300

～1 400 ℃)的0.3～0.4倍时,高温使得钢铁材料中晶界的强度下降,裂纹的扩展将由通常的穿晶扩展开裂变为沿晶扩展开裂。

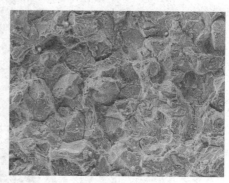

（a）裂纹表面宏观形貌（打开后）　　　　　　　　（b）沿晶形貌

图6　裂纹表面形貌

对压开的裂纹面上腐蚀产物较多的微区形貌及成分进行观察分析。裂纹面上腐蚀产物的形貌见图7,对腐蚀产物进行了X射线能谱分析（EDS）,结果见图8。分析结果表明,裂纹表面的腐蚀产物主要成分为C、O、Si、Fe、Cl、Ca等元素。

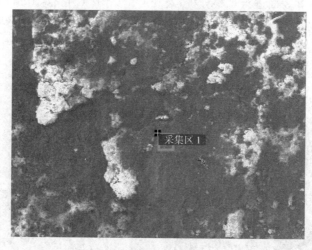

图7　能谱采集区域

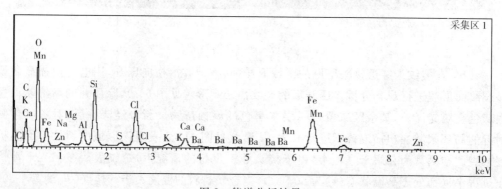

图8　能谱分析结果

5 接头应力分布的有限元模拟分析

由于发生类似事故的失效接头均为双台肩接头,为了分析接头纵裂失效原因,采用大型非线性有限元分析软件 MSC.Marc[4]对双台肩接头和 API 标准接头的应力分布情况进行了模拟。在接头具有相同的内、外径尺寸和相同的材料特性以及相同加载条件(过扭矩上扣,上扣扭矩 90 kN·m)的情况下,分析了两种接头螺纹部位的等效应力分布、径向变形和环形应力分布,借助于有限元模拟结果进一步分析此类接头失效的相关因素。

图 9 为两种接头的等效 VME 应力分布图。从图 9(a)可见,API 标准接头很明显在台肩处形成了一个拱起的圆弧,这是由于台肩处互相顶紧的接触面产生了很大的作用力与反作用力[5]。对比图 9(a)、(b)可以看出,双台肩接头在主台肩处也形成了一个拱起的圆弧,但是由于副台肩处发生了很大的过盈配合,副台肩的作用使得内螺纹部件有向上变形的趋势,限制了主台肩处拱起的圆弧。

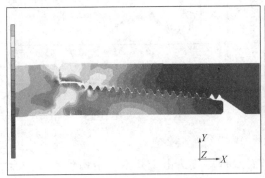

(a) API 标准接头   (b) 双台肩接头

图 9　接头的等效 VME 应力分布图

图 10 为接头上扣后内螺纹接头的径向变形曲线,其中图 10(a)、(b)中的横坐标 0 分别表示 API 标准接头的台肩位置和双台肩接头的主台肩位置。从图 10 可以看出,API 标准接头靠近台肩处的径向变形最大,向后依次减小,逐渐下降到 0。而双台肩接头,具有两个扭矩台肩,在靠近主台肩处的径向变形最大,向后依次减小,逐渐下降到 0,但是由于副台肩的过盈配合,在接近副台肩的位置处,径向变形又开始增大。

图 11 为接头上扣后内螺纹接头的环向应力分布曲线。如图 11(a)所示,对于 API 标准接头,靠近台肩处的环向应力最大,随后逐渐减小,但在螺纹第 1 牙啮合螺纹处,由于内、外螺纹的互相作用使得此处环向应力有所升高,最后逐渐减小到 0;对于双台肩接头,其环向应力呈现两头高中间低的马鞍形,而且环向应力出现了负值(受压缩),如图 11(b)所示。对比图 11(a)、(b),显然双台肩接头的环向应力更大,而且更加不均匀。出现这种现象的原因是,API 标准接头由于在台肩处胀大,释放了一部分应力,而双台肩接头由于副台肩顶紧以后,对主台肩处的变形有约束作用,使得应力不能释放,都集中在接头上。

以上有限元模拟分析结果表明,在接头过扭情况下,接头螺纹部位产生较大的环向

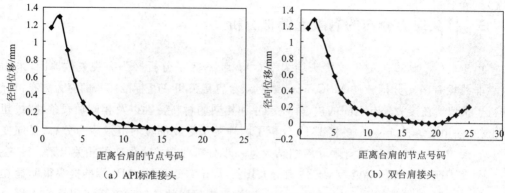

（a）API标准接头　　　　　　　　　（b）双台肩接头

图 10　内螺纹接头径向变形曲线

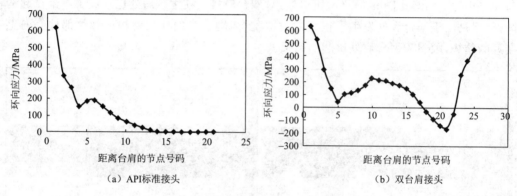

（a）API标准接头　　　　　　　　　（b）双台肩接头

图 11　内螺纹接头环向应力分布曲线

应力使 API 标准接头容易发生胀扣失效[6-7]，而双台肩接头由于其本身结构特点和副台肩的防过扭功能，使接头难以发生胀大变形，在螺纹部位累计的过高环向应力无法释放，反而容易导致接头纵向开裂失效。

6　讨论

发生失效事故的钻杆接头均为双台肩接头，且事故多发生在定向井的斜井段，所委托分析的失效钻杆也是在造斜段解卡后发生母接头纵向开裂，且裂纹起源于母接头内壁，为钻杆接头受到的环向应力所导致。钻杆接头在服役过程中受到过大的扭矩而导致的开裂与接头理化性能、钻杆服役工况及钻杆接头几何结构设计等因素均有一定关系。

对于接头的理化性能，如果钻杆接头冲击性能较差的话（尤其是横向冲击性能），接头对于环向应力的作用敏感，易产生裂纹，而此次失效接头的横向冲击吸收能量平均值为 85 J，因此，可以排除由于材料性能不足而导致开裂失效的原因。

就钻杆服役工况而言，此次失效钻杆位于井深结构的造斜段且经过长时间的解卡作业，在此期间，钻杆接头受到拉伸、扭转、弯曲等复合载荷作用，工况复杂。通过宏、微观组织形貌观察发现，接头大钳空间至主密封端面已存在轻微胀扣迹象，接头副台肩表面与接头螺纹面上均存在金属接触挤压磨损的痕迹，且在裂纹附近的螺纹的最外表面存在二次淬火马氏体"白亮层",表明该接头在解卡作业过程中承受的扭矩过大,超过了接头的屈服扭矩,已经发生轻微粘扣、胀扣现象。在上述情况下,使得螺纹啮合处的局部温度过高,螺纹脂失效,螺纹啮合面直接接触,在螺纹面产生二次淬火马氏体层,在该区域裂纹萌生扩展也呈沿晶扩展形貌。

从钻杆接头几何结构设计方面来看,有限元模拟分析结果表明,在接头过扭情况下,接头螺纹部位产生较大的环向应力使 API 标准接头容易发生胀扣失效,而双台肩接头由于其本身结构特点和副台肩的防过扭功能,使接头难以发生胀大变形,在螺纹部位累计的过高环向应力无法释放,过高的环向应力使得接头有纵向开裂的趋势,而在造斜段接头将还受到交变的弯曲载荷作用,裂纹萌生速度将更快。但双台肩接头开裂失效并不能说明 API 标准接头更加适合这种工况,也不能用 API 标准接头代替现有的双台肩接头,因为 API 标准接头的抗扭矩能力差,在还没达到双台肩接头开裂前,API 标准接头或许就已经发生胀扣失效。而如果减小接头螺纹的锥度,加大接头副台肩面的承载面积,在同样条件下产生的径向变形更小、环向应力更低,将会大大减少发生开裂失效的可能性。

综上所述,此次双台肩钻杆接头在造斜段卡钻解卡过程中,承受的拉伸、扭转及弯曲等复合载荷过大,基于双台肩钻杆接头结构特点,过高的扭矩使得接头有纵向开裂的趋势,在过大的交变复合载荷作用下,裂纹在接头内壁应力集中区域萌生扩展,最终导致接头纵向开裂失效。

7　结论与建议

(1) 钻杆接头的力学性能、化学成分均符合 API Spec 5DP—2009 标准要求。

(2) 此次双台肩钻杆接头产生纵向开裂失效的主要原因是在钻井过程中的造斜段发生卡钻,在解卡过程中,接头承受的拉伸、扭转及弯曲等复合载荷过大,产生过高的环向应力,而双台肩接头连接形式限制了环向应力的释放,使得接头在螺纹表面的"白亮层"附近区域萌生裂纹,最终导致接头纵向开裂失效。

(3) 建议在上述井况下,采用超高抗扭双台肩接头,减小接头螺纹的锥度,增大接头副台肩面承载面积,提高接头的抗扭强度,可以有效降低类似事故的发生。

参考文献

[1] API Spec 5DP—2009　Specification for drill pipe[S].

[2] 岑启宏,孙琨,方亮,等.二体磨料磨损犁沟及脊的三维有限元动态模拟[J].摩擦学学报,2004,24(3):249-252.

[3] 韩雪英,王影.摩擦的产生机理与分类[J].东北电力大学学报,2010,30(4):79-83.

[4] 陈火红.新编 Marc 有限元实例教程[M].北京:机械工业出版社,2007.

[5] Shahani A R,Sharifi M H. Contact stress analysis and calculation of stress concen-

tration factors at the tool joint of a drill pipe[J]. Materials and Design. 2009,30:3 615-3 621.

[6] 赵大伟,赵国仙,赵映辉,等. Φ88. 9 mm×9. 35 mm G105 钻杆内螺纹接头胀扣失效分析[J]. 石油矿场机械,2009,38(6):56-60.

[7] 吕拴录,高蓉,殷廷旭,等. 钻杆接头脱扣和胀扣原因分析[J]. 理化检验:物理分册,2008,44(3):146-149.

水平井中 S135 钻杆断裂原因分析

龚丹梅[1]　余世杰[1,2]　袁鹏斌[1]　帅亚民[3]

(1.上海海隆石油管材研究所,上海 200949;

2.西南石油大学,四川成都 610500;

3.上海海隆石油钻具有限公司,上海 200949)

摘　要:某水平井在泥浆循环过程中发生一起 S135 钻杆断裂事故,为查明钻杆断裂原因,对事故进行了调查研究,并取样进行了包括断口分析、化学成分分析、力学性能测试和金相检验等一系列试验分析。结果表明:该钻杆所处井段井眼全角变化率较大,钻杆外壁受到严重磨损划伤并形成疲劳裂纹,在较大扭矩和拉伸载荷作用下,钻杆最终发生了断裂。

关键词:水平井;钻杆;断裂;全角变化率;疲劳裂纹

某水平井设计井深为 6 187 m,四开钻至井深 5 377.3 m 时,发现钻井目标层错误,停止钻进。为防止沉沙卡钻,上下移动钻具划眼,进行短起下钻,分段循环,减少岩屑床堆积。上提钻具至 5 371.9 m,钻井液循环过程中,发现泵压突然由 16.4 MPa 下降至 14.9 MPa,泵冲从 55 上升至 61,其他参数无明显变化(扭矩为 9 kN·m～10.8 kN·m)。随后起钻检查,发现井深约 5 323.8 m 处钻杆发生了断裂,断口距母接头密封面约为 670 mm。该钻杆规格为 Φ88.9 mm×9.35 mm,钢级为 S135。为查明钻杆断裂原因,笔者对断裂钻杆进行了失效分析。

1　现场使用情况

该失效钻杆是在水平段钻井液循环过程中发生断裂,钻井液体系为聚磺钻井液,密度为 1.08 g/cm³,黏度 43 s,失水 3.7 ml,泥饼 0.5 mm,含沙 0.1%,pH 值为 11,除硫剂含量 1.3%。钻具组合为:Φ149.2 mm PDC 钻头+螺杆钻具+回压凡尔+座键接头+随钻定向工具+Φ121.0 mm 无磁钻铤 1 根+限流阀接头+Φ88.9 mm 钻杆 45 柱+Φ88.9 mm 加重钻杆 10 柱+Φ88.9 mm 钻杆 58 柱+Φ88.9 mm 断裂钻杆。

井下落鱼结构为:Φ149.2 mm PDC 钻头(长 0.19 m)+螺杆钻具(长 7.66 m)+止回阀(长 0.4 m)+座键接头(长 0.59 m)+随钻定向工具(长 5.91 m)+Φ121.0 mm 无磁钻铤(长 9.15 m)+限流阀接头(长 0.86 m)+Φ88.9 mm 钻杆(长 19.61 m)+Φ88.9 mm

断裂钻杆(长9.10 m)。落鱼总长度约为53.47 m,鱼顶井深5 323.8 m。

根据现场提供的资料,该井设计的入靶点 A 测深为5 188 m,设计的井眼轨迹垂直投影示意图见图1。该井停止钻进时井深为5 377.3 m,已进入水平段。实际入靶点 A(测深为5 175 m处)轨迹参数符合设计要求,随后在井深5 215.26 m处狗腿度突变至11.5°/30 m,在5 224.6 m处狗腿度达到最大12.36°/30 m,正好位于钻杆断裂井深位置(断裂位置为井深5 323.83 m)。经现场反应,该井已经造成出靶点 B 地质脱靶,这表明该井水平段井眼全角变化率较大,井况较为复杂。

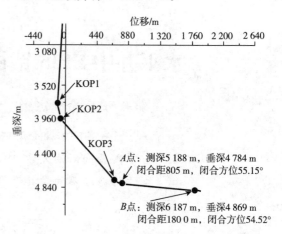

图1 设计的井眼轨迹垂直投影示意图

2 理化检验

2.1 宏观观察及尺寸测量

失效钻杆断口整体呈斜坡状,断面无明显刺漏痕迹,内壁涂层完好,其形貌如图2所示。该断口大致可以分为三个区域,裂纹源区、裂纹扩展区以及瞬断区。断口裂纹源区及裂纹扩展区所占面积比例较小,约为25%。断口裂纹源区与扩展区呈较平的斜面形貌且较为光亮,在裂纹扩展区可观察到一簇向内壁方向凸起的弧线,形貌类似贝壳纹理,如图3所示。瞬断区所占面积已经超过一半,呈45°不规则斜锥面形貌,局部形成翻边,为受到较大的拉扭载荷所致。

图2 钻杆断口形貌

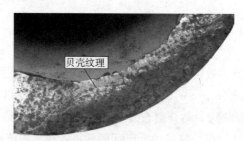

图3 断口裂纹源区及扩展区形貌

钻杆外壁(包括钻杆管体以及母接头倒角台肩面)经过较为严重的摩擦磨损,光亮如新,钻杆外表面存在大量横斜向划痕,见图4、图5。经磁粉探伤发现,在断口附近外壁存在一些较为密集的周向裂纹,周向裂纹也与划痕方向大致平行。

图 4　样品外壁形貌

瞬断区

图 5　断口处外壁形貌

测量断口及其附近外径和壁厚尺寸(见表1),断口已经发生轻微胀大。

根据失效钻杆断口形貌判断,断裂起源于管体外壁的周向裂纹,在较大的拉扭载荷作用下,发生失稳断裂,形成斜锥状。钻杆外表面摩擦磨损形貌表明,该钻杆在井下使用时工况恶劣,岩屑堆积严重,钻杆受到了很大摩阻。

表 1　尺寸测量结果

位　置	外径尺寸/mm	壁厚/mm
断口处	90.6,89.8,90.0	9.6,9.7,9.8
距断口约 60 mm 处管体	88.8,89.0,88.8	—

2.2　化学成分分析

在断口附近取样,采用直读光谱仪进行化学成分分析,结果表明,该失效钻杆化学成分符合 API Spec 5DP 标准[1]要求(表2)。

表 2　失效钻杆管体化学成分分析结果(质量分数/%)

元素	C	Si	Mn	P	S	Cr	Mo	Ni	V	Al	Cu
管体	0.28	0.22	0.93	0.010 8	0.000 5	0.98	0.42	0.025	0.010	0.021	0.018
API Spec 5DP 要求	—	—	—	≤0.020	≤0.015	—	—	—	—	—	—

2.3　拉伸性能试验

在断口附近加厚过渡带区域取规格为 Φ12.50 mm 的圆棒拉伸试样,按照 ASTM A370 标准[2]进行拉伸试验,结果表明,该失效钻杆屈服强度、抗拉强度、延伸率均符合 API Spec 5DP 标准(表3)。

表 3　失效样品拉伸性能测试结果

项　目	抗拉强度 R_m/MPa	屈服强度 $Rt_{0.7}$/MPa	延伸率 A/%
管体加厚过渡带	1 074.6	999.3	19
API Spec 5DP 标准(S 钢级要求)	≥1 000	931~1 138	≥10

2.4 夏比冲击试验

在断口附近管体沿纵向取夏比 V 形缺口冲击试样,规格为 7.5 mm×10 mm×55 mm,在 23 ℃时进行冲击试验,结果表明,该钻杆管体冲击功符合 API Spec 5DP 标准要求(表4)。

表 4 失效管体冲击试验结果

项 目	冲击功(单个值)/J	冲击功(平均值)/J
管体	116、110、122	116
API Spec 5DP 标准(S 钢级要求)	≥38	≥43

2.5 洛氏硬度试验

根据 ASTM E10—10 标准,在样品管体部位进行洛氏硬度试验,结果表明管体热处理均匀性较好,硬度分布较为均匀(见表5)。

表 5 失效样品洛氏硬度测试结果

测试位置	壁厚内部				壁厚中部				壁厚外部			
	1	2	3	4	1	2	3	4	1	2	3	4
硬度值	29.2	29.8	29.5	31.6	32.8	31.6	31.8	32.3	34.3	31.2	32.3	32.5

2.6 金相观察

在断口附近裂纹区域沿纵向取金相试样(见图6),试样外壁存在深浅不同的划痕,局部还有一些腐蚀坑。裂纹起源于外壁划痕处(见图7),主裂纹径向深度约为 1.7 mm(此为外壁磨损后的深度,而非原始深度,以下同),开口与外壁垂直,随后走向与外壁呈一定角度,裂纹中部至尖端均存在微小枝杈,这可能是裂纹扩展过程中应力变化较大所致。主裂纹附近的次裂纹,起源于另一划痕底部,径向深度约为 0.8 mm,走向略为弯曲,与主裂纹大致平行向内扩展,裂纹两侧还观察到萌生的微小裂纹。在该试样其他区域还发现多处小裂纹,起源于外壁划痕或损伤处,裂纹径向深度约为 0.1~0.2 mm,走向平直,见图8。

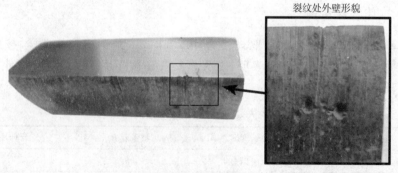

裂纹处外壁形貌

图 6 金相试样形貌

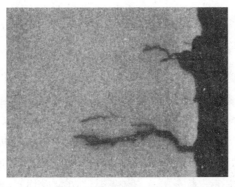

图 7　划痕底部裂纹形貌

图 8　外壁小裂纹形貌

断口附近金相组织为回火索氏体,夹杂物评级结果为 B1.5、C0.5、D0.5 级。

根据裂纹形貌可以判断,断口外壁裂纹为疲劳裂纹,是钻杆在使用过程中表面受到磨损划伤,划痕底部应力集中而形成。

2.7　断口微观分析

断口经清洗后,在扫描电子显微镜下观察,发现断口裂纹源区和裂纹扩展区已经受到严重磨损,在裂纹扩展区局部可观察到多条垂直于局部裂纹扩展方向(径向)的相互平行的条纹,条纹之间区域形貌已经受到磨损,可能为二次裂纹,见图 9。裂纹扩展区局部可观察到细小的、相互平行的疲劳条纹,如图 10 所示。将断口周边的横向裂纹机械压开,在裂纹扩展的前沿区域可观察到典型的疲劳条纹,疲劳条纹之间开口较深的为二次小裂纹,见图 11。

图 9　裂纹扩展区形貌

根据断口微观形貌可以判断,断口附近的周向裂纹为疲劳裂纹。

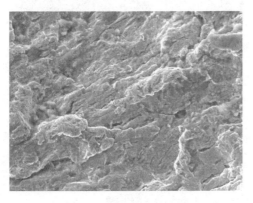

图 10　裂纹扩展区疲劳条纹

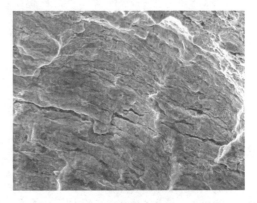

图 11　裂纹尖端疲劳条纹及二次裂纹

3 综合分析

理化检验结果表明,断裂钻杆管体化学成分、力学性能等均符合 API Spec 5DP 标准,金相组织为回火索氏体,非金属夹杂物含量在规定范围内,可以排除由于钻杆质量问题导致断裂的可能。失效钻杆断口附近外壁摩擦磨损严重,钻杆断口起裂于钻杆管体外壁周向划痕底部的疲劳裂纹。断口裂纹源区及扩展区的断面从外至内呈斜坡状,瞬断区面积约占整个断口的 50% 以上,且瞬断区断口与钻杆轴向约呈 45°夹角,属于典型的扭转过载断裂形貌[3-4],说明失效钻杆在井下受到的扭转载荷较大,疲劳裂纹萌生后便迅速发生失稳断裂。

从该井的井眼轨迹资料可以看出,该井水平段有多处狗腿井段(图 12),失效钻杆断裂位置位于该井水平段狗腿度严重井段。狗腿严重井段易引起岩屑堆积,导致卡、蹩钻[5-6],造成钻杆疲劳损伤累积。失效钻杆断口附近外壁及其母接头倒角台肩处受到严重的摩擦磨损,产生了较深的周向划痕,而在正常钻井情况下,由于钻杆接头外径大于管体,一般很难磨损到钻杆靠近接头处的管体和母接头 18°台肩区域。结合失效钻杆外壁摩擦磨损及较深的划痕形貌,可以推断出失效钻杆所处的井段已经形成了很厚的岩屑床,可能已发生了沉沙卡钻。井下钻杆一旦发生了沉沙卡钻,井口传递的扭矩将累积在钻柱沉沙卡钻部位,不能或没有及时地传送到钻头,造成该井段钻柱扭矩过大,并且岩屑床的堆积对钻杆外壁磨损也将十分严重,易产生划痕,在划痕底部萌生疲劳裂纹,降低钻杆的使用寿命。

综上所述,由于该井水平段井眼弯曲变化率大,失效钻杆所处的井段已经形成了很厚的岩屑床,受岩屑堆积和沉沙卡钻的影响,钻杆经短起下钻、反复划眼时,受到较大的拉扭载荷,使得管体外壁划痕底部萌生的疲劳裂纹迅速扩展,最终导致此次钻杆失稳断裂。

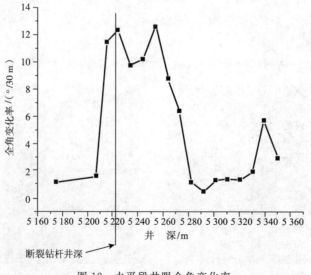

图 12　水平段井眼全角变化率

4　结论与建议

（1）失效钻杆管体化学成分、力学性能等均符合 API Spec 5DP 标准要求。

（2）钻杆断裂为扭转过载断裂，起源于管体外壁划痕底部的疲劳裂纹。由于钻杆所处井段岩屑床堆积严重，可能已发生了沉沙卡钻，钻杆反复划眼时受到较大的扭矩和拉伸载荷，在疲劳裂纹还未穿透管体壁厚的情况下，发生了失稳断裂。

（3）建议在大位移水平井钻井过程中及时清除岩屑床，防止沉沙卡钻的发生。及时对使用过的钻具进行全面探伤检查，避免存在疲劳裂纹的钻具继续使用。

参考文献

[1]　API Spec 5DP—2009　Specification for drill pipe[S].

[2]　ASTM A370-2011　Standard test methods and definitions for mechanical testing of steel products[S].

[3]　钟群鹏,赵子华.断口学[M].北京:高等教育出版社,2006:26-32.

[4]　孙智,江利,应鹏展.失效分析-基础与应用[M].北京:机械工业出版社,2009:104-111.

[5]　吕拴录,骆发前,高林,等.钻杆刺穿原因统计分析及预防[J].石油矿场机械,2006,35(增刊):12-16.

[6]　《钻井手册(甲方)》编写组.钻井手册(甲方)[M].北京:石油工业出版社,1990.

S135 钢级钻杆管体断裂原因分析

龚丹梅[1]　袁鹏斌[1,2]　余世杰[1,2]　何卫滨[3]

(1.上海海隆石油管材研究所,上海 200949;

2.西南石油大学,四川成都 610500;

3.渤海钻井公司钻井技术服务公司,天津 300280)

摘　要: 为查明 S135 钢级钻杆管体在生产过程中发生断裂事故的原因,对断裂管体样品进行了失效分析,包括断口宏观和微观观察、化学成分分析、力学性能测试、金相显微组织分析等。结果表明,该钻杆管体为过烧断裂,无缝钢管生产时,在中频感应加热炉中局部发生过烧,导致晶粒粗大和晶界弱化,热矫直时对管体的挤压作用最终导致过烧薄弱区域发生断裂。

关键词: 过烧;钻杆;断裂;失效分析

钻杆是钻柱系统的重要组成部分,起着传递动力输送钻井液的作用。钻杆在使用过程中承受弯、扭、拉等复杂交变载荷,这就要求钻杆具有良好的综合力学性能[1]。如果钻杆生产时带有缺陷,其疲劳寿命在使用过程中将严重下降,造成巨大经济损失[2-3]。在钻杆生产过程中,严格控制钻杆质量对避免因使用有缺陷产品而导致经济损失具有重要意义。

某钻具公司在钻杆生产过程中,发生两起 S135 钢级钻杆管体断裂事故。断裂钻杆管体材料为 27CrMo 钢,规格为 Φ114.3 mm×6.88 mm,总长度约为 9 m。钻杆管体断裂事故发生在六辊矫直工序,第 1 支断裂位置在距管端约 4.6 m 处,第 2 支断裂位置分别在距管端约 2.6 m 和 4.2 m 处。为查明断裂原因,防止此类事故再次发生,笔者对典型的断口取样进行理化检验及分析。

1　试验内容及结果

1.1　断口宏观观察

断裂钻杆管体典型的断口形貌如图 1(a)所示,断口整体较为平齐,瞬断区与轴向约呈 45°。断口靠近内壁呈暗灰色,无金属光泽,局部呈淡蓝色,这是由于断裂时管体温度较高(约 300 ℃)导致。靠近外壁断面光亮,且与外壁呈一定角度,属于最后断裂区域。

断口附近无明显塑性变形,在距断面约 48～140 mm 区域,内壁存在较多周向裂纹,呈波纹状分布,见图 1(b),裂纹附近还存在严重氧化起泡现象。断口附近外壁表面良好,无宏观可见裂纹。图 1 断口形貌表明,断口具有过烧特征。

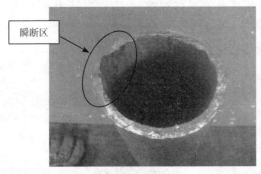

瞬断区

(a)宏观形貌　　　　　　　　　　　(b)内壁

图 1　断口表面形貌

1.2　化学成分分析

在断口附近取样,采用直读光谱仪进行化学成分分析,结果见表 1。结果表明该钻杆管体化学成分符合 API Spec 5DP—2009《钻杆标准》要求。

表 1　断裂管体的化学成分(质量分数/%)

项　目	C	Si	Mn	P	S	Cr	Mo	Ni	V	Al	Cu
断裂管体	0.24	0.23	0.94	0.008	0.002	0.95	0.40	0.01	0.009	0.019	0.035
API Spec 5DP 标准	—	—	—	≤0.020	≤0.015	—	—	—	—	—	—

1.3　拉伸及冲击性能试验

在断口附近分别取板状拉伸试样和夏比 V 形缺口纵向冲击试样,拉伸试样规格为 25.4 mm×10.54 mm,按照 ASTM A370—2010《钢制品力学性能试验的标准试验方法和定义》进行拉伸试验。冲击试样(3 个)规格为 5 mm×10 mm×55 mm,按照 ASTM E23—07ae1《金属材料缺口冲击试验标准方法》进行。拉伸和冲击试验结果见表 2,结果表明,断裂管体的屈服强度、抗拉强度和伸长率、夏比冲击吸收能量均符合 API Spec 5DP 标准要求。

表 2　断裂钻杆管体的力学性能

项　目	抗拉强度/MPa	屈服强度/MPa	伸长率/%	23 ℃冲击吸收能量/J	
				单个值	平均值
断裂钻杆管体	1 059.2	991.0	18.6	46 50 42	46
API Spec 5DP 标准要求	≥1 000	931～1 138	≥12	≥26	≥30

1.4　金相分析

在断口附近周向裂纹处沿纵截面取样,试样形貌如图 2 所示,裂纹起源于内壁,呈龟裂状沿壁厚方向扩展,但并未穿透。在金相显微镜下可观察到,裂纹区域为密集的沿晶开裂形貌,晶界存在氧化和熔化现象,见图 3,这说明断口附近区域已经形成过烧裂纹。试样经 4% 硝酸酒精溶液侵蚀后发现裂纹周边发生轻微脱碳,裂纹区及其附近显微组织均为回火索氏体,与正常调质处理后的显微组织相差不大,见图 4。在较高温度下 S、P 等低熔点物质首先在晶界发生偏聚,降低晶界熔点,晶界发生氧化和熔化,形成沿晶过烧裂纹。

图 2　断裂试样形貌

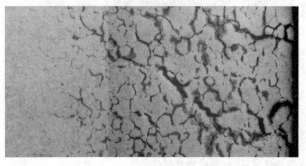

图 3　过烧裂纹形貌

图 4　试样裂纹附近的显微组织

在靠近断口处与远离断口处取样,经苦味酸腐蚀后,按照 GB/T 6394—2002 标准《金属平均晶粒度测定方法》进行晶粒度评定。靠近断口处的晶粒比较粗大,大小不均匀,局部仍然明显可见原组织相界,实际细小的奥氏体晶粒沿原相界或晶界形核长大,平均晶粒度为 6.5 级,见图 5(a)。远离断口处晶粒较小,尺寸较为均匀,平均晶粒度级别为 9.5 级,见图 5(b)。

金相观察结果表明,断口附近裂纹具有过烧特征,靠近断口处晶粒远大于正常部位的晶粒,该钻杆管体在调质处理前局部出现过烧现象。

(a)

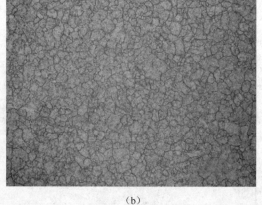

(b)

图 5　靠近(a)和远离(b)断口处的晶粒形貌

1.5 微观形貌分析

在断口取样,清洗后置于扫描电子显微镜下观察,见图 6。断口靠近内壁过烧区域为冰糖状花样,平均晶粒直径约为 $100~\mu m$,约为正常晶粒的 $5\sim 6$ 倍,晶粒间已产生二次裂纹,见图 7(a)。晶粒表面无光泽,形成很厚一层膜,为氧化铁膜,图 7(b)。靠近外壁瞬断区主要为平浅且拉长的细小韧窝,呈明显的撕裂形貌,见图 7(c)。断口微观形貌观察结果进一步表明,断口主要为过烧断口,但整个壁厚区域未全部发生过烧。

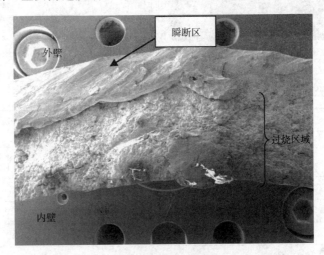

图 6 过烧断口形貌

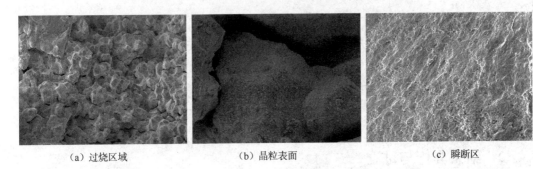

| (a) 过烧区域 | (b) 晶粒表面 | (c) 瞬断区 |

图 7 过烧断口各个区域的微观形貌

1.6 能谱分析

采用 Oxford 能谱仪对金相试样晶界物质元素进行分析,EDS 采集位置和分析图谱见图 8,分析结果见表 3,可见晶界(物质)析出物含有磷、硫、氧等元素,半定量分析结果为 20.54%O,3.17%P,2.33%S。S、P 元素在晶界严重偏析,已经超出正常范围一百多倍。

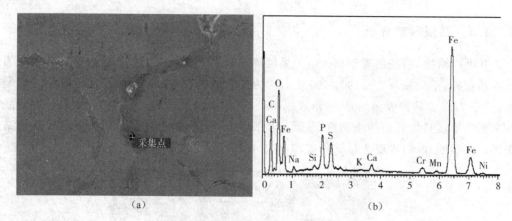

(a)　　　　　　　　　　　　(b)

图 8　EDS 采集点(a)及分析图谱(b)

表 3　EDS 分析结果

元素	质量分数/%	原子分数/%
Fe K	44.32	17.71
C K	25.40	47.21
O K	20.54	28.66
P K	3.17	2.29
S K	2.33	1.62
Ca K	0.78	0.44
Cr K	1.15	0.49
Si K	0.33	0.26
Mn K	0.39	0.16
Ni K	0.56	0.21
总计	100.00	

2　结果分析与讨论

从断裂管体的理化性能检验结果来看,该钻杆管体化学成分、力学性能均符合 API Spec 5DP 标准要求。断口无塑性变形,表面氧化严重,其微观形貌主要为冰糖状沿晶形貌,为石状断口。靠近断口处裂纹为过烧沿晶裂纹,磷、硫等元素在晶界偏析富集,断口附近晶粒度与正常区域的相差较大,这表明断口及其附近区域已发生过烧。

2.1　过烧断口形成机理

钢被加热到接近固相线或固-液两相温度范围内的某一温度后,在十分粗大的奥氏体晶界上发生磷、硫等元素偏析,在晶界处形成低熔点物质,三角晶界处首先发生氧化和熔化,从而在晶界上形成了富硫、磷液相,在随后的冷却过程中,形成硫化物、磷化铁等脆性相的沉积,导致晶界严重弱化,受外力作用时沿晶界开裂[4-6]。过烧可以导致断口遗传,即在过烧情况下,虽经再次适当加热淬火消除了粗大晶粒而得到了细晶粒奥氏体,但在外力作用下断裂时仍得到了与原粗大奥氏体晶粒相对应的粗晶断口[7-9]。该断裂管体断口微观形貌主要为粗大晶粒颗粒,晶粒表面已形成氧化铁颗粒,断口附近裂纹为沿晶裂纹,S、P 低熔点元素已在晶界偏聚,这都是由于该钻杆管体在加热过程中发生过烧导致。

钻杆管体热处理方式为批量整体加热,调质处理最高温度不超过 900 ℃,断口及其附近显微组织均为回火索氏体,断口过烧裂纹附近的组织晶粒度为 6.5 级,而远离断口处晶粒度为 9.5 级,过烧只是局部发生,推断调质热处理前已经发生过烧。经调质热处理后,过烧裂纹附近组织为回火索氏体,组织大小程度与正常区域的组织相差不大,钻杆管体正常区域的组织晶粒均匀细小,而过烧裂纹区域晶粒仍然粗大。

2.2 过烧原因分析

钻杆管体是由无缝钢管经加厚、热处理等工序加工而成,管体局部过烧是在原料管(无缝钢管)生产过程中发生。无缝钢管生产工艺主要为:管坯加热(环形炉)→穿孔→连轧→中频感应加热→定径→矫直。管坯加热方式为环形炉整体加热,加热温度可达到 1 200~1 300 ℃。如果过烧发生在管坯加热过程,则将发生批量性过烧,轻者在穿孔时产生大量折叠,重者直接报废。可以推断,无缝钢管局部过热过烧发生在定径前的中频感应加热过程。连轧脱管后,荒管(注:指连轧脱管后得到的长管子)的温度已降低(约950 ℃),为提高钢的塑性,创造有利的定径条件,在感应加热炉中将荒管温度(加热)增加至 1 050 ℃~1 200 ℃。感应加热炉一共 8 个,炉身长度约为 0.68 m,炉与炉之间的距离约为 1.5 m。荒管长度约为 18~23 m,在高温状态下容易发生弯曲变形,严重的弯曲变形将影响荒管在感应加热炉中的前进速度,导致加热时间过长而发生过热过烧。如果过烧严重,在外观检查时可直接从外表面氧化颜色判断出,更为严重的管子直径将缩小,形成类似颈缩的特征,或者直接过烧断裂。如果过烧轻微,但其晶界已经发生一定程度的弱化甚至熔化,而外观观察难以区别。管子调质热处理后在热矫直过程中受到的挤压作用较大,导致过烧薄弱区域发生断裂。

3 结论与建议

(1)该钻杆管体化学成分、力学性能等均符合 API Spec 5DP 标准要求,但断口处晶粒粗大为 6.5 级。

(2)该钻杆管体为过烧断裂。

(3)断裂原因是无缝钢管生产时,在中频感应加热工序发生过烧,P、S 等元素在晶界偏聚并形成低熔点物质,使晶界首先发生弱化或熔化,热矫直过程中的挤压作用最终导致过烧薄弱区域发生断裂。

(4)建议加强原料管入厂的无损检测探伤,避免对带有严重缺陷的原料管进行生产加工。

参考文献

[1] 《钻井手册(甲方)》编写组. 钻井手册(甲方)[M]. 北京:石油工业出版社, 1990:921.

[2] 余世杰,袁鹏斌,魏立明,等.钻杆接头螺纹粘扣原因分析[J].石油钻采工艺,2011, 33(1):112-116.

[3] 余世杰,袁鹏斌,龚丹梅,等.S135 钻杆刺漏原因分析[J].金属热处理,2011,36(增刊):173-177.

[4] 陆兴.热处理工程基础[M].北京:机械工业出版社,2007:10-40.

[5] 李艳红,徐高太,任衍圣.WD615、67 曲轴断裂分析[J].金属热处理,2007,32(1): 87-88.

[6] 崔约贤,王长利.金属断口分析[M].哈尔滨:哈尔滨工业大学出版社,1998: 203-213.

[7] 赵健明,胡翔.20Mn2 钢管调质时断裂原因分析[J].理化检验:物理分册,2007,43 (7):373-378.

[8] 边勇俊,石伟,劳金越,等.20CrMo 钢抽油杆断裂原因分析[J].金属热处理,2011, 36(9):106-108.

[9] 孙维连,李胜利,李颖,等.35CrMoA 钢脆性断裂原因分析[J].金属热处理,2011, 36(增刊):97-101.

三棱螺旋钻杆管体裂纹失效分析

赵金凤[1]　余世杰[1,2]　贾明宇[3]　袁鹏斌[1,2]

(1.上海海隆石油管材研究所,上海 200949;

2.西南石油大学,四川成都 610500;

3.渤海钻探工程公司,天津 300280)

摘　要:为了查明三棱螺旋钻杆管体裂纹产生原因,对其断口组织、化学成分、力学性能及管体内壁刀痕附近应力分布情况进行了分析。结果表明,管体内壁刀痕处存在的应力集中是导致管体产生周向裂纹的主要原因,建议改善三棱螺旋钻杆管体内表面质量,避免加工刀痕的产生。

关键词:钻杆管体;裂纹;失效分析

近年来,随着煤矿开采深度的逐渐加深和国家对煤矿安全监管力度的不断加大,加强瓦斯抽放和先抽后采是确保煤矿安全的必然措施[1]。深孔高效钻进技术是煤矿瓦斯抽采的关键技术之一,钻孔深度决定着瓦斯抽采的范围和效率。由于各地区的煤层赋存条件不同,深孔钻进的难易程度差别很大。松软突出煤层在我国可采煤层中占有很大比例,在这类煤层中钻孔,尤其是在地应力高的区域,容易出现塌孔和卡钻现象,造成钻孔成孔率低,成孔深度浅。在松软突出煤层中进行钻孔施工一直是国内外钻探技术的难题之一。

目前国内瓦斯抽放孔常用的钻进方式有光面钻杆钻进,风力或水力排渣。这种钻进方法一般钻头比钻杆的直径大,依靠高压气流或水流将钻渣从钻杆和钻孔壁之间的空隙中排出,这种方式在煤硬度系数较高的煤层中钻速快、成孔深、质量好。但在松软突出煤层钻进时,由于地应力、瓦斯压力、钻杆震动等因素,在钻进过程中经常出现局部塌孔抱钻杆现象,此时风力或水力排渣通道堵塞,轻者卡钻、丢钻,严重时甚至由于摩擦发热引起煤和瓦斯燃烧酿成重大安全事故。

为解决该类难题,专家、学者和现场技术人员在不断地努力探索,试验和尝试一些治理塌孔的办法。例如,在光面钻杆钻进风力或水力排渣方式中,在光面钻杆表面上加工螺旋沟槽或者在钻杆表面上缠绕焊接上钢条形成螺旋凸棱[2-3],在钻进中遇到塌孔时依靠螺旋的助动力将紧抱在钻杆上的煤屑扒出,疏通风力或水力排屑主通道,使钻进得以继续进行。

上海海隆石油管材研究所在三棱螺旋钻杆项目研发过程中,对钻杆管体进行热处理后,无损探伤时发现多支管体内壁存在大量环向小裂纹,而非常规的纵向淬火裂纹。为了找到管体产生裂纹的原因及热处理工艺的可行性,避免此类缺陷在正式投产中再次出现,对存在裂纹的管体进行了取样分析。

1 热处理工艺及化学成分分析

试验钻杆管体材质为 4145H 钢,外径 Φ75 cm,壁厚 1.5 cm,经 880 ℃保温 60 min 后水淬+615 ℃保温 100 min 后回火处理后,空冷至室温。

在管体上取样,利用直读光谱仪对其进行化学成分分析,结果见表1。4145H 管体化学成分符合 GB/T 4336—2002《碳素钢和中低合金钢火花源原子发射光谱分析方法(常规法)》标准要求。

表 1 失效钻杆管体化学成分(质量分数/%)

试样	C	Si	Mn	P	S	Cr	Mo
实测值	0.45	0.23	0.70	0.015	0.008	1.09	0.19
GB/T 4336—2002 标准	0.42~0.49	0.15~0.35	0.65~1.10	≤0.035	≤0.04	0.75~1.20	0.15~0.25

2 力学性能分析

沿管体纵向切取拉伸和冲击试样,试样的中心线与管体壁厚中心线重合。拉伸试验采用圆柱形试样,试样尺寸优先采用标准型,即试样标距长度(50±0.10)mm,直径(12.5±0.25)mm,最小圆角半径 10 mm,试样两头部的平行部分长度最小值 60 mm。拉伸试验在常温按 GB/T 228—2002《金属材料 室温拉伸试验方法》进行,屈服强度是使试样标距内产生 0.2%残余伸长时对应的拉伸应力。

硬度试验按 GB/T 231.1—2002《金属布氏硬度试验 第 1 部分:试验方法》进行,在钻杆轴向外表面上取 5 个间距相等的点(其中两个端点分别距外螺纹台肩面和内螺纹断面 30 mm)进行测试。

冲击试验采用 10 mm×10 mm×55 mm 夏比 V 形缺口试样,取 3 个试样,试样均沿壁厚(径向)开缺口。按 GB/T 229—1994《金属夏比缺口冲击试验方法》进行试验,试验温度为(20±5)℃,冲击吸收能量为 3 个试样的平均值,允许试样的冲击功平均最小值为54 J,其中单个试样的冲击功最小值为 47 J。

钻杆管体力学性能试验结果见表2。结果表明,4145H 管体力学性能均符合标准要求。

表 2 失效钻杆管体机械性能

试样	$R_{p0.2}$/MPa	R_m/MPa	A/%	硬度/HB	夏比冲击吸收能量/J	平均值/J
实测值	860	1 040	14	310	96,82,92	90
标准值	≥758	≥965	≥13	285-341	单个值≥47	平均值≥54

3 组织分析

将送检的三棱螺旋钻杆管体沿轴向剖开,可见内壁存在较多的周向刀痕及周向小裂纹,见图 1(a);裂纹分布及内壁刀痕形貌如图 1(b)所示。观察发现,绝大多数裂纹起源于内壁刀痕位置,裂纹长度约在 1.5～5 mm 之间。

(a) 内壁

(b) 内壁裂纹及刀痕

图 1 失效钻杆管体宏观形貌

在裂纹处取样进行金相观察,观察面为管体纵剖面,金相试样经打磨抛光后在金相显微镜下进行观察,裂纹的扩展形貌如图 2 所示。该裂纹开口与表面约呈 90°夹角,裂纹宽度呈由宽变窄的渐变规律,试验测得的裂纹最大宽度约 75 μm,裂纹总长度约 4.5 mm,裂纹尾端呈弯曲走向,与

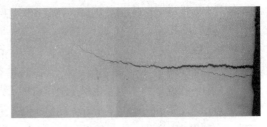

图 2 失效钻杆管体裂纹扩展形貌

主裂纹约呈 30°夹角,且在主裂纹附近存在一条小裂纹,小裂纹走向大体与主裂纹相似。

将金相试样用 4%硝酸酒精腐蚀后观察发现,裂纹中间有黑色氧化物,但裂纹两侧未见脱碳现象,如图 3(a)所示。经高倍镜金相观察,裂纹周边的组织未见异常,均为正常调质组织回火索氏体,见图 3(b)。

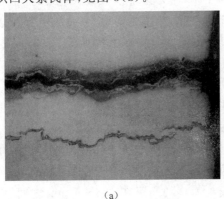

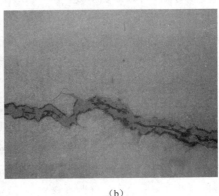

(a)

(b)

图 3 失效钻杆管体裂纹显微形貌

按 ASTM-E45-2005《钢中夹杂物含量的评定方法》进行非金属夹杂物检验,A:硫化物类,B:氧化铝类,C:硅酸盐类,D:球状氧化物类,其各种夹杂物的级别分析结果见表 3。

表 3　失效钻杆管体非金属夹杂物分析结果

夹杂物级别	A	B	C	D
粗系	—	—	—	—
细系	2.0	1.0	—	—

4　失效原因分析

由以上分析可知,存在裂纹的管体经过调质处理,基体组织为回火索氏体,裂纹两侧未见脱碳现象。根据裂纹走向及形貌,可以判断工件产生裂纹主要与加工刀痕及热处理工艺等因素有关,裂纹属于淬火裂纹。

4.1　加工刀痕对裂纹的影响

管体内壁裂纹起源于刀痕处,沿壁厚方向周向扩展,裂纹产生的原因在于淬火水冷时,钻杆表面最先发生马氏体转变,在从奥氏体转变成马氏体的过程中体积膨胀,由于组织应力的存在,试样表层为拉应力,心部为压应力。同时,由于工件内壁刀痕的存在,该处存在应力集中[4-5],当此处的拉应力大于工件的最大抗拉强度时,工件最先从此处开裂,然后裂纹再进一步扩展。

刀痕处容易产生裂纹,其中应力集中起着关键作用。因此,如果能够计算出该试样的应力集中系数,就可以量化裂纹开裂的可能性[6-7]。通过测量得知,取样处刀痕的深度 r 约 0.5 mm,宽度 d 约 1 mm,刀痕与刀痕的间距 b 在 1.5~4 mm 之间,管体外径 75 mm,壁厚 W 为 15 mm,取样区间内刀痕数量约为 5 条。根据研究应力集中系数相关文献的结果,如果试样单侧有凹槽时,同时满足 $0 \leqslant b/d \leqslant 4$,$W = 18 r$ 边界条件下,对应选取合适的应力集中系数随各参数变化曲线如图 4 所示,可推算出该试样的应力集中系数。同时,在组织应力一定的前提下,分别根据有刀痕和无刀痕两种情况,建立两种数学模型,通过计算机模拟得出在理想状态下该试样的应力集中系数。

由图 5 可知,当刀痕数一定($n=5$),$b/d=4$ 时,应力集中系数最大,从图 5 上可以得出应力集中系数约为 3.1;当 $n=5$,$b/d=1.5$ 时,应力集中系数最小,从图 5 上可以得出应力集中系数约为 2.6。因此,该试样在刀痕处的应力集中系数约在 2.6~3.1 之间,即刀痕处的应力分布值是无刀痕处应力分布值的 2.6~3.1 倍,故推测该类三棱螺旋钻杆管体刀痕处应力集中系数约为 3。

钻杆管体外径为 75 mm,壁厚 15 mm,在钻杆内壁光滑无刀痕的情况下,由于组织应力的存在,假定在单位面积上施加 100 MPa 的拉应力,建立数学模型,运用有限元分析软件 ANSYS 模拟计算在钻杆壁厚截面上的应力分布,结果如图 5(a)所示。同理,在钻杆管体外径和壁厚不变的基础上,若钻杆内壁存在加工刀痕时,内壁刀痕为半圆形刀痕,刀痕的宽度约为 1 mm,深度约为 0.5 mm,刀痕与刀痕的间距在 1.5~4 mm 之间,由于组织应力的存在,同样施加 100 MPa 的拉应力,根据该类边界条件建立类似数学模型,运用

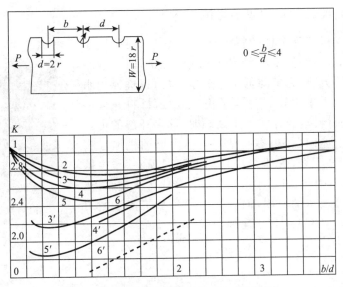

图4　应力集中系数随各参数变化曲线[5]

有限元分析软件 ANSYS 模拟计算在钻杆壁厚截面上的应力分布,结果如图5(b)所示。

由图5可知,若钻杆内壁光滑,在无刀痕缺陷存在的情况下,钻杆壁厚截面上的应力分布均匀,不存在应力集中现象,但是,若钻杆内壁不光滑,在有刀痕存在的情况下,钻杆壁厚截面上的应力分布明显存在应力集中现象,在刀痕处的应力分布值明显高于无刀痕处的应力分布值。当刀痕之间的间距为 4 mm 时,应力集中现象较弱,由图5中的数据计算得到应力集中系数约在 2.6~2.7 之间,当刀痕与刀痕之间的间距为 1.5 mm 时,应力集中现象较强,应力集中系数约在 3.5~4 之间。

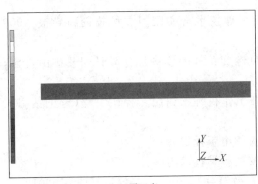

（a）无刀痕　　　　　　　　　　　　　　　（b）有刀痕

图5　失效钻杆管体应力分布模拟

综上所述,计算机模拟计算结果与手册中的应力变化曲线推算出来的应力集中系数基本相符。试样在淬火冷却时,由于钻杆内壁存在刀痕缺陷导致应力分布不均,使存在刀痕处的拉应力明显高于无刀痕处的拉应力,若刀痕处的拉应力高于钻杆管体的最大抗拉强度时,会优先在存在加工刀痕处开裂,建议提高钻杆管体内壁的机加工精度,以降低淬火开裂的可能性。

4.2 热处理工艺对裂纹的影响

本次用于三棱螺旋钻杆的管体材质为 4145H 钢，属于中碳合金钢范畴，为油淬型材料[8-9]，一般情况下，热处理时优先选择油基淬火液，为了降低生产成本，也可以选择用水淬的方法，但是，由于水淬时冷速过快，会增加材料开裂的可能性，尤其是材料本身存在加工缺陷时，淬火开裂的可能性更高。针对上述问题，当提高钻杆管体内壁的机加工精度，而热处理工艺不变，管体未出现淬火开裂现象，其内壁形貌如图 6 所示，因此，对于本次钻杆管体产生淬火裂纹，热处理工艺不是最根本的原因，而管体内壁机加工留下的刀痕是导致钻杆产生淬火裂纹的主要原因。

图 6　管体宏观形貌
（提高机加工精度后）

5　结论

（1）通过各种试验方法可知，管体材料的成分、组织和力学性能符合标准要求；

（2）通过模拟发现，管体内壁刀痕处存在的应力集中是导致管体产生周向裂纹的主要原因；

（3）4145H 钢为油淬型材料，热处理时采用水淬，加大了淬火开裂的可能性，尤其是管体表面存在加工缺陷时，其淬火开裂的可能性更高，建议改善管体内表面质量。

参考文献

[1]　李元华,谭化柱.高瓦斯突出煤层瓦斯治理技术与实践[J].科技创新导报,2009 (22):57-59.

[2]　刘伟,杜长龙,宋相坤,等.螺旋钻采煤机螺旋钻杆的模糊优化设计[J].矿山机械, 2006,34(11):24-25.

[3]　马沈岐,汪芸.煤矿瓦斯地质钻探用钻杆工作机理探讨[J].探矿工程(岩土钻掘工程),2008(9):11-15.

[4]　郑承沛.材料力学[M].北京:北京工业大学出版社,1999.

[5]　张少名.实用应力集中手册[M].西安:陕西科学技术出版社,1984.

[6]　陈容,黄宁.一种理论应力集中系数的有效算法研究[J].工程设计学报,2010,17 (3):215-218.

[7]　张宁锋.基于 ANSYS 的有限宽板孔边应力集中分析[J].兰州工业高等专科学校学报,2007,14(1):35-38.

[8]　胡志东,李光银,范宏利.淬火介质冷却特性曲线与钢的淬火效果的关系[J].武汉汽车工业大学学报,1997,19(4):50-53.

[9]　陈乃录,潘健生,廖波.淬火冷却技术的研究进展[J].热处理,2004,19(3):17-22.

NC50 钻杆接头裂纹原因分析

赵金凤[1] 袁鹏斌[1,2] 陈家磊[3] 何卫滨[4] 余世杰[1,2]

(1.上海海隆石油管材研究所,上海 200949;2.西南石油大学,四川成都 610500;

3.中国石油塔里木油田分公司,新疆库尔勒,841000;

4.渤海钻探油气合作开发公司,天津 300280)

摘　要:通过对 NC50 钻杆接头裂纹处进行宏观和微观检验,分析了裂纹产生的原因。结果表明,接头原材料在冶炼凝固过程中形成的合金元素偏析及疏松等缺陷,破坏了金属基体的连续性,是导致该接头产生裂纹的主要原因。根据失效原因提出了相应的改进措施和建议。

关键词:NC50 钻杆接头;裂纹;成分偏析;疏松

钻杆接头是石油钻柱的重要构件。近年来随着我国石油工业的飞速发展,钻杆接头用量逐年增加。由于接头服役条件比较恶劣,在使用过程中要承受拉伸、扭转、弯曲、震动、冲击等复杂载荷的作用[1],因此,为预防接头在使用过程中发生失效,对接头质量的要求越来越高,其质量的好坏与铸坯的质量密切相关[2-3]。2012 年 3 月,某公司在钻杆接头调质处理后的超声波探伤时,发现有 1 只接头倒角台肩部位和大钳空间上均存在纵向裂纹,超声波回波尖锐。

接头加工和热处理工艺过程如下:坯料进厂→锯切→中频感应加热→初煅制坯(压力机锻造)→终锻→余热退火→粗加工→淬火→回火→质量检验(发现裂纹)。其中,中频加热温度、制坯初锻温度、终锻温度、淬火温度以及回火温度均根据材质按照金属热处理的标准进行设定,该批次其余接头未发现存在裂纹。送检接头材质:37CrMnMo,规格:NC50(螺纹扣型),工艺状态:调质。为了查明该接头裂纹产生的原因,笔者对存在裂纹的接头进行了理化检验和分析。

1 理化检验

1.1 宏观分析

裂纹位于母接头大钳空间上,沿横向将裂纹从中间剖开,取样示意图,如图 1(a)所示,将裂纹横剖面试样抛光后进行宏观分析。

带裂纹试样抛光后,采用金相显微镜进行分析,裂纹宏观形貌如图1(b)所示,裂纹A、B均沿接头外壁纵向分布,且朝内壁延伸扩展,裂纹走向不规则,主裂纹周边存在大量二次细小裂纹。

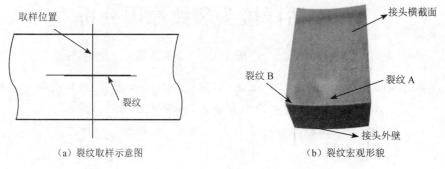

（a）裂纹取样示意图　　　　　　　　（b）裂纹宏观形貌

图1　裂纹宏观分析照片

1.2　显微组织分析

对裂纹试样进行金相分析,观察面为接头横截面,A裂纹的扩展形貌如图2所示(B裂纹扩展形貌与A相似)。A裂纹从接头外壁扩展至内部,裂纹由宽变窄,且扩展形貌不规则,裂纹两侧有很多与主裂纹呈不同角度的二次细小裂纹,裂纹两侧的二次小裂纹呈枝杈状,A裂纹的最大宽度约为0.1 mm,裂纹开裂深度约为8 mm。

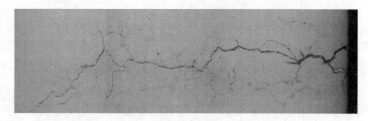

图2　裂纹的扩展形貌

A裂纹氧化较为严重,且裂纹周边存在白亮组织及黑色氧化物,如图3(a)所示。经高倍金相显微镜观察,白亮组织及黑色氧化物周边有很多的小黑点,如图3(b)所示。同时,在A裂纹的周边发现大量沿晶界分布的异常组织,经高倍金相观察,异常组织中间有黑色氧化物和很多白色块状组织,且其周边区域小黑点较为密集,如图4、图5所示。

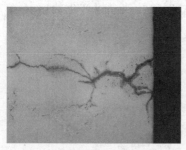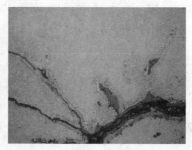

（a）裂纹开口处金相形貌　　　　　　（b）局部组织形貌

图3　裂纹A附近的显微组织

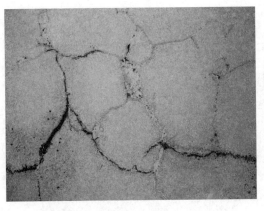
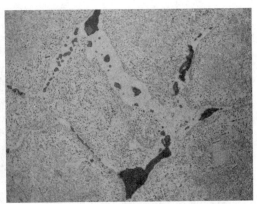

图 4 沿晶界分布的异常组织　　　　　图 5 沿晶界分布的异常组织周边形貌

1.3 微区形貌及能谱成分分析

采用扫描电镜观察和能谱分析,对裂纹局部进行了微观分析。为了确定裂纹周边异常组织的化学成分,采用能谱对异常组织进行成分分析,能谱扫描位置及能谱分析结果如图 6、图 7 所示,成分分析结果见表 1。结果表明,晶界周边小黑点及晶界内部 Cr、Si、Mn 等合金元素含量较高。

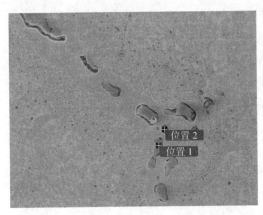
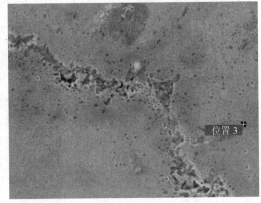

图 6 能谱扫描位置

表 1 成分分析结果(质量分数/%)

位置＼元素	C	O	Al	Si	P	S	Ti	Cr	Mo	Mn	Fe
1	2.53	31.72	0.65	0.98	—	—	0.18	21.39	—	8.11	34.44
2	2.00	28.48	0.18	8.47	0.81	0.50	0.15	0.21	—	22.77	36.42
3	3.67	30.40	0.41	5.23	—	—	0.21	16.68	0.35	16.59	26.48

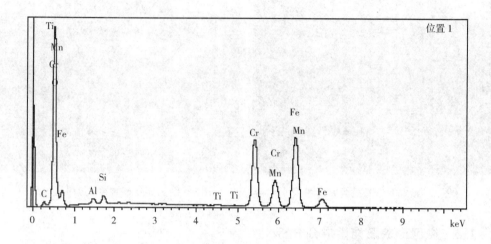

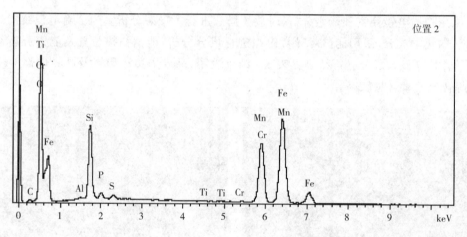

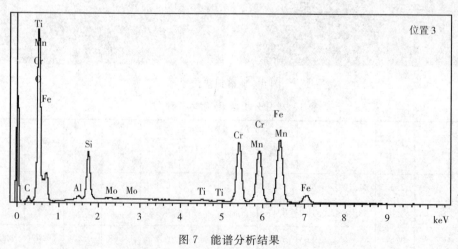

图 7　能谱分析结果

2 综合分析

金相及 EDS 能谱分析结果表明,在裂纹周边区域均存在一些白亮和大量沿晶界分布的异常组织,且异常组织中 Si、Cr、Mn 等合金元素偏高,说明该接头原材料中局部区域内 Si、Cr、Mn 等元素发生严重偏析,且主要在晶界上聚集,使晶界弱化,为典型的冶金缺陷[4]。该类缺陷易在后续的生产加工中进一步延伸扩展形成裂纹。

其次,在裂纹附近还发现一些显微孔隙,在显微孔隙内分布有黑色氧化物,显微孔隙为疏松缺陷,属于铸造过程中的残存缺陷,而该批接头圆棒料为连铸连轧坯料,说明该接头的原材料在轧制成型过程中疏松缺陷未完全消除,残留至接头圆棒料中。

综上所述,原材料在冶炼凝固过程中存在合金元素偏析、疏松等缺陷,破坏了金属基体的连续性,直接导致该接头开裂。可以推断出,用于该接头生产的钢材在冶炼过程中钢锭在切除帽口时可能未切除到位,帽口的偏析富集区及疏松区域少量残留下来,且在轧制成型过程中疏松缺陷未完全消除。

3 结论与建议

接头原材料在冶炼凝固过程中形成的合金元素偏析及疏松等缺陷为该接头产生裂纹的主要原因。

建议加强接头原料验收检查批次,避免类似情况再次发生。

参考文献

[1] 李鹤林,冯耀荣,李京川,等.钻杆接头和转换接头材料及热处理工艺的研究[J].石油机械,1992.20(3):1-6.

[2] 汪凤,范玉然,尹长华,等.Q235-B 钢板冷弯开裂原因分析[J].金属热处理,2011,36(9):157-160.

[3] 元俊杰,梁小平,姚雁文,等.大型钢锭 A 偏析的形成机理及影响因素[J].大型铸锻件,2010,3(5):44-45.

[4] 吴树森,柳玉起.材料成形原理[M].北京:机械工业出版社,2008.

钻铤圆棒料断裂原因分析

赵金凤[1]　余世杰[1,2]　袁鹏斌[1,2]

（1.上海海隆石油管材研究所，上海 200949；

2.西南石油大学，四川成都 610500）

摘　要：为了分析钻铤圆棒料断裂的原因，采用扫描电子显微镜（TESCAN VEGA XM）、金相显微镜（OLYMPUS GX51）和直读光谱仪（ARL 4460 OES），对圆棒料断口宏观形貌、断口微区形貌、材料成分和金相组织等进行分析。结果表明，圆棒料断裂为脆性断裂，原棒料内残余应力的延时释放，是其断裂的主要原因；棒料内部存在粗大的魏氏组织，降低了材料的韧性，增大了其脆性断裂的可能性。

关键词：钻铤圆棒料；脆性断裂；残余应力；魏氏组织

铸坯在凝固和冷却过程中，由于各部分的冷却速度差异、收缩受阻及组织转变引起体积变化等因素，不可避免的会产生铸造应力[1-2]。如果铸造应力未得到释放，将会以残余应力的形式保留在铸坯内，这种应力的存在会对铸坯的质量产生很大的影响。铸坯的残余内应力越大，会使铸坯在放置、运转、加工和使用过程中产生变形，甚至严重时会产生开裂[3-4]。某钻铤厂从某钢厂采购的钻铤圆棒料，根据钻铤厂提供的资料显示，该圆棒料毛坯是在用起吊设备将其起吊准备进行锯切时，在起吊过程中突然发生断裂，该钻铤圆棒料规格为 Φ210 mm，材质为 4 145H。

1　测试与分析

1.1　断口宏观形貌分析

送检样品的断面较为平坦，断面周边附近区域无明显的宏观塑性变形，断面中央存在一条几乎贯穿整个断面的裂纹，断面中心处裂纹最宽，裂纹宽度从中心至边缘逐渐变窄，整个断口宏观形貌，如图 1 所示。断口除局部区域存在黄褐色浮锈外，其余区域呈银灰色，当断口转动时可以发现一些发光的结晶点，断口边缘存在放射状裂纹花样，河流状花样收敛于断面中部，即圆棒料

图 1　断口宏观形貌

内部,如图2(a)所示。断面高度不同,且交界处可见明显的台阶,如图2(b)所示。

（a）放射状裂纹花样　　　　　　　　　　（b）台阶状宏观形貌

图2　断口局部区域形貌

观察整个宏观断口形貌,发现整个断面相对平齐,从上述形貌可以推测,该断口为脆性断裂。在裂纹几乎未扩展的情况下而瞬间断裂,瞬断区域占据整个断口的大部分比重,导致该断口的裂纹源区、裂纹扩展区及瞬断区的分区不明显。

1.2　断口微观分析

将取好的试样用丙酮超声波清洗后,使用 TESCAN VEGA Ⅱ 扫描电子显微镜对断口微观形貌进行观察分析,断口放置方式如图2(a)和图2(b)所示。断口较平整区域形貌为典型的解理刻面和河流花样,如图3所示。由河流花样的方向可知圆棒料断裂是由中心扩展至边缘。断口上存在浮锈区域的表面特征被一层氧化膜所覆盖,看不到其真实的表面特征,但对其周边区域进行电镜观察,发现均呈现解理特征。

1.3　金相检查与分析

在断面上取金相样,试样用4％硝酸酒精溶液侵蚀后进行金相分析,结果表明:试样基体组织为上贝氏体,同时,也存在一些黑色块状托氏体和魏氏组织,其金相组织形貌如图4所示。断面中部裂纹处及周边组织形貌,见图5(a),经局部放大观察,裂纹两侧组织主要为上贝氏体及粒状贝氏体,见图5(b)。

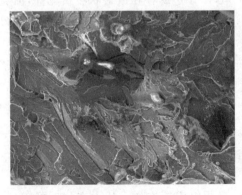

图3　断口的解理特征　　　　　　　　　图4　试样金相组织形貌

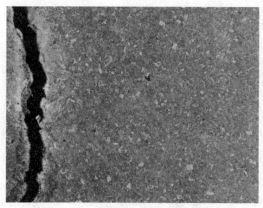

（a）裂纹周边组织形貌　　　　　　　　　　（b）局部放大组织形貌

图 5　裂纹周边的组织形貌

1.4　材质成分分析

在失效圆棒料上取样，根据 ASTM A751—2008 标准，采用 ARL OES 4460 直读光谱仪对失效圆棒料的化学成分进行分析，结果见表 1。表明圆棒料化学成分符合 GB/T 4336—2002 标准规定及采购方的技术要求。

表 1　失效圆棒料的化学成分（质量分数/%）

元　素	C	Si	Mn	P	S	Cr	Mo
含　量	0.44	0.24	1.02	0.010	0.000 9	1.09	0.26
GB/T 4336—2002 标准	0.42/0.49	0.15/0.35	0.65/1.10	≤0.035	≤0.040	0.75/1.20	0.15/0.25

2　综合分析

2.1　圆棒料断裂模式分析

通过断口宏观分析可知，断口中央比较平坦，断口边缘存在放射状裂纹花样，河流状花样收敛于断面中部，即圆棒料内部；断面高度不同，且交界处可见明显的台阶。由以上分析判断断口源区位于圆棒料的内部。

断口的宏观形貌较平坦，无明显塑性变形，瞬断区占整个断面的大部分比重。整个断口都呈现解理特征，可以判断圆棒料的断裂模式属于脆性断裂。

2.2　圆棒料断裂原因分析

引起圆棒料脆性断裂的原因有两个方面，材料方面和铸造工艺方面。

2.2.1　材料影响分析

材料对脆断的影响主要表现为化学成分、金相组织等方面。从上文分析可知，化学成分含量都正常，基体组织为上贝氏体，同时存在一些黑色块状托氏体和魏氏组织，而魏氏组织为硬脆相,是钢的一种过热缺陷,它使钢的力学性能特别是冲击性能和塑性显著降低。圆料韧性的急剧下降增大了其脆性断裂的可能性[5-6]。

2.2.2 工艺影响分析

基于该钻铤圆棒料的铸造轧制技术和工艺条件,铸坯在冷却过程中,由于铸坯各部分冷却速度不同,局部收缩受到限制,在铸坯表层与心部产生相互平衡的拉压应力。但是,当产生应力的条件消失后,该应力依然存在,即在铸坯内部必然会产生较大的残余应力,短期内其内部的残余应力并未或未完全释放出来,且铸坯后期并未进行去应力退火处理来消除部分残余内应力,残余应力是引起材料脆性断裂最危险的因素之一。

残余应力是一个不稳定的应力状态,当受到外界环境改变的影响时,比如温度变化或轻微的机械碰撞,都会使材料在几乎不存在塑性变形的情况下突然发生脆性断裂破坏。

综上所述,某钢厂生产的钻铤圆棒料在用起吊设备起吊过程中突然发生断裂,是由残余应力延时释放和魏氏组织导致材料韧性下降共同作用的结果。铸坯内残余应力延时释放是导致圆棒料脆性断裂的主要原因,魏氏组织硬脆相的存在增大了断裂的可能性。

2.3 失效的预防措施

对于本文所述的钻铤圆棒料失效主要可以从以下两个方面进行预防:
(1) 对圆棒料进行去应力退火,降低圆棒料内的残余应力;
(2) 通过控制奥氏体晶粒度的大小及冷却速度,预防魏氏组织的产生。

3 结论

(1) 该钻铤圆棒料断裂模式为脆性断裂,残余应力的延时释放是导致其断裂的主要原因。
(2) 魏氏组织降低材料的韧性,促进了断裂的产生。

参考文献

[1] 高义民.金属凝固原理[M].西安:西安交通大学出版社,2010.

[2] 王茂华,汪保平,惠志刚.连铸圆坯质量缺陷评述[J].江苏冶金,2005,33(1):10-14.

[3] 林丽华,陈立功,顾明元.残余应力测量技术现状及其发展动向[J].机械,1998,25(5):46-49.

[4] 蒋刚,谭明华,王伟明,等.残余应力测量方法的研究现状[J].机床与液压,2007,35(6):213-220.

[5] 孔焕平,李君,张峥.Q235B钢焊管断裂原因分析[J].金属热处理,2012,37(5):126-128.

[6] 王源泉.亚共析钢中魏氏组织的研究概况[J].哈尔滨科学技术大学学报,1982,1:65-80.

钻铤断裂原因分析及改进措施

余世杰[1,2]　欧阳志英[1]　龚丹梅[1]

(1.上海海隆石油管材研究所,上海 200949;

2.西南石油大学,四川成都 610500)

摘　要:某油田钻井队在空气钻井过程中发生一起钻铤断裂事故。为查明钻铤断裂原因,对该钻铤失效事故进行了调查和失效分析,失效分析内容包括钻铤断口形貌宏观分析和微观分析、材料化学成分分析、力学性能测试和显微组织检验。结果表明:失效钻铤属于疲劳断裂,断裂原因是钻铤螺纹接头与其本体尺寸不匹配,内螺纹接头为薄弱环节,在空气钻井过程中发生了疲劳断裂。建议采用接头螺纹与本体尺寸匹配的钻铤,并在钻铤接头部位增加应力分散槽,或者使用双台肩接头钻铤。

关键词:钻铤;疲劳断裂;失效分析

空气钻井是一种特殊的欠平衡钻井技术,将压缩空气既作为循环介质携带岩屑,又作为破碎岩石的能量[1]。空气钻井技术在保护储层和提高钻速方面的优势较大,随着空气钻井技术的不断完善和提高,在国内也得到了广泛应用,并取得了良好的效果。空气钻井存在的最大问题是钻具使用寿命短、容易发生钻具断裂事故,造成了严重的经济损失。国内许多专家学者对空气钻井钻具断裂失效进行了大量分析[2-4],并提出切实可行的建议,但对钻铤断裂进行详细失效分析的文章不多。

某直井采用空气钻进。在钻至井深约 4 313 m 时发现泵压从 20 MPa 逐渐下降至 18.3 MPa,地面管线检查无异常。起钻检查发现井下钻柱的倒数第 2 根钻铤发生断裂,断裂位置距内螺纹接头端面约 100 mm。该井钻具组合为:Φ152 mm 钻头＋转换接头＋Φ120.7 mm 钻铤 12 根＋Φ88.9 mm 钻杆。井下落鱼组合为:Φ152 mm 钻头＋转换接头＋Φ120.7 mm 钻铤 2 根。钻井参数为:钻压 60 kN,转速 50 r/min,泵压 20 MPa,排量 25 L/s。

失效钻铤规格为 Φ120.7 mm×34.95 mm,内螺纹扣型为 NC38。该钻铤于 2010 年 10 月开始投产使用,截至断裂前已经在 4 口井使用,累计服役时间约为 2 660 h。该钻铤在前期服役过程中发生过多次卡钻、解卡等情况。

为搞清钻铤断裂原因,本文对钻铤内螺纹接头断裂原因进行了分析。

1 理化检验

1.1 宏观观察及尺寸测量

失效钻铤断裂位置为内螺纹小端第 1 和第 2 完整牙处(图 1),该位置是钻铤内螺纹应力集中区。

断裂钻铤内螺纹无应力分散槽。断口平坦,无明显塑性变形,但存在三个明显的裂纹扩展断层台阶;整个断面磨损严重,原始断面均已破坏,存在大量机械挤压残留的痕迹。断口内侧存在多条起源于内螺纹牙底裂纹,同时沿螺旋线向两侧及外壁扩展,最后发生断裂,并形成裂纹扩展断层台阶,断面外侧剪切唇与轴线呈一定角度,见图 2。根据断口形貌可以初步推断,此次钻铤断裂为疲劳断裂。

对钻铤断口附近外径测量的结果见表 1。SY/T 5144—2007 钻铤标准要求该规格新钻铤外径为 120.7 mm,而失效钻铤最严重处直径已减少至约 117.2 mm。

表 1　样品尺寸测量结果

项目	外径/mm	
	区域 1	区域 2
失效样品	119.0	117.2
	119.1	117.3
	119.0	117.8
SY/T 5144—2007 钻铤标准	120.7	

放射状台阶

图 1　钻铤断口形貌

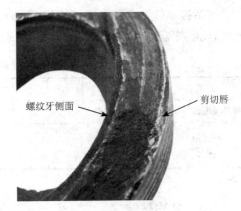

螺纹牙侧面　　剪切唇

图 2　钻铤断口局部形貌

1.2 化学成分分析

在断口附近取样,采用直读光谱仪对失效钻铤样品的化学成分进行分析,失效钻铤的化学成分符合 SY/T 5144—2007 钻铤标准要求(表 2)。

表 2　失效钻铤样品化学成分分析结果(质量分数/%)

项目	C	Si	Mn	P	S	Cr	Mo	Ni	V	Al	Cu	Ti
失效钻铤	0.45	0.22	1.06	0.014	0.0019	1.10	0.23	0.025	0.008	0.019	0.011	0.006
SY/T 5144—2007 标准	—	—	—	≤0.025	≤0.025	—	—	—	—	—	—	—

1.3　力学性能

在失效钻铤断口附近沿钻铤轴向分别取规格为取 Φ12.50 mm 的圆棒拉伸试样和规格为 10 mm×10 mm×55 mm 的夏比 V 形缺口冲击试样,按照 ASTM A370—11《钢产品机械测试的方法和定义》标准进行试验,失效钻铤的力学性能均符合 SY/T 5144—2007 钻铤标准要求(表 3)。

表 3　失效钻铤样品拉伸性能结果

项目	抗拉强度 R_m/MPa	屈服强 $R_{p0.2}$/MPa	伸长率 A/%	冲击功/J(23 ℃)	
				单个值	平均值
失效钻铤	1 060	920	19	82	84
				84	
				86	
SY/T 5144—2007 钻铤	≥965	≥758	≥13	≥54	—

1.4　硬度测试

在钻铤本体上取硬度环,采用电子布氏硬度计,按照 ASTM E10—10 进行布氏硬度测试,硬度符合 SY/T 5144—2007 标准要求(表 4)。

表 4　失效样品布氏硬度测试结果

试验点	1	2	3	4	5	6	7	8	9	10	11	12
样品硬度值(HBW)	317	325	321	317	325	315	317	329	323	319	325	307
SY/T 5144—2007 标准	285～341											

1.5　金相检验

在断口螺纹部位沿纵向取金相试样,发现螺纹根部多处存在裂纹,裂纹长度范围约为 0.2～2.0 mm。其中较为典型的裂纹如图 3 所示,裂纹起源于螺纹牙底,沿径向向外扩展,裂纹整体形貌细长,断口附近金相组织为回火索氏体,见图 4。

图 3 螺纹牙底裂纹形貌   图 4 断口附近金相组织

1.6 扫描电镜观察

对钻铤样品断口经醋酸纤维纸清洗后,在扫描电镜下观察,裂纹源区及扩展区形貌为经机械磨损及泥浆冲蚀后的形貌,断口原始形貌已经破坏。将螺纹牙底的疲劳裂纹机械压开,进行扫描电镜观察,可以看到疲劳裂纹面较为平坦,存在裂纹扩展相遇而形成的台阶,见图 5。

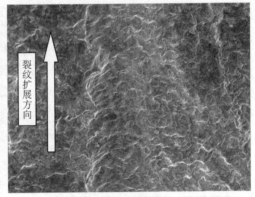

图 5 疲劳裂纹压开后形貌

2 综合分析

理化检验结果表明,断裂钻铤的化学成分、力学性能符合 SY/T5144—2007 标准要求。该钻铤已累计使用约 2 660 h,以平均转速 50 r/min 计算,钻铤已服役了约 8×10^6 周次。结合断口形貌及裂纹起源情况可以判断,失效钻铤断裂性质为疲劳断裂失效。在循环载荷作用下,钻铤螺纹应力集中区域首先产生微区塑性变形,随着循环加载的继续,裂纹在这个关键区域的薄弱点上萌生,开始出现微裂纹,微裂纹缓慢扩展,并逐步形成可见的宏观裂纹,裂纹继续扩展直至最后断裂[6]。失效钻铤材质符合标准要求,其内螺纹部位在使用过程中发生疲劳断裂主要与空气钻井中钻铤受力情况和钻铤几何尺寸结构等有关。

2.1 空气钻井中钻铤受力情况分析

空气钻井是以压缩空气（或氮气）既作为循环介质又作为破碎岩石能量的一种欠平衡钻井技术，井下钻柱振动频率要远高于常规钻井液钻井[7-8]。在常规钻井液钻井中，钻井液具有润滑性而有助于减少摩擦扭矩，同时还具有水力动力阻尼作用，在一定程度上降低了钻柱的横向震动，有利于避免井下钻柱过早疲劳失效；而在空气钻井中，井内缺少钻井液的阻尼减震作用，钻具承受的震动载荷远大于在常规钻井过程中的震动载荷，井下钻具易发生疲劳失效。

另外，该钻铤在前期服役过程中发生过多次卡钻、解卡等情况，解卡时发生的大吨位、大扭矩活动载荷也增加了钻铤螺纹处的疲劳损伤。

2.2 弯曲强度比（BSR）的影响

钻铤接头的弯曲强度比[9]是指钻铤内螺纹危险断面抗弯截面模数与外螺纹危险断面抗弯截面模数之比，表征了其内外螺纹接头强度或寿命的相对值。钻铤外径大小对钻铤的弯曲强度比有明显影响，根据钻铤抗弯曲强度比理论可知，钻铤内外螺纹的弯曲强度比应控制在 3.20:1～1.90:1 范围内。当弯曲强度比增大到 3.20:1 以上时，外螺纹接头容易断裂；当弯曲强度比下降到 1.90:1 以下时，容易引起内螺纹胀大或胀裂、脱扣、螺纹根部断裂等现象。API RP 7G 规定弯曲强度比计算公式[10]为：

$$BSR = \frac{D^4 - b^4}{D} \div \frac{R^4 - d^4}{R}$$

式中：D 为外螺纹接头和内螺纹接头的外径，mm；d 为内径，mm；b 为外螺纹接头端面位置内螺纹接头螺纹内径，mm；R 为离外螺纹接头台肩 19.05 mm 处外螺纹接头的螺纹内径，mm。

断裂钻铤公称外径为 120.65 mm，所配接头为 NC38，依据实际钻铤尺寸计算结果，断裂钻铤弯曲强度比见表 5。

表 5　弯曲强度比计算结果

项目	外径/mm	内径/mm	接头	弯曲强度比
断裂钻铤	120.65	50.80	NC38	1.80:1
SY/T 5144—2007 标准钻铤	120.70	50.80	NC35	2.58:1

SY/T 5144—2007 标准要求，Φ120.70 mm 钻铤应当配 NC35 接头，其弯曲强度比为 2.58:1。依据计算结果，失效钻铤外径为 Φ120.65 mm，内径为 50.80 mm，内螺纹接头扣型为 NC38，弯曲强度比为 1.80:1，明显低于钻铤内外螺纹接头弯曲强度比应控制的范围（3.20:1～1.90:1）。钻铤接头螺纹规格与其本体尺寸不匹配，内螺纹接头为薄弱环节，容易断裂。该钻铤于 2010 年 10 月开始投产使用，截至断裂前已经服役了 4 口井，累计服役时间约为 2 660 h。钻铤外径因磨损已减少到 117.2 mm，其内外螺纹弯曲强度比下降，内螺纹断裂的可能性加大。另外，据井队作业人员反映，该钻铤在前期服役过程中发生过多次卡

钻、解卡等情况,解卡时发生的大吨位、大扭矩活动载荷也增加了钻铤螺纹处的疲劳损伤。

2.3 钻铤螺纹结构的影响

螺纹接头是钻铤的薄弱环节,钻铤断裂位置是钻铤内螺纹接头应力集中区。断裂钻铤内螺纹接头无应力分散槽,在空气钻井震动载荷较大情况下,更容易在钻铤内螺纹应力集中区发生断裂。

综上所述,钻铤螺纹接头规格与其本体尺寸不匹配,内螺纹接头为薄弱环节,在空气钻井过程中发生了疲劳断裂。

3 结论与建议

(1) 失效钻铤理化性能符合标准要求。

(2) 钻铤螺纹接头与其本体尺寸不匹配,内螺纹接头为薄弱环节,在空气钻井过程中发生了疲劳断裂。

(3) 建议采用 Φ120.7 mm NC35 钻铤,并在钻铤接头部位增加应力分散槽,或者使用双台肩接头钻铤。

参考文献

[1] 朱江,王萍,蔡利山,等.空气钻井技术及其应用[J].石油钻采工艺,2007,30(2):145-148.

[2] 袁鹏斌,吕拴录,孙丙向,等.空气钻井过程中钻杆断裂原因分析[J].石油钻采工艺,2008,30(5):34-37.

[3] 王文龙,赵勤,李子丰,等.普光气田气体钻井钻具失效原因分析及预防措施[J].石油钻采工艺,2008,30(5):38-43.

[4] 廖忠会,张杰,李群生,等.气体钻井断钻铤事故的原因分析及预防[J].石油钻采工艺,2007,30(6):6-8.

[5] 钟群鹏,赵子华.断口学[M].北京:高等教育出版社,2006.

[6] 吕拴录,张宏,许峰,等.石油钻铤断裂原因分析[J].机械工程材料,2010,33(6):80-82.

[7] 窦金永,宋瑞宏.国内外气体钻井发展历程及现状[J].西部探矿工程,2010,12:67-69.

[8] 祝效华,蒋祖军,童华,等.气体钻井钻具失效因素与机理分析[J].石油钻探技术,2009,37(2):60-62.

[9] SY/T5144—2007 钻铤[S].

[10] API RP 7G Recommended practice for drill stem design and operating limits[S].

V150 高强度钻杆断裂失效分析

龚丹梅[1]　余世杰[1,2]　袁鹏斌[1,2]　帅亚民[3]

（1.上海海隆石油管材研究所,上海200949;

2.西南石油大学,四川成都610500;

3.上海海隆石油钻具有限公司,上海200949）

摘　要:某超深井在下套管过程中发生 V150 钻杆断裂事故,为查明断裂原因,采用宏观及显微组织分析、硬度测试和线弹性断裂力学分析等方法对断裂样品进行了失效分析。结果表明:该钻杆为脆性断裂,断裂起源于摩擦焊缝外表面附近的灰斑缺陷,由于钻杆焊缝热处理回火时超温,在较快冷却速度下形成了硬脆相组织,降低了焊缝断裂韧性及裂纹临界尺寸,在裂纹深度达到临界尺寸时,裂纹迅速失稳扩展,致钻杆脆性断裂。

关键词:V150 钻杆;焊缝;过回火;脆性断裂;失效分析

随着石油钻探技术的发展,陆地深层和海洋油气资源进入勘探开发阶段,这对钻杆的强度也提出了更高的要求[1-2]。目前 API 系列钻杆中强度最高的是 S135 钢级钻杆,但随着钻井深度的增加,S135 钢级钻杆已经不能满足超深井的钻探要求,因此国内外钻具生产厂家陆续研发生产了 V150 高强度钻杆,并得到了初步应用。V150 高强度钻杆比 API S135 钻杆强度可提高至少 103 MPa,这不仅提高了钻井深度,而且适当增大水眼尺寸,可提高钻井排量、降低循环压耗,钻井效率可提高 50% 以上,这对超深井钻井及海洋勘探具有重要意义。但目前国内外对 V150 及其以上的高强度钻杆的研究尚不够完善,高强度钻杆的疲劳性能、裂纹敏感性等还需要深入研究。对此类钻杆的失效分析及反馈,对于高强度钻杆的结构性能、生产等的改进可提供有效依据。某超深井在下套管过程中,发生一起 V150 钢级钻杆管体断裂事故,断裂位置距外螺纹接头密封面约323 mm。为了弄清钻杆断裂原因,笔者取失效钻杆公接头侧断口样品进行了失效分析。

1　失效概况

某超深井设计井深为 7 016 m,采用 V150 高强度钻杆钻进。三开钻至井深 6 732 m 完钻后,采用 V150 钢级钻杆下送套管。下到井深 2 693.69 m 时,共下入 V150 钢级钻杆44柱(钻柱编号 46 号),开始向水眼内灌钻井液(未灌钻井液时悬重189.7 t)。第 47 号立柱对好扣准备上扣时,钻柱突然弹起,井口立即接钻柱,上提悬重为 41 t(游车空载 32 t)。随即起钻,起到第 11 柱时,发现下单根距离外螺纹接头密封面约 323 mm 处管体断裂,其现场照片如图 1 所示。

井下落鱼约 2 381.6 m,落鱼结构为:Φ273.0 mm 浮箍+Φ273.0 mm 套管×32.644 m+Φ273.0 mm 浮箍+Φ273.0 mm 套管×262.216 m+球座+Φ273.0 mm 套管×1 139.237 m+悬挂器总成×6.05 m+变扣×0.47 m+Φ149.2 mm 钻杆×938.94 m,其中套管总长 1 442.191 m。

图 1　断裂钻杆照片

失效钻杆规格为 Φ149.2 mm×9.65 mm,钢级为 V150,在该超深井中第一次投入使用。从一开至三开累计使用 133 天,进尺约 4 705.5 m,纯钻时间约为 1 517.3 h。

2　宏观分析

该钻杆断裂位置距外螺纹接头密封面约为 323 mm,距外螺纹接头 35°台肩起始点约为 63 mm。经核查,钻杆断裂位置正好在摩擦焊区。钻杆断口齐平,无明显塑性变形,为脆性断裂,其整体宏观形貌见图 2(a)、(b)。断口大致可分为两个区,裂纹源区及裂纹失稳扩展区。断口裂纹源区颜色较深,呈月牙形,剩下区域均为裂纹失稳扩展区,见图 3。裂纹源区周向长度约为 45 mm,径向深度约为 10 mm,存在由外向内发散的放射状纹路及平斑区域,根据裂纹源区放射状纹路形貌可以判断此次裂纹起源于外壁,见图 4(a)。裂纹失稳扩展区面积大,且靠近裂纹源区放射状纹路较少,扩展速度较慢;扩展后期断口明显呈人字纹形貌,人字纹收敛于裂纹源区方向,裂纹扩展速度快,形貌见图 4(b)。在断口一侧存在裂纹扩展汇合形成的台阶,见图 4(c)。此外,断口内外壁边缘存在少量剪切唇。此外,对断口处内外径进行测量,断口附近内外径未发生明显变化(表 1)。根据断口宏观形貌可以判断,该钻杆焊缝部位裂纹萌生后未穿透管体壁厚即迅速失稳扩展,发生脆性断裂。

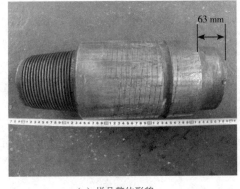

（a）样品整体形貌　　　　　　　　　（b）断口形貌

图 2　失效样品形貌

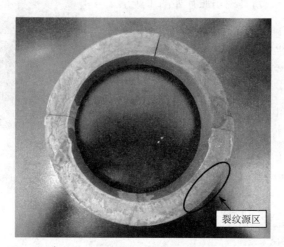

图 3　断口整体形貌

（a）裂纹源区形貌　　　　（b）裂纹失稳扩展区形貌　　　　（c）裂纹失稳扩展最终断裂处形貌

图 4　断口各个区域形貌

表 1　失效钻杆断口处尺寸测量结果

项目	失效钻杆断口处			设计参数要求
外径/mm	152.60	152.64	152.80	153.6
内径/mm	112.60	112.70	112.80	113

3　断口微观分析

3.1　微观形貌观察

通过扫描电子显微镜观察发现,裂纹源区主要为受钻井液腐蚀后的准解理形貌,且存在显微二次裂纹,见图 5（a）。而裂纹源平斑区均为浅、平的呈等轴状韧窝形,见图 5（b）,韧窝底部为点状夹杂。

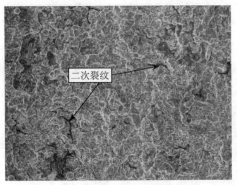

（a）裂纹源区局部形貌

（b）裂纹源平斑区形貌

图 5　裂纹源区微观形貌

裂纹失稳扩展区主要呈准解理＋少量解理形貌，见图 6，为脆性断裂的典型微观形貌。

3.2　能谱分析

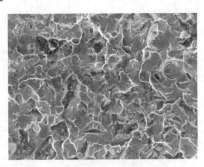

对裂纹源区进行能谱分析，裂纹源区主要含有 O、Ca、Mg、Si、S 等元素，为钻井液腐蚀产物或钻井液残留物质（图 7 及表 2）。对裂纹源区韧窝底部点状夹杂物进行能谱分析，结果表明（图 8 及表 3）夹杂物主要含有 O、S、Ba 等元素，可能是打捞过程中钻井液残留。

图 6　裂纹失稳扩展区微观形貌

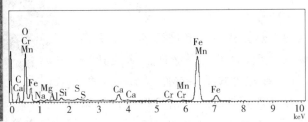

图 7　裂纹源区 EDS 采集位置及分析图谱

表 2　裂纹源区 EDS 分析结果

元素	C	O	Na	Mg	Al	Si	S	Ca	Cr	Mn	Fe	合计
质量分数/%	11.96	29.84	0.95	0.47	0.18	0.74	0.34	2.51	0.74	0.50	51.77	100.00
原子分数/%	25.04	46.88	1.03	0.48	0.17	0.66	0.27	1.57	0.36	0.23	23.30	

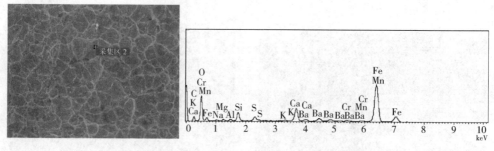

图 8　韧窝底部 EDS 分析位置及分析图谱

表 3　韧窝底部 EDS 分析结果

元素	C	O	Na	Mg	Al	Si	S	K	Ca	Cr	Mn	Fe	Ba	合计
质量分数/%	8.86	21.70	0.58	0.67	0.56	2.98	1.30	0.29	5.78	0.75	0.49	51.00	5.03	100.00
原子分数/%	21.44	39.43	0.74	0.67	0.56	2.98	1.30	0.29	4.19	0.42	0.26	26.55	1.07	

　　根据断口微观观察及能谱分析结果,可以推断裂纹起源于焊缝灰斑区域,在此次下套管作业之前已经萌生。在下套管过程中,裂纹迅速失稳扩展,钻杆发生脆性断裂。

4　显微组织分析

　　在断口裂纹源区和裂纹失稳扩展区沿纵向分别取金相试样,经 3.5% 硝酸酒精溶液腐蚀后,在裂纹失稳扩展区可观察到明显的焊缝线(见图 9),这进一步证实钻杆裂纹在焊缝部位。

　　钻杆管体和接头摩擦焊接后,采用感应线圈加热方式对焊缝进行淬火＋高温回火热处理,为了使焊缝回火后快速冷却,回火冷却方式采用空冷后水冷方式。正常热处理后焊缝熔合区组织为回火索氏体,双相区组织为回火索氏体＋铁素体,接头侧和管体侧基体组织均为回火索氏体,正常焊缝组织分布示意图见图 10(a)。

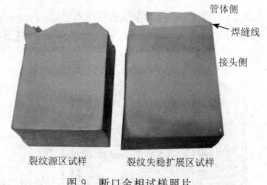

管体侧
焊缝线
接头侧

裂纹源区试样　　裂纹失稳扩展区试样

图 9　断口金相试样照片

　　在金相显微镜下观察失效样品焊缝区显微组织,从焊缝线向接头母材区,根据不同组织分布情况可分为 5 个区域,如图 10(b)所示:

　　① 焊缝线附近熔合区,管体侧金相组织主要为马氏体(M)＋铁素体(F)组织,见图 11,接头侧壁厚外部、中部、内部组织均为马氏体＋铁素体组织,见图 12,马氏体和铁素体组织均呈带状。可见焊缝部位已经发生"过回火"现象(本文"过回火"是指回火温度过高,已经超过 A_{c1} 相变点)。② 熔合区与热影响区的过渡区,显微组织主要为托氏体(T)＋铁素体＋少量马氏体,见图 13。③ "过回火"热影响区,显微组织为回火索氏体(S)＋

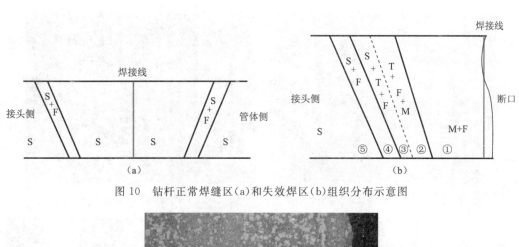

图 10　钻杆正常焊缝区(a)和失效焊区(b)组织分布示意图

图 11　管体侧熔合区组织 M+F　(500×)

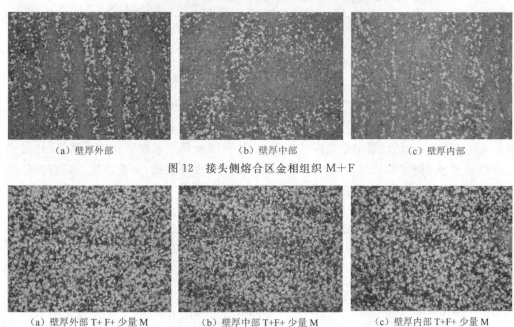

（a）壁厚外部　　　　　（b）壁厚中部　　　　　（c）壁厚内部

图 12　接头侧熔合区金相组织 M+F

（a）壁厚外部 T+F+少量 M　　（b）壁厚中部 T+F+少量 M　　（c）壁厚内部 T+F+少量 M

图 13　接头侧熔合区与热影响区间的过渡区金相组织

托氏体＋铁素体，见图 14。④ 正常热影响区，其组织主要为回火索氏体＋铁素体，如图 15 所示。⑤ 接头母材区金相组织为回火索氏体，见图 16。

图 14　"过回火"热影响区组织 S＋T＋F

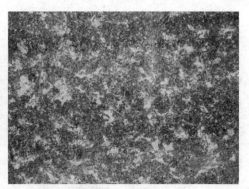

图 15　正常热影响区组织 S＋F

断口附近金相组织观察结果表明,该钻杆焊缝由于回火温度过高,超过 A_{c1} 点,淬火得到的马氏体组织重新发生奥氏体化,在冷却过程中冷却速度较快的区域形成马氏体组织,冷速较慢的区域则发生珠光体转变得到片层细小的托氏体及部分铁素体。而钻杆焊缝在正常调质处理情况下,得到的组织为回火索氏体,无明显带状组织。该钻杆焊缝带状组织主要为"过回火"冷却过程中形成,棕色的带状组织为马氏体,黑色组织为托氏体,白色带状组织为铁素体。

图 16　接头母材区显微组织 S

5　硬度分析

该钻杆断裂位置为钻杆对焊焊缝部位,无法进行焊缝拉伸、冲击试验。故只对断口附近试样纵截面进行洛氏硬度测试,结果如表 4 所示,结果表明,该失效钻杆焊缝附近局部硬度达 HRC 45,已经超出生产内控技术要求,壁厚外部区域硬度比内部略高,这是由于焊缝熔合区已形成马氏体且焊缝外壁马氏体含量要多于内壁;而焊缝熔合区与热影响区之间的区域组织主要为托氏体＋铁素体,硬度较低。

表 4　洛氏硬度测试结果

位　置	靠近焊缝线区域		熔合区与热影响区之间		热影响区域		接头母材	
	测试点 1	测试点 2	测试点 1	测试点 2	测试点 1	测试点 2	测试点 1	测试点 2
外	45.1	43.8	14.9	19.0	17.7	21.5	27.5	29.0
中	44.0	43.6	17.4	20.7	21.5	20.3	28.5	28.3
内	43.3	43.8	18.3	18.0	19.0	23.0	29.2	26.3
生产内控参数要求	≤HRC 40							

对接头侧溶合区中的马氏体组织进行显微维氏硬度测试,如图 17 所示,结果为538 HV0.5、530 HV0.5、517 HV0.5(用平均值换算约为 HRC 51)。由此推断,由于钻杆焊缝发生"过回火",形成马氏体硬脆相、托氏体、铁素体等金相组织,导致硬度分布不均匀,焊缝处接头侧硬度已超过技术要求。

图 17　显微维氏硬度测试区域

6　过回火模拟试验

为了验证上述分析,本文进行了模拟钻杆焊缝"过回火"试验,钻杆焊缝经淬火处理后,分别在回火温度为 730 ℃~740 ℃之间进行回火处理,试验结果表明,当回火温度为740 ℃时,钻杆接头侧焊区组织与该失效钻杆接头侧焊区显微组织的分布情况相似(各个区域组织分布示意图见图 10(b)):①熔合区组织为 M+T+F,见图 18(a);②熔合区与热影响区的过渡区之间组织为 T+F+M(少量),见图 18(b);③"过回火"热影响区,组织为 S+T+F(少量),见图 18(c);④正常热影响区,其组织主要为 S+F,见图 18(d);⑤接头母材区显微组织为 S,见图 18(e)。经试验,在"过回火"焊缝局部形成马氏体情况下,焊缝夏比 V 型试样冲击吸收能量约为 22 J。

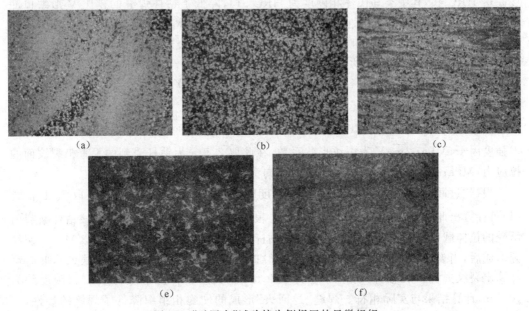

(a)　　　　　　　　(b)　　　　　　　　(c)

(e)　　　　　　　　(f)

图 18　"过回火"试验接头侧焊区的显微组织

这进一步验证,该失效钻杆焊区热处理过程中回火温度过高,发生"过回火"现象。

7　综合分析

该失效钻杆为 V150 高强度钻杆,累计使用时间约为 1 517. 3 h,在下套管过程中发生断裂。失效钻杆断口分析及金相检验结果表明,断裂起源于钻杆摩擦对焊焊缝部位的灰斑缺陷处,同时由于钻杆焊缝部位存在马氏体硬脆相组织,韧性较低,在裂纹形成后便迅速发生失稳扩展,导致脆性断裂。

焊缝灰斑缺陷是由于钻杆摩擦对焊时,焊缝熔池中的氧化夹杂物在顶锻过程中绝大部分被挤出,但仍有极少量残留所致。这些残留的夹杂物弥散分布时对焊缝的强度、韧度影响不大,如果残留的夹杂物聚集在一处,极易形成裂纹形核区,降低了焊缝结合力,断裂后形成细小浅平的等轴韧窝。此次失效钻杆焊缝外表面附近存在少量灰斑缺陷,在钻井作业过程中,首先成为裂纹形核区,形成裂纹源。但在正常情况下,由于焊缝壁厚大(约为管体的 2 倍)、焊缝韧性达到规定要求时,裂纹穿透壁厚后,钻杆发生焊缝刺穿但不会迅速断裂[3]。

此次失效钻杆裂纹在未穿透壁厚时便发生失稳扩展脆性断裂,主要由于焊缝热处理异常,回火温度过高,超过管体或接头母材的相变点 A_{c1},发生“过回火”现象,淬火马氏体完全分解并重新奥氏体化,在随后冷却过程中,冷却速度较快的区域得到马氏体,冷却速度较慢的区域得到托氏体、铁素体正火组织。“过回火”形成硬脆相组织(接头侧熔合区硬度高达 HRC 45,其中类马氏体相硬度为 HRC 51),降低了钻杆焊缝的夏比 V 形缺口冲击韧性 A_{kv},导致焊缝断裂韧性 K_{IC} 下降。根据相关文献资料[4-6],高强度钻杆的断裂韧性 K_{IC} 与全尺寸的夏比 V 型缺口冲击韧性 A_{kv} 之间的关系如公式(1)所示,张开型裂纹尖端应力强度因子 K_I 如公式(2)所示:

$$K_{IC} = Y 0. 372 4 A_{kv} \sigma_y - 0. 002 2 \sigma_y^2 Y^{\frac{1}{2}} \tag{1}$$

$$K_I = Y \cdot \sigma \cdot \sqrt{\pi a} \tag{2}$$

其中:K_{IC} 为材料断裂韧性,MPa·$\sqrt{m}$;A_{kv} 为夏比 V 形缺口冲击韧性,J;K_I 为裂纹尖端应力强度因子,MPa·$\sqrt{m}$;Y 为裂纹形状系数,在此取 2.5;σ 为钻杆受到的垂直于裂纹面的拉应力,MPa;a 为裂纹半长(在此为裂纹径向深度),m。

根据“过回火”区硬度,焊缝线处屈服强度取 1 100 MPa,夏比冲击韧性取 20 J,由式(1)可计算出此时 K_{IC} 约为 76.6 MPa·$\sqrt{m}$。根据用户提供的资料可计算,该钻杆断裂前承受的拉伸载荷约为 150 t,计算得出失效钻杆焊缝处受到的拉应力约为 173 MPa。裂纹源形成后,当裂纹尖端应力强度因子 $K_I \geqslant K_{IC}$ 时,裂纹发生失稳扩展,根据式(2),此时可计算出裂纹失稳扩展临界尺寸 a_c 约为 9.9 mm。失效钻杆焊缝实际裂纹源深度约为 10 mm,计算结果与实际相符。焊缝“过回火”形成的硬脆相组织降低了焊缝的韧性,在裂纹源深度达到临界尺寸时,裂纹迅速失稳扩展,导致钻杆发生脆性断裂。

8　结论与建议

(1)该失效钻杆断裂性质为钻杆摩擦对焊焊缝脆性断裂。

（2）钻杆断裂起源于摩擦对焊焊缝外表面附近的灰斑缺陷,同时由于焊缝热处理回火温度过高,焊区存在非正常组织,在拉伸载荷作用下迅速发生失稳扩展,导致脆性断裂。

（3）V150 高强度钻杆因其强度高、水眼大,可大幅度提高钻井效率,在超深井中的使用将越来越广泛,建议对 V150 高强度钻杆的裂纹敏感性、疲劳性能等进行深入研究。

参考文献

[1] 姜新越,胡峰,庄大明,等.回火温度对 V150 钻杆钢的强韧性匹配的影响[J].钢管, 2012,41(5):22-27.

[2] 余荣华,袁鹏斌.铝合金钻杆的特点及应用前景[J].石油矿场机械,2011,40(3): 81-85.

[3] 余世杰,袁鹏斌,马金山,等.钻杆焊缝刺漏原因分析[J].理化检验:物理分册, 2012,48(10):1-4.

[4] 李鹤林,李平全,冯耀荣.石油钻柱失效分析及预防[M].北京:石油工业出版社, 1999:54-61.

[5] 钟群鹏,赵子华.断口学[M].北京:高等教育出版社,2006:26-32.

[6] 王从曾,刘会亭.材料性能学[M].北京:北京工业大学出版社,2008:66-85.

钻杆内螺纹接头断裂原因分析

余世杰[1,2]　　袁鹏斌[1,2]

(1.上海海隆石油管材研究所,上海200949;

2.西南石油大学,四川成都610500)

摘　要:对一起钻杆内螺纹接头断裂事故进行了调查,对钻杆形貌进行了宏观分析,对钻杆材料的力学性能、化学成分和金相组织等进行了试验分析,分析了钻杆接头结构形状对断裂的影响。试验分析结果表明,钻杆内螺纹接头90°吊卡台肩根部断裂属于疲劳断裂。断裂原因主要是该处结构突变,应力集中严重。

关键词:钻杆接头;失效分析;石油钻井

2008年7月,某井在钻井作业过程中发生了一起钻杆内螺纹接头断裂事故。本文对事故原因进行了调查分析。

1　现场情况

该井是一口预探井,井深3 965 m。从一开到取心井段(0～3 858.50 m),无论在钻进、取心或起下钻中,都无挂卡或黏卡现象。并于2008年7月21日10:00起出最后一筒心,取心井段:3 853.85～3 858.50 m。13:00出心完后开始下钻,至23:15到取心位置(3 853.85 m)开始扩眼。当时最大井斜1.02度,最大方位角321.54度,钻压2t,泵压10 MPa,转速60 r/min,悬重130 t。钻井液密度1.13 g/cm³,黏度37 s,失水9。22日0:30划眼至井深3 858.20 m(既无溜钻,也未打倒车,泵压下降到7.5 MPa,上提钻具悬重降至110 t,为了判断井下钻具是脱扣或是断裂,然后下压方钻杆,开泵泵压恢复正常,开转盘没有扭矩也不打倒车,上提钻具悬重还是110 t,判断钻具断裂)。2008年7月22日上午9:40,起钻发现钻铤上部第三根钻杆内螺纹接头从90°台肩面断裂。

落鱼长度204.02 m,鱼顶位置井深3 654.18 m。落鱼钻具组合:Φ241钻头×0.25 m+630×410×0.61 m+Φ178 mm16根×145.96 m+411×410A0.50 m+Φ165 mm钻铤3根×26.21 m+411A×410×0.49 m+方保1.44 m+127 mm钻杆3根×28.56 m。

发生断裂的钻杆为新钻杆,钻杆尺寸规格及使用时间见表1。

表1　钻杆尺寸规格及使用时间

规格/ mm	管体			接头			使用情况		
	钢级	壁厚/ mm	加厚类型	扣型	吊卡台肩	内径/ mm	累计纯钻/ h	累计使用/ h	累计进尺/ m
Φ127	G	9.19	IEU	NC50	90°	90.5	约300	约300	3 858

该批钻杆订货技术标准为 API Spec 7[1]、API Spec 5D[2]、和 SY/T 5290—2000[3]。

对该批用过的钻杆探伤检查结果表明,多根钻杆内螺纹接头吊卡台肩根部有裂纹。

2　断口宏观分析及尺寸测量

2.1　断口宏观分析

钻杆内螺纹接头断口位于直角台肩处。断口大致可分为平坦断面和斜断面两部分(图1)。平坦断面约占断口的2/3,为疲劳裂纹源区和扩展区;斜断面为最后断裂区。平坦断面靠内壁部位约有1/4圆周为斜断面,该部位斜断面也为最后断裂区。

钻杆接头宏观断口特征表明,钻杆内螺纹接头为疲劳断裂,裂纹起源于内螺纹接头直角台肩根部,即裂纹起源于外表面。

2.2　宏观尺寸测量

经测量,钻杆内螺纹接头内径为 90.0 mm,外径为 168.0 mm。直角台肩位置圆弧半径,$R_{SE}=8.0 \sim 9.5$ mm(图2)。R_{SE} 符合 SY/T 5290—2000 石油钻杆接头标准规定($R_{SE} \geqslant 6.4$ mm)。接头外径比标准值仅小 0.3 mm,这表明钻杆使用时间不长。

图1　断口宏观形貌

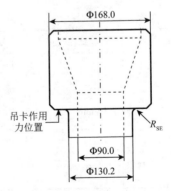

图2　钻杆内螺纹接头主要结构尺寸

3 材质分析

3.1 化学成分分析

在断口附近取样,采用直读光谱仪对失效钻杆内螺纹接头进行化学成分分析,其化学成分符合 SY/T 5290—2000 要求(表2)。

表2 接头用材化学成分分析结果(质量分数/%)

元 素	C	Si	Mn	P	S	Cr	Mo	Ni	Al	Cu
含 量	0.34	0.23	0.92	0.012	0.001 7	1.06	0.29	0.12	0.003	0.013
SY/T 5290—2000	—	—	—	≤0.030	≤0.030	—	—	—	—	—

3.2 力学性能试验

在断裂钻杆接头上沿纵向取拉伸试样和横向夏比冲击试样进行力学性能试验,按照图3所示位置对钻杆接头横截面进行洛氏硬度测试,其力学性能符合 SY/T 5290—2000 规定(表3～表5)。

表3 拉伸性能

项 目	屈服强度 $R_{t0.7}$/MPa	拉伸强度 R_m/MPa	延伸率/%
	954.7	1 095.4	18.4
试验结果	903.5	1 081.4	19
	935.8	1 090.3	18.6
SY/T 5290—2000	≥827.4	≥965.3	≥13.0

表4 冲击性能

项 目	试样尺寸	试验温度/℃	冲击试验 A_{kv}/J
			58
			60
试验结果	10 mm×10 mm×	−20	62
	55 mm		平均60
SY/T 5290—2000 规定			单个试样≥47
			平均值≥54

表 5　钻杆接头硬度测试结果

区　域	位置	HRC			平　均
1	外部	35.6	35.2	30.7	33.8
	中部	36.0	35.2	33.3	34.8
	内部	29.9	32.2	33.4	31.8
2	外部	35.3	30.4	32.9	32.9
	中部	30.7	31.2	33.8	31.9
	内部	35.0	34.4	34.2	34.5
3	外部	30.0	33.0	32.8	31.9
	中部	31.1	33.5	33.2	32.6
	内部	33.2	33.2	33.0	33.1
SY/T 5290—2000		≥285(HRC 29.8)			

3.3　金相分析

失效钻杆接头组织为回火索氏体(图 4)。夹杂物为 A 类细系 0.5 级,B 类粗系 0.5 级,D 类细系 2.0 级。晶粒度为 7.5 级。

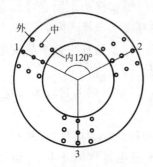

图 3　硬度测试压痕位置　　　　　　图 4　失效钻杆接头金相组织

4　结果分析

试验结果表明,钻杆接头材质符合标准要求,钻杆接头为疲劳裂纹失效。疲劳裂纹是在低于材料屈服强度的交变应力作用下使用一段时间之后才产生。疲劳裂纹一般产生于构件的危险部位,疲劳失效要经过裂纹萌生、扩展和断裂三个阶段。该批钻杆累计旋转时间 300 h,累计进尺仅 3 858 m,就有 1 根钻杆从内螺纹接头吊卡台肩部位断裂,多根钻杆接头在吊卡台肩部位产生裂纹。钻杆接头使用时间很短就产生裂纹或断裂,属于早期疲劳失效。钻杆接头发生早期疲劳失效的原因与钻杆接头直角吊卡台肩根部存在较大应力集中有关。

从图 3 可明显看出,钻杆接头直角台肩部位为结构突变部位。该部位最大壁厚为 39.0 mm,最小壁厚为 20.2 mm,两者之比为 1.93,存在较大的应力集中。在钻进过程中,钻杆要受到拉伸、扭转、弯曲、冲击等交变载荷,在结构突变的应力集中部位受力更大。在起下钻过程中,吊卡与接头台肩接触配合来提升或下放钻柱。由于吊卡与接头台肩作用力位置距接头台肩根部有一定距离,接头吊卡台肩根部除受正常拉力之外,还要承受附加的弯矩作用[4]。因此,钻杆接头直角台肩根部受力条件更苛刻,容易发生疲劳裂纹失效。

日本平川贤尔用 88.8 mm E75 钻杆直角台肩和 18°台肩 NC38 接头(水眼直径 68.3 mm 与 API Spec 7 规定的公接头水眼直径相同)做的实物疲劳试验结果[5]表明,90°直角台根部应力集中系数为 2.08,18°台肩根部应力集中系数为 1.19。前者是后者的 1.75 倍。

管材研究所对不同结构的钻杆实物进行旋转弯曲疲劳试验的结果表明,直角吊卡台肩钻杆内螺纹接头水眼直径大于外螺纹接头标准水眼直径时,钻杆失效位置在吊卡台肩根部。

由于 90°台肩根部存在的应力集中系数大于 18°台肩根部的应力集中系数,API Spec 7 标准早已把 90°台肩钻杆接头列为逐渐淘汰的产品。

内螺纹接头内径越大,台肩部位的壁厚差别越大(图 3),应力集中越严重;接头内径越大,水力损失越小。API Spec 7 标准对 Φ127.0 mm G105 钻杆外螺纹接头规定的水眼直径为 82.6 mm,内螺纹接头水眼由工厂自己选择。失效钻杆内螺纹接头水眼直径为 90.0 mm,大于外螺纹接头水眼,其吊卡台肩根部的应力集中系数会更大。增大内螺纹接头水眼直径虽有利于减小水力损失,提高钻井速度。但会增加钻杆内螺纹接头吊卡台肩根部应力集中,降低接头连接强度。因此,采用增大内螺纹接头水眼直径的方法来提高钻井速度时,应考虑直角吊卡台肩根部应力集中对钻杆接头连接强度的影响。

实践已经证明[6],使用加重钻杆可有效地保护钻杆,减少钻杆失效事故发生。该井钻具组合中没有使用加重钻杆,这一问题必须引起重视。

跳钻会使钻具受力条件恶化,降低钻具使用寿命[7-8]。该井钻井过程中有跳钻现象,这可能会对钻杆使用寿命有一定影响。

钻杆接头为疲劳裂纹失效。钻杆接头的使用寿命与所受应力成反比,钻杆接头所受应力越大,使用寿命越短。该批钻杆在该井使用期间未发生异常钻井事故,但却有 1 根钻杆从接头吊卡台肩部位断裂,多根钻杆接头在吊卡台肩部位产生裂纹。这说明该种结构尺寸的钻杆接头不适宜在该类深井使用。

5 结论与建议

(1)钻杆内螺纹接头 90°吊卡台肩根部裂纹属于疲劳裂纹。裂纹原因主要是该处结构突变,应力集中大。同时接头内径偏大,加剧了该部位的应力集中。

(2)失效钻杆接头化学成分满足 API Spec 5D,力学性能满足 API Spec 7 规范要求。

(3)建议选用斜坡台肩钻杆接头。

参考文献

［1］ API Spec 7　Specification for rotary drill stem element［S］. 40th ed. Washington（DC）：API；NOVEMBER 2001.

［2］ API Spec 5D　Specification for Drill pipe［S］. Fourth Edition，Washington（DC）：API；August 1999.

［3］ SY/T 5290—2000　石油钻杆接头. 中华人民共和国石油天然气行业标准，2000.

［4］ 吕拴录，袁鹏斌，姜涛. 钻杆 NC50 内螺纹接头裂纹原因分析，石油钻采工艺［J］. 2008，30（6）：104-107.

［5］ （日）平川贤尔. 对焊钻杆的疲劳强度. 石油专用管，1984，1.

［6］ Lü Shuanlu，Feng Yaorong，Luo Faqian，et al. Failure analysis of IEU drill pipe wash out，Fatigue，2005，27：1 360-1 365.

［7］ 吕拴录，骆发前，等. 钻杆刺穿原因统计分析及预防措施［J］. 石油矿场机械，2006（增刊）.

［7］ 吕拴录，金维一，等. 随钻震击器冲管体断裂原因分析. 石油钻采工艺，1991.

［8］ 王新虎，薛继军，等. 钻杆接头抗扭强度及材料韧性指标研究，石油矿场机械，2006，35（增刊）.

某油田 Φ203 mm 钻铤断裂失效分析

帅亚民

（上海海隆石油管材研究所,上海 200949）

摘　要:从宏观及微观角度对断裂钻铤的断口形貌进行分析,测量了螺纹及外观几何尺寸,对材质进行了理化分析。综合分析认为,钻铤内螺纹根部及端部的尺寸参数不符合标准规定,加剧了螺纹根部的应力集中,降低了接头螺纹的承载能力,导致钻铤螺纹发生疲劳失效。

关键词:钻铤;螺纹;疲劳断裂

某钻井队在钻井时发生 Φ203 mm 钻铤内螺纹断裂事故。当时井深为 580 m,钻压为 200 kN,泵压为 14 MPa,转速为 80 r/min,钻井液排量为 45 L/min,洗井液为清水。断裂位置为内螺纹从大端起第 15 牙至第 17 牙螺纹根部,端面呈台阶状,断后保存较完好。据油田反映,该钻铤在此之前已修复过两次。另外,钻铤在入井时,采用猫头绳上扣,无扭矩控制装置。

1　断口分析

1.1　宏观分析

断裂钻铤断口的宏观形貌见图 1。断口较齐平,有三个断面,呈台阶状。在图中上方和右侧及右下方各有一个近似半圆形的平坦区,大小不等;三个平坦区的局部形貌见图 2 和图 3。平坦区上可见清晰看到贝纹线,断裂是从螺纹根部区域开始由内向外扩展,断口均呈典型的疲劳特征。由于螺纹根部的结构应力集中的缘故,疲劳裂纹扩展的面积较大,但裂纹未穿透整个壁厚,三个疲劳区的面积之和不到整个断口的一半。除疲劳区之外,其余均为最后一次性瞬断区。

图 1　钻铤断口宏观形貌

图 2　断口上的大疲劳区　　　　图 3　断口上的两个小疲劳区

1.2　微观分析

断口经扫描电镜观察分析,源区(螺纹根部)的低倍形貌见图 4。裂纹起始于螺纹根部区域,开始时有一些小台阶,扩展一段后汇合在一起。疲劳区的微观形貌为疲劳条纹,见图 5。瞬断区的微观形貌为准解理。微观形貌的分析结果也显示出典型的疲劳特征。

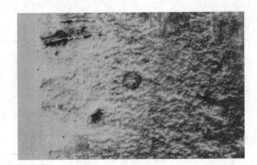

图 4　源区低倍形貌　　　　　　图 5　疲劳条纹

2　几何尺寸测量

因来样所限(内螺纹端面被切刀切下),仅对内螺纹端部的部分尺寸参数进行了测量,结果列于表 1。

表 1　尺寸参数测量结果　　　　　　　　　　　　　　　(单位:mm)

位置	外径		台肩倒角直径 D_F	内螺纹扩锥孔大端直径 Q_C	密封端面宽度	螺纹根部牙角半径
	端部	断口处				
结果	197.7	197.6	186.0	153.8	15.7	0.685
	196.7	197.4	186.2	153.7	15.7	0.626
	196.5	196.7	186.0	154.1	15.7	0.600
SY/T 5144—86 标准规定		—	190.1±0.4			0.965

从表 1 的结果可知,钻铤的内螺纹端部尺寸参数与规定有较大差别,其螺纹根部牙

角半径小于标准规定,其台肩倒角直径 D_F 比标准规定小了约 4 mm,而内螺纹扩锥孔大端直径(镗孔直径)Q_c 却比标准规定大了约 3 mm,这样,使得钻铤的台肩面宽度减少,即台肩面的面积减小,也必然使钻铤内螺纹接头承载能力下降。另外,钻铤端部的外径也因使用中的磨损而减小了约 6 mm,这也会降低钻铤的承载能力。

3 材质理化检验

3.1 化学成分分析

取样进行化学成分分析,结果列于表 2。

表 2 化学成分分析结果(质量分数/%)

元素	C	Si	Mn	P	S	Cr	Mo	Ni	Nb	V	Ti	Cu
结果	0.45	0.26	1.07	0.018	0.027	0.98	0.263	0.099	0.007	0.007	0.012	0.079
SY/T 5144—86 标准要求	—	—	—	≤0.035	≤0.035	—	—	—	—	—	—	—

3.2 机械性能试验结果

按标准要求分别取样进行拉伸、冲击及硬度试验,结果列于表 3。

表 3 机械性能试验结果

指标	抗拉强度/MPa	屈服强度/MPa	伸长率/%	布氏硬度	夏比冲击吸收功/J
结果	969	775	21.2	HB307	76.0
	972	777	21.6	HB307	77.0
	975	780	22.4	HB307	77.0
SY/T 5144—86 标准要求	≥930	≥689	≥13	HB285～341	≥54

3.3 金相检验

取样经光学显微镜观察分析,钻铤材料的金相组织为回火索氏体和上贝氏体(见图 6)。按有关标准进行夹杂物和晶粒度评级,评级结果为:夹杂物 A 2.5、A 1.0e、B 1.5、B 1.0e、D 0.5;晶粒度 4～5 级。

图 6 钻铤的金相组织

4 结果分析

从钻铤断口的宏观和微观分析结果可以判定,钻铤的断裂是起源于螺纹根部的疲劳失效。从螺纹的宏观检查和参数检测情况来看,该钻铤的螺纹加工质量较差,螺纹根部虽无明显加工刀痕,但牙根半径不符合标准规定。这些情况均与钻铤的断裂有直接关系,螺纹牙根半径小,会使螺纹根部的应力集中更严重,这是钻铤螺纹产生疲劳失效的起源。从钻铤端部的尺寸检测结果可知,钻铤的外径因磨损减小约 6 mm,这是否会引起钻铤的弯曲强度比不足呢? 按 API RP 7G[1]推荐,钻铤弯曲强度比用下式计算:

$$B = \frac{Z_B}{Z_P} = \frac{0.098(D^4 - b^4)/D}{0.098(R^4 - d^4)R} \tag{1}$$

式中:B 为弯曲强度比;Z_B 为内螺纹截面模量;Z_P 为外螺纹截面模量;D 为外螺纹和内螺纹接头外径;d 为内径(水眼);b 为在外螺纹端部处的内螺纹牙根直径;R 为距外螺纹台肩 19.05 mm(¾ in)处外螺纹的牙根直径。

用下式计算 b 和 R:

$$b = C - \frac{t_p(L_p - 0.625)}{12} + 2h \tag{2}$$

$$R = C - 2h - \frac{1}{8} \times \frac{t_p}{12}$$

$$h = \frac{H}{2} - f_{rm} \tag{3}$$

式中:C 为基面节圆直径,in;t_p 为锥度,in/ft;L_p 为外螺纹的扣长,in;H 为螺纹不截顶高度,in;f_{rm} 为截齿高度,in。

将钻铤端部的部分尺寸实测值和查 API RP 7G 附表所得到的接头螺纹尺寸参数数值分别代入(2)、(3)、(1)式中计算得出:

$$B = 2.71 : 1$$

按 API RP 7G 推荐,弯曲强度比在钻井条件允许的范围内可以从 3.20 到 1.90:1 之间变化。考虑到使用的安全性,弯曲强度比一般小于 2.00:1。由此可知,该钻铤目前的磨损情况不会出现弯曲强度不足的问题。另据油田的有关技术人员反映,川南矿区 Φ203.2 mm(8 in)钻铤规定的外径磨损下限为 182 mm,按上述计算方法,其弯曲强度比为 2.00:1,这正是弯曲强度比的下限。因此说,该钻铤目前的情况,其弯曲强度比在安全范围内。然而,该钻铤台肩面的 D_F 比标准规定小约 4 mm,而 Q_C 比标准规定大约 3 mm。由此推算,台肩面的面积减少了约 20%,即钻铤接头的承载能力相应地下降。这将导致钻铤在采用猫头绳上扣时的上紧扭矩降低,而使钻铤螺纹的上紧扭矩不足。已有大量的事实证明,钻铤螺纹在上紧扭矩不足的情况下,很容易发生钻铤螺纹最后啮合区的疲劳断裂[2](内或外螺纹接头最后一圈螺纹断裂)。带台肩的标准数字型螺纹在按 API 推荐的扭矩值进行上紧后,其内螺纹最后啮合区的载荷峰值占总载荷的 30%,而在上紧扭矩不足时,其载荷峰值将上升到 33% 左右。在这种情况下,再考虑到螺纹本根部本身存在较严重的应力集中[3]，使得最后啮合区螺纹根部的应力峰值将超过材料的疲劳强度，其结果是导致螺纹从根部产生疲劳裂纹进而疲劳断裂。

5 结论

Φ203 mm 钻铤断裂属起源于螺纹根部的疲劳失效。其失效原因为钻铤内螺纹的根部的尺寸参数不符合标准规定，加剧了螺纹根部的应力集中，降低了接头螺纹的承载能力，导致钻铤螺纹发生疲劳失效。

参考文献

[1] API RP 7G Recommended practice for drill stem design and operating limits[S].

[2] 梁广华.鄂北塔巴庙工区钻具失效原因分析与对策[J].探矿工程（岩土钻掘工程），2004,1:50-54.

[3] 李改成.钻铤接头螺纹断裂规律及改进措施[J].煤田地质与勘探,1994,22(6)：36-39.

三 粘扣失效分析及预防

钻铤粘螺纹原因分析及试验研究

吕拴录[1,2]　邝献任[3]　王　炯[4]　马福保[4]　吴富强[1]　刘德英[1]

(1.中国石油塔里木油田公司,新疆库尔勒 841000;

2.中国石油大学,北京昌平 102249;

3.中国石油天然气集团公司管材研究所,陕西西安 710065;

4.风雷机械制造公司,山西侯马 043009)

摘　要:对钻铤粘螺纹事故进行了调查研究,并进行了宏观形貌和材质分析。对新钻铤材质和螺纹参数进行了检验,并采用不同旋螺纹扭矩对新钻铤试样进行了上卸螺纹试验。通过试验分析,认为钻铤材质和螺纹加工质量合格,钻铤粘螺纹与钻铤材质和加工质量无关,其主要原因是井队操作不当所致。

关键词:钻铤;粘螺纹;上卸螺纹;形貌

钻铤是钻柱系统的重要构件之一,位于钻头之上、钻杆之下。在钻井过程中,钻铤不但要传递扭矩和保证钻井液循环,还要给钻头施加钻压。因而,钻铤在使用过程中要受到弯曲、扭转、内压和震动等载荷的作用。要保证整个钻柱系统的结构完整性和密封完整性,确保钻井生产的正常进行,钻铤的使用性能必须安全可靠。如果钻铤发生失效事故,会影响正常的钻井生产,并造成重大经济损失。钻铤的薄弱环节一般在螺纹连接部位,为保证钻铤螺纹连接强度和旋螺纹及螺纹对中性能,API Spec 7 规定钻铤螺纹必须是粗牙锥管螺纹。粗牙锥管螺纹具有螺纹对中性能好、抗粘螺纹能力强等特点。根据 API 钻铤螺纹的设计特点,钻铤在使用过程中不容易发生粘螺纹事故。因此,API 也没有对钻铤进行抗粘螺纹试验的相应的标准。但是,近年来我国油田和煤田却多次发生钻铤粘螺纹事故,造成了极大的经济损失。

2004 年 12 月,在某煤田一批 Φ120.7 mm 新钻铤使用不久就发生了粘螺纹事故。对于钻铤粘螺纹事故,用户和生产厂家都非常重视。为搞清钻铤粘螺纹原因,对粘螺纹钻铤螺纹接头(内、外螺纹)样品(编为 1 号)进行了失效分析,对 2 根新钻铤试样内、外螺纹接头(编为 2 号和 3 号)进行了螺纹测量,对 1 根新钻铤试样内、外螺纹接头(编为 3 号)进行了上卸螺纹试验研究。

1 钻铤使用情况及粘螺纹形貌宏观分析

1.1 使用情况

钻铤外径为 Φ120.7 mm,螺纹接头为 NC38。该批钻铤 2004 年 11 月 15 日开始使用,12 月初发现粘螺纹。该批钻铤采用锚头绳旋螺纹,使用的是用户自己生产的钻具螺纹脂。

1.2 粘螺纹形貌宏观分析

钻铤外螺纹和内螺纹粘螺纹宏观形貌见图 1～图 3。从图 1 可知,钻铤外螺纹靠端面第 1 牙螺纹的承载面有划伤,但未发现明显粘螺纹;从第 2 牙到第 7 牙严重粘螺纹,某些区域整个螺纹被刮平,螺纹被挤在一起,几乎看不清螺纹形状;从钻铤端面第 7 牙到密封台肩位置的螺纹承载面和齿顶上有划伤痕迹,有些螺纹齿顶严重碰伤。在钻铤外螺纹接头密封台肩面有明显黏结痕迹,且黏结程度随拧紧方向逐渐严重,有的区域

图 1　1 号钻铤外螺纹粘螺纹形貌

呈鳞片状(图 2)。钻铤内螺纹严重粘螺纹,有些螺纹牙形已完全破坏(图 3)。从图 1～图 3 可明显看出,钻铤粘螺纹特别严重的区域具有错螺纹导致的粘螺纹特征。

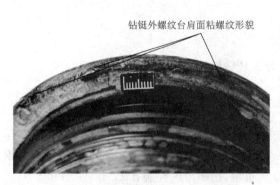

钻铤外螺纹台肩面粘螺纹形貌

图 2　1 号钻铤外螺纹台肩面黏结形貌

钻铤内螺纹

图 3　1 号钻铤内螺纹粘螺纹形貌

2 钻铤材质分析

2.1 化学成分分析

用 DV5 直读光谱仪对钻铤化学成分分析的结果表明,粘螺纹钻铤和新钻铤化学成

分符合 API Spec 7[1]标准规定。

2.2 力学性能试验

在粘螺纹钻铤内螺纹接头和新钻铤管体分别取标距内直径为 6.25 mm 的纵向圆棒拉伸试样、10×10×55 mm 的 V 型缺口纵向夏比冲击试样和硬度试块进行力学性能试验。试验结果表明,钻铤的力学性能符合 API Spec 7 标准和 SY/T 5144—1997[2]标准规定。

2.3 金相分析

在粘螺纹钻铤内螺纹接头和新钻铤管体分别取金相试样进行金相分析,结果表明,钻铤内螺纹接头严重粘螺纹位置组织变形(图 4)。基体组织为回火索氏体,夹杂物 A1.0,B0.5,D1.0。晶粒度等级为 7 级。新钻铤管体基体组织为回火索氏体和上贝氏体。夹杂物 A1.5,B2.0,D0.5。晶粒度等级为 7 级。

图 4　钻铤内螺纹接头粘螺纹位置变形组织

3 螺纹检测

对 2 号和 3 号钻铤试样内、外螺纹接头进行检测和尺寸测量,测量结果钻铤试样螺纹接头符合 API Spec 7 规定。

4 上卸螺纹试验

为验证钻铤螺纹接头抗粘螺纹性能,对 3 号钻铤进行了上卸螺纹试验。

4.1 试验设备及主要参数

试验设备:美国摩尔公司生产的上卸螺纹试验系统;旋螺纹速度:≤10 r/min;螺纹脂:CS-1;旋螺纹扭矩按 API Spec 7G[3]规定的最小扭矩 17 625 N•m(13 000 ft•lb),并根据每次卸螺纹后螺纹损伤实际情况逐步增加扭矩,扭矩范围控制在 17 689～25 031 N•m 之间。

4.2 试验结果

在旋螺纹速度≤10 m/min、螺纹脂为 CS-1、螺纹对中状况良好的试验条件下,按 100%～126% 的 API RP 7G 推荐扭矩上卸螺纹 2 次,按 108% 的 API RP 7G 推荐扭矩上卸螺纹 2 次,按 116% 的 API RP 7G 推荐扭矩上卸螺纹 6 次,按 126% 的 API RP 7G 推荐扭矩上卸螺纹 1 次,钻铤接头螺纹没有发生粘螺纹,接头密封台肩没有发生黏结。

第 12 次按 142％的 API RP 7G 推荐扭矩旋螺纹后锯开（大钳卸不开）检查，钻铤接头螺纹未发生粘螺纹，接头密封台肩发生轻微黏结（图 5 和图 6）。

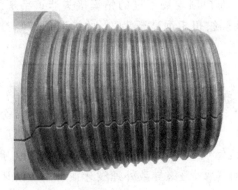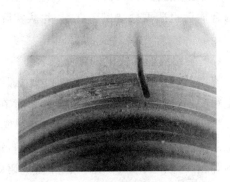

图 5　钻铤经 12 次旋螺纹后　　　　图 6　钻铤经 12 次旋螺纹（锯床剖开）
（锯床剖开）螺纹形貌　　　　　　后内螺纹接头密封台肩面黏结形貌

5　分析讨论

5.1　钻铤质量对粘螺纹的影响

从材质试验结果可以看出，粘螺纹钻铤的化学成分、力学性能均符合相关标准，其金相组织未见异常。从螺纹检测结果可知，钻铤螺纹参数符合标准要求。

上卸螺纹试验结果表明，3 号钻铤螺纹接头按 1.0～1.3 倍的 API RP 7G 规定的最小扭矩上卸螺纹 11 次没有粘螺纹，第 12 次按 1.4 倍的 API RP 7G 规定的最小扭矩旋螺纹后接头密封台肩发生轻微黏结。这说明钻铤本身抗粘螺纹性能没有问题。

综上所述，钻铤本身质量合格，不会导致粘螺纹。

5.2　现场操作因素对粘螺纹的影响

该批钻铤使用不足 1 个月就发生了严重粘螺纹和错螺纹，说明钻铤螺纹对中方式、旋螺纹速度、旋螺纹扭矩、螺纹接头表面清洁程度等都对钻铤粘螺纹有影响。

该批钻铤采用猫头绳旋螺纹，具体旋螺纹扭矩、旋螺纹速度、螺纹对中方式、螺纹表面清洁程度等不详。但从螺纹粘螺纹和错螺纹的严重程度判断，现场使用操作不规范，下面予以分析。

（1）旋螺纹时发生了错螺纹。

钻铤螺纹接头具有粘螺纹损坏的特征。钻铤错螺纹主要是螺纹对中偏斜，或者引螺纹不到位，螺纹对中后内、外螺纹还处于非正常的啮合状态，即外螺纹牙顶与内螺纹牙顶相接触时就快速采用大扭矩强行旋合螺纹，最终会使螺纹牙齿严重粘螺纹破坏，甚至损坏到螺纹牙形无法辨认的程度。

（2）旋螺纹扭矩过大。

从上卸螺纹试验结果可知，按 142% 的 API RP 7G 推荐的最小扭矩旋螺纹后接头螺纹没有粘螺纹，接头密封台肩发生轻微黏结。而根据现场用过的钻铤接头严重粘螺纹、密封台肩面也严重黏结损坏推断，井队实际旋螺纹扭矩远高于 142% 的 API RP7G 推荐的扭矩。

（3）旋螺纹速度快。

旋螺纹速度过快导致外螺纹沿着内螺纹的螺旋牙槽旋进时会产生附加的冲击载荷，这就很易损伤螺纹，形成粘螺纹。如果存在螺纹对中偏斜，并且未引螺纹或引螺纹不到位，快速上卸螺纹更容易导致粘螺纹和错螺纹。该批钻铤在现场使用时的旋螺纹速度没有记录，但从螺纹错螺纹的严重程度可知，钻铤螺纹对中和引螺纹不到位，在外螺纹牙顶与内螺纹牙顶相接触的状态就已开始快速旋合螺纹，最终导致外螺纹牙顶与内螺纹牙顶接触干涉，发生粘螺纹和错螺纹。

（4）螺纹脂。

本次上卸螺纹试验采用 CS-1 螺纹脂，在旋螺纹扭矩达到 1.3 倍的 API RP 7G 推荐的最小扭矩时也没有发生粘螺纹。该批钻铤在井队实际所用螺纹脂是否对粘螺纹有影响，有待试验研究。

6　结论及建议

（1）钻铤的力学性能、化学成分、螺纹加工质量均符合 SY/T 5144—1997 标准规定。

（2）钻铤样品按照 100%～126% API RP 7G 规定扭矩值上卸螺纹 11 次未发生粘螺纹。

（3）钻铤粘螺纹原因主要是现场操作不当所致。

（4）建议严格钻铤使用操作规程。使用带扭矩仪的大钳旋螺纹，旋螺纹扭矩范围控制在 17～22 kN·m 范围内。

（5）对井队用螺纹脂进行检验。

参考文献

[1] API Spec 7　Specification for rotary drill stem elements[S]. Casing and Tubing. 40th ed. Washington (DC)：API，March 2002.

[2] SY/T 5144—1997　钻铤. 石油天然气行业标准.

[3] API RP 7G　Recommended practice for drill stem design and operating limits[S]. 16th ed Washington (DC)：API，August 1998.

钻杆接头螺纹粘扣原因分析

余世杰[1]　袁鹏斌[1]　魏立明[2]　刘贤文[2]　高健峰[2]　吕拴录[3]

(1.上海海隆石油管材研究所,上海 200949;

2.渤海钻探公司钻井技术服务公司,天津 300280;

3.中国石油大学,北京昌平 102249)

摘　要:某油田先后发生多起新钻杆接头螺纹粘扣事故,给油田造成了较大的经济损失。为了避免此类事故的再次发生,结合现场调查,通过对钻杆粘扣的接头螺纹形貌进行宏观观察,对接头材料的力学性能、化学成分和金相组织进行了全面的试验分析。结果表明,该次多根螺纹接头粘扣与接头材质无关,而是井队在接立柱过程中,立柱中心轴线与入井钻杆轴线同心度偏差较大,在螺纹旋合时引起偏斜对扣,造成接头螺纹碰伤,以及高速引扣,引起公母螺纹牙齿相互干涉,造成螺纹面的挤压磨损,塑性变形,最终导致大面积的接头粘扣。最后根据失效原因,提出了相对应的改进措施和建议。

关键词:螺纹粘扣;失效分析;钻杆;石油钻井

2008 年 4 月至 5 月期间,某钻井队在油田钻进作业的过程中,连续发生多起 Φ139.7 mm×10.54 mm IEU G105 型钻杆接头粘扣现象,延误了井队钻井进程的同时造成大量经济损失。为了找出接头螺纹粘扣原因,避免此类事故的再次发生,笔者在井场进行现场调查,并对发生粘扣的接头螺纹进行失效分析,最后提出了相对应的改进措施和建议。

1　钻杆粘扣状况

此次发生粘扣钻杆共 20 余根,且粘扣现象严重(图 1、图 2)。失效钻杆都为新钻杆,累计使用时间仅 300 h,累计进尺 3 312 m。该井为定向井,垂直井深 2 291 m,最大井斜角 94.04°,最大方位角 301°。三开以后采用的是水基无固相钻井液体系,pH 值为 8 至 11,主要井况参数如表 1 所示。该井采用液压动力钳上卸扣,钻具螺纹脂为华北某公司生产。另外据了解,4 根加重钻杆接头、1 支回压阀接头也在该井发生了类似的粘扣失效。从井场取回 3 个粘扣接头样品,其试样编号及螺纹类型见表 2。

图 1　现场公接头螺纹粘扣形貌　　图 2　母接头密封面及端部内锥面损伤形貌

表 1　主要井况参数

日　　期	上扣扭矩		转速 /(r·min⁻¹)	钻压 /kN	顶驱扭矩	
	N·m	ft·lb			N·m	ft·lb
2008 年 4 月～5 月	58 299	43 000	30	100	47 453	35 000

表 2　粘扣的钻杆接头样品编号及类型

样品编号	螺纹类型	接头类型
P1	5 1/2 FH	外螺纹接头
P2	5 1/2 FH	外螺纹接头
B1	5 1/2 FH	内螺纹接头

通过现场调查,发现该井队在钻杆上、卸扣操作过程中存在如下问题:

(1) 在上扣对接时,母螺纹接头内的钻井液清理不彻底,未涂抹螺纹脂,只是在公接头一端涂螺纹脂;

(2) 在接立柱过程中,立柱中心轴线与入井钻杆轴线不同轴,经观察偏差约为 30 mm;

(3) 规定上扣扭矩为 43 000 ft·lb,达到上扣扭矩以后冲扣 2～3 次(达到扭矩后反复扭紧 2～3 次);

(4) 个别钻杆第一次下井就发生粘扣,大多数钻杆在起下钻 4～5 次后发生严重粘扣;

(5) 母螺纹接头密封面、镗孔内壁和端面倒角部位均存在严重损伤。

2　粘扣宏观分析

P1 钻杆接头大端第 1～3 扣螺纹基本完好,镀铜层明显可见;部分牙顶已严重拉伤,存在毛刺毛边,且毛刺毛边明显向螺纹大端面倾斜。大端第 4～7 扣螺纹齿顶不同程度粘扣,螺纹导向面严重损伤,螺纹牙齿变形倒向大端。大端第 5 扣螺纹严重粘扣部位已经看不清螺纹轮廓,部分区域的螺纹已被剥落。其余螺纹有轻微磨损,螺纹牙底的镀铜层仍然存在。P1 钻杆螺纹接头粘扣形貌见图 3、图 4。

P2 钻杆外螺纹接头粘扣位置在距密封面 25~65 mm(大端第 4~9 扣)范围内,严重粘扣的位置已经看不见螺纹轮廓,具有错扣特征。在距密封面 0~25 mm 范围(大端第 1~3 扣)基本完好,镀铜层清晰可见;在 65~125 mm 范围(距大端 11 扣以后)的螺纹仅齿顶磨损。P2 钻杆外螺纹接头粘扣形貌见图 5~图 7,另外在接头端面也能发现一些碰伤的痕迹,如图 8 所示。

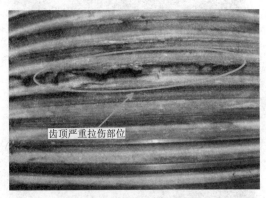

图 3 P1 外螺纹接头粘扣形貌(局部)

图 4 P1 外螺纹接头粘扣形貌

图 5 P2 外螺纹接头粘扣形貌

图 6 P2 外螺纹接头粘扣形貌(局部)

B1 钻杆内螺纹接头粘扣位置在距密封面 15~95 mm(大端第 1~12 扣)范围,严重粘扣位置已经看不清螺纹轮廓,局部区域的螺纹已挤压磨平,具有错扣的特征。在距密封面 95~130 mm(约 6 扣)的范围螺纹牙齿完好,镀铜层明显可见。在内螺纹接头镗孔内壁有严重的碰伤形貌。B1 钻杆内螺纹接头粘扣形貌见图 9 和图 10。

图7　P2外螺纹接头粘扣形貌（局部）

图8　P2外螺纹接头端面的碰伤痕迹

图9　B1内螺纹接头镗孔内壁损伤形貌

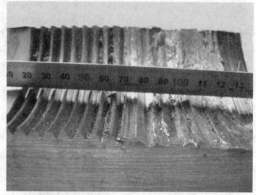

图10　B1内螺纹接头粘扣形貌（局部）

3　材质分析

3.1　化学成分分析

采用直读光谱仪对发生粘扣的钻杆接头化学成分进行分析。分析结果（表3）表明，三根钻杆接头的化学成分均符合 API Spec 7[1] 要求。

表3　接头用材化学成分分析结果（质量分数/%）

样品编号	C	Si	Mn	P	S	Cr	Mo	Ni	Al	Cu
P1	0.35	0.21	0.97	0.009	0.002	1.09	0.28	0.075	0.024	0.125
P2	0.36	0.21	0.98	0.009	0.002	1.09	0.28	0.075	0.024	0.125
B1	0.35	0.21	0.98	0.009	0.002	1.09	0.28	0.075	0.024	0.125
API Spec 7 标准要求	—	—	—	≤0.030	≤0.030	—	—	—	—	—

3.2 力学性能试验

3.2.1 拉伸试验

按照 API Spec 7 标准,沿接头纵向取标距为 50 mm、直径为 12.5 mm 的圆棒拉伸试样,按照 ASTM A370—2002 标准进行机械性能试验。试验结果(表 4)表明,钻杆接头拉伸性能符合 API Spec 7 标准。

表 4　接头拉伸试验结果

试　样		屈服强度 $R_{p0.2}$ /MPa	抗拉强度 R_m /MPa	延伸率 A /%	试验温度 /℃
P1	1	893	1 010	17.5	
	2	901	1 023	16.5	
	3	856	995	16.0	
P2	1	831	973	18.5	室　温
	2	859	987	19.5	
	3	832	974	19.5	
B1	1	986	1 090	18.0	
	2	975	1 079	20.0	
	3	985	1 088	19.5	
API Spec 7 规定		≥827	≥965	≥13	室　温

3.2.2 冲击性能试验

按照 SY/T 5290—2000[2] 标准,从失效钻杆接头上取夏比 V 形缺口冲击试样(10 mm×10 mm×55 mm),按照 ASTM A370—2002 标准进行冲击韧性试验,试验结果(表 5)表明,接头冲击韧性满足 SY/T 5290—2000 标准。

表 5　接头冲击试验结果

项　目	冲击功(−20 ℃) A_{kv}/J		
	纵　向		横　向
试样编号	P1	P2	B1
试验结果	112	86	94
	114	84	96
	110	92	88
平均值	112	87	93
SY/T 5290—2000 规定	≥54(平均值);≥47(单个值)		—

3.2.3　硬度试验

对失效钻杆接头的大钳空间进行表面布氏硬度试验,试验结果(表6)表明,外螺纹接头表面硬度都符合 SY/T 5290—2000 标准要求,而内螺纹接头有一位置硬度偏高。接头表面局部硬度稍微偏高与接头在井下使用过后在表面产生形变强化效应有关。

表6　钻杆接头表面布氏硬度

位置	硬度/HB		
	P1	P2	B1
位置1	341	331	331
位置2	339	325	304
位置3	329	315	319
SY/T 5290—2000 规定	285～341(外螺纹接头)		285～321(内螺纹接头)

在 B1 内螺纹接头横截面上取样按照图11的位置进行硬测定。试验结果(图11和表7)表明,内螺纹接头硬度符合要求。

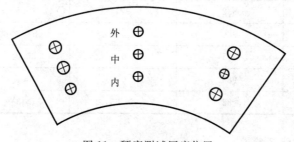

图11　硬度测试压痕位置

表7　B1内螺纹接头洛氏硬度

位　置	硬度/HRC		
外	33.5	34.3	34.1
中	35.4	34.3	35.1
内	35.5	34.7	35.9
API Spec 7 规定	≥HB285(HRC29.9)		

4　金相分析

在 P1、P2 和 B1 发生严重粘扣的部位取样,按照 GB/T 13298—91、GB 10561—2005、GB/T 6394—2002 标准对其表层粘扣处以及心部进行金相显微组织分析、非金属夹杂物和晶粒度评定。结果见表8。

表 8　金相分析结果

编号	组织形态	晶粒度	夹杂物									
			A		B		C		D		Ds	
			薄	厚	薄	厚	薄	厚	薄	厚	薄	厚
P1	$S_回 + B_上 + F$	8.5	1.0	0	0.5	0	0	0	1.0	0	0	0
P2	$S_回 + B_上 + F$	8.5	0.5	0	0.5	0	0.5	0	0.5	0	1.5	0
B1	$S_回$	8.5	0.5	0	0	0	0.5	0	0.5	0	1.5	0

从粘扣螺纹面的金相可以看出,螺纹面表层金属变形严重,且存在明显的组织变化,局部形成了厚度约为 0.06～0.10 mm 的二次淬火马氏体组织白亮层硬脆相[3],部分淬火马氏体已经被挤压嵌入到螺纹材料内部,局部粘扣剥落的金属也已经被嵌入到螺纹齿底部。在接头心部,除了回火索氏体之外,还存在少许上贝氏体和铁素体。

5　综合分析

取回的 3 个失效钻杆接头的化学成分和力学性能均符合 API Spec 7 标准和 SY/T 5290—2000 规定。

从金相分析结果可以看出,粘扣严重的螺纹表面,形变量大,基本看不出齿形轮廓,在最外表面还存在一层白亮的淬火马氏体组织,P1 螺纹面上的二次淬火马氏体最大厚度达到 0.1 mm 左右,根据接头的化学成分进行估算,要使接头材料奥氏体化并冷却形成马氏体,局部温度可达 800 ℃以上。粘扣钻杆接头金属表面不仅形成了很高的接触压力,而且在高温作用下发生了组织转变,该转变是在高接触应力、高温和快速加载作用下形成的。

此次发生粘扣的接头数量较大,其中包括其他的一些加重钻杆与回压阀接头等,且具有严重粘扣和错扣的特征,螺纹牙齿变形方向与钻杆旋合上扣方向相一致。由此推断,此次接头螺纹粘扣与钻杆上扣时偏斜对扣和螺纹接头已严重碰伤有一定关系。以下结合粘扣部位与上扣的实际操作等因素分别给予分析。

5.1　粘扣位置

在正常的井下作业过程中,内、外螺纹接头正常连接的情况下,外螺纹接头大端 1～3 扣受力最大,接头螺纹连接时,内外螺纹存在应力集中[4]。失效钻杆外螺纹接头大端 1～3 扣螺纹完好,大端第 4～9 扣螺纹严重粘扣;内螺纹接头大端 1～12 扣严重粘扣,小端 6 扣螺纹完好,且在局部未粘扣区域的螺纹面上的镀铜层仍完好。这就说明内、外螺纹接头在上扣时还未旋合到位就发生了粘扣,而不是在井下作业时发生粘扣的。

另外,据螺纹齿面的宏观形貌以及金相照片可知,失效钻杆接头粘扣螺纹面因受挤压和摩擦引起的塑性变形呈现一定的方向性,公螺纹朝大端方向、母螺纹朝小端方向变形,结合接头螺纹旋合过程分析,此变形方向与钻杆接头螺纹上扣方向相一致,这说明在螺纹面上产生的塑性变形是由上扣时螺纹受到严重挤压和摩擦形成的。

5.2 对扣不当导致钻杆接头粘扣和错扣

首先,在正常上扣情况下,内螺纹接头镗孔内表面不会与外螺纹接头接触干涉。但在现场调查发现接立柱过程中,立柱中心轴线与入井钻杆轴线不同心,存在较大的偏差,使螺纹在旋合的过程中产生较大的倾斜角。因此,对扣时内螺纹接头大端和外螺纹接头小端容易造成碰伤,上扣时外螺纹接头不容易与内螺纹啮合,易发生错扣和粘扣。

其次,从 B1 螺纹粘扣表层金相组织可以看出,一些二次淬火马氏体已嵌入至螺纹基体内。由此可以说明,一些粘扣严重的螺纹接头是经过多次上、卸扣造成的,螺纹表面形成的淬火马氏体经过再次的旋合挤压已压入金属基体内部了。故大多数钻杆是在起下4~5 次以后发生严重粘扣。

最后,失效的内螺纹接头样品镗孔内壁和密封面有碰伤痕迹,井场的钻杆内螺纹接头密封面、镗孔内壁和端面倒角部位均严重碰伤,且外螺纹接头端面也存在碰伤痕迹。因此,在上扣过程中,即使内、外螺纹勉强啮合,当内、外螺纹旋合至损伤位置时也会发生造扣现象,最终导致粘扣。

5.3 上扣扭矩

上扣扭矩是保证接头密封性能和连接强度的重要参数之一。上扣扭矩偏小,不容易保证接头密封性能和连接强度;上扣扭矩偏大,接头容易发生粘扣。该井上扣至规定上扣扭矩(43 000 ft·lb)后又反复扭紧2~3 次(冲扣2~3 次)。其原因是接头粘扣和错扣之后扭矩会急剧上升,当上扣扭矩达到规定值时,接头并没有达到最终上扣位置,即内、外螺纹接头密封台肩还没有达到最佳接触配合状态。如果不反复过扭矩上扣,就不能保证接头密封性能。为了防止接头泄漏,井队不得不多次过扭矩上扣。其结果可能有利于保证接头密封性能,但却使粘扣程度更加严重。

5.4 上扣速度快导致钻杆接头粘扣

上扣速度快,特别是开始引扣时,如果转速快,内、外螺纹还没有达到正常啮合状态,公母螺纹牙齿易相互干涉,造成螺纹面的挤压磨损,引起塑性变形,最终导致错扣和粘扣[5]。另外,上扣速度快会使螺纹面产生的热量不易于散发,摩擦面的温度急剧上升,使摩擦面金属软化和产生流动,也易发生粘扣[6]。该井上扣速度为 30 r/min,从钻杆接头严重粘扣和错扣特征判断,该井没有采用低速引扣。

6 结论与建议

(1)钻杆接头材料性能符合 API Spec 7 和 SY/T 5290—2000 规定。

(2)井口与天车轴线同轴度偏差较大,偏斜对扣,造成内、外螺纹接头碰伤;高速引扣,导致内、外螺纹错扣和粘扣。

（3）在上扣前清洗干净内、外螺纹接头，并分别均匀涂抹螺纹脂。

（4）在对扣、引扣和上扣作业过程中，应尽量保证顶驱、立柱与井口钻杆内螺纹接头同轴，避免偏斜对扣。

（5）低速引扣到位后再按正常速度上扣。

参考文献

［1］ API Spec 7　Specification for rotary drill stem elements［S］. Casing and Tubing. 40th ed. Washington（DC）：API March 2002.

［2］ SY/T 5290—2000 石油钻杆接头［S］.

［3］ 李鹤林,李平全,冯耀荣.石油钻柱失效分析及预防［M］.北京:石油工业出版社,1999.

［4］ 林元华,施太和,姚振强,等.钻具螺纹接头力学性能计算方法及其应用［J］.上海交通大学学报,2005,39(7):1 058-1 062.

［5］ 吕拴录,邝献任,王炯,等.钻铤粘螺纹原因分析及试验研究［J］.石油矿场机械, 2007,36(1):46-48.

［6］ 张德松.油管螺纹抗粘扣性能研究［J］.石油机械,2005,33(5):23-25.

定向穿越井中外螺纹接头粘扣原因分析

赵金凤[1]　余世杰[1,2]　袁鹏斌[1,2]

(1.上海海隆石油管材研究所，上海 200949；

2.西南石油大学，四川成都 610500)

摘　要：某钻井队在河流穿越施工过程中，先后发生几起钻杆接头螺纹粘扣事故。为了查明此次事故产生的原因，对钻杆接头螺纹宏观形貌、化学成分、力学性能和金相组织进行了全面分析。结果表明：此次螺纹接头材质符合标准要求，井队在接立柱过程中，立柱中心轴线与入井钻杆轴线不同心，在螺纹旋合过程中发生错扣是导致接头螺纹粘扣的主要原因。根据失效原因提出了相应改进措施和建议。

关键词：接头；螺纹粘扣；失效分析

2013 年 1 月，某油田钻井队在河流穿越作业过程中，连续发生几起 6⅝FH 双台肩钻杆接头螺纹粘扣事故，其中 3～4 支钻杆接头粘扣比较严重，其余几支钻杆接头存在轻微粘扣现象，给油田造成较大的经济损失。为了查明接头螺纹粘扣的原因，避免类似事故的再次发生，笔者在事故现场调查后对螺纹接头粘扣原因进行了分析，最后根据事故原因提出了相应的改进措施和建议。

1　事故调查及样品信息

根据提供的资料显示，该井为定向穿越井，根据 SY/T 4079—1995[1] 的有关规定：一般穿越井的入土角 α 控制在 9°～12°之间，出土角 β 控制在 4°～8°之间为宜，曲率半径以 1 500D 为宜(D 为穿越管段外经)，穿越管段在入土点之后 20 m 内应为直线段。穿越管道布置示意图如图 1 所示。其中，入土角可以控制穿越的长度和深度，根据此次穿越河流的实际深度和宽度，设计穿越井的入土角约为 10°。

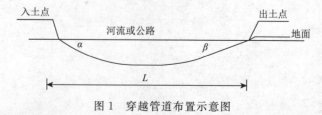

图 1　穿越管道布置示意图

用于穿越施工钻杆为某单位与某油田共同研制生产的非标钻杆,其中,管体规格为 193.7 mm(7⅝ in),管体壁厚为 10.92 mm(0.43 in),钢级为 S135,加厚形式为内外加厚 (IEU);接头为 6⅝FH 双台肩接头,外径为 215.9 mm(8½ in),内径为 101.6 mm(4 in), 材质为 37 CrMnMo。

2 测试与分析

2.1 断口宏观形貌分析

送检的外螺纹接头粘扣宏观形貌如图 2、图 3 所示,接头粘扣严重,其中在距密封面 0～22 mm(大端第 1～2 扣)范围基本完好,镀铜层清晰可见;在距密封面 22～41 mm(大端第 3～5 扣)范围内,已经完全看不见螺纹轮廓,具有错扣特征;外螺纹密封端面镀铜层完好,未见磨损,见图 4;在 41～53 mm(大端第 6～8 扣)范围内,虽略能分辨出螺纹的轮廓,但螺纹齿顶已严重磨损;在 53～125 mm(距大端 9 扣以后)范围的螺纹已经被磨平,无法看到螺纹的整体轮廓,螺纹粘扣局部形貌见图 5。

经测量,副台肩到主台肩的距离、大钳外径、倒角直径、钳长、螺纹小端外径、螺纹小端内孔以及螺纹大端外径等接头尺寸均符合技术协议书规定的相关技术参数。

图 2 失效样品的宏观形貌   图 3 粘扣螺纹形貌

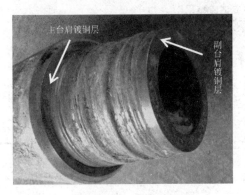

图 4 密封端面局部形貌   图 5 螺纹粘扣局部形貌

2.2 材质成分分析

采用直读光谱仪对发生粘扣的钻杆接头化学成分进行分析,分析结果见表3。结果表明该钻杆接头的化学成分符合 API Spec 5DP—2009[2] 标准要求。

表1 化学成分分析结果

元素	C	Si	Mn	P	S	Cr	Mo
质量分数/%	0.39	0.25	0.95	0.011	0.0016	1.14	0.31
API Spec 5DP—2009 标准规定	—	—	—	≤0.020	≤0.015	—	—

2.3 拉伸性能

按照 API Spec 5DP—2009 标准,沿接头纵向取标距为 50 mm,直径为 12.5 mm 圆棒试样,按照 ASTM A370—2002 标准进行机械性能试验。测定抗拉强度、屈服强度和延伸率,试验结果见表2。结果表明钻杆接头拉伸性能符合 API Spec 5DP—2009 标准。

表2 拉伸试验结果

	屈服强度 $R_{p0.2}$/MPa	抗拉强度 R_m/MPa	延伸率 A/%
FA13-1	848.2	1 076.1	17.6
API Spec 5DP—2009 标准规定	≥827	≥965	≥13

2.4 冲击韧性

按照 API Spec 5DP—2009 标准,从失效钻杆接头上取夏比 V 形缺口冲击试样(10 mm×10 mm×55 mm),按照 ASTM A 370—2002 标准进行冲击韧性试验,试验结果见表3,结果表明接头冲击韧性满足 API Spec 5DP—2009 标准要求。

表3 夏比冲击试验结果

	冲击功(常温) A_{kv}/J			平均值 /J
FA13—1	100	90	106	98.67
API Spec 5DP—2009 标准规定	≥47			≥54

2.5 硬度试验

按照 API Spec 5DP—2009 标准,对失效钻杆接头进行表面布氏硬度试验。试验结果见表4,结果表明外螺纹接头表面硬度符合 API Spec 5DP—2009 标准要求。

表4　布氏硬度试验结果

	硬度(HB)		
螺纹处	323	326	326
API Spec 5DP—2009 标 准 规 定	285～341		

2.6　金相检查与分析

在接头严重粘扣的部位取样,按照 GB/T 13298—91 标准对其表层粘扣处、螺纹牙底以及心部进行金相显微组织分析,其金相组织如图6至图8所示。

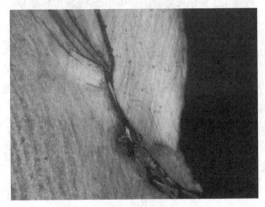

（a）螺纹粘扣表层组织

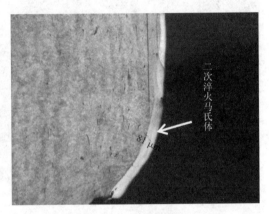

（b）二次淬火马氏体组织

图6　接头粘扣表层金相组织

图7　螺纹牙底金相组织

图8　接头心部金相组织

从图6(a)和6(b)可以看出,螺纹粘扣严重的表层材料形变量大,局部粘扣剥落的金属已经嵌入到材料内部,而且在最外表面形成了一层二次淬火马氏体组织的白亮层硬脆相[3]，其厚度约为 0.08 mm，在白亮层底下则为回火索氏体。从图 7 可知，螺纹牙齿表面的镀铜层被挤压至材料内部，末端呈鸡爪状。金相组织（图 8）则表明，在该接头的心部组织为回火索氏体。

为了进一步确定接头粘扣处白亮层组织，通过显微硬度试验，测得表层白亮组织的硬度值为 HV 710，而心部组织的硬度为 HV 328，可进一步判定白亮层为二次淬火马氏体组织。图 9 为白亮层组织及心部组织处的显微压痕形貌。

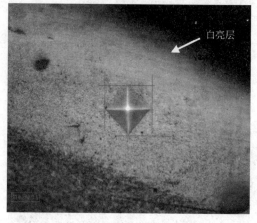

（a）白亮层　　　　　　　　　　　　　　　　　（b）心部

图 9　显微压痕形貌

3　综合分析

首先，从接头螺纹粘扣的宏观形貌可知，外螺纹接头大端第 1~2 扣螺纹基本完好，镀铜层清晰可见；第 3~5 扣不仅存在毛刺，而且已经完全看不到螺纹轮廓；第 6~8 扣范围内，螺纹齿顶严重受损，略能分辨螺纹轮廓；第 9 扣以后螺纹几乎完全被磨平，主、副台肩处镀铜层清晰可见，未见磨损，具有错扣特征。说明螺纹未旋合到位就已经发生粘扣，排除了上扣扭矩过大造成粘扣这一原因。

其次，从金相分析结果可以看出，粘扣严重螺纹表面形变较大，基本看不出螺纹的齿形轮廓，在最外表面还存在厚度约为 0.08 mm 的二次淬火马氏体。根据螺纹粘扣接头的材质进行分析，要使接头材料奥氏体化并冷却形成马氏体，需要局部温度达到 800 ℃ 以上。粘扣接头螺纹表面除前 2 牙外，其余牙齿几乎被磨平，说明在接头螺纹表面形成了很高的接触压力，而且只有在高温下才能发生组织转变，推测螺纹表面形成一层二次淬火马氏体是高接触应力、高温和快速加载等共同作用的结果。根据上述形貌，推测错扣是造成接头粘扣的主要原因[4-5]。

该接头是在穿越施工中发生粘扣的，穿越作业与常规钻井作业不同之处在于，常规井钻井作业在接立柱时，立柱轴线与入井钻杆轴线之间的角度为零，井口与井中钻杆相对容易对中，而在穿越作业中，钻杆的入土角 α 存在一定的角度（约为 10°），在上扣接单根时,钻杆与相邻钻杆较难对正,容易出现同轴度偏差。若在接钻杆过程中,接入的单根与相邻钻杆轴线不对中(即同轴度存在偏差),在旋扣时引起螺纹摆动,外螺纹接头不容易与内螺纹啮合,内外螺纹发生异常接触干涉,没有正常啮合的螺纹在高速旋扣过程中开始攻扣,很容易发生粘扣[6]。因此,在采用大钳进行上扣时,上扣速度[7],特别是开始引扣时的转速应尽量放慢,尤其在穿越井中,应该按照相关操作规定,合理控制大钳的上扣速度,避免由于转速过大导致粘扣或错扣。

综上所述,可以推测出在管道穿越施工上扣过程中,钻杆与相邻钻杆轴线不容易对中而出现同轴度偏差,在旋扣时引起螺纹摆动,外螺纹接头上扣时不容易与内螺纹啮合,内外螺纹发生异常接触干涉,没有正常啮合的螺纹在高速旋合过程中开始攻扣,最终导致接头螺纹粘扣和错扣。

4 结论与建议

(1) 钻杆接头机械性能、化学成分均符合 API Spec 5DP—2009 标准。

(2) 上扣操作不当导致钻杆接头粘扣和错扣。

(3) 建议在上扣前,清洗螺纹处的钻井液,并均匀涂抹螺纹脂。

(4) 在对扣、上扣作业过程中,应尽量保证钻杆轴线对正,并合理地控制引扣、上扣速度,避免错扣事故的再次发生。

参考文献

[1] SY/T 4079—1995 石油天然气管道穿越工程施工及验收规范[S].

[2] API Spec 5DP—2009 Specification for drill pipe[S].

[3] 李鹤林,李平权,冯耀荣.石油钻柱失效分析及预防[M].北京:石油工业出版社,1999.

[4] 吕拴录,邝献任,王炯,等.钻铤粘螺纹原因分析及试验研究[J].石油矿场机械,2007,36(1):46-48.

[5] 袁鹏斌,吕拴录,姜涛,等.进口油管脱扣和粘扣原因分析[J].石油矿场机械,2008,37(3):74-77.

[6] 奚杰峰,张春婉,马新沛.钻铤螺纹接头上卸扣过程力学分析[J].石油矿场机械,2011,40(11):54-57.

[7] 王百战,卢林祝.油管螺纹粘扣的现场作业影响因素分析[J].机械研究与应用,2008,21(4):32-70.

钻杆接头粘扣原因分析

李晓晖[1]　吕拴录[2]　李艳丽[1]　王克虎[1]

常吉星[1]　满国祥[1]　朱立强[1]　鲍华雷[1]　程　辉[2]

(1. 河北石探机械制造有限公司,河北石家庄 050081;

2. 中国石油大学,北京昌平 102249)

摘　要:通过对油田现场粘扣钻杆接头粘扣形貌进行分析和钻杆接头上卸扣试验,对某油田钻杆螺纹接头粘扣原因进行了分析。结果表明:该批钻杆在使用过程中发生粘扣,既与接头本身抗粘扣性能差有关,也与使用操作不当有关,钻杆螺纹接头在上扣过程中存在偏斜对扣、没有引扣、高速上扣等问题。最后通过对现有标准和钻具使用条件进行分析,提出了评价钻具螺纹接头抗粘扣性能的上卸扣次数的建议。

关键词:钻杆接头;粘扣;上卸扣试验

钻柱是由钻杆等钻具通过螺纹接头连接构成。由于钻井过程中需要多次起下钻,钻具螺纹接头需要反复上卸扣,这要求螺纹接头具有良好的抗粘扣性能。我国油田曾发生多起钻具螺纹接头粘扣事故,造成了较大的经济损失[1]。钻具螺纹接头粘扣既与螺纹接头加工精度、热处理质量和表面处理质量等因素有关,也与使用操作有关,是一个复杂的工程问题。一旦发生钻具螺纹接头粘扣事故,钻具生产厂和用户经常发生争执,相互推卸责任。2014 年某油田发生了钻杆接头粘扣事故,笔者通过进行钻杆螺纹接头上卸扣试验及对油田现场粘扣钻杆螺纹接头粘扣形貌进行分析,确定了钻杆螺纹接头粘扣原因,并提出了改进建议。

1　钻杆接头粘扣形貌

某油田首次使用的 Φ127.00 mm×9.19 mm 规格 S135 钻杆发生粘扣,钻杆接头为 Φ127.0 mm 规格 S135 NC50 接头(调质+镀铜)。钻杆接头粘扣形貌见图 1 和图 2,可以看出钻杆接头已经严重粘扣和错扣。

图 1 钻杆外螺纹接头粘扣和错扣形貌

图 2 钻杆内螺纹接头粘扣和错扣形貌

2 上卸扣试验

2.1 试样

上卸扣试验试样为 Φ127.0 mm 规格 S135 NC50 接头（调质＋镀铜）。随机选取 3 个试样进行螺纹参数及几何尺寸测量。结果均符合 API Spec 5DP—2009[2] 和 API Spec 7-2—2008[3] 技术要求。其中 1 个试样的测量结果见表 1。

表 1 试样螺纹参数及几何尺寸测量结果

接头编号			锥度 (in/in)		螺距 (mm/25.4mm)	紧密距 /mm	主要几何尺寸 /mm	
			4 牙	4～8 牙			长度	内径
1	外螺纹	0°～180°	0.168	0.167	＋0.02/＋0.02	16.12	422	69.9
		90°～270°	0.166	0.166	＋0.01/＋0.01			
	内螺纹	0°～180°	0.168	0.168	0/－0.01	－0.13	410	—
		90°～270°	0.168	0.168	0/－0.01			

2.2 上扣液压钳及上扣试验方法

采用钻杆液压钳进行上卸扣试验。首先用人工将内外螺纹接头水平对扣和引扣之后，再采用钻杆液压大钳竖直上卸扣。上扣扭矩按照 API RP 7G—1998[4] 规定的最大扭矩执行，转速采用低档，试验参数如表 2 所示。

表 2 上卸扣试验参数

上扣扭矩 /(N·m)	液压钳压力 /MPa	备　注
51 581	8.6	（1）钻杆液压大钳低档转速为 2.7 r·min^{-1}，上卸扣试验采用低档转速。 （2）钻杆液压大钳低档扭矩范围为 29 500～100 000 N·m，对应的压力为 5～16.6 MPa，压力与扭矩的换算关系为 6 078 N·m/MPa。 （3）API RP 7G—1998 规定的 Φ127.0 mm S135 钻杆 NC50 接头最大上扣扭矩 51 581 N·m，对应压力为 5＋(51 581－29 500)/6 078 ＝8.6 MPa。

2.3　试验结果

共对 3 根试样进行了上卸扣试验，结果基本相同，其中 1 个试样的上卸扣试验结果见表 3 和图 3、图 4。从表 3 和图 3、图 4 可知，试样首次上卸扣之后即发生了粘扣，且随着上卸扣次数增加，粘扣程度越来越严重。

上卸扣试验结果见表 3。

表 3 上卸扣试验结果

上卸扣次数	上扣压力 /MPa	试验结果	
		外螺纹接头	内螺纹接头
第 1 次	8.6	（1）导向面大端第 2～3 扣轻微划伤； （2）承载面大端第 2 扣粘扣，第 8 扣轻微粘扣	导向面完好
第 2 次	8.6	（1）导向面大端第 2～3 扣粘扣； （2）承载面大端第 2～3 扣轻微粘扣，第 8～9 扣轻微粘扣	导向面大端第 1 扣划伤
第 4 次	8.6	（1）导向面大端第 2～3 扣粘扣； （2）承载面大端第 2～4 扣轻微粘扣，第 8～9 扣轻微粘扣，第 12 扣粘扣，第 13～14 扣划伤	导向面大端第 2～3 扣粘扣
第 6 次	8.6	（1）导向面大端第 2～5 扣粘扣，第 7～9 扣粘扣； （2）承载面大端第 2～14 扣粘扣	（1）导向面大端第 2～3 扣粘扣，第 7～8 扣粘扣； （2）承载面大端第 6 扣齿顶凸起
第 8 次	8.6	（1）导向面大端第 2～9 扣粘扣，第 14～15 扣轻微粘扣； （2）承载面大端第 1～16 扣全部粘扣	（1）导向面大端第 1～4 扣粘扣，第 6～8 扣粘扣，第 13 扣粘扣； （2）承载面大端第 6 扣齿顶凸起
第 10 次	8.6	（1）导向面大端第 2～9 扣粘扣，第 11 扣粘扣，第 14～15 轻微粘扣； （2）承载面大端第 1～16 扣全部粘扣	（1）导向面大端第 2～9 扣粘扣，第 13 扣粘扣； （2）承载面大端第 6 扣齿顶凸起

图 3　第 1 次上卸扣后外螺纹承载面大端
第 2 扣粘扣形貌

图 4　第 10 次上卸扣后螺纹导向面大端
第 2～9 扣粘扣形貌

3.1　粘扣机理

螺纹接头尺寸精度是决定螺纹接头抗粘扣性能的主要因素[6-8]。螺纹接头粘扣实际是内外螺纹配合面金属由于局部摩擦干涉,表面温度急剧上升达到了焊接相变温度,使内外螺纹表面发生黏结。由于上卸扣过程中内外螺纹有相对位移,粘扣通常表现为粘着磨损,但是如果有沙粒、铁屑夹在内外螺纹之间,也会形成磨料磨损[9]。

3.2　钻杆接头产品质量对粘扣的影响

抗粘扣性能是衡量钻杆螺纹接头产品质量的重要指标之一,如果钻杆接头存在粘扣问题,说明钻杆接头产品质量不合格。

上卸扣试验是检验钻杆产品是否存在粘扣问题的有效方法,上卸扣试验可以排除操作不当的影响,通过上卸扣试验可以检验钻杆螺纹接头是否存在粘扣问题。该批钻杆螺纹接头在上卸扣试验过程中 3 根试样第 1 次上卸扣之后均发生了粘扣。这说明钻杆螺纹接头本身质量存在问题,在上卸扣过程中容易发生粘扣。

3.3　使用操作对粘扣的影响

该批钻杆在油田实际使用一次,螺纹接头就严重粘扣和错扣,且粘扣和错扣严重程度远比在实验室试验过程中发现的粘扣程度严重得多,这说明钻杆接头严重粘扣和错扣与使用操作不当有一定关系[10-12]。现场发生粘扣的钻杆接头具有错扣和严重粘扣的特征,钻杆接头错扣和严重粘扣主要与偏斜对扣、没有引扣和高速上卸扣等有关。在偏斜对扣(图 5)的情况下,内外螺纹局部位置干涉严重,容易发生粘扣;在没有引扣的情况下,内外螺纹接头没有正常配合,而是处于齿顶对齿顶的配合状态(图 6),最终上卸扣之后会使内外螺纹发生错扣,导致轮廓形状完全破坏;在高速上卸扣的情况下,内外螺纹之间会产生附加冲击载荷,容易导致粘扣。

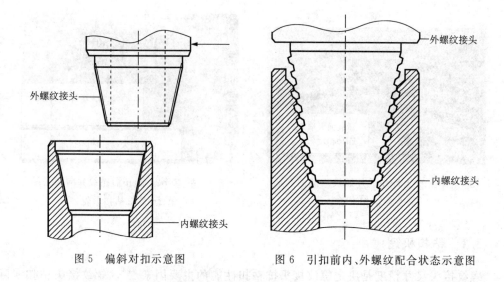

图 5　偏斜对扣示意图　　　　图 6　引扣前内、外螺纹配合状态示意图

3.4　钻具螺纹接头抗粘扣性能评价标准

　　API RP 7G—1998 只规定了评价钻具螺纹接头抗粘扣性能的上扣扭矩,但没有规定上卸扣次数。API RP 5C5—2003[5]不仅规定了评价油管螺纹接头抗粘扣性能的上扣扭矩,而且规定了上扣次数(10 次)。钻具在使用过程中需要多次起下钻,每次起下钻都需要对螺纹接头进行上卸扣,相对于油管而言钻具螺纹接头应具有更好的抗粘扣性能。螺纹接头牙齿越粗,抗粘扣性能应当越好。为保证钻具使用性能,钻具螺纹接头设计的螺距为每英寸 4～5 牙,而油管螺纹接头设计的螺距为每英寸 8～10 牙。可见钻具接头螺纹牙齿比油管接头螺纹牙齿粗,因而抗粘扣性能应当更好。依据钻具螺纹接头的结构特点和钻具使用条件,评价钻具螺纹接头抗粘扣性能的上卸扣次数应不少于 10 次。

4　结论及建议

　　(1) 该批钻杆在油田现场发生粘扣既与接头加工质量有关,也与使用操作不当有关。

　　(2) 建议生产厂改进钻杆接头螺纹加工工艺,并按照 API RP 7G—1998 规定的上扣扭矩,上卸扣 10 次不粘扣才能视为接头抗粘扣性能合格,产品方可出厂。

　　(3) 建议油田严格执行钻杆下井操作规程,垂直对扣,引扣之后再上扣。

参考文献

[1]　吕拴录,邝献任,王炯,等.钻铤粘螺纹原因分析及试验研究[J].石油矿场机械,2007,36(1):46-P48.

[2]　ANSI/API 5DP—2009　Specification for drill pipe/ISO 11961:2008(Identical)

Petroleum and natural gas industries—steel drill pipe[S].

[3] API Spec 7-2—2008/ISO 10424-2：2007 (Identical) Specification for threading and gauging of rotary shouldered thread connections[S].

[4] API RP 7G—1998 Recommended practice for drill stem design and operating limits[S].

[5] API RP 5C5—2003 Recommended practice for evaluation procedure for casing and tubing connection[S]. Third Edition. / ISO 13679：2002 Petroleum and natural gas industries—practice for testing casing and tubing connection[S].

[6] 吕拴录,刘明球,王庭建,等. J55 平式油管粘扣原因分析[J]. 机械工程材料,2006, 30(3)：69-71.

[7] 袁鹏斌,吕拴录,姜涛,等. 进口油管脱扣和粘扣原因分析[J]. 石油矿场机械,2008, 37(3)：74-77.

[8] 吕拴录,康延军,孙德库,等. 偏梯形螺纹套管紧密距检验粘扣原因分析及上卸扣试验研究[J]. 石油矿场机械,2008,37(10)：82-85.

[9] 吕拴录,李鹤林,藤学清,等. 油、套管粘扣和泄漏失效分析综述[J]. 石油矿场机械, 2011,40(4)：21-25.

[10] 吕拴录,倪渊诠,杨成新,等. 某油田钻铤失效统计综合分析[J]. 理化检验-物理分册,2012,48(6)：414-418.

[11] 腾学清,吕拴录,李宁,等. Φ177.8 mm 偏梯形螺纹套管粘扣原因分析[J]. 理化检验-物理分册,2014,50(10)：780-784.

[12] 杨向同,吕拴录,彭建新,等. 某井特殊螺纹接头油管粘扣原因分析[J]. 理化检验-物理分册,2016,52(5)：320-323.

四 胀扣失效分析及预防

塔里木探区 Φ127 mm S135 钻杆内螺纹接头胀大失效原因分析及预防

吕拴录[1]　宋　治[1]　王世宏[1]　葛明君[1]　金维一[2]

(1. 中国石油天然气总公司石油管材研究中心,陕西西安 710065;
2. 塔里木油田勘探开发指挥部,新疆库尔勒 841000)

摘　要: 对塔里木石油探区发生的 φ127 mm S135 钻杆内螺纹接头胀大损坏事故进行了大量调查研究,并做了详细的失效分析。结果表明,事故原因主要是钻杆接头倒角直径偏小、井下扭矩过大、上扣扭矩不足等所致。根据分析结果,采取了有效的预防措施,基本上解决了钻杆内螺纹接头胀大损坏的问题。

关键词: 塔里木盆地;钻杆;母接头;钻具事故;预防措施

近年来,塔里木探区发生了多起 Φ127 mm S135 钻杆内螺纹接头胀大损坏事故,严重影响了优质快速钻井,造成了很大的经济损失。为了防止此类事故再次发生,保证钻井工程的正常进行,我们对钻杆内螺纹接头胀大损坏原因做了详细的失效分析,制订了综合治理方案,并组织实施,收到了明显效果。

1　事故概况

塔里木探区 1990 年 9 月至 1991 年 5 月,发生钻杆内螺纹接头胀大损坏情况见表 1。

表 1　钻杆母接头胀大损坏事故统计

序号	井　号	井深 /m	上扣扭矩 /(kg·m)	接头损坏前钻井情况	损坏钻杆接头情况			接头倒角直径 D_F /mm
					数量/个			
					严重胀大	微胀	合计	
1	哈 2	2 803.00 3 676.83	2 310	卡　钻	5 1	24	30	150.4
2	乡 1	526.28 526.28 1 001.00	2 310	蹩　钻	1 2 2	19	24	150.4

续表 1

序号	井号	井深 /m	上扣扭矩 /(kg·m)	接头损坏前钻井情况	损坏钻杆接头情况			接头倒角直径 D_F /mm
					数量/个			
					严重胀大	微胀	合计	
3	LN24	1 716.34		卡 钻	2	195	197	150.4
4	英 11	3 900.75		扭矩增加	3		3	150.4
5	LN2-5-15	2 143.89		卡 钻	1	6	7	150.4
6	LN33	1 181.09		蹩 钻	1	11	12	150.4

从钻杆内螺纹接头胀大损坏情况可归纳为以下几点：

(1) 胀大损坏的钻杆内、外螺纹接头密封台肩倒角直径(D_F)均为 150.4 mm；

(2) 钻杆内螺纹接头胀大损坏事故全发生在 Φ311 mm 和 Φ444.5 mm 的大井眼里；

(3) 钻杆内螺纹接头胀大损坏之前，均不同程度地发生过卡钻、蹩钻或跳钻等；

(4) 内螺纹接头胀大损坏的钻杆全处在 500 m 以下、钻铤以上的井段；

(5) 钻杆上扣扭矩普遍低于 API RP 7G 推荐的上扣扭矩值；

(6) 螺纹脂质量不合格。

2 胀大钻杆内螺纹接头宏观分析

严重胀大损坏的钻杆内螺纹接头呈钟形，见图 1；胀大不明显的钻杆内螺纹接头，台肩面产生塑性变形而下凹，镗孔内径(Q_c)缩小。根据钻杆接头损坏形貌推断，钻杆接头在胀大损坏时受很大的扭矩。钻杆内螺纹接头胀大过程可以概括为：内螺纹接头台肩面塑性变形下凹→镗孔内径缩小与外螺纹接头大端直径(D_{LF})表面抵死→外螺纹接头继续推进→内螺纹接头向外胀大。

图 1 钻杆内螺纹接头胀大形貌
（打捞公锥未取出）

3 材质分析

3.1 化学成分分析

在胀大损坏钻杆接头上取样，经 C-S 分析仪和湿法分析，钻杆接头材料为中碳铬锰铝钢(AISI 4137)，化学成分见表 2。

表 2　钻杆接头化学成分分析结果

元　素	C	Si	Mn	P	S	Cr	Mo	Ni
质量分数/%	0.36	0.23	0.94	0.010	0.003	0.96	0.26	0.02

3.2　机械性能试验

按 API Spec 7 标准规定,在胀大接头螺纹部分取纵向硬度试样,并在接头未变形区取标准圆棒比例拉伸试样和 10 mm×10 mm×55 mm 的标准 CVN 冲击试样。试验按 ASTM A370 要求进行,试验结果见表 3。

表 3　钻杆接头材质机械性能试验结果

指　标	抗拉强度/MPa	屈服强度/MPa	伸长率/%	面缩率/%	冲击功/J	冲击断口纤维区面积比/%
	1 066	936	19.5	64.4	121	100
试验结果	1 023	672	23.3	67.7	107	100
	1 046	907	21.0	67.6	116	100
API Spec 7 标准规定	≥965	≥827	≥13	—	—	—

3.3　金相分析

接头金相组织为均匀的回火索氏体,晶粒度 8 级(ASTM E112,直接对比法)。

按 ASTM E45 方法 A,对非金属夹杂物进行评级,评定结果列于表 4。

表 4　钻杆接头非金属夹杂物评级结果

夹杂物类型	A(硫化物)		B(氧化铝)		C(球状氧化物)		D(硅酸盐)	
	薄	厚	薄	厚	薄	厚	薄	厚
评级结果	1.0	0.5	1.0	1.0	0	0	1.0	0.5

ASTM 标准将非金属夹杂物分为 A、B、C、D 4 种类型,每种类型又按其尺寸大小分为薄、厚 2 种,但没有规定关杂物的合格范围。中国石油天然气物资总公司订货补充技术条件中,规定几种夹杂物之和小于/等于 6 级为合格,所以评定结果符合补充技术条件规定。

4　钻杆内螺纹接头胀大损坏原因分析

分析结果表明,钻杆接头材质符合 API 标准,而且硬度及其他性能大大优于标准要求。因此,钻杆接头损坏完全可以排除因材料质量不合格而引起失效的可能性。钻杆接头是在密封台肩接触压力超过材料的屈服强度,内螺纹接头端面首先发生塑性变形之后才产生胀大的。导致钻杆内螺纹接头胀大损坏的主要原因有以下几点。

4.1 钻杆接头 D_F 偏小是引起内螺纹接头胀大的主要原因之一

（1）钻杆接头倒角直径 D_F 偏小使接头台肩承载面积减小。钻杆在使用过程中，接头处的密封是通过上扣使接头密封台肩部位产生一定的接触压力来保证的。D_F 值偏小，使接头密封台肩面积减小，台肩接触面压力升高，在使用中很容易使接头台肩接触面压力超过材料的屈服强度，从而发生台肩下凹、内螺纹接头胀大损坏的事故（图2）。

因 D_F 偏小，使钻杆内螺纹接头发生胀大的早期失效事故在国外也曾发生过。为此，API Spec 7 已于 1986 年 6 月将 Φ127 mm S135 钻杆用的 NC50 接头 D_F 值由 Φ150.4 mm 改为 Φ154.0 mm。

API 标准改进前后钻杆接头台肩密封面积变化如下：

改进前

$$S_{前}=\pi(D_{F前}^2-Q_C^2)/4=3.14(150.4^2-134.9^2)/4=3\ 471(\mathrm{mm}^2)$$

改进后

$$S_{后}=\pi(D_{F后}^2-Q_C^2)/4=3.14(150.4^2-134.9^2)/4=4\ 332(\mathrm{mm}^2)$$

所以

$$S_{后}/S_{前}=4\ 332/3\ 471=1.248=124.8(\%)$$

式中，S 为接头台肩密封面积，mm^2；D_F 为接头倒角直径，mm；Q_C 为内螺纹接头镗孔直径，mm。

可见，API 标准将钻杆接头倒角直径由 150.4 mm 改为 154.0 mm 是有一定道理的。改进后的接头台肩密封面积比改进前增加了 24.8%，也即，仅考虑承载面积大小一项，就可以使接头承受扭转和压缩载荷的能力大约增加 1/4。

（2）D_F 偏小使接头承载面偏移，受力条件恶化。D_F 偏小还会使接头台肩承载面向水眼侧偏移，导致接头台肩载荷分布发生变化（图3）。在压力作用下，内螺纹接头台肩内侧很易发生塑性变形，甚至失稳损坏。

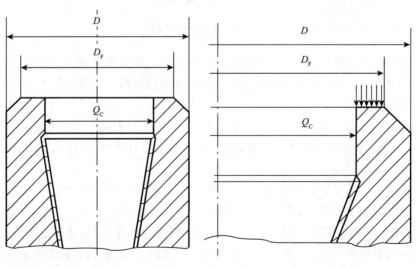

图 2　内螺纹接头台肩形状示意图　　图 3　内螺纹接头台肩受力示意图

内螺纹接头台肩偏移程度，可用台肩实际密封宽度与未倒角时的台肩宽度之比表示。两者之比越大,台肩承载面偏移程度越小;反之,台肩承载面偏移程度越大;当两者之比为 1,即接头台肩不倒角时为理想状态。但实际上,并非倒角直径越大越好。在上扣扭矩一定的情况下,倒角直径过大将导致接头台肩密封压力不足,从而降低接头的密封性能。同时,倒角直径大小还要受机械加工、使用等各种条件的制约。

API 标准改进前后,钻杆接头密封台肩承载面偏移程度计算如下:

改进前

$$\frac{D_{F前} - Q_C}{D - Q_C} = \frac{150.4 - 134.9}{168.3 - 134.9} = 46.4\%$$

改进后

$$\frac{D_{F后} - Q_C}{D - Q_C} = \frac{154.0 - 134.9}{168.3 - 134.9} = 57.2\%$$

式中,D 为钻杆接头外径,mm。

由计算结果可知,改进后的接头台肩承载面偏移程度比改进前减少了 10.8%,也即其失稳抗力明显增加。

失效钻杆内螺纹接头材质是均匀的,而钻杆内螺纹接头损坏时,镗孔直径(Q_C)却先发生塑性变形缩径。随后,因缩径与外螺纹接头大端直径表面抵死,接头外径才发生塑性变形而胀大。这进一步说明,接头台肩承载面偏移后,台肩内侧的受力条件比外侧更苛刻。

接头倒角直径偏小,不仅减少了台肩承载面积,而且使接头台肩受力面偏移,从而进一步降低了接头的承载能力。

塔里本探区内螺纹接头胀大损坏的钻杆,全是按 1986 年 6 月以前版 API Spec 7 标准生产的,其倒角直径 D_F 为 150.4 mm。而按 1986 年 6 月以后 API 标准生产的钻杆接头台肩倒角直径为 154.0 mm 的钻杆,在同样条件下使用却没有发生过内螺纹接头胀大损坏事故。这进一步说明 D_F 偏小,极大地降低了接头的抗扭能力,这是塔里木探区 Φ127 mm S135 钻杆内螺纹接头胀大损坏的主要原因之一。

4.2 扭矩过大导致钻杆内螺纹接头胀大损坏

在正常钻进中的扭转载荷,是不足以引起钻杆接头胀大损坏的。钻杆接头胀大损坏时所承受的扭矩值,实际上已远远超过了正常钻进的扭矩值。导致井下扭力过大的原因主要有以下几种。

(1)在大井眼钻进时钻具承受的扭矩较大:钻杆接头胀大损坏事故全发生在 Φ311 mm 和 Φ444.5 mm 的大井眼里。在大井眼钻井时选用的钻头直径大,钻杆承受的扭矩就大,在井较深时更是如此。

(2)钻具稳定器与钻头尺寸不匹配:塔里木探区在钻柱结构设计中,普遍采用三级稳定器防斜结构。但有些新稳定器的工作外径基本与钻头外径相同,甚至有的还大于钻头外径;有的稳定器扶正螺旋体部分与螺纹接头不同轴。这样,在钻进中稳定器实际上起到了刮刀钻头扩眼的作用,额外加大了钻具转动时的阻力,即增加了转盘扭矩。

(3)卡钻或蹩钻导致扭矩剧增:当钻具被卡或钻头蹩钻时,会使转盘扭矩瞬时加大,钻具承受的扭转载荷成倍增高。塔里木探区所发生的几起钻杆接头胀大失效案例,在事故前均发生过不同程度的卡钻或蹩钻就说明了这一点。

综上所述,钻杆在使用过程中所承受的扭矩可近似地用下式表示(图4):

$$T = RF + J_z\varepsilon$$

式中,T 为钻杆所承受的扭矩,N·m;R 为钻头半径,m;F 为钻头切削力及钻柱系统与井壁摩擦力等之合力,N;J_z 为钻柱系统对其轴线的转动惯量,kg·m²;ε 为因卡钻、蹩钻、震动等井下载荷变化引起的钻柱角加速度,rad/s²。

可见,井下扭矩大小与许多因素有关,是一个十分复杂的问题。要防止井下扭矩过大,必须从各个方面采取预防措施。

4.3 轴向拉伸载荷越小的井段,钻杆接头越容易出现扭矩过载现象

在钻进过程中,不同井段的钻杆承受的扭矩基本相同。而因其自重的作用,不同部位的钻杆所受的拉力却差别很大,靠近井口的钻杆承受的拉力最大。轴向拉力可以抵消一部分钻杆接头台肩接触面压力,从而有益于阻止接头台肩变形损坏。

塔里木探区内螺纹接头胀大损坏的钻杆,全处在井深 500 m以下至钻铤部位以上的井段。这充分说明,受拉力最大井段的钻杆接头反而不会因扭矩过载使内螺纹接头胀大损坏。然而,轴向拉伸载荷的大小及其分布,是由各种钻井条件决定的,很难通过调节轴向载荷分布来防止钻杆接头胀大损坏。但是,通过调整钻具组合来减轻这种失效形式是可能的。

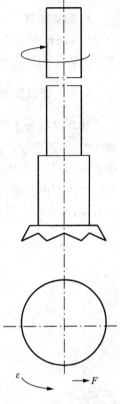

图4 钻柱承受扭转
载荷示意图

4.4 跳钻会加剧钻杆内螺纹接头胀大

当井底岩性坚硬或岩性变化时,牙轮钻头将引起钻柱纵向跳动。跳钻时钻压瞬时剧增,钻柱中和点上移,使靠近钻铤部位的钻杆承受很大的压力,从而增大了钻杆接头密封台肩面压力,加剧了内螺纹接头的胀大损坏。

塔里木探区内螺纹接头胀大损坏的钻杆,大部分全在靠近钻铤的部位。这除了该部位的钻杆在正常情况下承受的拉力比井口钻杆小,使轴向拉力抵消掉的接头台肩面压力小之外,与跳钻也有一定关系。

4.5 地面上扣扭矩不足导致井下自行紧扣

据资料介绍,如果上扣扭矩不足,钻杆接头台肩密封面没有足够的预载荷,在钻进过程中钻杆接头会自行紧扣,使接头密封台肩接触压力剧增,超过材料的屈服强度而发生塑性变形,最终使内螺纹接头胀大损坏。

塔里木探区现场钻杆上扣扭矩一般控制在 2 310~3 280 kg·m(压力表读数为5~

7 MPa)，小于 API RP 7G 推荐的上扣扭矩值 4 339 kg•m。

根据实物试验结果，D_F 为 150.4 mm 的 Φ127 mm S135 钻杆接头上扣扭矩达到 11 000 kg•m 时才会发生内螺纹接头胀大。因此，可以排除在地面上扣过程中产生内螺纹接头胀大的可能性。

4.6 螺纹脂质量优劣直接影响接头的抗扭能力

钻具螺纹脂主要是起密封、润滑和防止粘扣的作用。同时，当转盘扭矩在一定范围内增大时，由于螺纹脂静摩擦力的特殊作用，可以阻止接头在井下自行上扣，见图 5。该图表示，上扣过程中接头台肩面接触后，继续上扣时上扣扭矩直线上升，至 A 位置时因静摩擦力作用可使接头不转动，而上扣扭矩增大。这样，就可以防止接头密封台肩压力继续升高，从而起到保护钻具接头的作用。

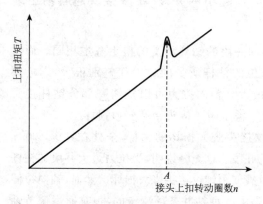

图 5　API 标准丝扣油特性示意图

不同摩擦系数的钻具螺纹脂，对钻杆接头的抗扭能力有一定的影响。若使用的钻杆接头螺纹脂质量不合格，如摩擦系数小于 API 标准推荐值，当钻杆在井下承受的扭矩过载时则不能有效地阻止钻杆自行上扣；若摩擦系数大于 API 标准推荐值，则会使接头的上扣力矩增大。在螺纹脂不符合要求的情况下，即使按 API RP 7G 推荐的上扣扭矩值上扣，也很难保证接头上紧程度符合要求和接头密封台肩接触面压力适中。

API RP 7G 推荐的钻杆上扣扭矩值，是按摩擦系数为 0.8 的标准钻具接头螺纹脂计算的。塔里木探区目前在用的螺纹脂绝大多数为乙方自带，品种繁多。经抽查，其质量很差。有的螺纹脂摩擦系数大于 1.0，与 API 标准要求相差很大，这就很难起到螺纹脂应有的作用。

5　预防措施

5.1　严格按 API 新版标准订货

钻杆内螺纹接头胀大损坏的主要原因之一，是按 1986 年 6 月以前版的 API Spec 7 订的货，选择的 Φ127 mm S135 钻杆接头密封台肩倒角直径偏小。该问题已及时解决，从 1991 年 6 月 1 日开始,全国已按最新版 API Spec 7 标准订货及供货。

5.2 现有接头 D_F 为 150.4 mm 的 Φ127 mm S135 钻杆的安全使用

(1) 防止井下钻具扭力过大。

a. 选择适当的钻具稳定器。稳定器工作外径比钻头外径小 1.2~2.5 mm,且公差控制为负公差。

b. 防止卡钻,并在处理卡钻事故中注意保护钻杆。建议转盘扭矩不要超过 8 000 kg·m,否则很容易发生钻杆内螺纹接头胀大损坏事故。

(2) 防止跳钻,建议在钻柱结构设计中加入减震器。

(3) 严格控制上扣扭矩,钻杆上扣应严格按 API RP 7G 推荐的上扣扭矩执行,这是无可非议的。但是,目前现场所用的液压大钳均按压力表读数来控制上扣扭矩,实际的上扣扭矩值与控制值误差较大,这就很难保证上扣扭矩达到 API RP 7G 推荐值。因此,应解决现有上扣工具的可靠性、准确性及正确使用等问题。

(4) 严格按新版 API 标准修扣,在用钻杆接头修扣时,一定要按新版 API 标准执行,确保 D_F 值为 154.0 mm。

经采取以上措施后,塔里木探区 Φ127 mm S135 钻杆内螺纹接头胀大问题已基本得到解决。

钻杆接头脱扣和胀扣原因分析

吕拴录[1]　高　蓉[2]　殷廷旭[3]　李三昌[3]　常　青[3]　卢晓荣[3]

(1.中国石油塔里木油田公司,新疆库尔勒 841000；

2.中国石油天然气集团公司管材研究所,陕西西安 710065；

3.新疆石油管理局钻具管子公司,新疆克拉玛依 834000)

摘　要: 对某井钻杆在使用过程中发生的接头胀大和脱扣失效事故进行了调查研究。采用化学成分分析、力学性能测定、宏观和微观组织检验、尺寸测量及钻杆的力学分析等方法对其进行了分析和讨论。结果表明,钻杆接头材质符合标准要求,钻杆接头在使用过程中胀大失效的主要原因是井下扭矩超过了钻杆接头的承载能力所致。

关键词: 钻杆接头;胀扣;脱扣;屈服强度;上扣扭矩

1　现场情况

1.1　钻杆事故情况

某井设计井深 4 458 m。钻井至井深 1 082 m 时,泵压突然由 14 MPa 降为 0,钻具悬重由 68 t 降至 30 t。分析判断井下发生钻具事故,随后起钻发现第 35 根钻杆接头脱扣和胀扣,落鱼长度 703.03 m。

落鱼钻具组合为 Φ311 mm G 114 牙轮钻头＋730×630 转换接头＋Φ229 mm 钻铤×2 根＋Φ310 mm 钻具稳定器×1 根＋Φ229 mm 钻铤×1 根＋731×630 转换接头＋Φ203 mm 钻铤×6 根＋631×410 转换接头＋Φ178 mm 钻铤×12 根＋Φ127 mm 钻杆×57 根。

1.2　钻井参数及钻井液性能

钻井参数:钻压 120 kN,转速 96 r/min,排量 46 L/s,泵压 14 MPa。

钻井液性能:密度 1.13 g/cm³,黏度 60 s,失水 6,泥饼 0.5 mm,含砂 0.4,pH 为 9。

1.3　钻杆上扣大钳及上扣扭矩

该井钻杆上扣所用液压大钳型号为 ZQ203—100。该批钻杆低速上扣转速为 2.7 r/min,上扣时液压大钳显示的压力值为 5 MPa,对应扭矩为 41 700 N·m。

1.4　螺纹脂

该井钻杆上扣所用螺纹脂为钻具螺纹脂。

1.5 蹩钻和卡钻情况

经查井史,该井二开卡钻和蹩钻 10 次,蹩钻累计时间 15 min。蹩钻时转盘扭矩没有记录。

1.6 胀扣钻杆接头所处井深

该批钻杆下井前内螺纹接头外径为 168 mm,胀大失效的钻杆接头外径范围为 170～175 mm。胀大钻杆接头外径测量结果及所处井深见图 1。

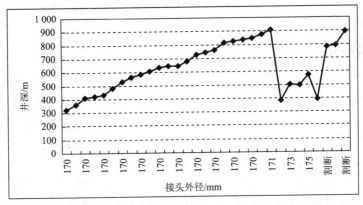

图 1 不同井深钻杆接头胀大后外径尺寸

1.7 井斜测定结果

在井深达到 1 082 m 时,该井最大井斜 0°45′。

1.8 地层倾角和岩性

在 0～1 082 m 井段最大地层倾角 0°45′,地层岩性为风尘砂＋泥岩。

1.9 失效分析样品

对一根因胀扣无法正常卸开(内、外螺纹连在一起)的钻杆内、外螺纹接头(试验编号分别为 1B 和 1P)取样进行了试验分析。

2 钻杆接头胀扣宏观分析和尺寸测量

2.1 钻杆内螺纹接头胀大宏观分析

钻杆内螺纹接头已明显胀大变形,钻杆内螺纹接头密封台肩面变形下陷约 1～3 mm,镗孔内径(Q_c)缩小(图 2)。根据钻杆接头损坏形貌推断,钻杆接头在胀大损坏时受有很大的扭矩。当钻杆内螺纹接头严重胀扣损坏之后,接头连接强度大幅度

图 2 钻杆内螺纹接头胀大和
密封台肩凹陷形貌

下降,最终发生脱扣事故。依据钻杆内螺纹接头不同程度胀大损坏形貌推断,钻杆接头失效过程为:内螺纹接头密封台肩面塑性变形下陷→镗孔内径(Q_C)缩小与外螺纹接头大端直径(D_{LF})挤死→外螺纹接头继续旋进→内螺纹接头向外胀大→脱扣。

2.2 新钻杆尺寸测量

对该批新钻杆接头尺寸测量结果,外径(D)为 168.2~168.5 mm,倒角直径(D_F)为 154.2~154.8 mm,镗孔直径(Q_C)为 134.84~135.06 mm。钻杆接头尺寸符合 API Spec 7 规定。

3 材质分析

3.1 化学成分分析

化学成分分析结果,钻杆接头化学成分符合 API Spec 7 规定。

3.2 机械性能试验

在钻杆内外螺纹接头上取直径为 12.7 mm 的圆棒拉伸试样和 10 mm×10 mm×55 mm 的 CVN 冲击试样,机械性能试验按 ASTM A370—2002[2] 执行。机械性能试验结果见表 1。

表 1 机械性能试验结果

项目	拉伸试验			冲击试验		硬度试验
	R_m/MPa	$R_{t0.2}$/MPa	A/%	A_{KV}/J		HBW10/3000
				纵	横	
1B	1 003	849	19.7	122	112	288~306
API Spec 7 规定	≥965	≥827	≥13	—	—	≥285

3.3 金相分析

在钻杆螺纹接头不同部位分别取样进行金相分析,金相分析结果见表 2 和图 4~图 7。

表 2 金相分析结果

项目 编号	夹杂物	组织	晶粒度
1B(密封台肩位置)	A0.5,B1.0,D0.5。	$S_{回}$。台肩面滑移,组织变形及磨损白亮层形貌见图 3。基体组织为 $S_{回}$+$B_{上}$。	8.0 级
1P	A0.5,B0.5,D0.5。	$S_{回}$+少量 $B_{上}$(图 4),	8.0 级

金相分析结果表明,钻杆内螺纹接头密封台肩区域组织严重变形,钻杆接头在胀大变形的过程中产生了大量的摩擦热,表层组织已发生相变。钻杆接头基体组织为回火索氏体＋少量贝氏体。

图 3　1B 密封台肩周围组织变形及磨损白亮层形貌

图 4　1P 密封台肩部位组织

4　结果分析

试验分析结果表明,钻杆是在内螺纹接头严重胀大损坏之后,接头承载能力显著降低的情况下才发生脱扣事故的。下面对钻杆内螺纹接头胀大损坏原因进行分析。

4.1　钻杆抗扭强度比计算

钻杆接头抗扭强度与管体抗扭强度之比(T_y/Q)是衡量接头抗扭强度的重要指标,API Spec 7 对不同钻杆接头抗扭强度与管体抗扭强度之比都有具体规定。T_y/Q 小于 API 规定值时接头为薄弱环节,在使用中容易发生早期失效。

按照 API Spec 7 规定,Φ127 mm×9.19 mm S135 钻杆接头抗扭强度与管体抗扭强度之比(T_y/Q)为 0.86。

按照 API RP 7G[3] 推荐公式对钻杆接头抗扭强度与钻杆管体抗扭强度之比计算过程和结果如下。

接头抗扭强度:

$$T_y = Y_m A_p (p/2\pi + R_t f/\cos\theta - R_S)$$

T_y 为接头屈服扭矩,ft·lb;Y_m 为最小材料屈服强度,psi;

$$A_P = [\pi(C-B)^2 - ID^2]/4$$

C 为螺纹中径(距密封台肩⅝ in);

$$B = 2(H/2 - S_{rs}) + t_{pr} \times 1/8 \times 1/12$$

H 为不截顶螺纹高度,in;S_{rs} 为螺纹截顶高度,in;t_{pr} 为锥度,in/ft;ID 为外螺纹接头内径,in;p 为螺距,in;

$$R_t = C + [C - (L_{PC} - 0.625 \times t_{pr} \times 1/12)]/4$$

L_{PC}为外螺纹长度,in;f为摩擦系数,选用 API 钻具螺纹脂时摩擦系数为 0.08;θ为螺纹牙形半角;R_s为$(OD+Qc)/4$,in。

管体抗扭强度:

$$Q=0.096\ 167\ \pi\times(D^4-d^4)\times Ym/32$$

Q为管体扭曲强度,ft·lb;D为管体外径,in;d为管体内径,in。

将钻杆各种参数代入以上公式:$Ty/Q=0.88$

计算结果表明,本次试验结果钻杆接头抗扭强度与管体抗扭强度之比(Ty/Q)符合 API Spec 7 规定值。

4.2 井下扭矩过大加速了钻杆内螺纹接头胀大损坏

该井二开钻进时转盘扭矩没有记录,但从钻杆接头失效形貌判断,钻杆接头胀大损坏时所承受的扭矩值实际上已经远远超过了正常钻井的扭矩值。导致井下扭矩过大的原因如下。

(1)大井眼钻进时钻具承受的扭矩大。钻杆内螺纹接头胀大事故是在二开钻进过程中发生的。二开钻井所用钻头尺寸为Φ311 mm,在这样大的井眼钻进时钻柱本身承受的扭矩较大。

(2)蹩钻或卡钻会导致钻柱承受的扭矩剧增。当钻具卡钻或钻头蹩钻时会使转盘扭矩瞬时增大,钻柱承受的扭转载荷成倍提高。钻柱在使用过程中所承受的扭矩可近似地用(1)式和图 5 表示[4]。

$$T=RF+J_z\varepsilon \tag{1}$$

式中:T为钻柱所承受的扭矩;R为钻头半径;F为钻头切削力及钻柱系统与井壁摩擦力等之合力;J_z为钻柱系统对其轴线的转动惯量;ε为因卡钻、蹩钻、震动等井下载荷变化引起的钻柱角加速度。

由上式可见,井下扭矩大小与许多因素有关,因卡钻、蹩钻、震动等井下载荷变化会使钻柱承受额外的扭转载荷。

该井胀扣的钻杆为新钻杆,其拉伸性能达到了 API Spec 7 规定最小值的接头也发生了胀扣。这说明钻杆所承受的扭矩超过了钻杆接头的承载能力。

该井在二开钻进过程中卡钻和蹩钻达 10 次,累计蹩钻卡钻时间达 15 min。由此推断,该井二开时钻具承受了因蹩钻和卡钻引起的过扭矩载荷。

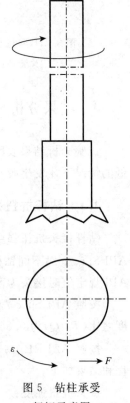

图 5 钻柱承受
扭矩示意图

4.3 钻杆上扣扭矩不足容易导致钻杆接头在井下上扣

据资料介绍,如果连接钻杆时上扣扭矩不足,钻杆接头密封台肩面没有足够的接触面压,在钻进过程中钻杆接头会因井下各种因素引起的过扭矩而失控地自行紧扣,从而使接头密封台肩接触面压剧增而超过材料的屈服强度,最终发生塑性变形和胀大损坏。如果钻杆连接上扣扭矩达到标准值,由于静摩擦力的特殊作用,当转盘扭矩在一定范围内增加时,静摩擦力可以阻止钻杆接头在井下自行上扣。

该井实际钻杆上扣扭矩为 41 700 N·m(5 MPa),小于 API RP 7G 推荐的新钻杆上扣扭矩值 51 580 N·m(38 044 ft·lb)。这可以排除钻杆在连接上扣过程中胀大损坏的可能性,同时也说明由于上扣扭矩偏小,钻杆接头在井下容易失控地自行上扣,最终增大钻杆内螺纹接头胀大损坏的倾向。

4.4 接头胀大钻杆所处井段分析

该井钻杆脱扣时井深为 1 082 m,胀大脱扣的钻杆所处井深位置为 703.03 m。该井总计有 31 根钻杆内螺纹接头明显胀大失效,胀扣钻杆所处井深范围为 384～895 m,其中胀大变形最严重的几根钻杆所处井深为 384～584 m(图 1)。

该井内螺纹接头胀大损坏的钻杆全处在 384 m 以下、钻铤部位以上的井段。靠近井口受轴向拉力最大的井段钻杆接头反而不容易过扭损坏。这主要与不同井段钻杆所受的钻柱重量不同有关。

在钻井过程中,处在不同位置的钻杆承受的扭矩基本相同。而因其自重的作用,不同部位的钻杆所受的拉力有一定差别。靠近井口的钻杆所受的轴向拉力最大。轴向拉力可以抵消一部分钻杆接头密封台肩接触面压,从而有益于阻止接头台肩变形损坏。

5 结论

(1)钻杆接头材质符合标准要求。
(2)钻杆胀扣和脱扣原因是钻杆承受的扭矩超过了钻杆接头的承载能力。
(3)建议采用抗扭能力大的钻杆。

参考文献

[1] API Spec 7 Specification for rotary drill stem element[S]. 40th ed. Washington (DC):API,August 2001.

[2] ASTM A370—2002.

[3] API RP 7G Recommended practice for drill stem design and operating limits[S]. 16th ed. Washington(DC):API,August 1998.

[4] 吕拴录,宋治,王世宏,等.塔里木探区 Φ127 mm S135 钻杆内螺纹接头胀大原因分析及预防[J].石油钻采工艺,1993.

AT-16 井钻杆 NC50 内螺纹接头胀大原因分析

袁鹏斌[1]　吕拴录[2,3]　许　峰[2]　余世杰[1]　文志明[3]　历建爱[3]

(1.上海海隆石油管材研究所,上海 200949;

2.中国石油大学,北京昌平 102249;

3.中国石油塔里木油田公司,新疆库尔勒 841000)

摘　要:通过宏观分析、尺寸测量以及材质分析,对 AT-16 井钻杆 NC50 内螺纹接头胀大失效原因进行了详细的调查分析。分析结果表明:钻杆内螺纹接头胀大失效主要是在钻井过程中钻杆接头所承受的扭转载荷过大所致。有限元计算结果和双台肩接头钻杆在塔里木油田实际使用效果表明,双台肩接头钻杆的抗扭性能要优于单台阶螺纹接头钻杆,为有效地防止在深井和超深井钻井过程中钻杆内螺纹接头发生胀大失效,建议采用双台肩接头钻杆。

关键词:钻杆;内螺纹接头;双台肩接头;胀大;扭矩

　　AT-16 井设计井深 6 621 m。2009 年 7 月 18 日,该井在钻至井深 3 000 m 时,2 根钻杆内螺纹接头严重胀大失效。该井井身结构为一开 Φ660.4 mm 钻头×307 m(Φ508.0 mm 套管×306.33 m)+二开 Φ444.5 mm×3 000 m。二开钻具组合:444.5 mm GA114 三牙轮钻头×0.4 + Φ228.6 mm 减震器×4.44 m + Φ730 mm NC611×0.47 m + Φ228.6 mm 钻铤×17.88 m + 731 mm NC610×0.48 m + Φ440 mm 钻具稳定器×2.24 m + Φ730 mm NC611×0.48 m + Φ228.6 mm 钻铤×8.66 m + Φ731 mm 630×0.33 m + Φ203.2 mm 钻铤×54.00 m + Φ631 mm 410×0.41 m + Φ177.8 mm 钻铤×79.36 m + Φ127.0 mm 钻杆×2 830.85 m。二开钻井参数为钻压 180~240 kN,转速 70~80 r·min⁻¹,排量 52l s⁻¹,泵压 19 MPa。泥浆密度 1.17 g·cm⁻³,黏度 45 s。该井 0~3 000 m 井段最大井斜 0.206 °,方位 309.92 °,全角变化率 0.2 °/25 m。地层为吉迪克组,岩性为交替的砂岩和泥岩。内螺纹接头严重胀大的两根钻杆所处井段分别为 1 300 m 和 1 600 m。钻杆下井时上扣扭矩压力表显示为 5.5~6.0 MPa(对应扭矩为 33~36 kN·m)。该井所用的钻杆型号为 Φ127.0 mm×9.19 mm 18°S135 NC50 接头钻杆。为了查明钻杆内螺纹接头严重胀大原因,笔者对其进行了失效分析。考虑到钻杆内螺纹接头胀大之后,其材料性能已经发生变化,因此没有对失效钻杆接头材质进行分析,但依据该批钻杆出厂前所进行的材料试验结果,对钻杆内螺纹接头胀大原因进行了分析。

1 钻杆接头胀大宏观分析和主要尺寸测量

1.1 钻杆内螺纹接头胀大宏观分析

钻杆内螺纹接头已明显胀大变形,导致与其连接的外螺纹接头无法正常卸开,见图 1。根据钻杆接头损坏形貌推断,钻杆接头具有过扭胀大的特征。

胀大位置

图 1　钻杆内螺纹接头胀大形貌

从钻杆接头胀大形貌判断,与其连接的其他钻杆接头也会产生不同程度的胀大,但井队没有对所有钻杆接头胀大尺寸进行测量,只要求对内螺纹接头严重胀大的这 2 根钻杆失效原因进行分析。

1.2 新钻杆主要尺寸

该批钻杆按照 API SPEC 7—2001[1] 规定供货,新钻杆接头外径(D)为(168.3 ± 0.3)mm,接头倒角直径(DF)为(154.0 ± 0.2)mm。

2 材质分析

2.1 化学成分分析

该批钻杆出厂化学成分分析结果见表 1,钻杆化学成分符合 API SPEC 7—2001 规定。

表 1　钻杆的化学成分(质量分数/%)

元　素	C	Si	Mn	P	S	Cr	Mo	Ni	Al
接　头	0.37	0.25	0.93	0.011	0.002	0.02	0.31	0.10	—
管　体	0.27	0.26	0.88	0.001	0.012	0.97	0.42	0.030	0.013
标准值	—	—	—	≤0.030	≤0.030	—	—	—	—

2.2 力学性能试验

该批钻杆出厂力学性能试验[2]结果见表 2,符合 API SPEC7—2001 和 SY/T 5290—

$2000^{[3]}$要求。

表 2 钻杆接头力学性能

项　目	拉伸试验			$-20℃$冲击功 AK$_V$/J	硬度试验 (HBW10/3000)
	$R_{t0.2}$ /MPa	R_m /MPa	A /%		
实测值	981	1 093	17	84	328
API SPEC 7—2001	≥827	≥965	≥13	—	≥285
SY/T 5290—2000	≥827	≥965	≥13	≥54	≥285

3　接头胀大原因分析

试验分析结果表明,钻杆接头材质和几何尺寸均符合标准要求,钻杆是受过扭载荷之后发生胀大失效的。下面对钻杆内螺纹接头胀大损坏原因进行分析。

3.1　钻杆抗扭强度

API RP 7G—1998$^{[4]}$规定,Φ127 mm×9.19 mm S135 钻杆 NC50 接头抗扭强度为86 000 N·m,管体抗扭强度为 100 290 N·m。钻杆接头和管体抗扭强度是由材料屈服强度和钻杆尺寸决定的。

钻杆接头抗扭强度与管体抗扭强度之比是衡量接头与管体抗扭强度是否匹配的重要指标,API SPEC 7—2001 对不同钻杆接头抗扭强度与管体抗扭强度之比都有具体规定。钻杆接头抗扭强度与管体抗扭强度之比小于 0.8 时接头为薄弱环节,在使用中容易发生早期失效。按照 API SPEC 7—2001 规定,Φ127 mm×9.19 mm S135 钻杆 NC50 接头抗扭强度与管体抗扭强度之比为 0.86,符合 API SPEC 7—2001 要求。

3.2　井下扭矩过大导致钻杆内螺纹接头胀大损坏

从钻杆内螺纹接头失效形貌判断,钻杆接头胀大损坏时所承受的扭矩值实际上已经远远超过了钻杆接头的抗扭强度。导致钻杆接头井下扭矩过大的原因主要有以下几个方面:

(1)大井眼钻进时钻具承受的扭矩大。钻杆内螺纹接头胀大事故是在二开钻进过程中发生的。二开钻井所用钻头尺寸为 Φ444.5 mm GA114 三牙轮钻头,钻压为 180～240 kN。在这样大的井眼采用大钻压钻进时钻柱本身承受的扭矩较大。

(2)憋钻或卡钻会导致钻柱承受的扭矩剧增$^{[5]}$。当钻具卡钻或钻头憋钻时会使转盘扭矩瞬时增大,钻柱承受的扭转载荷会成倍增大。钻柱在使用过程中所承受的扭矩可用下式表示。

$$T=RF+J_z\varepsilon \tag{1}$$

式中:T 为钻柱所承受的扭矩;R 为钻头半径;F 为钻头切削力及钻柱系统与井壁摩擦力

等之合力；J_z 为钻柱系统对其轴线的转动惯量；ε 为因卡钻、蹩钻、震动等井下载荷变化引起的钻柱角加速度。

由上式可见，钻杆接头井下扭矩大小与许多因素有关，因卡钻、蹩钻、震动等井下载荷变化会使钻柱承受额外的扭转载荷。

该井胀扣的钻杆为新钻杆，其抗扭性能符合 API RP 7G—1998 和 API SPEC 7—2001 规定，但内螺纹接头严重胀大损坏。这说明钻杆在井下所承受的扭矩远远超过了钻杆接头的抗扭强度。调研发现该井在二开钻进过程中多次发生卡钻和蹩钻（没有记录实际扭矩），这很容易使钻杆接头胀大失效。

3.3　上扣扭矩不足容易导致钻杆接头在井下上扣

如果连接钻杆时上扣扭矩不足，钻杆接头密封台肩面没有足够的接触面压，在钻进过程中钻杆接头会因井下各种因素引起的过扭矩而失控地自行紧扣[6]。从而使接头密封台肩接触面压剧增而超过材料的屈服强度，最终发生塑性变形和胀大损坏。如果钻杆连接上扣扭矩达到标准值，由于静摩擦力的特殊作用，当转盘扭矩在一定范围内增加时，静摩擦力可以阻止钻杆接头在井下自行上扣。

失效的 2 根钻杆上扣扭矩不详，该井实际钻杆上扣扭矩为 33～36 kN·m（5.5～6.0 MPa），实际上扣扭矩只有 API RP 7G—1998 推荐的新钻杆上扣扭矩值（51.5 kN·m）的 64.1%～69.9%。这可以排除钻杆在连接上扣过程中胀大损坏的可能性，但同时也说明由于上扣扭矩偏小钻杆接头在井下容易失控地自行上扣，最终增大钻杆内螺纹接头胀大损坏的倾向。

3.4　内螺纹接头胀大的钻杆所处井段分析

该井内螺纹接头严重胀大的 2 根钻杆所处井深分别为 1 300 m 和 1 600 m。靠近井口受轴向拉力最大的井段钻杆接头反而不容易过扭损坏。这主要与不同井段钻杆所受的钻柱自身重力不同有关。在钻井过程中，越靠近井口的钻杆所受的扭矩越大。受钻杆自重的影响，不同部位的钻杆所受的拉力有一定差别。越靠近井口，钻杆所受的轴向拉力越大。轴向拉力可以抵消一部分钻杆接头密封台肩接触面压，从而有益于阻止接头台肩变形损坏。严重胀大的 2 根钻杆所处井深在靠近井深中间位置，这说明该位置钻杆所承受的扭矩最大。

3.5　材料性能对钻杆内螺纹接头胀大的影响

材料韧性和强度越高，钻杆接头抵抗胀大失效的能力越强；材料韧性不足，钻杆接头胀大后会发生纵向开裂，导致落鱼事故[7-10]。该批钻杆接头材料性能符合标准要求，韧性指标高于标准规定值。虽然钻杆内螺纹接头严重胀大，但没有发生纵向开裂事故，这说明钻杆内螺纹接头胀大与材料性能无关，主要是在使用过程中扭矩过大所致。

4 钻杆接头胀大失效预防

采用 ANSYS 软件建立钻杆螺纹连接模型,对不同上扣扭矩条件下 NC50 内螺纹接头和 NC50 双台肩接头(图 2)台肩接触应力进行分析计算,结果见表 3 及图 3、图 4。

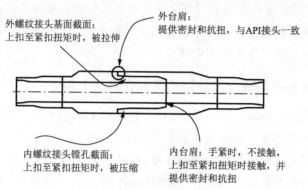

外螺纹接头基面截面:
上扣至紧扣扭矩时,被拉伸

外台肩:
提供密封和抗扭,与API接头一致

内螺纹接头镗孔截面:
上扣至紧扣扭矩时,被压缩

内台肩:手紧时,不接触,上扣至紧扣扭矩时接触,并提供密封和抗扭

图 2 双台肩接头技术原理示意图

表 3 API NC50 接头和 NC50 双台肩接头台肩接触应力

接头类型	上扣扭矩		台肩位置应力/MPa	
	/(kN·m)	/ft-lb	主台肩	副台肩
NC50 内螺纹接头	51.5	38 044	685	—
NC50 双台肩接头	(API RP 7G 规定值)		381	255
NC50 内螺纹接头	88.7	65 469	910	—
NC50 双台肩接头	(API RP 7G—1998 规定值的 1.72 倍)		662	506
NC50 双台肩接头	125.4(API RP 7G—1998 规定值的 2.43 倍)	92 576	959	899

从表 3 可知,当按照 API RP 7G—1998 规定的上扣扭矩上扣时,NC50 内螺纹接头和 NC50 双台肩接头主台肩均未屈服,但是 NC50 双台肩接头主台肩的最大接触应力比 NC50 接头小 44.4%;当按照 1.72 倍 API RP 7G—1998 规定扭矩上扣时,NC50 接头台肩应力达到 910 MPa(图 3),超过接头屈服强度(827 MPa),而 NC50 双台肩接头主、副台肩均没有发生屈服;当按照 2.43 倍 API RP 7G—1998 规定扭矩上扣时,NC50 双台肩接头主台肩面先达到屈服(图 4)。这说明 NC50 双台肩接头的抗扭强度比 NC50 接头提高了 41.3%[(125.4—88.7)/88.7]。因此,在深井和超深井采用双台肩接头钻杆钻井可有效地提高钻杆接头的抗扭能力,防止钻杆接头发生胀大失效事故。

塔里木油田早在 1990 年就发生过 Φ127 mm×9.19 mm S135 钻杆 NC50 内螺纹接头胀大事故。失效分析结果表明[11-14],井下扭矩过大是导致钻杆内螺纹接头胀大失效的主要原因。后来采用抗扭性能较高的双台肩接头钻杆之后,有效地杜绝了钻杆内螺纹接头胀大失效事故的再发生。

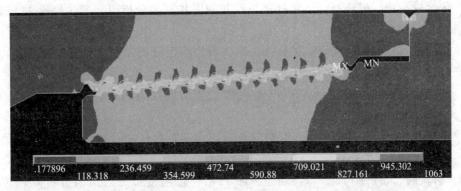

图 3 NC50 内螺纹接头台肩面达到屈服时的等效 VME 应力图

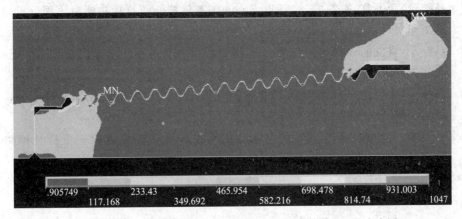

图 4 NC50 双台肩接头主台肩面达到屈服时的等效 VME 应力图

5 结论

钻杆 NC50 内螺纹接头胀大主要是因为钻杆承受的扭矩超过了钻杆接头的承载能力。建议采用抗扭能力较高的双台肩接头钻杆。

参考文献

[1] API SPEC 7—2001 Specification for rotary drill stem elements[S].

[2] ASTM A370—2007 钢制品机械性能试验方法和定义[S].

[3] SY/T5290—2000 石油钻杆接头[S].

[4] API RP 7G—1998 Recommended practice for drill stem design and operating limits[S].

[5] 袁鹏斌,吕拴录,孙丙向,等.在空气钻井过程中钻杆断裂原因分析[J].石油钻采工艺,2008,30(5):34-37.

［6］ 吕拴录,高蓉,殷廷旭,等.钻杆接头脱扣和胀扣原因分析[J].理化检验-物理分册,2008,44(3):146-149.

［7］ 吕拴录,骆发前,周杰,等.钻杆接头纵向裂纹原因分析[J].机械工程材料,2006,30(4):95-97.

［8］ 吕拴录,袁鹏斌,姜涛.钻杆NC50内螺纹接头裂纹原因分析[J].石油钻采工艺,2008,30(6):104-107.

［9］ 王新虎,薛继军,谢居良,等.钻杆接头抗扭强度及材料韧性指标研究[J].石油矿场机械,2006,35(Sl):1-4.

［10］ 骆发前,吕拴录,周杰,等.塔里木油田钻柱转换接头失效原因分析及预防措施[J].石油钻探技术,2010,38(1):80-83.

［11］ 吕拴录,姬丙寅,骆发前,等.139.7 mm加重钻杆外螺纹接头断裂原因分析[J].机械工程材料,2009,33(10):99-102.

［12］ 吕拴录,骆发前,高林,等.钻杆刺穿原因统计分析及预防措施[J].石油矿场机械,2006,35(Sl):12-16.

［13］ 吕拴录,张福祥,李元斌,等.塔里木油气田非API油井管使用情况统计分析[J].石油矿场机械,2009,38(7):70-74.

［14］ 骆发前,吕拴录,周杰,等.塔里木油田钻柱转换接头失效原因分析及预防措施[J].石油钻探技术,2010,38(1):80-83.

五 刺漏失效分析及预防

S135 钻杆刺漏原因分析

余世杰[1]　袁鹏斌[1]　龚丹梅[1]　吕拴录[2]　李连强[3]

(1. 上海海隆石油管材研究所,上海 200949;

2. 中国石油大学,北京昌平 102249;

3. 渤海装备中成机械公司,天津,300280)

摘　要:对一起 Φ127 mm ×9. 19 mm 的 S135 钢级钻杆的刺漏事故进行调查,通过钻杆刺孔形貌宏观观察,断口微观分析及 EDS 能谱分析,结合钻杆材料的力学性能、化学成分和组织对失效钻杆刺漏原因进行试验分析。结果表明,该钻杆刺漏属于早期腐蚀疲劳失效,其原因与钻进过程中钻压偏大和钻杆外壁腐蚀有关。根据失效原因,提出了相对应的改进措施和建议。

关键词:钻杆;失效分析;刺漏;腐蚀疲劳;石油钻井

钻杆在使用过程中,由于受拉、压、弯、扭载荷等交变作用和环境介质的影响,常有腐蚀和裂纹等缺陷产生,如不能及时发现,裂纹将会穿透钻杆本体,导致钻杆刺漏、断裂等失效,引发严重的钻井事故,造成重大经济损失。

2011 年 2 月,某井队在钻井作业过程中,发生一起 Φ127 mm×9. 19 mm,S135 钢级钻杆刺漏事故,钻杆管体材料为 28 CrMo 钢,刺漏钻杆服役时间不长,钻杆刺漏部位远离钻杆管体加厚过渡带。为了查明钻杆刺漏的原因,避免此类失效事故再次发生,笔者前往井场了解钻杆刺漏详情后,对失效样品进行了失效分析,并提出了相应的改善措施与建议。

1　事故情况及井况信息

发生钻杆刺漏的井为开发井,地质构造为阿克库勒凸起西南斜坡带,设计井深为 6 690 m,井底水平段位移小于 60 m,一开设计井深 800 m,二开设计井深 5 271 m。在钻至井深 2 713 m 时发生钻杆刺漏事故,刺漏钻杆位于井深 1 974 m 。钻具组合为 Φ311. 1 mm 钻头+Φ195 mm 螺杆+Φ228. 6 mm 钻铤×1 根+Φ310 mm 钻具稳定器+Φ228. 6 mm 钻铤×2+Φ203. 2 mm 钻铤×12 根+Φ177. 8 mm 钻铤×3 根+Φ127 mm 加重钻杆×3 根+Φ127 mm 钻杆。

钻井参数:钻压 40 kN,转盘转速 50 r/min,排量 72 L/s,泵压 24 MPa,钻井液 pH 值为 8。

2 宏观观察与尺寸检测

钻杆刺漏形貌及刺孔打开后的断口形貌如图 1 所示,刺漏位置据母接头密封端面约 5 m,位于钻杆管体中部,而非钻杆管体加厚过渡带附近。人为地将刺穿的钻杆沿着刺孔位置折断,刺孔裂纹周向长度约占管体圆周的 60%,刺孔断面受到不同程度的腐蚀,呈红褐色。断口分为三个区域:裂纹源区、裂纹扩展区以及人为的新断口。裂纹源区形貌较为平坦,在刺穿部位有钻井液冲刷残留下的痕迹,存在几个明显的小刺孔(图 2)。在断口周边的外壁上存在多个腐蚀坑(图 3)。

经测量,失效钻杆的外径、壁厚均满足 API Spec 5D 标准规定[1]。

（a）压开前

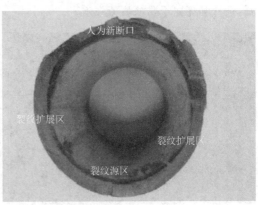

（b）压开后

图 1　刺漏钻杆宏观形貌

图 2　裂纹源区的小刺孔形貌

图 3　钻杆外壁的腐蚀坑形貌

3 微观观察

3.1 腐蚀坑剖面形貌观察

将钻杆外壁腐蚀坑剖开,在金相显微镜下可以发现部分腐蚀坑坑底存在一些穿晶扩展形式的小裂纹,裂纹较短,裂纹沿壁厚方向朝管体内壁扩展。裂纹起源于钻杆外壁,具有腐蚀疲劳裂纹特征。腐蚀坑剖面形貌如图4所示。

3.2 断口区域微观分析

采用乙酸纤维纸对试样进行清理后进行扫描电镜微观观察,在裂纹扩展区发现了裂纹扩展形成的疲劳条带以及在裂纹尖端存在裂纹扩展形成的疲劳辉纹,见图5。这进一步说明,钻杆刺穿属于腐蚀疲劳失效。

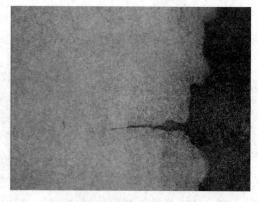

图4 钻杆外壁腐蚀坑底形貌

（a）500×

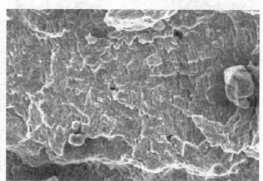

（b）2 000×

图5 刺孔裂纹尖端疲劳辉纹形貌

3.3 腐蚀坑底部能谱分析

将钻杆外表面腐蚀坑进行超声波清洗后,对腐蚀坑底部覆盖的腐蚀产物进行 EDS 能谱分析。分析结果见图6和表1。结果表明,钻杆刺孔裂纹源周边的腐蚀坑内覆盖腐蚀产物多为 O、C、Si、Cl 等元素。

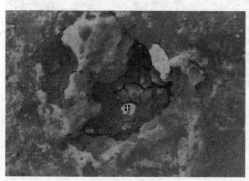

（a）分析区域

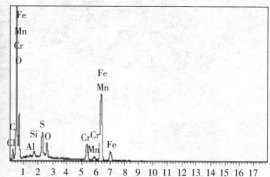

（b）分析结果

图6 EDS 能谱分析区域及结果

表 1　EDS 能谱分析结果

元　素	质量分数/%	原子百分比/%
C K	7.59	14.14
O K	47.06	65.85
Al K	0.19	0.16
Si K	0.60	0.48
S K	2.91	2.03
Cl K	2.16	1.36
Cr K	4.87	2.10
Mn K	0.62	0.25
Fe K	34.00	13.63
合计	100.00	

4　材质分析

4.1　化学成分分析

在失效钻杆刺孔周边取样,采用直读光谱仪对失效钻杆的化学成分进行分析,结果表明钻杆化学成分符合 API Spec 5D 标准规定。

4.2　拉伸性能试验

在失效钻杆刺孔周边取板状拉伸试样,按照 ASTM A370—10 标准进行拉伸试验,测定抗拉强度、屈服强度和伸长率,试验结果见表 2。表明钻杆拉伸性能符合 API Spec 5D 标准规定。

表 2　失效钻杆拉伸性能试验结果

项　目	抗拉强度 R_m/MPa	屈服强度 $R_{p0.7}$/MPa	断后伸长率 A/%	试验温度 T/℃
失效样品	1 067	973	21.6	20
API Spec 5DP 规定	≥1 000	931~1 138	≥13	室温

根据 ASTM E10—10 标准,在外螺纹接头螺纹部位取样进行布氏硬度试验,结果分别为 HBW292、HBW292、HBW297,该接头螺纹布氏硬度试验结果符合 API Spec 5DP 标准要求(HBW285~HBW341)。

4.3　冲击性能

按照 API Spec 5D 标准,从失效钻杆刺孔附近取夏比 V 形缺口冲击试样(10 mm×7.5 mm×55 mm),按照 ASTM A370—10 标准冲击韧性试验,试验结果见表 3,表明其冲击韧性满足 API Spec 5D 标准规定。

表3　钻杆管体纵向冲击试验结果

项　目	冲击性能(试验温度20 ℃)/J	
	单个值	平均值
外螺纹接头螺纹	86,90,88	88
API Spec 5DP 规定	≥38	≥43

4.4　金相分析

根据 GB/T 13298—1991《金属显微组织检验方法》、GB/T 10561—2005《钢中非金属夹杂物含量的测定方法》、GB/T 6394—2002《平均晶粒度测定方法》对失效钻杆样品进行金相检验,结果表明钻杆基体晶粒度为 9.0 级,组织为回火索氏体,夹杂物 A:2.0、B:1.0、D:0.5 均为细系。

4.5　断口微观分析

将刺孔附近外螺纹接头第 10 牙螺纹牙底裂纹机械压开,清洗后在扫描电子显微镜下观察断口形貌。裂纹面较为平坦,在裂纹尖端部位可观察到稀疏的疲劳辉纹,其方向与裂纹扩展方向垂直。这说明刺孔附近螺纹牙底裂纹为疲劳裂纹。

5　分析讨论

钻杆为刚投入使用不久的新钻杆,累计纯钻井深约为 8 000 m,钻杆的服役时间低于正常的使用寿命。在 SEM 扫描电镜下已观察到刺孔裂纹的扩展尖端疲劳辉纹,证明此次钻杆刺穿失效属于早期疲劳失效。

从刺孔打开后的断面形貌可以观察到,在裂纹源区存在若干个刺穿小孔洞痕迹,且在其周边区域的管体外壁存在一些腐蚀坑,观察表明腐蚀坑底部已萌生出裂纹,裂纹起源于管体外表面腐蚀坑底部沿管体径向朝内壁扩展。因此,可以判定此次引起钻杆刺穿失效的裂纹起源于钻杆外壁腐蚀坑底部,钻杆为早期腐蚀疲劳失效[2]。

钻杆发生腐蚀疲劳失效的原因除与材料自身性能有关之外,还与钻杆的受力条件、载荷大小、环境介质等因素有关。下面分别予以分析。

5.1　钻杆质量对钻杆裂纹的影响

5.1.1　材质的影响

失效钻杆化学成分、力学性能以及显微组织均符合 API Spec 5D 及相关标准的规定,冲击韧性高于 API Spec 5D 标准。一般说来,材料的抗疲劳性能与材料的冲击韧性成正比,材料冲击韧性越高,钻杆抵抗疲劳裂纹的能力越强,使用寿命越长。因此,可以排除由于钻杆材质的原因而导致钻杆刺漏的可能性。

5.1.2 内涂层的影响

涂层可以有效地防止钻杆内壁产生腐蚀坑和疲劳裂纹。如果涂层质量不高,或者没有涂层,钻杆内壁容易产生腐蚀疲劳裂纹。此次失效钻杆裂纹起源于外壁,而非内壁,这与钻杆内涂层保护良好有一定关系[3]。这同时也说明腐蚀对钻杆裂纹起到了一定的作用。

5.2 腐蚀对钻杆裂纹的影响

失效钻杆裂纹起源于管体外表面的腐蚀坑底部,这说明腐蚀对裂纹萌生和扩展起到了很大的作用。EDS 能谱分析结果表明,钻杆刺孔裂纹源周边的腐蚀坑内覆盖腐蚀产物多为 O、C、Si、Cl 等元素,说明钻杆在钻井液中可能存在 O、Cl 离子腐蚀问题。一旦钻杆表面形成腐蚀坑,钻杆有效壁厚会减小。其次,S135 高钢级钻杆材料对于 Cl 离子的腐蚀敏感性较强,在腐蚀介质中存在 Cl 离子的情况下,腐蚀速率加剧,易形成点蚀坑,在坑底产生应力集中,钻杆在周期性复合载荷的作用下,最终会在坑底产生疲劳裂纹。

5.3 受力条件、钻压对钻杆使用寿命的影响

在一般情况下,钻井钻压不超过下部钻具组合重量的 80%。钻压越大,钻杆越容易承受旋转弯曲载荷。在弯曲载荷作用下,钻杆外壁的应力大于内壁,疲劳裂纹容易从外壁萌生。该井下部钻具组合重量为 35.56 t(表 4)。实际施加的钻压达到 40 t,已经超过下部钻具组合重量的 6%,超过规定钻压的 33%。这必然会使钻杆承受异常旋转弯曲载荷,很容易发生钻杆早期疲劳断裂。实际刺穿钻杆裂纹起源于外壁,这与钻杆承受异常旋转弯曲载荷也有关。

表 4　下部钻具组合质量

钻具名称	外径/mm	内径/mm	单根长度/m	数量/根	质量/t
Φ228.6 mm 钻铤	228.6	71.4	9.15	3	7.93
Φ203.2 mm 钻铤	203.2	71.4	9.15	12	24.34
Φ177.8 mm 钻铤	177.8	57.2	9.15	3	4.77
Φ311.2 mm 钻具稳定器	311.2	71.4	2.0	1	0.52
合　计					37.56

其次,从刺孔的宏观形貌可以看出,刺孔裂纹周向长度约占整个圆周面 60%,较普通刺孔周向长度宽,可知该刺孔裂纹的沿钻杆周向扩展速率较大。钻杆在井下服役时,管体圆周面上裂纹周向扩展速率主要取决于该圆周面的剪切应力,圆周面上的剪切应力越大,该处裂纹沿管体周向的扩展速率也就越大。钻杆管体作为一个薄壁管,圆周面上剪切应力与其受到的扭矩存在以下对应关系[4]:

$$\tau = \frac{M_n}{2\pi \cdot r^2 t},$$

式中,τ 为受到的剪切应力;M_n 为管体承受的扭矩;r 为管体外径;t 为管体壁厚。

根据上式推断出钻杆在井下承受的扭矩较大,其次结合钻压过大对钻杆的影响,钻杆本体易产生弯曲,弯矩最大部位位于钻杆管体中部,故此次发生刺漏的部位为钻杆管体中部,而并非管体加厚过渡带附近。

因此,在交变应力的作用下,裂纹易在钻杆弯矩较大且应力集中的腐蚀坑底萌生扩展,当裂纹沿管体径向穿透管壁时,最终造成此次钻杆刺漏。

6 结论与建议

(1) 钻杆刺漏属于腐蚀疲劳失效,其原因与钻压偏大和钻杆外壁腐蚀有关。

(2) 失效钻杆理化性能符合 API Spec 5D 标准要求。

(3) 建议在下井之前对该批钻杆进行无损探伤,避免已有裂纹的钻杆继续服役。

(4) 按照标准规定选择合适的钻井钻压。

参考文献

[1] API Spec 5D Specification for drill pipe[S],2001.

[2] 李鹤林,李平全,冯耀荣. 石油钻柱失效分析及预防[M]. 北京:石油工业出版社,1999.

[3] 吕拴录. 一起 Φ127.0 mm×9.19 mm IEU G105 内涂层钻杆刺穿事故原因分析[J]. 石油工业技术监督,2002,4:20-22.

[4] 苏翼林. 材料力学[M]. 北京:高等教育出版社,1987.

钻杆焊缝刺漏原因分析

余世杰[1,2]　袁鹏斌[1,2]　马金山[3]　荆松龙[4]　龚丹梅[2]

(1.西南石油大学,四川成都610500;2.上海海隆石油管材研究所,上海200949;
3.渤海钻探钻井技术服务分公司,天津300280;
4.中国石油物资上海公司,上海201103)

摘　要:通过刺孔形貌观察、扫描电镜分析、能谱分析、化学成分分析、金相检验以及硬度测试等方法,对钻杆焊缝刺漏失效的原因进行了分析。结果表明:失效钻杆在焊缝区域存在一定面积的焊接灰斑缺陷,使得钻杆焊缝区的结合强度、疲劳强度以及冲击韧度大大降低,从而导致了该次钻杆焊缝区的早期刺漏失效。最后根据钻杆失效的原因,提出了相对应的改进措施和建议。

关键词:焊接灰斑缺陷;钻杆;刺漏

　　焊接灰斑常存在于闪光接触焊中,为粒状或块状氧化物和硅酸盐夹杂物残留在焊缝中形成的坑浅焊接缺陷[1]。焊接灰斑的存在容易导致钻杆焊缝早期脆性断裂或刺漏失效[2]。钻杆采用摩擦焊接之后,能有效避免焊接灰斑缺陷的产生,但如果顶锻压力不够或焊接端面未清理干净也会造成一定面积的灰斑缺陷。钻杆是钻柱的重要组成部分,其服役条件较为苛刻,焊接灰斑的存在会给石油开采带来潜在的隐患,并可造成重大经济损失。

　　某油田在钻井作业过程中发生一起钻杆焊缝刺漏失效事故,刺漏钻杆的服役时间较短,为了查明该钻杆的刺漏原因,确保钻井的安全可靠性,笔者前往现场了解失效情况后取回失效样品,并对其进行了检验和失效分析。

1　井况信息

　　发生钻杆刺漏的井为直井,发生刺漏时该井处于三开状态,其井下钻具组合为Φ216 mm M1355R钻头+Φ165 mm钻铤×15+Φ165 mm随钻+Φ127 mm加重钻杆×6+Φ127 mm钻杆。在钻进至井深4 200 m左右时,钻杆发生刺漏,发生刺漏的钻杆为新钻杆,纯钻时间较短,规格为 Φ127 mm×9.19 mm,S135钢级钻杆。刺孔部位距公扣密封面约300 mm,经测量刺孔周向长度约为50 mm,轴向长度约为14 mm,刺孔宏观形貌如图1所示。

图1　刺漏钻杆宏观形貌

井况参数：钻压 80 kN，转速 83 r/min，泵压 26 MPa，排量 28 L/s，转盘扭矩 20 kN·m。

2 理化检验

2.1 宏观分析

刺漏钻杆外壁腐蚀不严重，无明显腐蚀坑存在，将刺孔边缘附近打磨后，经硝酸酒精溶液腐蚀，发现刺孔中心恰好位于钻杆摩擦焊焊缝位置。纵向剖开后发现，钻杆内壁刺孔周围涂层良好，无腐蚀脱落现象，经测量钻杆内壁刺孔周长约 121 mm，轴向长度约 10 mm，周向长度约 60 mm，其宏观形貌见图 2。

将刺孔沿周向机械压开，压开后的刺孔形貌如图 3 所示。可以观察到已冲蚀出的刺孔形貌呈内宽外窄的扇形形状，刺孔

图 2　钻杆内壁刺孔宏观形貌

中部经泥浆冲刷后较为光滑，刺孔两侧附近压开后的断面平坦，且未出现明显的塑性变形，断面呈灰亮色。根据刺孔两侧裂纹尖端呈内宽外窄的扇形扩展形貌，可以推断此次刺孔裂纹起源于钻杆壁厚内且靠内壁侧，随后开始沿钻杆周向扩展。

2.2 扫描电镜分析

经机械打开后，在平坦且呈灰亮色的刺孔断面区域取样（取样位置见图 3），进行扫描电镜观察。由图 4 可见，断口局部的微观形貌为浅而平的韧窝，韧窝大小基本在 2~5 μm；同时还可以发现，在断面的韧窝内分布有较多的点状或片状夹杂物与灰黑色的氧化物。

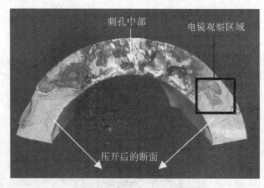

图 3　刺孔机械打开后的断面宏观形貌

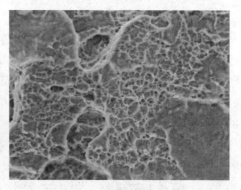

图 4　刺孔断面微观形貌

2.3 金相检验

在刺孔断面焊缝区域附近取金相试样进行观察,观察面为钻杆纵剖面,可以发现在管体端距焊缝约 1 mm 处,存在大量微小夹杂物沿着焊缝管体轴向分布,且贯穿于钻杆内外壁,其分布形貌见图 5。可以推断出,焊缝区域的夹杂物为钻杆在焊接过程中可能由于顶锻力不足而残留在焊缝区域内,结合扫描电镜刺孔断面微观形貌观察结果,可以推断出该钻杆焊缝局部区域存在焊接灰斑缺陷。焊缝区域正常区域的显微组织为回火索氏体及少量铁素体,见图 6。

图 5 管体端焊缝处的夹杂物形貌

图 6 焊缝正常区域和显微组织形貌

2.4 能谱分析

对新压开的刺孔断面及焊缝附近夹杂物进行能谱分析。由图 7 可见:钻杆焊缝刺孔断面夹杂物多为铁、锰、硅、铝等氧化夹杂物。

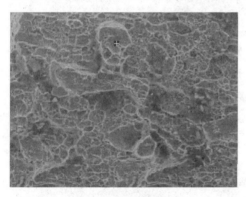

元素	质量分数 /%	原子分数 /%
C	2.33	6.18
O	22.59	45.02
Al	2.81	3.32
Si	7.27	8.25
Cr	0.88	0.54
Mn	9.22	5.35
Fe	54.90	31.34

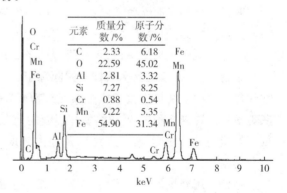

(a) 能谱分析位置　　　　　　　　　　(b) 能谱分析结果

图 7 刺孔断面能谱分析位置及结果

2.5 化学成分分析和力学性能测试

在钻杆刺孔周边焊缝取样,根据相关标准分别进行化学成分和力学性能测试,结果表明钻杆的化学成分、拉伸性能以及硬度均符合 API Spec 5DP—2009 的技术要求[3],但其室温冲击试验结果表明,其中有一个冲击试样的冲击功远远低于其他两个试样,见表 1。在冲击功较低的冲击试样断口上局部区域也能发现类似灰斑的断口形貌,短浅的韧窝上分布着大量高温时形成的氧化物,见图 8。

表 1　焊缝纵向冲击试验结果

条　件	冲击功(10 mm×10 mm×55 mm×2 V)/J	
	单个值	平均值
实测值	16,82,94	64
标准值	≥14	≥16

3　综合分析

刺漏钻杆为新使用钻杆,钻杆的服役时间低于正常的使用寿命。钻杆在钻进过程中发生刺漏失效,发现时钻杆位于井深 450 m 左右。一般来说,钻杆内加厚过渡带消失部位是钻杆的薄弱环节[4],易于发生腐蚀疲劳失效,形成刺孔。此次钻杆刺漏部位处于钻杆焊缝区,钻杆焊缝处壁厚通常为管体壁厚的 1.5～1.8 倍,此处壁厚大,钢杆刚度和强度也都较大,并非钻杆的薄弱点。因此,该钻杆刺漏为非正常失效事故。

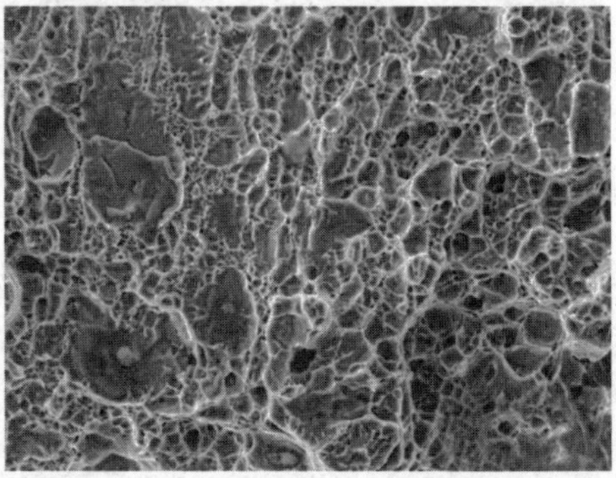

图 8　冲击断口上的灰斑形貌

刺漏钻杆外表面无明显腐蚀坑存在,钻杆内涂层完好,并无起泡脱落现象。而在刺孔新压开的断面上,通过扫描电镜可观察到钻杆焊缝局部区域存在焊接灰斑,且距焊缝约 1 mm 处的管体端沿焊缝方向分布有大量的氧化夹杂物,可以推断出此次钻杆刺漏起源于钻杆焊缝内部的灰斑缺陷。焊缝灰斑缺陷为在焊接过程中未被挤出去的非金属夹杂物或焊接过程中形成的一层氧化膜。据统计,当灰斑面积占焊缝面积约 1% 时,钻杆焊缝的疲劳强度将会降低 10%～13%。灰斑大大降低了焊缝的结合强度、疲劳强度以及冲击韧度。灰斑缺陷的面积越大,焊区的结合强度就会越差。

钻杆采用摩擦焊工艺焊接,相对传统闪光焊,摩擦焊具有焊接接头质量高,焊接工艺连续性、稳定性以及一致性好等特点,在正常工艺情况下产生灰斑缺陷的几率几乎为零[5]。但在钻杆焊接生产过程中也不排除偶然的设备运行问题及个别对焊面污物清理不干净所导致的焊缝灰斑缺陷。针对此次刺漏失效钻杆的情况,以下逐一进行分析。

3.1 摩擦焊顶锻力不足或施加缓慢

当对焊面金属处于高温塑性状态时,施加顶锻力。顶锻力足够时,轴向变形量增加,焊合区夹杂物在摩擦扭矩和压力的作用下,不断破碎,随高温塑性金属的径向流动而进入到飞边,此时的界面是较为纯净的金属结合。顶锻力不足时,焊合区的夹杂物未能够很好地破碎,同时其轴向变形量变短,将有部分金属氧化物残留在焊合区内,形成焊接灰斑缺陷。顶锻力施加缓慢时,焊缝金属径向流动形成飞边缓慢,外界空气可能进入焊缝内部,使焊缝金属急速冷却,再施加顶锻力时,熔融金属径向流动力下降,从而形成灰斑缺陷。

刺漏钻杆焊缝冲击功有两个试样达到 80 J 以上,且拉伸强度也合格,说明此次焊缝灰斑缺陷只是在局部小面积上存在,而非大面积整体灰斑。顶锻力施加缓慢产生的灰斑一般为外界空气进入焊缝内部,故该种原因产生的灰斑缺陷多为大面积整体灰斑,因此可以排除该根钻杆在焊接过程中由于顶锻力施加缓慢而形成灰斑的可能性。根据该失效钻杆焊缝灰斑面积及分布情况,可以推断此次焊接灰斑产生的原因为焊机顶锻力不足,使得焊接熔融区部分金属氧化物残留在焊缝局部区域上,形成小面积灰斑缺陷。

3.2 焊前端面清理不干净

在焊接前,焊前端面清理不干净也会对焊接灰斑的产生造成一定的影响。摩擦对焊端面应保持为新鲜金属状态,如果黏着污物、铁锈等,在焊接过程中会产生的氧化夹杂物将增加,由于旋转搅拌作用,夹杂物熔入到焊接熔池中,此时如将焊缝熔融区的夹杂物清理干净,其施加的顶锻力也将进一步加大。因此,焊接端面若清理不干净,焊缝产生灰斑缺陷的趋势也将变大。

4 结论与建议

失效钻杆的理化性能均符合 API Spec 5DP—2009 的技术要求,钻杆焊缝存在灰斑缺陷为导致发生此次钻杆早期刺漏的主要原因。钻杆焊缝在摩擦焊接过程中由于顶锻力不足,未能将焊接过程中形成的氧化夹杂物清理干净,在焊缝内壁残留了小面积焊接灰斑缺陷,导致焊缝区的结合强度降低。在钻井过程中,钻杆焊缝灰斑区成为应力集中点,在井下交变应力的作用下,产生裂纹源,裂纹在焊缝区域快速扩展,最终造成了此次钻杆焊缝的早期刺漏失效。

针对钻杆焊缝的失效原因,建议采取以下改进措施:① 在钻杆焊接生产过程中应将对焊面污物清理干净,且施加足够的顶锻力,以使焊接熔融区的氧化夹杂物挤压干净,避免焊接灰斑缺陷的产生,保证焊缝区良好的力学性能;② 在钻杆出厂前增加焊区的三点侧弯工序,将灰斑缺陷进一步延伸放大,确保在随后的超声波无损检测中可以被检出,从而避免存在灰斑缺陷的钻杆出厂服役。

参考文献

[1] 陈大中,相克,郑方翎,等.用电镜对焊接灰斑缺陷的性质和分类的研究[J].电子显微学报,1990(3):149.

[2] 陈祥禧.石油钻杆摩擦焊焊缝缺陷分析[J].石油机械,1993,21(10):16-21.

[3] API Spec 5DP—2000 Specification for drill pipe[S].

[4] 李鹤林,李平全,冯耀荣.石油钻柱失效分析及预防[M].北京:石油工业出版社,1999.

[5] 宋辉.摩擦焊在石油机械制造业中的应用[J].科技信息,2007(28):60.

钻杆管体刺漏原因分析

余世杰[1,2]　庄　稼[1]　苗　濛[3]　袁鹏斌[1,2]

（1.西南石油大学，四川成都 610500；

2.上海海隆石油管材研究所，上海 200949；

3.中国石油化工股份有限公司物资装备部，北京 100728）

摘　要：通过对钻杆刺缝宏观形貌、断口微观形貌观察及 EDS 能谱分析，结合钻杆材料的力学性能、化学成分和显微组织分析，对尺寸为 Φ127 mm×9.19 mm 的 G105 钢级钻杆管体的刺漏原因进行了分析。结果表明：该钻杆刺漏属于早期腐蚀疲劳开裂；钻杆外壁表面受到井下弱酸性液体的腐蚀而存在多个腐蚀坑，腐蚀坑底部易产生应力集中，在交变应力的作用下，多条裂纹分别在腐蚀坑底部快速萌生；钻柱在钻进的过程中存在跳钻及钻柱组合结构中严重的截面突变，加速了该钻杆疲劳裂纹的扩展；这些疲劳裂纹不断扩展，当其中一条裂纹穿透管壁时，钻杆便发生刺漏。

关键词：钻杆管体；失效分析；刺漏；腐蚀疲劳；石油钻井

　　石油钻杆是井下钻柱的重要组成部分，在石油开采过程中，钻杆受交变载荷及环境介质的影响，钻杆刺漏是常见的失效事故之一[1]，给油田造成巨大的经济损失。由于早期钻杆的加厚技术及管体内壁未涂防腐涂层的原因[2]，钻杆管体发生刺漏区域主要存在于管体加厚过渡带，且刺漏点常起源于钻杆内壁。但随着加厚技术的发展及涂层对钻杆内壁的防腐保护作用，钻杆的刺漏敏感区已从钻杆加厚过渡区域向管体侧转移[3-4]，且起源于管体外壁的刺漏事故进一步增多。

　　某油田在钻井作业过程中发生一起钻杆刺漏事故，该钻杆为投入使用不久的新钻杆，为了找出钻杆发生刺漏的原因，避免此类事故再次发生，笔者前往现场进行了调查，并取样对其进行了失效分析。

1　事故调查

　　该井为直井，采用 TCI 牙轮钻头。发生刺漏的钻杆在距加重钻杆向上第三柱的位置上，距加重钻杆约 90 m 左右。刺漏钻杆型号为 Φ127 mm×9.19 mm G105。钻杆刺漏时井深 1 934 m，钻压 160 kN，钻具悬重 85 t，转速 80 r·min⁻¹，泵压 6.4 MPa，排量 2.3 m³·min⁻¹，扭矩 4 000～6 000 ft·lb。采用水基钻井液，pH 值为 7，钻具组合见表 1。

表 1　发生刺漏时的底部钻具组合

入井钻具编号	钻具名称及尺寸	钻具长度/m	累计长度/m
1	17½ in 钻头	0.43	0.43
2	17½ in 减震器	0.65	1.08
3	转换接头	0.80	1.88
4	9½ in 震击器	4.70	6.58
5	9½ in 钻铤×3	28.15	34.73
6	转换接头	0.78	35.51
7	8¼ in 钻铤×5	46.84	82.35
8	转换接头	0.78	83.13
9	9½ in 震击器	4.96	88.09
10	转换接头	0.78	88.87
11	8¼ in 钻铤×2	18.73	107.60
12	转换接头	0.77	108.37
13	转换接头	0.64	109.01
14	6¼ in 钻铤×6	56.67	165.68
15	转换接头	0.92	166.60
16	5 in 加重钻杆×6	55.64	222.24
17	5 in 钻杆	1 711.76	1 934.00

据井队操作人员反映,在钻进过程中,跳钻现象较为频繁,特别是钻至 1 000 m 以下的井深位置时,整个钻柱跳钻较为严重。

2　宏观分析

钻杆发生刺漏部位在管体上,距母接头密封端面约 1.7～1.9 m。钻杆外壁刺漏部位存在多条小刺缝,刺缝长短不一,长度约 10～40 mm,沿管体周向分布,管体外壁刺漏区域的宏观形貌见图 1。将管体沿轴向剖开,可以看出管体内涂层完好,涂层并无脱落的痕迹,且内壁只有一条穿透壁厚的周向裂缝,其长度约 20 mm,见图 2。

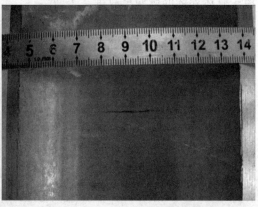

图 1　管体外壁刺漏部位及周边裂纹形貌　　　图 2　管体内壁刺漏部位形貌

将图 1 中未穿透管壁的裂纹打开观察,裂纹呈扇形圆弧形貌,断口较为平坦,表面呈黑褐色(图 3)。将图 2 中穿透的裂纹打开观察,裂纹两侧的尖端区域没有穿透壁厚,断口较为平坦,呈黑褐色,没有冲刷痕迹;裂纹中间区域穿透壁厚,高压钻井液从此泄漏,裂纹原始形貌已经破坏,并留下形成刺漏痕迹(图 4)。

图 3　打开后未穿透管壁的裂纹形貌　　　　图 4　压开后管体刺缝形貌

另外,将管体刺漏部位进行清洗后,能观察到管体表面存在一些腐蚀坑(图 5),将腐蚀坑剖开后可以发现部分腐蚀坑底已经萌生裂纹,裂纹呈穿晶形式扩展(图 6)。裂纹特征结果表明,钻杆管体裂纹起源于钻杆外壁腐蚀坑。

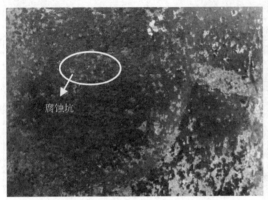 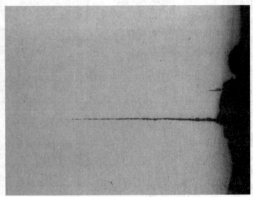

图 5　管体表面存在的腐蚀坑　　　　　图 6　腐蚀坑底萌生的裂纹

3　裂纹微区观察及 EDS 分析

在图 4 所示裂纹尖端区域取样,经清洗后进行扫描电镜观察及微区成分分析。裂纹尖端区域存在较为明显的疲劳辉纹,疲劳辉纹间距约 2 μm,见图 7,而刺缝中部区域覆盖了较多的腐蚀产物,但也能找到一些疲劳辉纹的形貌。裂纹表面的腐蚀产物成分主要为 O、C、Ca、Fe 等元素,见图 8 及表 2。

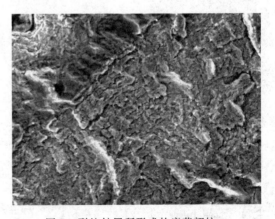

图 7　裂纹扩展所形成的疲劳辉纹

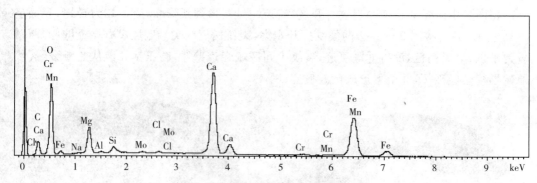

图 8　裂纹表面覆盖产物能谱分析结果

表 2　裂纹表面覆盖产物能谱分析结果

元　素	质量分数/%	原子百分比/%
C K	9.72	18.12
O K	39.93	55.88
Na K	0.17	0.16
Mg K	4.89	4.51
Al K	0.19	0.15
Si K	0.75	0.60
Cl K	0.22	0.14
Ca K	17.94	10.02
Cr K	0.40	0.17
Mn K	0.37	0.15
Fe K	24.89	9.98
Mo L	0.53	0.12
合　计	100.00	100.00

4　理化试验

4.1　化学成分分析

在钻杆裂纹附近取样,经直读光谱仪分析,该钻杆化学成分符合 API Spec 5DP—2009[5]规定(表 3)。

表 3　钻杆化学成分分析结果(质量分数/%)

元素	C	Si	Mn	P	S	Cr	Mo	Ni	Al	Cu
含量%	0.26	0.27	1.10	0.009	0.004	0.87	0.15	0.040	0.011	0.097
API Spec 5DP—2009[5]	—	—	—	≤0.020	≤0.015	—	—	—	—	—

4.2　机械性能试验

按照 API Spec 5DP—2009 标准，在失效钻杆靠近刺孔的管体上取板状拉伸试样，拉伸试验结果见表 4。

表 4　钻杆拉伸性能试验结果

试　样	屈服强度 $R_{t0.6}$/MPa	抗拉强度 R_m/MPa	延伸率 A/%	试验温度/℃
1	828	902	22.0	室　温
2	833	902	24.0	
API Spec 5DP—2009	724～931	≥793	≥16.5	21

按照 API Spec 5DP—2009 标准，在失效钻杆的管体上取纵向夏比 V 形缺口冲击试样(7.5 mm×10 mm×55 mm)进行冲击性能试验，结果见表 5。

表 5　钻杆冲击性能试验结果

项目	冲击试验(−20 ℃)A_{kv}/J
	94
单个值	90
	94
平均值	93
API Spec 5DP—2009	≥43(平均值)≥38(单个值)21 ℃

4.3　金相分析

刺穿钻杆组织为均匀细小的回火索氏体(图 9)。夹杂物为 A 类细系 1.0 级，B 类细系 1.5 级，D 类细系 1.5 级，Ds 类细系 1.5 级，粗系 0.5 级。晶粒度为 8.5 级。

5　综合分析

扫描电镜分析结果表明，钻杆为典型的腐蚀疲劳裂纹失效。失效钻杆为新钻具，纯钻时间不超过 1 000 h，使用时间低于钻具的正常使用寿命，属于早期腐蚀疲劳失效。钻

图 9　刺漏钻杆的基体组织

具发生早期腐蚀疲劳失效的原因除与材料自身性能有关之外，还与钻具的受力条件、载荷大小、环境介质以及钻具组合结构等有关。下面分别予以分析。

5.1 钻杆质量对钻杆裂纹的影响

5.1.1 材质

失效钻杆化学成分、机械性能以及显微组织均符合 API Spec 5DP—2009 及相关标准的规定,且具有较高的冲击韧性(−20 ℃平均冲击功为 93 J)。因此,可以排除由于钻杆材质原因而直接导致钻杆刺漏的可能性[6]。

5.1.2 钻杆内加厚过渡带

钻杆内加厚过渡带消失部位是钻杆的薄弱环节。内加厚过渡带越长,过渡带消失部位圆弧半径越大,钻杆使用寿命越长;反之,内加厚过渡带越短,过渡带消失部位圆弧半径越小,该部位越容易产生腐蚀疲劳裂纹[7]。

失效钻杆裂纹位置远离内加厚过渡带消失位置,这说明钻杆内加厚过渡带质量良好,钻杆的薄弱环节逐渐向管体侧偏移。

5.1.3 内涂层

涂层可以有效地防止钻杆内壁产生腐蚀坑和疲劳裂纹[8]。如果涂层质量不高,或者没有涂层,钻杆内壁容易产生腐蚀疲劳裂纹。

失效钻杆裂纹起源于外壁,而不是内壁,这与钻杆内涂层保护良好有一定关系。这同时也说明腐蚀对钻杆裂纹起到了一定的作用。

5.2 钻具受力分析

首先,根据钻柱中和点的计算公式[9-10]:

$$L_N = \frac{W}{q_c K_B}$$

式中:L_N 为中和点距井底的高度,m;W 为钻压,kg;q_c 为每米钻铤在空气中的重量,kg/m;K_B 为浮力系数。

根据钻井方提供的数据,可计算得出中和点距离井底约 90 m 左右,发生失效钻杆距离"中和点"较远,但处于加重钻杆上部位置。

该井是采用牙轮钻头钻井,牙轮钻头的钻进是靠冲击破碎岩石,岩石硬度越大,牙齿吃进度越少,则冲击时间越短,频率越高,冲击载荷也越大。钻头工作时产生的冲击载荷作用于钻柱上,引发钻柱的高频纵向振动。在地层复杂的情况下(如软硬交错地层),一定的转速引发的纵向振动频率与钻柱固有频率一致时,便引发跳钻。该井在 1 000 m 以下钻井过程中,整个钻柱跳钻较为严重。跳转会导致钻柱中和点漂移,有可能使处在加重钻杆上部位置的钻杆承受异常压缩和弯曲载荷,跳钻容易导致钻柱早期疲劳的产生[11-12]。由于钻铤和加重钻杆刚度大于钻杆,在整个钻柱上存在两个弯曲应力较大的区域。其一为钻铤上部与加重钻杆连接位置,其二为加重钻杆上部与钻杆连接位置。此次发生刺漏的钻杆位于加重钻杆上部,为钻柱旋转弯曲疲劳的敏感区。

另外,由于转速作用,中和点上部的钻杆会由于离心力的作用而导致绕井眼轴线公转,从而使钻柱承受旋转弯曲载荷。

5.3 钻具组合结构

钻柱的疲劳破坏通常多发生在柔性大的钻柱构件(一般为钻杆),这主要与刚性钻具和柔性钻具之间的断面面积突变有关。为防止钻具早期疲劳破坏,相邻外径不同的钻具间的抗弯断面模数比应介于 3.5 至 5.5 之间。抗弯断面模数比的计算公式如下:

$$S_r = D_i(D_s^4 - d_s^4)/D_s(D_i^4 - d_i^4)$$

式中:S_r 为抗弯断面模数比;D_s 为横截面积较大的外径;d_s 为横截面积较大的内径;D_i 为横截面积较小的外径;d_i 为横截面积较小的内径。

该井钻柱组合结构中有一段为 Φ209.6 mm 钻铤与 Φ158.8 mm 钻铤相连,按照抗弯断面模数比计算公式计算结果表明,该组合的抗弯断面模数比约 2.3,说明该段钻柱的截面变化不够平缓,截面突变较为严重,钻柱易产生结构应力集中[13],因此,也加速了整个钻柱的疲劳失效进程。

5.4 钻杆腐蚀情况

该井采用的是水基钻井液,pH 值为 7,但 EDS 能谱分析表明刺孔断面上的覆盖产物多为 O、C、Ca 等元素,说明井口返出的泥浆已经融入部分地层岩屑,在泥浆中存在了少许 CO_3^{2-}、SiO_3^{2-} 等离子,从岩层返出来的钻井液已呈一定的酸性,对管体表面造成一定程度的腐蚀,并产生腐蚀坑。钻杆刺漏的裂纹起源于管体外表面的腐蚀坑底部,这充分说明腐蚀是钻杆产生腐蚀疲劳裂纹的起因。

6 结论与建议

(1)发生刺漏的钻杆管体理化符合 API Spec 5DP—2009 标准的相关要求。

(2)钻杆刺漏原因是腐蚀疲劳裂纹引起的。腐蚀疲劳裂纹过程为钻杆产生腐蚀坑→裂纹在腐蚀坑底萌生→裂纹扩展穿透壁厚刺漏。

(3)建议:在钻井液中加入缓蚀剂,适当提高钻井液的 pH 值;优化钻井参数,减少跳钻。

参考文献

[1] 李鹤林,李平全,冯耀荣.石油钻柱失效分析及预防[M].北京:石油工业出版社,1999.

[2] 吕拴录.一起 Φ127.0×9.19 mm IEU G105 内涂层钻杆刺穿事故原因分析[J].石油工业技术监督,2002,4:20-22.

[3] 赵鹏.石油钻杆加厚过渡区失效分析及有限元分析的研究现状[J].钢管,2009,5:28-34.

［4］ 吕拴录,骆发前,高林,等.钻杆刺穿原因统计分析及预防措施[J].石油矿场机械.
2006,35(增刊):12-16.

［5］ API Spec 5DP—2009 Specification for drill pipe[S],2001.

［6］ 王新虎,邝献任,吕拴录,等.材料性能对钻杆腐蚀疲劳寿命影响的试验研究[J].石
油学报.2009.30(2):312-316.

［7］ 冯少波,林元华,施太和,等.钻杆加厚过渡带几何结构对应力集中的影响[J].石油
钻采工艺,2006,1(28):76-78.

［8］ 张根旺,杨大平,杜春梅,等.从钻杆管体断裂刺漏看推广内涂层钻杆的重要性[J].
钢管.2006.4:24-27.

［9］ 苏翼林.材料力学[M].北京:高等教育出版社,1987.

［10］ 赵国珍,龚伟安.钻井力学基础[M].北京:石油工业出版社,1988.

［11］ 章扬烈.钻柱运动学与动力学[M].北京:石油工业出版社,1999.

［12］ 章杨烈.肖载阳,杨晓玉.旋转钻柱振动的研究与分析[J].石油专用管,1994(3):
1-7.

［13］ 林元华,邹波,施太和,等.钻柱失效机理及其疲劳寿命预测研究[J].石油钻采工
艺,2004,26(1):19-22.

双台肩钻杆接头刺漏原因分析

龚丹梅[1]　余世杰[1,2]　袁鹏斌[1,2]　帅亚民[3]　高连新[4]

(1.上海海隆石油管材研究所,上海200949;2.西南石油大学,四川成都610500;
3.上海海隆石油钻具有限公司,上海200949;4.华东理工大学,上海200237)

摘　要:双台肩钻杆接头具有大幅度提高抗扭强度、增大水眼的优势,对此类钻杆接头的失效进行分析,具有规范使用操作或改善接头结构性能的意义。某井在双台肩钻杆接头使用中发生两起接头刺漏失效事故,为查明刺漏失效原因,对其中一支刺漏接头进行了分析,包括刺漏冲蚀形貌宏观和微观观察、化学成分分析、力学性能测试及受力情况模拟。分析结果认为:钻杆接头发生刺漏冲蚀的主要原因是接头上扣扭矩不足导致接头主台肩面接触压力不足,螺纹疲劳强度下降,螺纹牙底因应力集中形成多源疲劳裂纹,最终高压泥浆从副台肩及刺穿的裂纹冲蚀出。建议钻具使用时按照推荐的上扣扭矩进行上扣,避免类似的情况再次发生。

关键词:刺漏;双台肩钻杆;上扣扭矩;失效分析

油气井钻探开发过程中所使用的钻杆一般按照美国石油学会(API)制订的标准生产制造,称为API钻杆。API钻杆接头为单台肩接头,这种钻杆接头抗扭性能不足,在深井、超深井、定向井、水平井等苛刻井使用过程中容易发生接头胀大、断裂等失效事故。随着石油勘探发展,钻井条件越来越苛刻,对钻杆性能要求越来越高。为了满足钻探技术的需要,国内外一些钻具生产厂家相继研发生产了双台肩接头钻杆。双台肩接头钻杆相对于API钻杆抗扭强度大幅度提高[1-3]。对此类钻杆使用效果进行跟踪,及时分析双台肩接头钻杆失效问题,对于规范双台肩接头钻杆的使用操作,或改进接头结构性能十分必要。近期,某井在钻井过程中发生两起双台肩接头钻杆外螺纹接头刺漏事故。为查明接头刺漏原因,笔者对其中一根刺漏的外螺纹接头进行了失效分析。

1　事故情况

某直井四开钻进至5 387 m发现泵压持续下降,检查地面管汇无异常后,起钻检查,发现井深3 111 m处钻杆外螺纹接头刺漏。刺漏位置为螺纹大端起第11牙,距副台肩约40 mm。随后重新下钻钻进至井深约5 420 m处,又发现一根钻杆外螺纹接头刺漏,刺漏位置为螺纹大端第2牙。该井四开钻具组合为 Φ149.2 mm PDC＋双母接头＋回压凡尔＋Φ120.6 mm无磁钻挺＋Φ120.6 mm钻挺×1 根＋Φ148 mm扶正器＋Φ120.6 mm钻挺×22 根＋Φ88.9 mm钻杆＋311×DS410转换接头＋DSΦ127 mm S135斜坡钻杆。正常钻进时钻井参数为:钻压 50 kN,转速 70 r/min,泵压 18 MPa,扭矩 7 kN·m。钻井液类型为聚磺钻井液,钻井液性能参数为:密度 1.28 g/cm³,黏度 38 s,pH 值为 11。刺漏钻杆接头入井时上扣扭矩约 20 kN·m。

刺漏的双台肩接头钻杆,接头外径为 168.3 mm,内径为 85.7 mm,螺纹类型为 DS50,材料牌号为 37CrMnMo。本文取螺纹大端第 11 牙处刺漏的外螺纹接头进行了失效分析。

2 理化检验

2.1 宏观分析及尺寸测量

刺漏钻杆外螺纹接头形貌如图 1 所示,螺纹局部镀铜仍清晰可见。刺孔起源于距外螺纹接头副台肩约 40 mm 处(从主台肩大端数第 11 牙),靠近刺孔处螺纹牙冲蚀区域较窄但冲蚀坑较深,越往接头主台肩面方向冲蚀面积越大,接头主台肩面也受到严重冲蚀。该接头螺纹整体冲蚀方向与轴向约呈 45°角,其走向与螺纹旋向相同。刺孔轴向宽度约 11 mm,周向长度约 35 mm;主台肩面冲蚀区周向长度约 550 mm,冲蚀最深处约 3.5 mm。该外螺纹接头副台肩面也存在一处冲蚀区域,该冲蚀区由外壁向内壁呈扇形分布,扇柄对应的外壁镀铜层已经冲蚀磨损,见图 2。经磁粉探伤发现,刺孔附近第 9 牙、第 10 牙以及第 13 牙螺纹牙底均存在裂纹,裂纹位置如图 3 所示。

图 1　刺漏接头形貌　　　　　　图 2　接头副台肩面冲蚀痕迹

该接头内壁整体形貌如图 4 所示,刺孔区域的内壁涂层大部分已经脱落,局部涂层也已经起泡,但是其他部位的涂层还很完整,无明显损伤。可以推断,该接头螺纹由于刺漏导致水汽进入涂层与钢基体之间的缝隙,引起周围涂层起泡脱落。

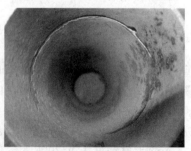

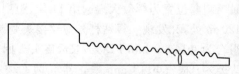

图 3　刺孔附近裂纹示意图　　　　图 4　接头内壁形貌

对该失效外螺纹接头进行尺寸测量，外径约 168.1 mm，内径约 85.5 mm。

将刺孔处沿螺纹方向机械压开观察，刺孔处从内壁向外已经冲蚀成多条沟壑，打开的裂纹面比较光滑，原始形貌大部分已被冲蚀，局部存在一些锈迹（图 5）。在断面上仍可见多个由螺纹牙底向内扩展的扇形面，也可看到多条裂纹扩展交汇形成的由外向内的放射

图 5　刺孔机械打开的断口形貌

状台阶，断口靠近内壁处还观察到与轴向约呈 45°的剪切唇形貌。断口特征表明，外螺纹接头刺漏起源于螺纹牙底的疲劳裂纹。

2.2　化学成分分析

在该接头刺孔附近螺纹部位取样，用直读光谱仪按照 ASTM E415—08 标准进行化学成分分析，该刺漏接头化学成分符合 API Spec 5DP—2009 标准[4]要求（表 1）。

表 1　化学成分分析结果（质量分数/%）

项目	C	Si	Mn	P	S	Cr	Mo	Ni	V	Al	Cu
螺纹	0.37	0.21	0.96	0.009 6	0.001 9	1.06	0.29	0.017	0.005	0.014	0.000 1
API Spec 5DP —2009	—	—	—	≤0.020	≤0.015	—	—	—	—	—	—

2.3　拉伸及硬度试验

在接头裂纹未穿透处取 Φ12.50 mm 的圆棒拉伸试样，按照 ASTM A370 标准进行试验，该接头屈服强度、抗拉强度、延伸率等均符合 API Spec 5DP—2009 标准要求（表 2）。

表 2　拉伸试验结果

项目	抗拉强度 R_m/MPa	屈服强度 $R_{p0.2}$/MPa	断后伸长率 A/%	断面收缩率 Z/%
外螺纹接头	1 030	915	18	63
API Spec 5DP—2009	≥965	827～1 138	≥13	/

根据 ASTM E10—10 标准，在外螺纹接头螺纹部位取样进行布氏硬度试验，结果分别为 HBW292、HBW292、HBW297，该接头螺纹布氏硬度试验结果符合 API Spec 5DP—2009 标准要求（HBW285～HBW341）。

2.4　夏比冲击试验

在该接头刺孔附近沿纵向取夏比 V 形缺口冲击试样，规格为 10 mm×10 mm×55 mm，

在室温下按 ASTM E23—07ae1 标准进行冲击试验,结果表明,该接头螺纹部位冲击韧性符合 API Spec 5DP—2009 标准要求,见表 3。

表 3　冲击试验结果

项目	冲击性能	
	单个值	平均值
外螺纹接头螺纹	116,116,118	117
API Spec 5DP—2009	≥47	≥54

2.5　金相分析

在刺孔附近第 9 牙、第 10 牙和第 13 牙螺纹位置取金相试样(图 6 和图 7)。第 9 牙、第 10 牙裂纹主要分布在螺纹牙底承载面侧,裂纹开口至尖端呈由宽到窄的形式,整体走向平直,与承载面约呈 90°。其中第 9 牙裂纹径向深度约 5.1 mm,第 10 牙裂纹径向深度约 6.2 mm。在第 9 牙螺纹牙底还发现细小裂纹,其走向与牙底垂直,裂纹径向深度约 1.2 mm。第 13 牙处裂纹起源于螺纹牙底,与刺孔相距约一个螺距,裂纹细长,走向平直,开口至尖端呈由宽到窄的形貌,其径向深度约 4.1 mm(图 8)。

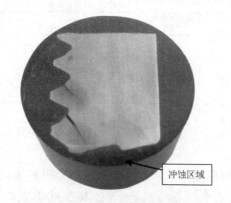 

图 6　第 9 牙和第 10 牙金相试样　　　　图 7　第 13 牙金相试样

图 8　第 13 牙牙底裂纹形貌

刺孔附近金相组织为回火索氏体,夹杂物评级为 A1.0、B1.0、D1.0,符合标准要求。

2.6 断口微观分析

将刺孔附近第 10 牙螺纹牙底裂纹机械压开,清洗后在扫描电子显微镜下观察断口形貌。裂纹面较为平坦,在裂纹尖端部位可观察到稀疏的疲劳辉纹,其方向与裂纹扩展方向垂直,见图 9。这说明刺孔附近螺纹牙底裂纹为疲劳裂纹。

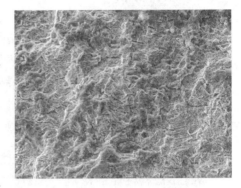

图 9　裂纹尖端疲劳辉纹形貌

3　双台肩接头螺纹受力情况分析

钻杆在直井中位于中和点以上部分,钻井作业时,主要受到拉扭复合载荷作用,在钻压作用下还会产生较小的弯曲载荷。该双台肩钻杆接头在 API 标准 NC50 接头结构基础上增加了一个副台肩,接头其他尺寸参数基本与 API NC50 接头的相同。双台肩钻杆接头的抗扭强度计算公式[5]如下:

$$T=\frac{S\cdot A_L}{12}\left(\frac{p}{2\pi}+\frac{R_T\cdot f}{\cos\theta}+R_S\cdot f\right)+\frac{S\cdot A_N}{12}\left(\frac{p}{2\pi}+\frac{R_r\cdot f}{\cos\theta}+R_N\cdot f\right) \tag{1}$$

式中:T 为接头的抗扭强度;S 为轴向应力,psi;A_L 为外螺纹大端处的横截面积,in^2;R_S 为内螺纹接头台肩平均半径,in;A_N 为副台肩接触面面积,in^2;R_T 为螺纹平均半径,in;p 为螺距,in;f 为摩擦系数,取 0.08;R_N 为副台肩接触面中径,in^2;θ 为螺纹坡口角度的一半,deg。

将该双台肩钻杆接头的相关尺寸代入式(1)中,计算结果接头抗扭强度约 91 100 N·m,推荐的上扣扭矩一般按接头屈服扭矩的 60% 计算,上扣扭矩约为 54 660 N·m。

采用二维轴对称有限元模型对该双台肩钻杆接头的受力情况进行分析,模拟时采用的上扣扭矩为 54 660 N·m,施加的轴向拉伸载荷取 S135 钻杆管体屈服载荷约 3 162 kN。该接头螺纹在上扣扭矩和轴向拉伸载荷共同作用下外螺纹接头大端的第 1、2 牙和小端第 1 牙承担了大部分载荷,而中间段螺纹牙仅承担了一小部分载荷(图 10)。

该接头刺穿位置距离副台肩第 5～6 牙,距离主台肩 10～11 牙,为应力明显小的区域,在正常使用情况下,该区域不会首先发生疲劳开裂。

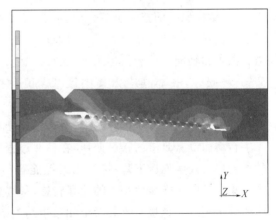

图 10　双台肩接头在上扣扭矩和拉伸
载荷作用下的应力分布图

4 综合分析

接头的刺漏属于钻井液冲蚀,为接头台肩面失去密封能力后,内部高压钻井液向外环空低压处流动的过程中,由于高压钻井液的冲击载荷和腐蚀作用,接头螺纹上的金属发生流失、变形的失效现象[6-7]。试验结果表明,接头螺纹牙底的疲劳裂纹导致接头刺穿。失效钻杆纯钻时间约 1 282 h,以平均转速 60 r/min 计算,服役了约 4.6×10^6 周次。该钻杆使用时间较短就发生疲劳裂纹刺穿,说明其失效形式属于早期疲劳失效,下面对钻杆接头早期疲劳失效的原因进行分析。

4.1 材料性能的影响

该钻杆接头化学成分、力学性能等均符合 API Spec 5DP—2009 标准。虽然钻杆接头疲劳裂纹穿透壁厚之后发生刺穿,但未断裂,说明其接头材料性能良好,满足钻杆"先刺后断"的设计要求。也即,钻杆接头早期疲劳裂纹与材料性能关系不大。

4.2 螺纹参数的影响

如果钻杆接头内外螺纹锥度、螺距等参数超差,会引起螺纹连接配合不佳、密封台肩面配合不到位,从而导致螺纹粘扣,使得密封台肩面失效,也会引起接头刺漏。该接头并没有发生粘扣,由此推断,该内外螺纹接头螺纹匹配良好,螺纹参数对接头早期疲劳裂纹影响不大。

4.3 上扣扭矩影响

双台肩钻杆接头设计有主台肩和副台肩,主台肩起主要的密封作用和主扭矩台肩的作用,当钻杆承受的扭矩足够大时,副台肩起辅助密封和辅助扭矩台肩的作用。双台肩接头的密封性能和抗扭能力最终要通过上扣扭矩来保证。有限元分析结果表明,在正常上扣扭矩和轴向拉伸载荷作用下,主要是接头两端几牙承担载荷,而刺漏位置为距副台肩第 5~6 牙,并非其应力集中区域。由此推断该接头刺漏可能由于上扣扭矩不足导致。

如果上扣扭矩低于推荐的上扣扭矩,将会产生两方面的影响:其一,导致内外螺纹接头主台肩面没有足够的接触面压,在钻井过程中受到拉伸、弯曲等载荷时,内外螺纹接头的主台肩面接触面压下降,接头密封性能容易失效;其二,导致螺纹之间松配合,使接头应力集中区向小端截面积小的位置转移,最终使接头承载能力降低、疲劳强度下降,容易产生疲劳裂纹。该接头入井时上扣扭矩约为 20 000 N·m,而 DS 50 双台肩钻杆接头推荐的上扣扭矩约为 42 800~59 500 N·m。实际上扣扭矩还不到推荐的最小上扣扭矩一半,内外螺纹接头处于非正常的松配合状态,很容易使外螺纹接头产生早期疲劳裂纹。

当疲劳裂纹穿透外螺纹接头壁厚,内外螺纹接头之间的配合应力会发生松弛,主台肩接触压力会降低,密封性能降低。钻柱内的高压钻井液首先从裂纹位置到内外螺纹之

间的螺旋通道,并从主台肩位置泄漏;随
着泄漏通道逐渐增大,内外螺纹接头之间
的配合间隙增大,钻井液同时也沿副台肩
位置流出(图11)。

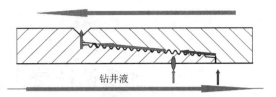

钻井液

图11　接头刺漏钻井液流动示意图

综上所述,钻杆接头发生刺漏的主要
原因是接头上扣扭矩不足,导致螺纹之间
松配合,使接头承载能力降低,产生了早期疲劳裂纹。

5　结论与建议

(1) 钻杆接头化学成分、力学性能等均符合 API Spec 5DP 标准要求。

(2) 钻杆接头发生刺漏的主要原因是接头上扣扭矩不足,导致螺纹之间松配合,使接头承载能力降低,产生了早期疲劳裂纹。

(3) 建议按照推荐的上扣扭矩上扣。

参考文献

[1]　狄勤丰,陈锋,王文昌,等.双台肩钻杆接头三维力学分析[J].石油学报,2012,33 (5):871-877.

[2]　张毅,王治国,刘甫清.钻杆接头双台肩抗扭应力分析[J].钢管,2003,32(5):7-10.

[3]　张国伟,郝荣明,刘同富,等.Φ101 非标钻具及工具在苏格里气田的应用[J].石油机械,2012,40(5):29-32

[4]　API Spec 5DP—2009　Specification for drill pipe.[S].

[5]　Kessler F,Smith J.Double-shouldered tool joints increase torsional strength[J]. Journal of Petroleum Technology,1996,48(6):514-517.

[6]　李鹤林,李平全,冯耀荣.石油钻柱失效分析及预防[M].北京:石油工业出版社,1992.

[7]　骆发前,吕拴录,周杰,等.塔里木油田钻柱转换接头失效原因分析及预防[J].石油钻探技术,2010,38(1):80-83.

加重钻杆接头刺漏原因分析

赵金凤[1]　余世杰[1,2]　袁鹏斌[1,2]　帅亚民[3]

(1.上海海隆石油管材研究所,上海 200949;

2.西南石油大学,四川成都 610500;

3.上海海隆石油钻具有限公司,上海 200949)

摘　要: 某井在钻井过程中发生一起加重钻杆接头刺漏事故。为了查明该钻杆接头刺漏原因,对该刺漏接头进行了试验分析,包括刺漏处形貌宏观和微观分析、化学成分分析、力学性能试验。分析结果表明,钻杆接头内壁加工刀痕引起的淬火裂纹是导致接头发生刺漏的主要原因。建议改善加重钻杆接头的机加工精度。

关键词: 加重钻杆接头;刺漏;加工刀痕;淬火裂纹;失效分析

钻杆接头的螺纹是钻柱的最薄弱环节。根据国内外大量资料分析和油田现场调研分析,钻杆接头的失效位置以公螺纹、母螺纹刺漏,断裂失效为主。一般来说,钻杆接头的刺穿及断裂主要是由于裂纹从钻杆接头内壁向外壁不断扩展,剩余厚度越来越薄,到一定程度时,管内高压钻井液会把这些局部剩余材料冲开而刺穿,泵压随之下降。如果能及时发现,一般可以避免断裂。如果发现不及时,刺孔加裂纹的总长度超过其临界裂纹尺寸,即会发生断裂失效,其失效模式通常是开裂、刺穿、断裂。

由于钻杆接头服役条件比较恶劣,在使用过程中要承受拉伸、压缩、扭转、弯曲、震动、冲击等多种载荷的复合作用,并受到钻井液、地层水以及油气中的腐蚀性气体介质的腐蚀,在钻进过程经常发生失效,造成井下事故。因此,有必要对钻杆接头失效案例进行研究,查明发生失效的原因,有针对性地采取预防措施,避免类似事故的再次发生。

2013 年 7 月,加拿大某油田在钻井作业过程中发生一起 Φ101 mm(4 in)加重钻杆内螺纹接头刺漏事故。该加重钻杆下井作业时间不久,刺漏点位于钻杆接头的大钳空间部位。笔者对其发生刺漏的原因进行了分析。

1　试验样品简介

某油田选用 Φ101.6 mm×18.25 mm 的加重钻杆,在使用过程中发生 1 例加重钻杆内螺纹接头刺漏事故。根据油田反映,发生接头刺漏事故的加重钻杆的下井作业时间不久。该接头的外径 133.4 mm,内径 65.1 mm,螺纹类型 NC40,材质 4145 MOD,材料状态为调质。

2 宏观分析

2.1 刺漏处形貌

送检的刺漏样品宏观形貌如图 1(a)所示,样品长约 450 mm,为加重钻杆母接头的大钳部位,刺孔位于接头的大钳空间上;经观察测量,该刺漏接头外壁无明显腐蚀,刺孔沿管体周向分布,其周向长度约 22 mm,宽度约 6 mm,接头外壁刺孔处的局部宏观形貌见图 1(b);其次,对接头内壁进行形貌观察发现,接头内壁未涂防腐涂层,存在一层在热处理时产生的灰黑色氧化皮,接头内壁上的刺孔周向长度较大,且在刺孔的同一周面上存在一圈划痕凹槽,为接头内壁镗孔形成的周向加工刀痕,刺孔正好位于内壁环向加工刀痕处,在距刺孔约 50 mm 处存在另一圈环向刀痕,内壁局部形貌见图 1(c)所示。

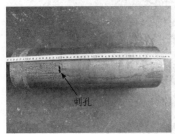  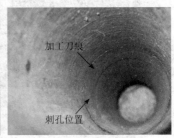

（a）整体宏观形貌　　　　　（b）刺孔形貌　　　　　（c）内壁形貌

图 1　加重钻杆内螺纹接头刺漏的宏观形貌

2.2 磁粉探伤

对样品刺孔附近区域进行磁粉探伤检测,见图 2,结果表明,接头外壁除了刺孔外并无其他裂纹。用超声壁厚测量仪对刺孔所在周向残余壁厚进行测量,测得在刺孔所在圆周上的平均残余壁厚约 4~5 mm,最小处几乎为零(穿孔处除外),说明接头内壁的刺孔裂纹整圈已经快穿透接头壁厚。

图 2　刺孔附近磁粉
探伤外壁形貌

2.3 解剖分析

将失效样品沿纵向剖开,剖开后的内壁形貌见图 3(a),可以明显看到接头内壁上存在两条平行的加工刀痕,刺孔正好位于其中一个较深的加工刀痕处,从内壁测量刺孔长度约 37 mm,宽度约 4 mm,刺孔局部形貌见图 3(b);其次,从接头剖开的纵截面,可以清晰看到刺孔裂纹起源于刀痕处,裂纹几乎穿透整个壁厚,其整体走向相对较直,见图 3(c)。

将刺孔沿接头横向压开,压开后刺孔形貌见图 3(d),刺漏处裂纹原始形貌已经被高压钻井液冲蚀破坏,表面覆盖了一层黄褐色的腐蚀产物,整个刺孔面呈三角形形貌,外壁开口较小,内壁开口较大,压开后的刺孔形貌也表明,刺孔起源于内壁的加工刀痕底部,裂纹由内壁向外壁扩展。

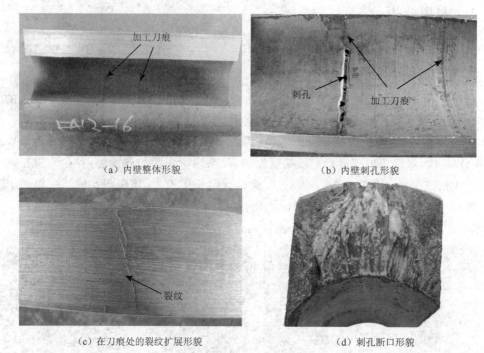

(a) 内壁整体形貌   (b) 内壁刺孔形貌

(c) 在刀痕处的裂纹扩展形貌   (d) 刺孔断口形貌

图 3　刺孔周边形貌（解剖后）

3　材质分析

3.1　化学成分分析

在刺漏钻杆接头上取样，采用直读光谱仪对其化学成分进行分析。分析结果见表 1。结果表明该钻杆接头的化学成分符合 API Spec 5DP[1] 标准对于钻杆接头材质的要求。

表 1　失效接头材料的化学成分分析结果（质量分数/％）

元素	C	Si	Mn	P	S	Cr	Mo
含量	0.37	0.23	0.86	0.008	0.001 1	1.07	0.28
API Spec 5DP 标准规定	—	—	—	≤0.020	≤0.015	—	—

3.2　力学性能试验

按照 API Spec 7—2006 标准，在失效样品上沿接头轴向分别取 Φ12.5 mm 圆棒拉伸试样和 10 mm×10 mm×55 mm 的夏比 V 形缺口冲击试样，按照 ASTM A370 标准进行试验，试验结果见表 2。结果表明失效钻杆接头的力学拉伸性能均符合 API Spec 7—1 标准[2] 要求。

表 2　失效接头材料的力学性能试验结果

项目	抗拉强度 R_m / MPa	屈服强度 $R_{p0.2}$ / MPa	伸长率 A/%	冲击功/J(20 ℃)	
				单个值	平均值
试样	1 036	929	19.8	114 110 110	111.3
API Spec 7—1 标准规定	≥965	≥758	≥13	≥47	≥54

3.3　硬度试验

在失效加重钻杆接头上取环状试样,测试位置为整个壁厚的外壁、中部和内壁,按 ASTM E10—10 试验标准进行布氏硬度试验,试验结果见表 3,结果表明内螺纹接头硬度试验结果符合 API Spec 7—1 标准要求。

表 3　布氏硬度试验结果

测点	1	2	3	4	5	6	7	8	9	10	11	12
硬度值(HB)	317	319	321	319	319	313	309	317	311	317	319	319
API Spec 7—1 标准	—	—	—	—	—	≥285	—	—	—	—	—	—

4　金相分析

4.1　接头基体金相分析

在钻杆接头裂纹附近取金相试样,观察面为纵截面,试样经打磨抛光后,根据 GB/T 13298—1991《金属显微组织检验方法》、GB/T 10561—2005《钢中非金属夹杂物含量的测定方法》、GB/T 6394—2002《金属平均晶粒度测定方法》对送检接头的正常部位进行金相检验,结果表明接头的基体组织为回火索氏体(图 4),夹杂物为 C 类细系 0.5 级,D 类细系 0.5 级。晶粒度为 8.0 级。

图 4　基体组织形貌

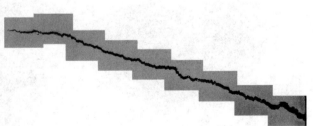

图 5　裂纹扩展形貌

4.2 刺孔区域金相分析

对刺孔附近裂纹扩展形貌及其周边组织进行观察分析,裂纹整体扩展形貌见图5,其扩展形貌与宏观观察结果一致,裂纹开口较大,从内壁至外壁,裂纹宽度逐渐减小,裂纹整体走向较直,与内壁约呈60°夹角。经高倍镜观察,刺孔裂纹前半部分两侧存在严重氧化脱碳现象,裂纹两侧存在氧化脱碳现象的长度约占裂纹总长的2/5,其长度约13 mm,裂纹尖端呈沿晶分布,裂纹开口处、中间及裂纹尖端的组织如图6所示。

根据金相组织分析结果,可以推测此次引发刺漏的裂纹起源于内壁加工刀痕底部,在热处理过程中发生进一步的淬火开裂,形成淬火裂纹,淬火裂纹在后续的使用过程中延伸扩展,最终形成接头刺孔。

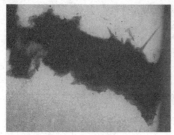  

(a) 开口处   (b) 中间   (c) 尖端

图6 裂纹局部组织形貌

5 微区形貌分析

为了进一步观察分析此次引发接头刺漏的裂纹形貌及类型,在刺孔附近裂纹未穿透接头壁厚的区域取样,并沿着裂纹横向压开,用电子扫描显微镜对裂纹面形貌进行观察分析。

解剖后的裂纹面宏观形貌见图7,除压开的新鲜断口(裂纹未穿透区域)呈银灰色金属光泽外,其余区域覆盖一层黄褐色的腐蚀产物,在裂纹扩展尖端存在裂纹扩展汇合形成的"棘轮花样"。断口经清洗后,裂纹扩展区域的局部微观形貌见图8,裂纹面氧化严重,为经过高温加热后的形貌,在将裂纹面氧化产物清除后的一些区域能观察到裂纹呈沿晶扩展形貌。

 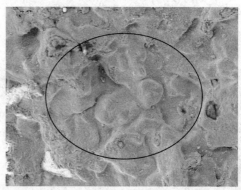

图7 裂纹断口形貌(解剖开后)   图8 断口微区形貌(沿晶)

6 综合分析

(1) 送检接头的化学成分分析、力学性能分析结果符合 API Spec 5DP 和 API Spec 7—1标准的要求。

(2) 宏观观察发现刺孔正好位于内壁加工刀痕所在圆周上,经磁粉探伤,发现刺孔附近的裂纹已经从内壁穿透整个壁厚扩展至外壁,用超声壁厚测量仪对刺孔所在圆周的周向残余壁厚进行测量,测得在刺孔所在圆周上的平均残余壁厚约 4~5 mm,最小处几乎为零(穿孔处除外)。因加重钻杆接头壁厚较厚,且该刺漏接头使用时间较短,初步推测该接头在下井作业前已经存在原始裂纹,在使用过程中裂纹进一步延伸扩展,最终导致接头刺漏。

(3) 经金相观察分析,刺孔周边的裂纹整体走向较直,裂纹开口宽度较大,从内壁至外壁裂纹的宽度逐渐减小,前半段裂纹两侧存在氧化脱碳现象,裂纹尖端呈沿晶分布,根据裂纹的走向及周边的组织形貌,可以判定该裂纹属于淬火裂纹,而裂纹正好位于加工刀痕处,且为环向裂纹,推测在淬火冷却过程中,加工刀痕底部应力集中造成接头淬火开裂[3-5]。此外,将裂纹压开后,发现断口表面的局部区可见沿晶分布形貌[6],进一步证实该裂纹属于淬火裂纹。

综上所述,内壁加工刀痕引起的淬火裂纹是导致此次接头刺漏的主要原因。

7 结论

(1) 送检接头的化学成分、力学性能符合 API Spec 5DP 和 API Spec 7—1 标准的要求。

(2) 内壁加工刀痕引起的淬火裂纹是导致此次接头刺漏的主要原因。

(3) 建议提高接头内壁机加工精度,加强接头成品出厂前的检查力度,避免类似事故的再次发生。

参考文献

[1] API Spec 5DP Specification for drill pipe[S].

[2] API Spec 7—1 Specification for rotary drill stem elements[S].

[3] 陈兴云.模具钢淬火裂纹产生机理及预防措施[J].热加工工艺,2006,35(4):57-59.

[4] 崔顺贤,等.钻铤内螺纹接头横向开裂失效分析[J].石油矿场机械,2010,39(11):44-48.

[5] 刘宗昌.淬火高碳马氏体沿晶断裂机制[J].金属学报,1989,25(4):294-300.

[6] 刘进益.热处理裂纹分析[J].东方电机,2009,1:44-51.

海上钻井 S135 钻杆刺漏原因分析

袁鹏斌[1,2]　余世杰[1,2]　龚丹梅[1]　狄勤丰[3]　陈　锋[3]　陈占峰[3]

(1.上海海隆石油管材研究所,上海 200949;

2.西南石油大学,四川成都 610500;3.上海大学,上海 200072)

摘　要:对某海上钻井 20 根钻杆刺漏情况进行了调研,并采用宏观分析、化学成分分析、力学性能测试、钻杆内涂层评价、加厚过渡带应力分析和内流场分析等方法对刺漏钻杆进行了失效分析。结果表明,钻杆刺漏位置基本为内加厚过渡带消失区域,钻杆内涂层局部厚度未达到标准要求。钻杆内涂层喷涂质量不佳,厚度不均匀,内加厚过渡区不平缓、整体面光滑平整度差均对钻杆刺漏失效有影响,而该井在 600 m ～ 1 000 m 井段井眼全角变化率过大,钻杆承受旋转弯曲载荷,从应力集中位置产生疲劳裂纹,是导致该批钻杆刺漏失效的主要原因。

关键词:钻杆;刺漏;涂层;井眼全角变化率;失效分析

近几十年来,随着石油装备的发展,API 石油钻杆的生产质量已经达到较高水平。经过钻杆加厚结构、螺纹结构、内涂层等的改进,大幅度提高了钻杆的使用寿命[1]。但钻杆内加厚消失位置仍然是钻杆的薄弱环节,根据 API/IADC 钻杆失效数据库中统计,约有 70％的钻杆失效发生在过渡带消失处[2-4]。钻杆由于疲劳或腐蚀疲劳引起的加厚过渡带刺漏失效仍为油田钻井过程中的常见事故。钻杆疲劳寿命的有效预测可大大减少由于钻杆失效造成的经济损失。受到试验条件的限制,目前有效地预测疲劳寿命仍然是世界难题[5-6]。通过钻杆刺漏失效分析,可为钻杆疲劳寿命的研究、试验提供指导性信息。近期,某井在钻井过程中发生 20 根钻杆刺漏失效,本文取典型样品进行了失效分析,为进一步研究钻杆刺漏的原因及采取预防措施提供了依据。

1　失效概况

事故井为海上浅水域钻井,井型为定向井,设计井深为 4 788 m,作业区水深为 88.88 m,转盘面海拔高度为 46.62 m,侧钻窗口位于井深 855～860.7 m 处。该井钻井液密度 1.70～2.53 g/cm³,失水量 14.0～18.0 mL,黏度 47.0～51.0 S,pH 值为 10。钻进时钻杆平均转速约为 77～81 r/min。

该井共发生钻杆刺漏 20 根,其中 18 根为 Φ127 mmS135 钢级钻杆,另 2 根为 Φ127 mm

加重钻杆。钻杆刺漏的井深及数量统计见表1,在 600~1 000 m 井段钻杆刺漏数量为 14 根(包括 2 根加重钻杆);1 000~1 500 m 井段钻杆刺漏 6 根,且大部分为旧钻杆。

失效分析样品为两段刺漏的 S135 钻杆样品,刺漏位置均为内螺纹接头端加厚过渡带消失区域。样品编号为 8-1、8-4。失效钻杆规格为 Φ127 mm×9.19 mm,加厚形式为内加厚。

表 1　钻杆刺漏井段及数量统计

钻杆刺漏井段/mm	钻杆数量/根
600~1 000	14
1 000~1 500	6
备注:14 根中有 2 根加重钻杆	

2　宏观观察及尺寸测量

委托分析样品宏观形貌见图1,两段样品外壁锈蚀严重。样品 8-1 刺孔较大,呈椭圆状,见图 2(a),样品 8-4 刺孔呈圆形,见图 2(b),刺孔具体尺寸参数测量结果见表2。

图 1　失效样品宏观形貌

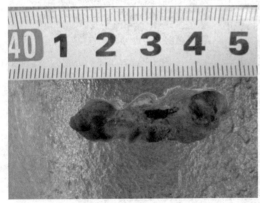

（a）样品 8-1　　　　　　　　　（b）样品 8-4

图 2　刺孔形貌

表 2　样品尺寸测量结果

样品编号	刺孔距内螺纹接头密封面的距离/mm	刺孔距焊缝线的距离/mm	刺孔尺寸/mm		焊颈外径/mm	刺孔处管体外径/mm
			横向长度	纵向长度		
8-1	550	152	38	12	129.2,129.1	127.8
8-4	530	143	12	11	128.8,129.0	127.1

样品 8-1 剖开后,发现部分内壁涂层已经受到破坏,见图 3(a),且加厚过渡带处涂层脱落严重,加厚过渡带及其附近管体的涂层喷涂不均匀,呈圈状分布。经观察,刺孔周围涂层还存在起泡脱落现象,见图 3(b),该样品管体其他部位的内涂层也存在喷涂不均匀现象,涂层与涂层之间的交界处已起泡脱落,见图 3(c)。样品 8-4 剖开后的内壁形貌见图 4,可以看到,样品内壁涂层几乎全部冲蚀脱落。

（a）内壁整体形貌　　　　（b）刺孔周围涂层形貌　　　　（c）管体内涂层形貌

图 3　样品 8-1 内壁形貌

对两个样品内加厚区域尺寸进行测量,结果见表 3,可见样品的内加厚平行段长度 L_{iu} 和内加厚过渡带长度 M_{iu} 均符合 API Spec 5DP—2009《钻杆规范》要求。

分别将两个样品的刺孔压开,刺孔均呈内宽外窄的形貌,见图 5、图 6。样品 8-1 刺孔断面主要为钻井液冲刷形貌(见图 5),样品 8-4 刺孔中间为钻井液冲刷形貌,两侧为原始裂纹扩展面(见图 6),可以推断,该样品裂纹起源于内壁并向外扩展、穿透而形成刺孔。

图 4　样品 8-4 内壁形貌

表 3　刺漏样品内加厚端尺寸测量结果

样品编号	内加厚平行段长度 L_{iu}/mm	内加厚过渡带长度 M_{iu}/mm
8-1	96.5	91.5
8-4	96.5	100.5
API Spec 5DP 标准要求	95.25~146.05	≥76.20

宏观形貌观察结果表明,两段样品刺孔均位于加厚过渡带消失区域,且裂纹起源于内壁;钻杆内涂层喷涂不均匀,使用后存在起泡、脱落现象。

图 5　样品 8-1 刺孔断口形貌

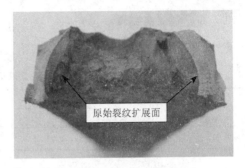

原始裂纹扩展面

图 6　样品 8-4 刺孔断口形貌

3　理化性能检验

3.1　化学成分分析

分别在样品 8-1、8-4 刺孔周围取样,采用直读光谱仪按照 ASTM E415—08《原子发射真空光谱分析方法》进行化学成分分析,结果表明两段失效样品化学成分均符合对钻杆管体的要求(见表 4)。

表 4　化学成分分析结果(质量分数/%)

项　目	C	Si	Mn	P	S	Cr	Mo	Ni	V	Al	Cu
8-1	0.23	0.22	1.02	0.016	0.004 5	0.47	0.196	0.12	0.008	0.023	0.15
8-4	0.23	0.18	1.02	0.015	0.005 2	0.47	0.15	0.09	0.011	0.028	0.18
API Spec 5DP—2009 标准要求	—	—	—	≤0.020	≤0.015	—	—	1	—	—	—

3.2　拉伸及冲击性能

按照 ASTM A370—2012《钢制品机械测试的标准试验方法和定义》标准分别在样品 8-1、8-4 刺孔附近取板状拉伸试样和 7.5 mm×10 mm×55 mm 冲击试样,在室温下进行试验,结果如表 5 所示。结果表明,失效样品的屈服强度、抗拉强度、延伸率和冲击功均符合 API Spec 5DP—2009 标准要求。

表 5　失效样品力学性能结果

项目	拉伸性能			冲击韧性	
	抗拉强度 R_m/MPa	屈服强度 $R_{t0.7}$/MPa	伸长率 A /%	单个值/J	平均值/J
样品 8-1	1 064.5	1 001.6	20.0	80,80,76	79
样品 8-4	1 017.9	966.4	20.8	76,74,76	75
API Spec 5DP—2009	≥1 000	931～1 138	≥13	≥38	≥43

3.3 洛氏硬度

在刺孔附近取环状试样,按照 ASTM A370—2012 标准进行洛氏硬度试验,结果见表 6。结果表明,失效样品刺孔附近的洛氏硬度较为均匀。

表 6 洛氏硬度测试结果(HRC)

项目	1	2	3	4	5	6	7	8	9	10	11	12
8-1	33.8	34.0	35.4	32.6	33.7	34.6	31.8	35.7	34.9	33.1	36.7	34.6
8-4	33.3	33.6	33.3	32.2	34.9	35.8	31.7	32.2	33.8	33.5	35.2	34.3

3.4 金相组织分析

分别在样品 8-1、8-4 刺孔附近涂层起泡处取金相试样,观察发现涂层底部已形成腐蚀坑,见图 7。沿横向取金相试样,进行显微组织观察,结果如图 8 所示,样品金相组织均为回火索氏体。沿纵向取金相试样进行非金属夹杂物评级,结果见表 7,组织中夹杂物含量均在正常范围之内。

 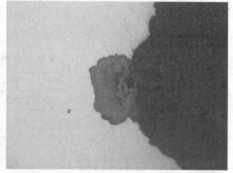

(a) 样品 8-1　　　　　　　　　　　　　(b) 样品 8-4

图 7 涂层起泡底部腐蚀坑形貌

(a) 样品 8-1　　　　　　　　　　　　　(b) 样品 8-4

图 8 金相组织形貌

表 7　钢中非金属夹杂物评级结果

项目	A		B		C		D		D_s
	粗系	细系	粗系	细系	粗系	细系	粗系	细系	
8-1	0	0.5	0	1.0	0	0	0	0.5	0
8-4	0	1.0	1.5	1.0	0	0	0	1.0	0

3.5　钻杆内涂层评价

由于样品 8-4 内涂层已经全部冲蚀脱落,无法进行涂层评价。在样品 8-1 管体涂层不均匀处取纵向金相试样,观察涂层截面情况,结果见图 9,从图可见,涂层内部存在少量气泡,且涂层喷涂厚度不均匀,测量结果见表 8,可见样品内涂层局部厚度不符合 SY/T 0544—2010《石油钻杆内涂层技术条件》规定。

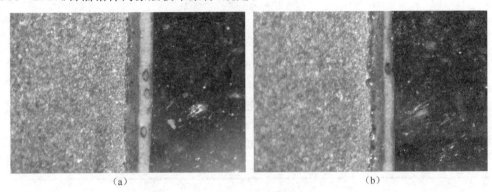

(a)　　　　　　　　　　　　　　　　(b)

图 9　钻杆内涂层剖面形貌

表 8　钻杆内壁涂层厚度测量结果(μm)

项　目	1	2	3	4	5	6	7	8	9
8-1	148	144	137	179	111	100	192	133	118
SY/T 0544—2010 标准规定	$200\pm50(150\sim250)$ μm								

3.6　微观分析

样品 8-1 刺孔断口均为钻井液冲刷痕迹,原始裂纹面均已受到破坏。采用扫描电子显微镜观察样品 8-4 刺孔附近原始裂纹面形貌,见图 10,主要为钻井液腐蚀形貌,原始裂纹形成后,钻井液渗入裂纹中而形成。

将涂层起泡处挑破,进行能谱分析,EDS 采集位置及分析结果见图 11 及表 9,结果表明,涂层起泡底部主要含有 O、Cl 等元素。涂

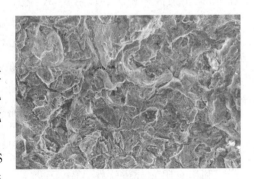

图 10　样品 8-4 刺孔周围裂纹面形貌

层与管体基体结合不佳,涂层发生起泡,引起钻井液聚集,形成腐蚀点。

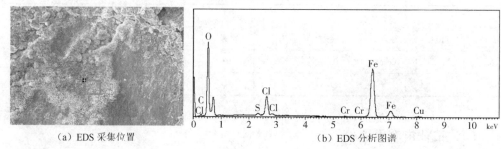

(a) EDS 采集位置　　　　　　　　　　　(b) EDS 分析图谱

图 11　EDS 采集位置及分析图谱

表 9　EDS 分析结果

元素	质量分数/%	原子分数/%
C K	3.48	7.81
O K	36.54	61.52
Cl K	5.97	4.53
Cu K	1.59	0.67
S K	0.52	0.43
Cr K	0.18	0.09
Fe K	51.71	24.94
合计	100	100

4　加厚过渡带结构及模拟分析

钻杆加厚过渡带是钻杆加厚端与管体的过渡区域,是截面尺寸发生变化的区域。钻杆使用过程中加厚过渡带消失处存在明显的应力集中,这主要与过渡带长度 M_{iu} 及过渡圆角半径 R 有关。API Spec 5DP 标准中对于管体与过渡区交界处的过渡圆角半径未作规定,但相关资料表明,M_{iu} 越长,R 越大,管体与过渡区交界处的应力集中系数越小[7]。由于刺漏样品加厚过渡区圆角半径 R 难以测量,在此主要模拟分析 M_{iu} 长度对过渡带消失处应力分布的影响与加厚段内流场的变化情况。

刺漏样品 8-1、8-4 内加厚 M_{iu} 分别为 91.5 mm、100.5 mm,而其他厂家加厚较好的样品(以下均称为"对比样品")M_{iu} 为 135 mm,过渡带对比情况如图 12,可见失效样品内加厚直段与过渡带的过渡角度较大,过渡不平缓。

4.1　加厚过渡带应力分析

利用有限元分析软件 ABAQUS 建立钻杆加厚过渡带三维力学模型,分别分析在轴向拉力、弯矩和扭矩作用下过渡带的受力特征。分别建立上述钻杆加厚过渡段的有限元

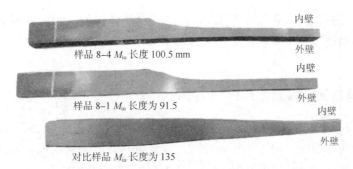

内壁

外壁

样品 8-4 M_{iu} 长度 100.5 mm

内壁

外壁

样品 8-1 M_{iu} 长度为 91.5

内壁

外壁

对比样品 M_{iu} 长度为 135

图 12　样品加厚端剖开形貌

模型,如图 13 所示。在过渡段使用精细网格,以保证计算精度。在加厚端建立 distributing 形式的节点耦合,以施加外载荷;在管体端建立 kinematic 形式的节点耦合,以施加约束。在 ABAQUS 中定义的塑性数据为根据实际试验计算的真实应力和真实应变数据。

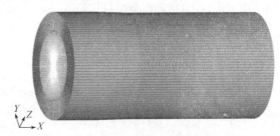

图 13　加厚段三维有限元模型

　　在 3 000 kN 轴向拉力、12 kN·m 弯矩和 40 kN·m 旋转扭矩复合作用下,三种试样的 Von Mises 应力分布云图如图 14 所示,图中黑色直线为刺孔分布位置,正好处于加厚过渡带消失区域。由图可见,在轴向拉力、弯矩和扭矩复合作用下,三个样品的最大 Von Mises 应力值出现在加厚过渡带消失区域,其中样品 8-1 和 8-4 的最大 Von Mises 应力为 1 096 MPa,而对比样品的最大 Von Mises 应力为 1 088 MPa。可以看出,在相同的载荷条件下,对比样品的最大 Von Mises 应力值较小,即 M_{iu} 越长,应力分布越低,过渡越缓和。

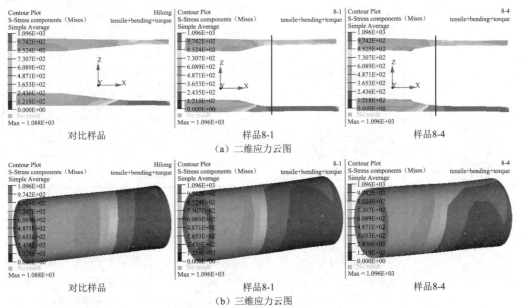

(a) 二维应力云图

(b) 三维应力云图

图 14　轴向拉力、弯矩和旋转扭矩作用下钻杆过渡段 Von Mises 应力分布云图

分析结果表明,在复合载荷作用下,失效钻杆内加厚过渡带消失区域为应力集中严重区域,正好为刺孔形成位置。内加厚过渡带长度 M_{iu} 越长,应力分布越缓和,且应力水平越低。

4.2　加厚过渡带内流场分析

失效钻杆内加厚过渡带不平缓,钻杆内钻井液流经钻杆内加厚过渡带时,流场发生突变,可能造成局部涡流和较大的压力波动。在此分别计算失效样品和对比样品的流场特征,包括沿壁面压力变化情况、轴向流速(X 方向)、径向流速(Y 方向)。边界条件为:管内流体入口速度为 4 m/s,出口压力为 0,流体密度 1 100 kg/m³,黏度 0.01 kg/(m·s)。由于圆管为轴对称,在此只计算一侧的内流场,管内流体从左向右流动。流场分析结果见图15 及表 10。

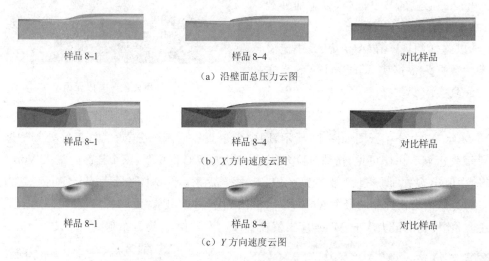

样品 8-1　　　　　　　　样品 8-4　　　　　　　　对比样品

(a)沿壁面总压力云图

样品 8-1　　　　　　　　样品 8-4　　　　　　　　对比样品

(b)X 方向速度云图

样品 8-1　　　　　　　　样品 8-4　　　　　　　　对比样品

(c)Y 方向速度云图

图 15　流场分析云图(流体从左向右流动)

表 10　流场计算结果

样品	壁面总压力/Pa		X 方向流速/(m·s⁻¹)		Y 方向流速/(m·s⁻¹)		最大绝对速度/(m·s⁻¹)	无量纲速度
	最大	最小	最大	最小	最大	最小		
8-1	120	−68.3	0.508	−4.83e-4	6.49e-2	−2.46e-2	0.509	1.078
8-4	121	−70.4	0.502	−3.99e-2	5.38e-2	−2.42e-2	0.502	1.075
对比样品	109	−68.2	0.527	0	5.36e-2	−1.63e-2	0.527	1.084

加厚过渡带内沿壁面总压力变化情况如图 15(a)所示,样品 8-1、8-4 与对比样品的流场压力分布情况相似,入口(加厚直段)附近压力最大,由于结构变化过渡带附近压力逐渐降低。样品 8-1 和 8-4 过渡带附近出现显著负压,对比样品过渡带附近也出现一定程度的负压。从表 10 可见,对比样品壁面总压力的最大值为 109 Pa,样品 8-1 和 8-4 的壁面总压力分别为 120 Pa、121 Pa,三种类型加厚过渡带壁面总压力的最小值相近。结果表明,在相同体积流量下,对比样品壁面受到的总压力范围最小,对流场压力的改善较好。

三种类型的加厚过渡带管道内流场 X 方向流速分布见图 15（b），可以看出三个样品 X 方向流速最大值都出现在加厚直段内壁附近，但样品 8-1 和 8-4 过渡带起始附近有较为显著的漩涡（蓝色部分），流速为负值，而对比样品过渡带区域无明显漩涡，这是由于失效样品从加厚直段到加厚过渡带的过渡角度变化较大，过渡不平缓引起的。Y 方向的最大流速都出现在内加厚过渡带开始位置附近，见图 15（c）。由于内径略为不同，对比样品的绝对流速略大，但无量纲速度相差不大（无量纲速度的物理意义就是该几何结构使得管内最大流速为平均入口速度倍数）。

从流场分析结果可看出，失效样品的内加厚过渡带不平缓，内部流场产生的总压力比对比样品的大，且在加厚过渡带起始附近形成了漩涡，而加厚较好的对比样品加厚端内部流场无漩涡回流现象。流体的漩涡冲击力可促进疲劳裂纹萌生扩展和增大腐蚀坑。

5 综合分析

该井为定向井，共发生钻杆刺漏 20 根。所分析样品刺漏位置均为内加厚过渡带消失区域，根据井况资料，刺穿钻杆累计钻进时间约 $127\sim400$ h，共转 $5.9\times10^5\sim1.9\times10^6$ 周次。钻杆刺漏失效的本质为疲劳裂纹扩展穿透的结果，理化检验结果表明，失效钻杆的化学成分、力学性能等均符合 API Spec 5DP—2009 标准。该钻杆发生刺漏失效主要与钻杆内涂层质量、加厚过渡带结构以及井眼全角变化率等因素有关。以下逐一进行分析。

5.1 钻杆内涂层的质量影响

钻杆内涂层不仅可以改善水力条件，还可以有效防止钻杆内壁产生腐蚀。钻杆内涂层局部发生起泡、脱落，是引起腐蚀疲劳的主要原因。根据涂层观察，样品 8-4 内壁涂层几乎完全冲刷脱落，而样品 8-1 内壁涂层喷涂质量较差，厚度不均，局部区域厚度仅为 $100\ \mu m$，不符合 ST/T0544—2010 标准规定。此外，涂层截面局部还发现有气泡，其可能引起涂层起泡脱落，这也是引起钻杆发生腐蚀疲劳的原因之一。

钻杆服役过程中，应力集中处厚度不均匀的涂层首先发生起泡、脱落，暴露出的钻杆基体与钻井液形成"大阴极小阳极"的电化学腐蚀，产生点蚀坑，形成疲劳源萌生疲劳裂纹。能谱分析结果发现，腐蚀产物中含有一定量的 Cl 离子，这对点蚀也有促进作用。而点蚀坑的形成也进一步加剧了局部的应力集中程度，加速了整个钻杆腐蚀疲劳的进程，当疲劳裂纹最终穿透整个壁厚时，便发生了钻杆刺漏失效。

5.2 钻杆内加厚过渡带结构的影响

钻杆内加厚过渡带为截面尺寸发生变化区域，应力集中较为明显。失效钻杆内加厚过渡带消失区域刺孔形成位置为应力集中严重区域，有限元模拟结果表明，在复合载荷作用下，内加厚过渡带长度 M_{iu} 越长，应力分布越缓和，且应力水平较低。

相关资料表明，钻杆内加厚过渡带刺漏部位绝大多数发生在内螺纹接头端，少部分发生在钻杆的外螺纹接头端。从钻杆接头的结构尺寸来看，钻杆外螺纹接头端为流体收缩段,而钻杆内螺纹接头端为流体扩散段。流体的扩散要比流体的收缩复杂得多,在扩散过程中产生的冲击漩涡可对壁面冲蚀并加速裂纹萌生[8]。从失效样品的流场分析结果可看出,内加厚过渡带类型内部流场产生的总压力较内外加厚类型的大,由于失效样品内加厚过渡带不平缓,在过渡带起始附近形成了漩涡回流,对内壁造成一定的冲击力,对已经萌生的腐蚀坑、疲劳裂纹等具有进一步剥蚀作用,加速了疲劳裂纹的扩展。

5.3 井眼全角变化率的影响

井眼全角变化率超标或过大的井段会使钻柱承受额外的弯曲载荷,钻杆发生疲劳引起刺穿。根据钻井资料,该井垂直投影示意图如图 16 所示,井眼全角变化率随井深的变化情况和钻杆刺漏分布情况见图 17。从图 16 中可看出该井有 3 处明显的"狗腿"井段:其一,600～1 000 m侧钻窗口与增斜段所在井段,约有 10 个点井眼全角变化率在 2.0～4.81°/30 m 范围(见图 17),已超出《钻井手册(甲方)》[9]规定值 1.5°/30 m(见表 11);其

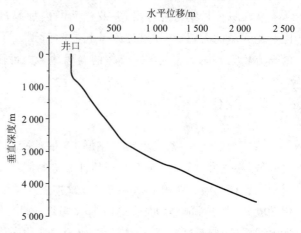

图 16 事故井垂直投影示意图

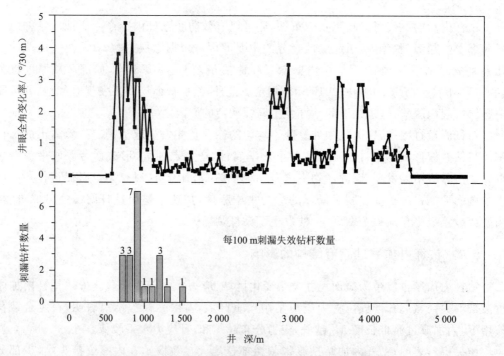

图 17 全角变化率随井深变化情况和刺漏钻杆分布情况

二,2 600~3 000 m 第二次增斜段,井眼全角变化率基本上在推荐范围之内,个别点偏高,但与规定值相差不大;其三,3 700~4 000 m 降斜段,井眼全角变化率较高,但未超过规定值。该井刺漏失效钻杆主要分布在靠近井口的 600~1 500 m 井段,正好为井眼全角变化率过大井段,而其他井段井眼全角变化率较低,无钻杆刺漏失效发生。

表 11　推荐的全角变化率

井段/m	测量间距/m	最大全角变化率/(°/30 m)
0~122	30.5	1.5
122~1 830	61	1.5
1 830~3 660	61	2.5
3 660~4 270	61	3.5
4 270~4 575	61	5

一般越靠近井口,要求的井眼全角变化率越小,靠近井口钻杆受到的拉伸载荷较大,更容易发生疲劳损伤。通过井口全角变化率大的井段的钻杆数量多,容易使很多根钻杆发生疲劳损伤。根据该井刺漏钻杆统计结果,该井 20 根刺漏钻杆均位于 600~1 000 m 井眼全角变化率偏高井段及其附近。从钻井定向资料可看出,该井最大井眼全角变化率为 4.81°/30 m,出现在井深 739 m 处,而刺漏的加重钻杆位于井深 731 m 处,这也说明了 5 in 加重钻杆接头的刺漏与井眼全角变化率较大存在一定的关系,该井井眼全角变化率过高也是造成该井钻杆刺漏的主要原因之一。在井眼全角变化率较大井段,如果使用内涂层和内加厚过渡带质量较好的钻杆,在一定程度上可减少钻杆发生刺漏失效的概率。

综上分析,该井多根钻杆发生刺漏失效主要是三个原因综合作用的结果:(1)加厚过渡带区域内涂层质量不佳,厚度不均匀,在涂层不均匀区域容易发生起泡、脱落,引起钻杆腐蚀疲劳;(2)内加厚过渡带消失区域为应力集中区易形成疲劳裂纹,且内加厚直段与过渡带的过渡角度变化较大,过渡不平缓,内流场形成了回流漩涡加速疲劳裂纹的形成和扩展;(3)该井在 600~1 000 m 井段井眼全角变化率较大,钻杆承受旋转弯曲载荷,从应力集中位置产生疲劳裂纹。

6　结论与建议

(1)失效钻杆样品理化性能均符合 API Spec 5DP—2009 标准要求。

(2)失效钻杆内涂层存在明显的喷涂不均匀现象,局部厚度不符合 SY/T 0544—2010 标准规定。

(3)该钻杆内涂层喷涂质量不佳,厚度不均匀,内加厚过渡区不平缓、整体面光滑平整度差均是钻杆刺漏失效的原因,而该井在 600~1 000 m 井段"狗腿度"过大,则是导致该批钻杆刺漏失效的主要原因。

(4)建议结合弯扭复合载荷试验方法研究定向钻井过程中井眼全角变化率对钻杆疲劳的影响程度,为定向井的设计及钻具选择提供更为切合实际的依据。

参考文献

[1] 李鹤林,冯耀荣.石油钻柱失效及预防措施[J].石油机械,1990,18(8):38-44.

[2] 冯少波,林元华,施太和,等.钻杆加厚过渡带几何结构对应力集中的影响[J].石油钻采工艺,2006,208(1):76-86.

[3] 吕拴录,骆发前,高林,等.钻杆刺穿原因统计分析及预防措施[J].石油矿场机械,2006,35(增刊):12-16.

[4] 蒋文渊.海上钻具刺漏失效分析[J].中国海上油气,2007,19(3):196-199.

[5] 李文飞,管志川,赵洪山,等.钻柱疲劳累计损伤的计算方法[J].中国石油大学学报,2008,32(3):60-67.

[6] 林元华,邹波,施太和,等.钻柱失效机理及其疲劳寿命预测研究[J].石油钻采工艺,2004,26(1):19-22.

[7] 李鹤林,李平全,冯耀荣.石油钻柱失效分析及预防[M].北京:石油工业出版社,1999:54-65.

[8] 刘文红,曾卓雄,李磊,等.Φ127 mm API钻杆内加厚过渡带流场特性研究[J].应用力学学报,2010,27(3):594-600.

[9] 《钻井手册(甲方)》编写组.钻井手册(甲方)[M].北京:石油工业出版社,1990:1 102-1 111.

六 腐蚀和磨损失效分析及预防

镀镍钻杆内壁腐蚀原因

赵金凤[1]   余世杰[1,2]   袁鹏斌[1,2]

(1.上海海隆石油管材研究所,上海 200949;2.西南石油大学,四川成都 610500)

摘　要:某油田在钻杆下井作业前的检测中发现 2 支镀镍钻杆内壁腐蚀严重,为了查明钻杆腐蚀的原因,对钻杆内壁腐蚀产物进行了宏观形貌和微观形貌分析、微区成分分析。分析结果表明,镀镍钻杆内镀层存在漏镀与显微孔洞是钻杆产生腐蚀的主要原因,原油中的 H_2S 溶解于水形成氢硫酸加速钻杆腐蚀,且氯离子的存在使得局部腐蚀进一步加剧。建议规范生产流程,改善镀层质量,避免镀层中存在漏镀或孔洞等缺陷,提高钻杆的抗腐蚀能力。

关键词:钻杆;镀镍;H_2S 腐蚀;氯离子;失效分析

2012 年 10 月,某油田在钻杆下井作业前的检测中发现 2 支镀镍钻杆内壁腐蚀严重,为了避免钻杆下井后发生钻井事故,该油田将内壁腐蚀严重的镀镍钻杆及时报废。经了解,这 2 支钻杆下井作业时间不久,且内壁均镀有防腐层。为了查明此次钻杆内壁腐蚀严重的原因,避免引起钻井事故,笔者对油田送检的样品进行了失效分析。

1　井况信息

送检镀镍钻杆用于水平井,该井设计井深为 2 900 m,在 1 123 m 处开始造斜,钻井液为柴油基钻井液,钻井记录显示,腐蚀严重钻杆所处段的温度约 100 ℃,硫化氢浓度为 1 400 mg/L。

2　宏观观察

送检试样为钻杆样块,样品 1 取自 1 号钻杆管体,样品 2-1、样品 2-2 分别取自 2 号钻杆管体的不同区域,试样按样品 1、样品 2-1、样品 2-2 由左至右依次摆放,其宏观形貌见图 1。观察发现样品 1 内壁上存在少量细小的腐蚀坑,相比其余两块试样腐蚀相对较轻,合金镀层保留比较完整;样品 2-1 内壁腐蚀比较严重,内壁上有很多腐蚀坑,腐蚀坑大小不一,形状不规则,腐蚀坑底部凹凸不平,腐蚀坑边沿粗糙,镀层破坏严重;样品 2-2 内壁上除了存在较多的腐蚀坑外,而且随着腐蚀的进一步加剧,几个相邻的点蚀坑相互连通形成长条状的腐蚀带。

图 1　送检试样的宏观形貌

3　金相分析

取样对腐蚀坑的形貌及尺寸进行分析，用线切割将各试样中的腐蚀坑剖开，经打磨抛光后在金相显微镜下观察试样腐蚀坑的剖面形貌。观察发现样品 1 上的腐蚀坑大体呈宽浅型，腐蚀坑宽度约 2.169 mm，深度约 1.265 mm，其腐蚀坑的剖面形状见图 2；样品 2-1 上的腐蚀坑的剖面形状与样品 1 形貌相似，在腐蚀较严重处，腐蚀坑的宽度约 7.074 mm，深度约 1.343 mm；样品 2-2 上的

图 2　腐蚀坑截面形貌（抛光后）

腐蚀沟槽宽度约 15.797 mm，深度在 0.742～1.374 mm 之间。

对试样内镀层的厚度进行测量，在样品 1 内镀层相对完整处取金相试样，观察面为纵截面，试样经抛光及腐蚀后进行观察，发现样品 1 内镀层的厚度不均，在镀层厚度相对较为均匀的区域，测得镀层的平均厚度约 30 μm，见图 3（a），在同一视野中，镀层厚度存在明显不均的区域，甚至在局部区域镀层厚度几乎为零（图片未给出），同时，在镀层与基体之间存在一些微小的气泡孔洞，见图 3（b）。

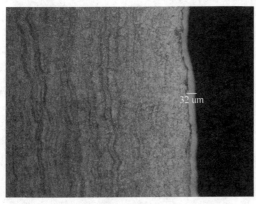

（a）镀层厚度较均匀区域

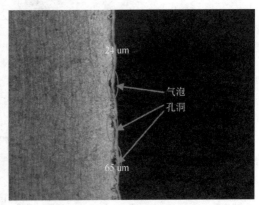

（b）镀层内存在气泡孔洞

图 3　内镀层金相形貌（样品 1）

用同样的方法在样品 2-1 和样品 2-2 上分别取样进行金相分析,观察发现样品 2-1 和样品 2-2 内镀层厚度也不均匀。

4 微区形貌及能谱分析

4.1 内壁表面形貌观察

在腐蚀坑处取样,试样清洗后在扫描电子显微镜下对钻杆内壁腐蚀形貌进行观察,腐蚀坑主要为椭圆状、深孔状及长条状,对腐蚀坑进行局部放大,发现腐蚀产物表面粗糙,整体呈块状。

图 4 能谱采集区域

为了更准确地分析腐蚀坑产生的原因,对钻杆内壁上腐蚀产物的成分进行能谱分析,能谱采集区域见图 4,能谱分析结果见图 5 及表 1。分析结果表明,相比镀层基体而言,腐蚀产物中 Fe、O、Cl、S 等元素的含量相对偏高。

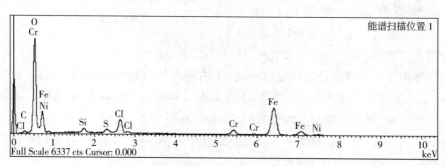

(a)能谱扫描位置 1

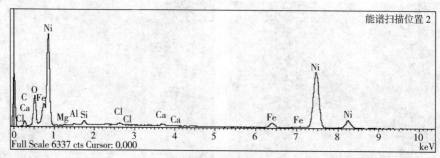

(b)能谱扫描位置 2

图 5 能谱分析结果

表1 成分分析结果(质量分数/%)

元素	C	O	Fe	S	Si	Cr	Ni	Cl	Al	Ca	Mg
能谱扫描位置1	3.80	50.07	33.99	0.97	1.23	3.48	1.51	4.95	—	—	—
能谱扫描位置2	8.00	14.94	2.84	—	1.06	—	71.54	0.51	0.29	0.51	0.32

4.2 腐蚀坑截面观察

将腐蚀坑沿纵向剖开,抛光后在扫描电镜下观察腐蚀坑截面形貌。观察发现腐蚀坑表面形成一层腐蚀产物膜,腐蚀膜下面存在向基体深入腐蚀的腐蚀小孔,蚀孔表面及中部腐蚀产物疏松,易于成为离子扩散通道,而底部产物较为致密,见图6。从腐蚀坑表面至坑底进行能谱分析,能谱采集位置如图7所示,其中采集点能谱扫描位置1为腐蚀坑表面,能谱扫描位置2为腐蚀坑中部位置,能谱扫描位置3为腐蚀坑底部,分析结果见表2。结果表明,腐蚀坑内主要含有Fe、O、C、S、Cl等元素。腐蚀坑表面C元素含量最高;O元素含量从表面至底部逐渐减少;S元素含量较少,仅腐蚀坑表面存在S元素;而Cl元素主要集中分布在腐蚀坑底部。可以推测钻杆在使用环境中存在一定量的Cl、S元素。

图6 腐蚀坑截面形貌

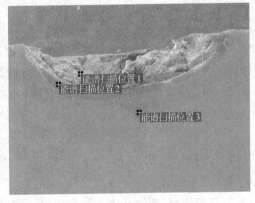

图7 能谱采集区域

表2 腐蚀产物能谱分析结果(质量分数%)

元素	C	O	Fe	S	Si	Cr	Mn	Cl	Ni	Ca
能谱扫描位置1	11.69	50.39	31.50	0.61	0.82	2.28	0.52	0.77	1.32	0.10
能谱扫描位置2	2.87	48.74	43.63	—	0.40	1.83	0.68	1.45	0.40	—
能谱扫描位置3	1.81	47.25	45.21	—	0.33	—	0.69	3.66	—	—

5 综合分析

失效钻杆内壁存在较多的腐蚀坑,腐蚀坑表面产物膜主要含Fe、O、C、S、Cl等元素,仅在腐蚀坑的表面存在S元素,但从腐蚀坑表面至坑底Cl离子的浓度逐渐升高,说明腐蚀为硫化氢腐蚀和 Cl 离子腐蚀的共同作用。钻杆发生早期腐蚀失效与钻杆表面镀层质量、井底 H_2S 浓度、温度、Cl^- 含量等存在一定的关系。

5.1 镀层质量、厚度对腐蚀的影响

送检镀镍钻杆的基本生产工艺流程为：高温除油→酸洗→碱洗→清水清洗→电镀→清洗。镀前清洗油污是为了保障后续镀层与基体有较好的结合力，得到高品质的镀层，如果清洗不当或镀镍污染，镀层会出现起皮、孔洞、漏镀等缺陷，镀层与基体金属间的结合力差，影响镀层性能。

一般来说，由于镀镍成本较高，镀镍钻杆均属于单层镀镍，镀镍层的孔隙率较高，只有当镀层无孔隙时，才能保护基底金属不发生微孔腐蚀，不产生锈点或锈斑[1-2]。推测送检镀镍钻杆内壁上产生腐蚀坑与镀层质量的好坏存在一定的关系，在镀层漏点或存在显微孔洞处，相当于铁基体直接裸露在外，而产生局部腐蚀，其局部腐蚀示意图见图 8。

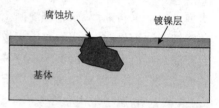

图 8　局部腐蚀示意图

5.2 H_2S 对腐蚀的影响

在该井的监测数据显示，井底存在一定量的 H_2S，而 H_2S 是金属腐蚀的重要酸性气体之一。干燥的 H_2S 对金属材料无腐蚀破坏作用，H_2S 只有溶解在水中才具有腐蚀性，在油气开采中，当油气中有水存在且即使只有微量 O_2 存在时，H_2S 腐蚀会很严重，该腐蚀的机理如下：

$$H_2S + Fe + H_2O \rightarrow Fe_xS_y + 2H \tag{1}$$

H_2S 腐蚀钢铁，生成 Fe_xS_y（Fe_9S_8、Fe_3S_4、FeS_2、FeS 等），其腐蚀产物的结构与 H_2S 的浓度和温度有关。一般在室温下腐蚀产物为 Fe_9S_8 等，在 60 ℃以上腐蚀产物为 FeS，Fe_9S_8 较疏松，对钢铁基体无保护作用，而 FeS 较致密，具有一定的保护性[3-4]。

井况记录测得该井硫化氢浓度为 1 400 ppm（1 000～2 000 ppm 为高浓度），失效钻杆所处的井段约 2 900 m，根据地层温度梯度推算，钻杆服役的环境温度约为 100 ℃左右，且油井产出液中具有一定的含水量，为 H_2S 腐蚀提供了良好条件，其腐蚀产物主要为 FeS，FeS 腐蚀产物膜较致密，对基体具有一定的保护性，此时腐蚀速率相对较低。

5.3 氯离子对腐蚀的影响

EDS 能谱分析结果表明，在腐蚀坑底部存在 Cl 离子富集，可以推断出井底流体中含有 Cl 离子，而 Cl 离子的存在可引起孔蚀的自催化反应而加速局部腐蚀[5-6]。硫化氢腐蚀产物膜形成后，腐蚀膜在一定程度上阻碍腐蚀的进一步进行，但氯离子由于半径小，容易穿过腐蚀膜，降低腐蚀膜的致密性，当氯离子在膜底聚集达到一定浓度后，促进孔蚀形成。孔蚀内金属发生溶解，阴极发生吸氧反应，使孔内外氧浓度产生差异，形成"供氧差异电池"，使腐蚀继续进行。随着阳离子不断增加，为保持电中性，氯离子不断向蚀孔内

迁移,遇到阳离子形成氯化物,并发生水解:

$$M^{n+} + n(H_2O) \rightarrow M(OH)_n + nH^+ \tag{2}$$

这使得蚀孔内部氢离子浓度升高,pH 值降低而酸化,加速金属的溶解。蚀孔内金属为阳极,蚀孔外大面积金属为阴极,构成了小阳极、大阴极的活化——钝化电池,局部腐蚀反应加剧,加速局部阳极溶解,从而加速腐蚀。该类腐蚀主要沿纵向深入,形成点蚀坑或蚀孔。

综上所述,送检镀镍钻杆内壁上产生严重腐蚀与镀层质量存在一定的关系,镀层上存在漏镀或显微孔洞是钻杆产生腐蚀的主要原因;其次,该井中含有高浓度的 H_2S,原油中的 H_2S 溶解于水形成氢硫酸,且氯离子的存在对腐蚀起催化促进作用进一步加剧局部腐蚀。

6 结论与建议

(1) 镀层存在漏镀与显微孔洞是钻杆产生腐蚀的主要原因。

(2) 原油中的 H_2S 溶解于水形成氢硫酸加速钻杆腐蚀,且氯离子的存在使得局部腐蚀进一步加剧。

(3) 建议规范生产流程,改善镀层质量,防止镀层中存在漏镀或孔洞等缺陷,提高钻杆的防腐蚀能力。

参考文献

[1] 张宝根.钢铁基体镀镍保护材料的研制[J].电镀与涂饰,2002,21(5):22-25.

[2] 刘永健,王印培.化学镀镍工艺对镀层耐蚀耐磨性的影响[J].腐蚀与防护,2001,22(7):293-296.

[3] 万里平,孟英峰,等.H_2S/CO_2 共存聚合物钻井液中腐蚀产物膜分析[J].应用基础与工程科学学报,2012,20(5):863-873.

[4] 周琦,徐鸿麟.管线钢在含硫化氢及高压二氧化碳饱和的 NACE 溶液中的腐蚀行为[J].兰州理工大学学报,2005,31(1):31-34.

[5] 郭志军,陈东风,等.油气田高含 H_2S、CO_2 和 Cl^- 环境下压力容器腐蚀机理研究进展[J].石油化工设备,2008,37(5):53-57.

[6] 艾芳芳,徐小连,等.Cl^- 浓度对油井管用钢湿 H_2S 腐蚀行为的影响[J].金属热处理,2013,38(4):28-31.

某井钻铤密封面磨损失效分析

帅亚民

（上海海隆石油钻具有限公司，上海 200949）

摘　要：通过对钻铤材质及磨损宏观微观分析，指出钻铤密封面粘着磨损与螺纹脂涂抹不均（或含杂质）及上扣扭矩不足有关，对预防和减少该类事故提出了改进措施。

关键词：钻铤；黏着磨损

　　某井队从开始到钻进至井深 2 877 m，发生了多起井下钻具损坏事故。仅从 1999 年 5 月 5 日至 6 月 5 日的一个月内就发生了 18 起钻具损坏事故，其中钻铤 10 起，钻杆 6 起，加重钻杆 2 起，经济损失较大。在失效的样品中，取其密封面已磨损失效的 2 件钻铤接头样品进行失效原因分析。一件为 Φ177.8 mm(7 in)钻铤内螺纹接头样品（编号为 1 号），另一件为 Φ177.8 mm 钻铤外螺纹接头样品（编号为 2 号）。

1　宏观分析与尺寸测量

1.1　宏观分析

　　两件失效样品的宏观形貌分别见图 1 和图 2，其密封面和密封台肩面均有较严重的黏结现象，局部区域的金属被黏结掉而留下凹坑，两根钻铤的密封面均发生了粘着磨损。

图 1　钻铤内螺纹密封端面磨损形貌　　　　图 2　钻铤外螺纹密封台肩面磨损形貌

1.2 尺寸测量

对 2 件失效样品均进行了外观尺寸测量,结果列于表 1。

表 1 外观尺寸测量结果

编　号	外径 D /mm	内径 d /mm	台肩倒角直径 D_F/mm	内螺纹扩锥孔大端直径 $Q_{C+0.8}$/mm	外螺纹锥部 总长度/mm
1 号	177.5	71.6	165.5	134.9	—
	177.0	72.5	164.9	134.7	
	17.1	71.6	165.6	134.7	
2 号	178.2	71.7	165.1	—	113.9
	178.0	71.8	165.0		114.1
	177.9	71.7	165.1		113.9
SY/T 5144—1997 规定			164.7±0.4	134.9	114.3

2 微观分析

取样经扫描电镜观察分析,1 号样品密封面的微观形貌多为片层状黏结、剥落、剥离和掉块,见图 3,也有一些划痕和犁沟形貌,其失效机理是以粘着磨损为主。2 号样品密封台肩面的微观形貌也以粘着磨损为主,多为片层状黏结、剥离,形貌见图 4(a),局部区域表面甚至还产生了微裂纹,见图4(b)。除此之外,也可观察到划痕、犁沟形貌。

图 3　1 号样品表面磨损微观形貌

(a)

(b)

图 4　2 号样品表面磨损及微观裂纹微观形貌

3 材质理化性能

3.1 化学成分分析

取样经直读光谱仪分析,钻铤化学成分分析结果列于表2。

表2 钻铤化学成分分析结果(质量分数/%)

编号	C	Si	Mn	P	S	Cr	Mo	Ni	V	Ti	Cu
1号	0.46	0.22	0.99	0.012	0.014	1.04	0.27	0.10	0.011	0.009	0.09
2号	0.46	0.28	1.14	0.016	0.012	1.08	0.28	0.11	0.017	0.015	0.14
SY/T 5144—1997 规定	—	≥0.035	≥0.035	—	—	—	—	—	—	—	—

3.2 机械性能试验

分别取圆棒拉伸试样、全尺寸夏比V形缺口冲击试样和全壁厚条状硬度试样,按有关标准分别做拉伸、冲击和硬度试样,结果列于表3。

表3 机械性能试样结果

试验种类	拉伸试验			冲击试验		硬度试验
试样规格	1号:Φ12.5 mm×50 mm 2号:Φ6.5 mm×25 mm			10 mm×10 mm×55 mm		—
1号	1 007	879	21.0	85.0	100	
	1 007	885	21.2	75.0	100	307
	1 007	880	21.0	83.0	100	
2号	1 019	841	18.4	76.0	100	
	1 007	828	19.6	75.0	100	293
	1 020	839	20.8	77.0	100	
SY/T 5144—1997 规定	≥930	≥689	≥13	≥54	—	285~341

3.3 金相分析

夹杂物评级结果,1号:A 2.0,B 0.5,D 0.5;

2号:A 2.0,A 1.0e,B 0.5,D 0.5。

晶粒度评级结果,1号:8级80%,6级20%;2号:6级60%,8级40%。

金相组织:1号、2号的金相组织均为回火索氏体,见图5。密封面均被腐蚀,表面不仅产生了"白亮层"(马氏体相变层),而且也产生了微裂纹,见图6。

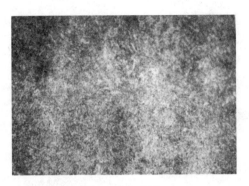
图 5　金相组织

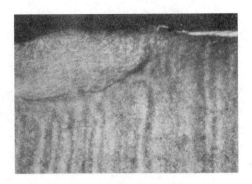
图 6　密封面微裂纹及表面"白亮层"

4　综合分析

由上述试样结果可知,两根钻铤的材质理化性能均符合 SY/T 5144—1997 标准的要求,钻铤螺纹尺寸的外观测量结果也符合上述标准的规定,即钻铤接头密封面的磨损失效与钻铤的材质和螺纹尺寸没有直接关系。

根据现场使用情况的调查结果和以前所做的大量类似的失效案例分析经验,可以认为,钻铤接头密封面发生粘着磨损失效的原因有以下几种:

(1)螺纹脂涂抹不均匀或含有杂质。钻铤在紧扣时,当接头密封面的表面螺纹脂形成的"油膜"破裂,密封面的金属直接接触就会发生黏结,如果螺纹脂涂抹不均,接头密封面的局部区域未涂上螺纹脂,则该区域的金属表面就直接接触,即使上扣扭矩不大,也会发生黏结现象,进而发生粘着磨损。如果螺纹脂或接头粘上砂子等杂物更易发生粘着磨损。因此,螺纹脂涂抹是否均匀也是防止密封面发生粘着磨损的一个重要因素。

(2)上扣扭矩不足。这也是密封面发生粘着磨损的主要原因之一。对螺纹连接的钻铤来说,上扣扭矩是保证钻铤在使用中密封完整性的重要参数。如果上扣扭矩不足,钻铤接头密封面之间就没有足够的预紧载荷,在旋转钻井过程中,当卡钻或憋钻时,钻铤接头在井下就会自行紧扣,使螺纹继续上紧,接头密封面的接触压力急剧增大,其结果是接头密封面之间的螺纹脂在金属表面形成的"油膜"被破坏,导致密封面的金属直接接触而发生黏结,进而产生粘着磨损,更严重的还会产生表面裂纹。另外据现在调查,该井在钻进时钻压较大,相应地作用在钻柱下部钻铤上的扭矩也较大,这就很容易造成下部钻铤的自行紧扣,因此,在下钻具时应提高接头的上扣扭矩。

5　结论

钻铤接头密封面发生粘着磨损的主要原因是密封面润滑不良,且上扣扭矩不足。

为此建议:增大钻铤下井时的上扣扭矩,可根据实际的钻井参数,选择适当的上扣扭矩。另外,还应保证足量的螺纹脂,并且要涂抹均匀。

七 试验研究

高强度铝合金钻杆的拉伸试验方法

舒志强　欧阳志英　袁鹏斌　余荣华　龚丹梅

(上海海隆石油管材研究所,上海 200949)

摘　要:针对高强度铝合金钻杆材料屈服强度高、弹性模量小的特点,分析了采用常规拉伸试验方法测试对其拉伸性能的影响,并对试验速率及控制方式进行了调整,得出了适用于高强度铝合金钻杆材料较为合理的拉伸试验方法。根据试验结果,建议以规定塑性延伸强度 $R_{p0.2}$ 作为高强度铝合金钻杆屈服强度参考值;在引伸计标距伸长 2% 时再摘取引伸计,以读取可靠的屈服强度 $R_{p0.2}$;高强度铝合金钻杆材料的塑性对拉伸速率较为敏感,应尽可能地减缓塑性变形阶段的试验速率。

关键词:高强度铝合金钻杆;拉伸试验方法;拉伸试验速率;屈服强度;塑性

铝合金材料具有密度小、挠性好、耐腐蚀等优点,利用高强度铝合金材料制造石油钻杆用于油气田开采具有广泛的应用前景[1]。石油钻杆在钻井过程中用于传递扭矩、输送钻井液,其额定承载能力是设计钻柱组合的基本依据[2]。因此,在高强度铝合金钻杆开发过程中,其拉伸性能测试的准确非常重要。铝合金钻杆的生产制造执行 GB/T 20659—2006《石油天然气工业铝合金钻杆》,其中规定的铝合金钻杆材料拉伸试验方法执行 ISO 6892-1—2009;API Spec 5DP—2009《钻杆规范》要求对于普通钢钻杆材料的拉伸试验方法执行 ASTM E8M—2009[3-7]。上述几种标准规定的拉伸试验方法基本一致,但关于不同属性金属材料的试验速率控制方式及大小未作严格要求。在实际拉伸试验中,影响拉伸试验结果不确定度因素很多,其中,拉伸试验速率对拉伸屈服强度、拉伸曲线形貌影响较大[8-9],为了准确可靠地测试高强度铝合金钻杆材料真实可靠的强度和塑性性能,笔者分析了常规拉伸试验速率对其拉伸性能的影响,并对常规试验速率控制方式进行了调整,获得了较合理的高强度铝合金钻杆材料拉伸试验方法。

1　拉伸试验速率控制方式及大小

金属材料受拉伸时发生的变形主要分为弹性变形、屈服和塑性变形、裂纹扩展等阶段,各阶段拉伸试验速率控制方式及大小是不相同的。根据材料力学理论,金属拉伸时,材料内部所受到的应力源于外载荷作用,也就是说,拉伸外载荷速率的大小决定了材料内部应力速率和应变速率的大小,而金属材料拉伸变形各阶段对其应力或应变速率非常敏感。因此,就要对试验中拉伸速率大小、控制方式及相互切换点实施有效控制。

在拉伸试验弹性变形阶段,试样变形量很小,而所承受拉伸载荷会迅速增大,一般采用应力速率控制,GB/T 228.1—2010《金属材料拉伸试验第 1 部分:室温试验方法》(以下简称 GB/T 228 标准)中规定"材料弹性模量小于 150 GPa 时,应力速率控制在 2～20 MPa/s 范围",但是试验速率太慢会影响试验效率,不利于大批量试验,对于铝合金材料($E=70$ GPa)建议选择 10 MPa/s。在弹性阶段即将完成至开始进入均匀塑性变形阶段的过程中,材料发生屈服现象,该阶段用于测试材料的规定塑性延伸强度 R_p、规定总延伸强度 R_t 等参数,所以试验速率控制方式及大小的选择非常重要。ASTM E8M 标准规定测试屈服点可用应力控制 70～690 MPa/min,或用位移控制 0.42～4.2 mm/min。GB/T 228 标准规定采用应变控制(范围 1 为 0.000 07/s;范围 2 为 0.000 25/s;范围 3 为 0.002/s),或应力控制方式(保持应变速率在 0.000 25/s～0.002 5/s,且尽可能恒定)。两种标准虽然都提到了采用应力速率控制试验屈服阶段,但实际在材料发生屈服过程中,试样应变在不断增加,应力几乎不发生变化,所以通常采用引伸计应变速率来控制。在测试屈服强度之后,一般会摘下引伸计,采用试验机横梁位移速率来控制试验,用于测试抗拉强度 R_m,试验标准中规定该过程中试验应变速率不应超过 0.008/s(对于标矩 50 mm 的试样相应的位移速率为 24 mm/min)。

在整个拉伸试验过程中采用了应力速率、引伸计应变速率及横梁位移速率三种控制方式,这三种控制方式相互切换点的选择也非常重要,拉伸试验标准规定的应力控制与应变控制切换点为略小于材料屈服强度或 1/2 屈服强度点;应变控制与位移控制切换点(摘取引伸计点)通常为引伸计标距伸长 1‰时,在不影响试验测试结果的前提下,不同属性金属材料的应变控制与试验机位移控制切换点也略有不同,须根据材料参数和试验过程来确定,以保证引伸计应变速率控制试验的屈服阶段。

2 试样制备和常规拉伸试验方法

2.1 试样制备

选取某牌号铝合金材料进行热处理使之达到高强度铝合金钻杆的要求,按照 GB/T 228—2010 标准要求对管体纵向取样,加工成全截面弧形拉伸试样,图 1 为拉伸试样形状和尺寸示意图。进行两组拉伸试验,每组三支试样,第一组(编号 Al-a1、Al-a2、

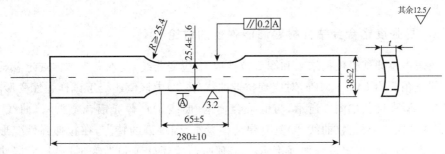

图 1　钻杆管体标准拉伸试样

Al-a3)参照普通钢钻杆的常规拉伸试验方法,第二组(编号 Al-b1、Al-b2、Al-b3)按照调整后的试验方法,在 WAW-600 微机控制电液伺服万能试验机上进行室温拉伸试验。

2.2 常规拉伸试验方法

GB/T 20659—2006 铝合金钻杆标准中规定铝合金钻杆材料最小屈服强度应以 0.2% 残余形变法确定,但随着近些年铝合金材料技术的发展,可选用的铝合金材料综合性能远高于标准技术要求,该次试验用高强度铝合金钻杆强度性能已经达到 API 5DP—2009 中规定的 E75 钢级钻杆要求,该标准规定 E75 钢级钻杆管体材料最小屈服强度为拉伸试样标距总伸长 0.5% 时所对应的强度($R_{t0.5} \geqslant 517$ MPa)。所以对高强度铝合金钻杆材料的拉伸试验方法参照 E75 钢钻杆材料试验要求,按照 GB/T 228.1—2010 进行拉伸试验,试验速率控制方式及大小为:弹性阶段采用应力控制,速率为 10 MPa/s;在预估屈服强度的 1/2 处(300 MPa)切换为引伸计应变控制,速率为 0.000 2/s;最后在引伸计标距伸长 1% 时切换为横梁位移控制,速率为 20 mm/min。

3 常规拉伸试验方法试验结果与分析

3.1 试验结果

高强度铝合金钻杆材料在常规拉伸试验方法下的结果如表 1 所示,应力-应变曲线(试样 Al-a2)如图 2 所示,可见规定总延伸强度 $R_{t0.5}$ 远小于规定塑性延伸强度 $R_{p0.2}$;最大力总应变 ε_{gt} 和断裂总应变 ε_t 相同;断后伸长率 A 和断面收缩率 Z 都很小。

表 1　第 1 组试样拉伸试验数据结果

试样编号	抗拉强度 R_m/MPa	规定总延伸强度 $R_{t0.5}$/MPa	规定塑性延伸强度 $R_{p0.2}$/MPa	最大力总应变 ε_{gt}	断裂总应变 ε_t	断后伸长率 A/%	断面收缩率 Z/%
Al-a1	640.2	344.9	598.2	0.117	0.117	11.2	10.4
Al-a2	646.7	347.2	602.4	0.106	0.106	11.0	9.8
Al-a3	650.5	356.1	609.9	0.098	0.098	10.2	8.6
平均值	645.8	349.4	603.5	0.107	0.107	10.8	9.6

3.2 高强度铝合金钻杆材料屈服强度的讨论

对照表 1 拉伸试验数据结果和图 2 拉伸应力-应变曲线,发现三支试样规定总延伸强度 $R_{t0.5}$ 平均值只有 349.4 MPa,对应到拉伸曲线(图 2)中该值还处于试样弹性变形阶段,明显不是屈服强度。如图 3 所示,与低碳合金钢(曲线①)、普通铝合金材料(曲线③)相比较,高强度铝合金材料(曲线②)具有弹性模量小、强度高的特点,在拉伸弹性变形过程中伸长变形量较大,规定总延伸强度 $R_{t0.5}$ 出现时试验还处于弹性变形阶段,所以建议不应以 API E75 钢级钢钻杆的强度性能要求方法来评价高强度铝合金钻杆材料的拉伸性能,应继续遵循 GB/T 20659 铝合金钻杆标准,以 $R_{p0.2}$ 作为屈服强度参考值。

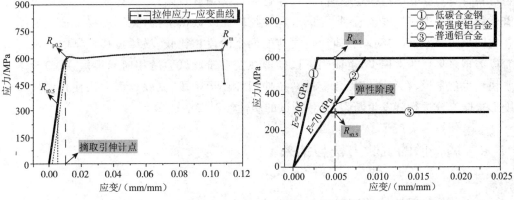

图 2　Al-a2 试样拉伸应力-应变曲线　　　　图 3　不同材料屈服阶段的拉伸曲线对比

3.3　引伸计应变速率控制试验屈服阶段

在拉伸试验进入屈服阶段测试屈服参数时,试验速率为引伸计应变控制 0.000 2/s,不宜过快。对图 2 拉伸应力-应变曲线屈服阶段进行局部放大,如图 4 所示,可以看出由于高强度铝合金钻杆材料屈服强度高、弹性模量小,在其拉伸应力-应变曲线上读出的屈服强度 $R_{p0.2}$ 点已经处于摘取引伸计之后的位移速率控制阶段,该阶段横梁位移速率为 20 mm/min,对应的应变速率约 0.006 7/s,是引伸计应变速率的 33.5 倍,这样就出现了在屈服时因试验速率太快而导致读取的屈服

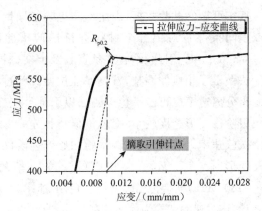

图 4　Al-a2 试样拉伸屈服阶段曲线

强度偏高,即引伸计未完全控制试验的屈服阶段。因此,建议延长引伸计应变速率控制范围,保证试验屈服阶段完全由引伸计应变速率控制,以获得更可靠的屈服强度结果。

3.4　高强度铝合金材料拉伸塑性变形

结合表 1 试验数据和图 2 拉伸应力-应变曲线,试验中得到的断后伸长率 A 和断面收缩率 Z 值都很小,拉伸应力-应变曲线上的最大力总应变 ε_{gt} 与断裂总应变 ε_t 相同,也就是说在拉伸曲线达到最高点(R_m 点)后试样就发生断裂。一般认为对于塑性较好的金属材料进行拉伸试验时,试样屈服后先发生均匀塑性变形,在抗拉强度点之后伸长变形集中于试样标距段内某一有限长度上产生颈缩,进入集中塑性变形,这时材料组织内部夹杂物或第二相质点开始碎裂,或者与基体界面脱离形成微孔,微孔不断长大、聚合形成微裂纹,微裂纹的连接扩展使试样承载横截面积逐渐减小,承载能力迅速下降,直至试样发生断裂[10]。而该试验中铝合金试样经历了较大的均匀塑性变形后未发生明显的颈缩就断裂了,这与铝合金材料抵抗裂纹扩展能力较差有关。当试验中外加载荷速率大于铝合金材料自身塑性变形传播速率时,在拉伸达到抗拉强度点附近,试样内部大量微裂纹随着外载荷速率迅速扩展至断裂。另外,观察拉伸曲线数据采集(见图4局部放大曲线),在相同采集频率下,与摘取引伸计点之前的两个阶段相比较,横梁位移控制的塑性变形阶段数据采集点非常稀少,也证明了试样塑性变形阶段试验所用时间很短,试验速率非常快。也就是说,在高强度铝合金材料拉伸塑性变形阶段,试验速率太快使得试样塑性变形未能充分进行就发生断裂,导致测试的塑性参数较小。

4 调整后的试验方法与结果

4.1 调整后的拉伸试验方法

由于高强度铝合金钻杆材料具有强度高、弹性模量小的特点,而拉伸试验标准中规定的试验方法范围太大,若继续采用常规试验方法控制,试验结果误差会很大,不能获得真实可靠的试验数据,进而不能正确指导铝合金钻杆的生产和使用。据文献[11-13],在不同条件下对铝合金材料进行拉伸试验时,试验全过程采用位移速率控制,为 $2 \sim 8 \ mm/min$。因此,结合文献资料及上文分析结果,对高强度铝合金钻杆材料拉伸试验方法做出了相应的调整,首先保证拉伸试验过程中不同速率控制方式之间切换时试验机夹头分离速率尽可能平稳;其次,以引伸计应变速率完全控制拉伸试验屈服阶段,使试样屈服阶段变形速度较小、变形量保持恒定;在材料塑性变形至断裂的第三阶段选择适当的试验速率。具体方法:在试验初始弹性阶段仍以应力控制试验速率 $10 \ MPa/s$(材料弹性变形时 $\varepsilon = \sigma/E$,所以相应的应变速率约为 $0.000 \ 143/s$)。在略小于屈服强度点(480 MPa)切换为引伸计应变控制,速率为 $0.000 \ 2/s$。当引伸计应变伸长 2% 时摘取引伸计,试验速率切换为横梁控制位移,速率为 $8 \ mm/min$(相应的应变速率约为 $0.002 \ 7/s$)。

4.2 试验结果分析

高强度铝合金钻杆材料调整后的拉伸试验数据结果如表2所示,其中 Al-b3 试样的拉伸应力-应变曲线如图5所示。

表 2 第二组试样拉伸试验数据结果

试样编号	抗拉强度 R_m/MPa	规定塑性延伸强度 $R_{p0.2}$/MPa	最大力总应变 ε_{gt}	断裂总应变 ε_t	断后伸长率 A/%	断面收缩率 Z/%
Al-b1	635.7	586.5	0.158	0.233	20.6	20.7
Al-b2	643.2	594.2	0.151	0.222	17.2	16.8
Al-b3	642.0	592.6	0.156	0.229	18.6	19.8
平均值	640.3	591.1	0.155	0.228	18.8	19.1

　　与第 1 组试样常规拉伸试验结果相比较,第 2 组试样试验的屈服阶段完全处于引伸计应变速率控制范围,试验速率小于前者,所测试 3 支试样的规定塑性延伸强度 $R_{p0.2}$ 平均值减小了12.4 MPa。在试样发生屈服之后的塑性变形过程中,采用位移速率从20 mm/min 降低到 8 mm/min 后,抗拉强度 R_m 变化不明显,而抗拉强度点总应变 ε_{gt} 平均值增加了约 44.9%,试验断裂总应变 ε_t 明显大于最大力总应变 ε_{gt},较第 1 组试样平均增加了约

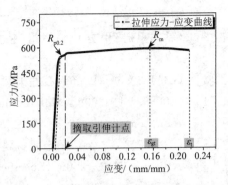

图 5　Al-b3 试样拉伸应力-应变曲线

113.1%;试样断后伸长率 A 平均值相比第 1 组试样平均值增加了约 74.1%,断面收缩率 Z 平均值相比第 1 组试样平均值增加了约 99%。

　　通过比较可见,采用较小的引伸计应变速率控制试验屈服阶段,得到了更准确的屈服强度结果。试验加载速率对高强度铝合金钻杆材料塑性变形影响非常明显,当试验速率减缓、材料塑性变形时间延长,位错运动、滑移带得到充分生长传播,使得试样整个标距段都发生了均匀伸长变形;在外载荷增加到最大后,试样发生颈缩,伸长变形集中于标距段某一局部位置,微裂纹形成并在较小的试验速率的诱发下缓慢扩展,直至试验结束。在高强度铝合金材料拉伸塑性变形阶段试验速率减小,塑性变形得到完全释放,展示出了其真实的塑性性能。

5　总结

　　(1)高强度铝合金钻杆强度水平可达到普通 E75 钢级钻杆要求,但由于铝合金材料弹性模量小,在其达到拉伸屈服时变形量已经很大,而 API Spec 5DP—2009 要求的屈服强度 $R_{t0.5}$ 对于高强度铝合金材料来说,这时仍处于弹性阶段,因此,建议在关于高强度铝合金石油钻杆技术协议或试验要求中,应继续遵循 GB/T 20659—2006 铝合金钻杆标准,以规定塑性延伸强度 $R_{p0.2}$ 作为其屈服强度参考值。

　　(2)在高强度铝合金材料拉伸试验中,为满足引伸计应变速率控制试验屈服阶段,获得更可靠的屈服强度 $R_{p0.2}$,建议在引伸计标距伸长 2%时再摘取引伸计,切换为试验机横梁位移速率控制试验。

　　(3)高强度铝合金钻杆材料的塑性性能对拉伸试验速度非常敏感,在不降低试验效率的同时,应尽可能减缓塑性变形阶段的试验速率,使试样拉伸塑性变形更加充分,以获得真实可靠地塑性指标。

参考文献

[1]　余荣华,袁鹏斌.铝合金钻杆的特点及应用前景[J].石油矿场机械,2011,40(3):

　　　81-85.

[2] 《钻井手册(甲方)》编写组.钻井手册(甲方)[M].北京:石油工业出版社,1990:
　　　9-21.

[3] GB/T 20659—2006　石油天然气工业铝合金钻杆[S].

[4] ISO 6892-1—2009　Metallic materials—Tensile testing—Part 1:Method of test at
　　　room temperature[S].

[5] GB/T 228.1—2010　金属材料拉伸试验第1部分:室温试验方法[S].

[6] API Spec 5DP—2009　Specification for drill pipe[S].

[7] ASTM E8M—2009　Standard test methods for tension testing of metallic materials[S].

[8] 陆文华.影响拉伸试验结果的主要因素[J].广东交通职业技术学院学报,2004(4):
　　　47-48.

[9] 王艳侠.金属室温拉伸中拉伸速度对试验结果的影响[J].机械管理开发,2010,25
　　　(5):95-96.

[10] 束德林.工程材料力学性能[M].北京:机械工业出版社,2007.

[11] 彭本栋,张建,等.6061铝合金拉伸及冲压成形性能的试验研究[A].第十届全国
　　　塑性工程学术年会、第三届国际塑性加工先进技术研讨会论文集[C].2007.

[12] 张志,郎利辉,等.高强度铝合金7B04-T6板材温拉本构方程[J].北京航空航天大
　　　学学报,2009,35(5):600-603.

[13] 刘静,杨合,詹梅,等.铝合金管力学性能的拉伸试验研究[J].锻压技术,2010,35
　　　(2):113-116.

石油钻杆摩擦焊焊缝的冲击韧度影响因素

杨　玭　　曹晶晶　　袁鹏斌

（上海海隆石油管材研究所，上海200949）

摘　要： 石油钻杆摩擦焊焊缝的冲击韧度是衡量焊缝质量的一个重要指标。分析了原材料的纯净度、接头和管端的预处理、焊接和热处理工艺、试样尺寸及试验条件等对焊缝冲击韧度的影响。提出提高原材料的纯净度、对接头和管端进行预处理、合理设计焊接与热处理工艺均会提高焊缝的冲击韧度。

关键词： 石油钻杆；摩擦焊焊缝；冲击韧度；纯净度；预处理；热处理

石油工业的快速发展，使我国乃至世界建设进入了高速发展期。随着钻井条件不断的恶化，如 H_2S、CO_2 等腐蚀介质，低温、海洋等环境，以及勘探井深的加大，对石油钻杆的可靠性要求也越来越高。众所周知，石油钻杆是油田钻井设备上的重要零部件，钻杆在使用过程中承受很大的拉压交变应力和扭矩，并经受强烈的震动和冲击，同时还受到钻井液和井内介质的腐蚀以及温度和压力的影响，加之钻井中经历的环境、载荷、井眼轨迹、井下位置等均有很大的随机性和不稳定性，故其寿命的分布离散性较大，钻杆断裂事故仍时有发生。钻杆容易发生断裂失效的部位主要在钻杆接头螺纹及变径部位、钻杆管体加厚过渡区消失处、钻杆接头和钻杆管体摩擦焊焊缝部位。钻杆摩擦焊接断裂失效的类型主要是低应力脆性断裂、疲劳断裂、应力腐蚀断裂和过载断裂，其中尤以摩擦焊接焊合区的低应力脆性断裂最为常见[1-2]。复杂的工作环境要求石油钻杆不仅需要较高的强度，还需要较高的韧性以避免在服役过程发生脆断的恶性事故。笔者对影响石油钻杆焊缝冲击韧度的主要因素进行了分析，为更好地提高焊缝冲击韧度打下基础。

1　钻杆原材料

钻杆的主要成分是铁、碳和合金元素，还存在硫、磷、氧、氮等杂质元素。溶解在钢液中的氧、硫、氮等杂质元素在降温和凝固时，由于溶解度的降低，与其他元素结合以化合物形式从液相或固溶体中析出，最后留在钢中，它是金属在熔炼过程中，各种物化反应形成的夹杂物。钢在冶炼过程中，脱氧反应会产生氧化物和硅酸盐等产物，若在钢液凝固前未及时浮出，将留在钢中。这些非金属夹杂物对钻杆焊缝的冲击韧度影响较大，其中硫化物影响较为显著。

钢中存在的外来夹杂物和内生夹杂物都会使钢的冲击韧度降低。大型或长条状夹杂物存在于钢中，破坏了基体的连续性，造成材料各向异性，且易产生应力集中，成为裂纹源。硫化物夹杂是氢的积聚点,使金属形成有缺陷的组织。同时硫也是吸附氢的促进剂。因此,硫化物含量的降低、分散化以及球化均可以提高钢在引起金属氢介质中的稳定性,从而提高韧性。

2 管端和接头的预处理

对于待焊的管体和接头,对端面要进行加工,去除端面的氧化皮,避免在接下来的摩擦焊工序中,保留在焊缝内,形成灰斑,严重降低焊缝冲击韧度。且对于管端,应进行充分的探伤,避免缺陷进入焊缝内。

某钻具公司在进行焊缝摩擦焊,调质热处理后,超声波探伤发现焊缝处有缺陷。对缺陷处取样分析,抛光后,观察试样的纵截面,发现从内壁到外壁存在一长条区域,其中有灰色点状和条块状类似夹杂物的存在,灰色点状和条块状周围均有白亮组织,且沿焊缝流线分布,如图1(a)所示;侵蚀后,发现缺陷正处于焊缝压接线管体侧,且内壁至中部约 10 mm 有沿着灰色缺陷的裂纹,如图1(b)所示。

（a）抛光后缺陷形貌　　　　　　　　　　　（b）侵蚀后缺陷形貌

图1　钻杆摩擦焊焊缝中的缺陷形貌

对灰色点状和条块状进行能谱分析,结果表明灰色点状和条块状处锰、硅、氧含量偏高,说明该管体原材料中局部区域锰、硅、氧等元素发生严重的偏析,使焊缝弱化,在后续热处理过程中,进一步延伸扩展形成裂纹,严重影响该焊缝的冲击韧度(见图2、图3)。

（a）能谱扫描位置1　　　　　　　　　　　（b）能谱扫描位置2,3

图2　缺陷局部扫描电镜形貌

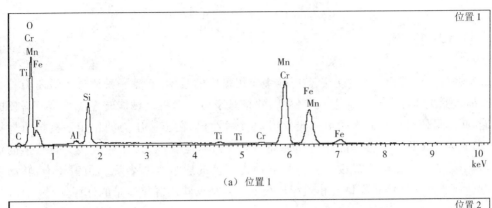

（a）位置 1

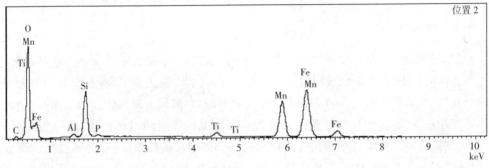

（b）位置 2

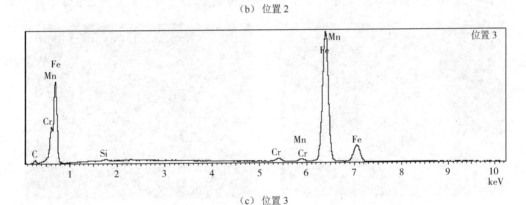

（c）位置 3

图 3　图 2 中位置 1,2,3 能谱分析

表 1　能谱分析结果（质量分数/%）

图 2 中位置编号	C	O	Al	Si	P	Ti	Cr	Mn	Fe
1	2.58	26.38	0.51	7.25	—	0.45	0.50	37.36	21.94
2	2.42	31.00	0.57	8.47	0.35	1.38	—	2208	33.73
3	3.33	—	—	0.22	—	—	1.17	1.36	93.92

　　综上所述,该管体原材料在冶炼凝固过程中存在合金元素偏析及氧化物,经过焊缝摩擦焊以及热处理后,进一步延伸形成裂纹[4],建议加强管体原材料验收及管端的探伤。

3 焊接工艺

钻杆焊缝摩擦焊是一项在机械行业中应用极广的技术,它是一种通过顶锻压力将管体断面紧紧地压在接头断面上,两者之间的相对摩擦运动将机械能转变成焊接所需要的热能,此热量使得焊接面上的金属迅速升温并塑性化,在顶锻压力的作用下被挤出焊接面,形成内外飞边。当存储的能量消耗完,停止转动,延长压力后,完成接头与管体的焊接,属于固态焊接范畴。焊接工艺对焊缝冲击韧度的影响主要表现在顶锻压力、转动惯量上。焊缝处的低倍和高倍金相组织形貌能较好地反映出焊接质量的好坏。

3.1 顶锻压力

如顶锻压力过小,塑性变形的金属未被完全挤出,焊缝中部的氧化物夹杂不易被挤出,在摩擦转动的作用下,夹杂物成圆周分布于焊缝处,观察焊缝纵向面,存在大量的沿着焊接流线分布的夹杂物(见图4)。在扫描电镜下观察其断口,形貌为灰斑(见图5)。这将使焊缝冲击韧度严重下降,成为焊缝开裂的裂纹源。而且摩擦焊时的过热区也较多地存在焊缝中,粗大的奥氏体晶粒随之冷却相变为粗大的马氏体和贝氏体组织,有时焊缝区还形成上贝氏体组织;由于上贝氏体板条和其间分布的碳化较粗大,致使冲击韧度严重下降。

 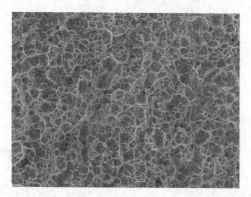

图4 焊缝处夹杂图   图5 焊缝灰斑形貌

如顶锻压力过大,将塑性变形金属挤掉的较多,未发生塑化的金属不能较好的焊合,焊缝冲击韧度也将严重下降。

3.2 转动惯量

适当的增加转动惯量,可缩短焊接时间,窄化摩擦焊热影响区,在后续的热处理过程中无需较高的温度来覆盖整个热影响区,这就会使组织细化,韧性得到提高。

4 热处理工艺

钻杆焊缝摩擦焊后组织较粗大,不均匀,存在较大的残余应力,综合性能较差,这就要求要进行后续热处理。大多钻杆焊缝均采用中频感应加热方式去应力退火＋调制处理。因为中频感应加热速度快,晶粒来不及长大,而且热影响区较窄,一般不会超过70 mm,这样就为随后的高温回火做准备。为了能使整个焊缝沿截面整体的强韧性较好,在感应加热的条件下,必须使外中内均受到热影响,穿透淬火、穿透高温回火,即穿透调制处理,进而得到较好的综合力学性能。

4.1 去应力退火

摩擦焊后,塑化的金属被挤出形成飞边,去应力退火使整个焊区和飞边处应力减小并且软化,方便内外飞边的去除。飞边应去除干净,否则会在接下来淬火过程中,在飞边残留处因肌肤效应和应力集中形成裂纹,进而使焊缝韧性下降。

4.2 淬火

如淬火温度较高,超过 A_{C3} 较多,这样会使奥氏体晶粒较大,形成过热,甚至过烧组织。在随后冷却过程中形成粗大的马氏体,焊缝韧性下降,并且使淬火热影响区较宽,不利于高温回火对其热影响区的覆盖。

如淬火温度较低,焊后组织不能完全奥氏体化,造成焊后组织铁素体、上贝氏体、珠光体等组织不能转变将降低韧性。而且会使碳、锰、铝、铬等金属元素不能充分的融入奥氏体中,这将会使冷却时 CCT 曲线向左移,提高马氏体临界转变速度,不易淬透,会生成网状铁素体、上贝氏体等非马氏体组织,降低韧性,见图 6 和图 7。其中淬透较好的焊缝组织基本为均匀的回火索氏体,$-20\ ℃$标准尺寸冲击韧度为 78 J、80 J、82 J,平均值 80 J,而淬透较差的焊缝组织为回火索氏体与大量的上贝氏体,$-20\ ℃$标准尺寸冲击韧度为 41 J、43 J、50 J,平均值 45 J。

图 6　淬透较好焊缝　　　　　　　　　　图 7　淬透较差焊缝

较快的加热速度和短时间保温使晶粒的形核率大于其长大的速率,这样单位体积内晶粒的尺寸会变小,晶粒度可达到 12.0 级,如图 8 所示,韧性提高。

如冷却速度较慢,低于马氏体临界转变速度,不易淬透,会生成网状铁素体、上贝氏体等非马氏体组织,降低韧性;但如果冷却速度较快,焊缝内的组织应力和热应力都比较大,但组织应力使外壁受拉,热应力使外壁受压,组织应力大于热应力,这就容易使焊缝处出现淬火裂纹。下面举例说明。

某钻具公司生产的小尺寸规格钻杆焊缝，接头材料为 37 CrMnMo 钢，管体材料为 26 CrMo 钢。因都是与小规格接头对焊，焊缝壁厚较小，正常热处理经常会在焊缝接头处出现淬火裂纹，使焊缝处韧性严重下降。为了解决这类问题，我们采用了亚温淬火，即在 $A_{c1} \sim A_{c3}$ 之间加热的一种热处理工艺[5-6]。改变工艺后，淬裂的可能性大大降低，且韧性也有所提高，工艺改进前后的焊缝组织分别见图9、图10。工艺改进前的 3 批试样 A、B、C 和工艺改进后的 3 批试样 D、E、F 的全尺寸、-20 ℃冲击韧度如表2和图11。

表 2　焊缝的冲击韧度

工　艺	编　号	测试值			平均值
改进前	A	110	110	114	111
	B	118	112	120	117
	C	106	110	110	109
改进后	D	130	124	134	129
	E	124	130	128	127
	F	132	132	136	133

图 8　焊缝晶粒度

图 9　调制处理焊缝金相组织

图 10　亚温淬火加高温回火焊缝金相组织

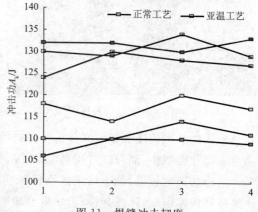

图 11　焊缝冲击韧度

4.3　高温回火

若回火温度较高,已超过奥氏体的相变温度 A_{c1},就会发生过回火现象,出现铁素体、托氏体、马氏体等异常组织。这种组织使焊缝脆性增大,且对腐蚀介质和缺口的敏感性增大。若回火温度较低,组织不能充分恢复和再结晶,且不能将淬火热影响区覆盖,造成韧性降低。

某油田钻井作业时,出现一根钻杆在焊缝处断裂的失效事故。断口较平整,无塑性变形,呈脆性断裂。在扫描电镜下观察发现有河流花样及台阶状,见图 12、图 13。金相显微镜观察,焊缝处无明显的夹杂物分布,金相组织并不是调质处理后的回火索氏体,而是马氏体、铁素体、托氏体及基体回火索氏体四种相的混合组织,且这种组织由外壁向内壁贯穿整个壁厚,说明此根钻杆的回火温度较高,达到了穿透过回火的程度,见图 14。在焊缝外壁发现数根裂纹,且均沿着马氏体区域扩展,应为在使用过程中沿着马氏体脆性组织分布的疲劳裂纹,见图 15。

由实践经验可知,冷却速度应较慢,大多采用空冷,减少热应力的集中,提高韧性。但若在回火脆性冷时,应快速冷却,避免第二类回火脆性发生,造成韧性严重降低。

图 12　断口宏观形貌图

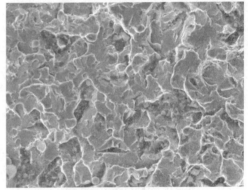

图 13　断口扫描电镜形貌

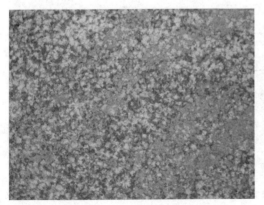

图 14　断口金相组织

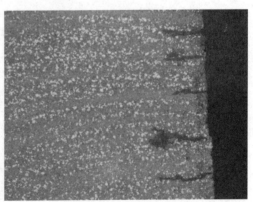

图 15　裂纹形貌图

5 试样尺寸及试验条件

依据 ASTM A370—2011a,进行试验,焊缝冲击试验的标准冲击试样长度为 55 mm,横截面为 10 mm×10 mm 的方形截面。在试样长度中间开有 V 形缺口,如图 16 所示。对缺口的制备要仔细,保证缺口根部没有影响吸收能的加工痕迹,其尺寸与偏差见表 3。若材料不够加工成标准尺寸试样时,可使用宽度 7.5 mm、5 mm 或 2.5 mm 的小尺寸试样。单个试验所表明的冲击韧度仅适用于所研究的试样尺寸、缺口几何形状和试验条件,而不能引申到其他尺寸和试验条件。

表 3 冲击试样的尺寸与偏差

名称	符号及序号	公称尺寸及偏差/mm
长度	l	$50^{0}_{-2.5}$
高度	h	10 ± 0.075
宽度 ——标准试样 ——小试样 ——小试样 ——小试样	w 10 mm 7.5 mm 5 mm 2.5 mm	 10 ± 0.075 7.5 ± 0.075 5 ± 0.050 2.5 ± 0.025
缺口角度	1	$45\pm1°$
缺口底部高度	2	8 ± 0.075
缺口根部半径	3	$R0.25\pm0.025$
试样纵向面间夹角	4	$90\pm2°$
缺口对称面-试样纵轴角度	—	$90\pm2°$
开槽位置-试样的中心	—	±1 mm

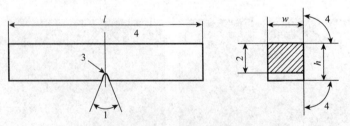

图 16 标准尺寸夏比 V 形缺口冲击试样示意图

5.1 试样尺寸

增加试样的宽度或厚度导致承受变形的金属体积的增加,这样就导致试样断裂时吸收能的增加。但是尺寸的任何增大,特别是宽度,还会导致阻尼程度的增加并导致诱发脆性断裂,还可能降低吸收能量值。在标准尺寸接近于脆性断裂时更是如此。两倍宽度的试样实际上所需的能量比标准宽度试样要小。缺口尺寸和形状的微小变化都会产生错误的冲击韧度试验结果,V 形缺口应垂直通过壁厚方向,缺口的圆角过渡要光滑,否则会造成应力集中,减小冲击吸收能量。有关试验证明[7],E4340 钢试样的缺口尺寸变化对夏比冲击试验结果有很大的影响,如表 4 所示。

表 4　缺口尺寸对冲击韧度的影响

缺口尺寸 /mm	冲击韧度/J		
	高能量试样 1	高能量试样 2	低能量试样
标准尺寸试样	103.0	60.3	6.9
缺口深 2.13 mm	97.9	56.0	15.5
缺口深 2.04 mm	101.8	57.2	16.8
缺口深 1.77 mm	104.1	61.4	17.2
缺口深 1.57 mm	107.9	62.4	17.3
缺口底面半径 0.127 mm	98.0	56.5	14.6
缺口底面半径 0.381 mm	108.5	64.3	21.4

5.2　试验条件

试样支撑座和打击刃口的尺寸应符合标准要求。试验机本身必须有足够的刚性,否则在进行高强度、低能量材料试验时由于摆锤轴升高或机器的底座下降而导致过度的弹性损失。如果支座支架、摆锤打击刃口或机器的基础螺栓固定不牢,对 108 J 范围内的韧性材料的试验,实际上可能指示的数值会超过 122~136 J。

试样保持在试验温度的介质中,液体介质需要至少 5 min、气体介质需要至少 30 min 来调整将要试验的试样温度。若时间过短,可能会由于试样的中心部未达到所需的温度而影响试验的结果。在试验过程中,从试样离开介质到打击的时间不能超过 2 s,且应有 2 ℃的过冷度。夹取试样用的夹子最好选用热导率低的材料。一定要用样板将 V 形槽调整在钳口的中心,以减少试验带来的误差。

每种材料均会出现冷脆性,是因为低温下变形抗力大,变形困难,从而形成低塑性区。随着试验温度的降低,冲击韧度逐渐降低,当到达材料的韧脆转变温度时,冲击值会急剧下降。这种能量值的下降是当试样开始出现一些结晶形貌断口时开始的。应变速度的影响为:在韧脆转变温度以上时,冲击试验比静态试验呈现少许高的冲击值;在转变温度以下时,情况相反。

6　结论

(1) 提高原材料的纯净度以及待焊接头和管端进行预处理,是保证钻杆摩擦焊缝冲击韧度的前提条件。

（2）合理正确的焊接及热处理工艺是提高钻杆摩擦焊缝冲击韧度的重要方法。

（3）试样尺寸及试验条件是造成钻杆摩擦焊缝冲击韧度测试值存在误差的重要原因。

参考文献

［1］ 刘辉,付春艳,周咏琳,等.钻杆的失效分析［J］.中国测试技术,2008,34（7）：119-121.

［2］ 齐秀滨,刘娟,周军,等.摩擦焊在我国石油钻杆制造中的应用［J］.电焊机,2010,40（6）.

［3］ 刘桂生,郑永瑞.化学成分对钢的低温冲击韧度的影响［J］,轧钢,2011,28（增刊）.

［4］ 赵金凤,余世杰,袁鹏斌.NC50钻杆接头裂纹原因分析［J］.理化检验:物理分册,2013,49（7）.

［5］ 侯东方,魏晓红,杜兴锐.45钢亚温淬火组织及性能的研究［J］.三峡大学学报（自然科学版）,2009（12）:31-6.

［6］ 周子年.亚温淬火及其强韧化机理的探讨［J］.金属热处理,1984（4）:59.

［7］ ASTM A370—2011a Standard test methods and definitions for mechanical testing of steel products［S］.

石油钻杆焊缝裂纹成因分析及解决方案

杨　玭　曹晶晶　张佳祺　袁鹏斌

（上海海隆石油管材研究所,上海200949）

摘　要:结合实际生产及热处理工艺,对钻杆焊缝生产检测过程中发现的裂纹成因进行了分析。结果表明:裂纹均出现在钻杆熔合线附近接头侧外壁,为淬火过程中内应力较大产生的淬火裂纹。为了解决该问题,把调质处理的淬火温度降低到 $A_{c1} \sim A_{c3}$,即对钻杆进行亚温淬火,再高温回火;工艺调整后,在保证产品性能、满足技术要求的基础上,完全避免了焊缝淬火裂纹的产生。

关键词:钻杆;焊缝;淬火裂纹;内应力;亚温淬火

某钻具公司在进行 $\Phi 88.9$ mm 小壁厚石油钻杆焊缝摩擦焊和中频感应调质热处理后磁粉探伤时,焊缝接头侧经常会发现数根或数十根外壁周向连续磁痕,经金相显微镜分析,均为裂纹缺陷。此批钻杆焊缝外表面发现周向连续磁痕的钻杆共计20根,占此热处理批的1/10,规格为 $\Phi 88.9$ mm $\times 9.35$ mm,钢级为S135,管体材质为27 CrMo,接头材质为37 CrMnMo。由于存在裂纹,产品合格率明显降低。因此,应对此问题进行深入研究分析,并找出相应的解决方案,为以后的生产及热处理奠定良好的基础。

钻杆焊缝加工工艺如下:接头和已加厚管体整体调制热处理→接头和管体加厚端端面加工及打磨→摩擦焊接→焊区退火热处理→内外飞边车削→焊区中频感应加热调制热处理→性能检测→焊区精加工→弯曲试验→磁粉探伤→超声波探伤→测长喷标→成品检验→包装发运。

磁粉探伤发现存在缺陷的20根钻杆焊缝裂纹均呈周向分布,笔者随机抽取两根(编号分别为1号和2号,裂纹周向长分别为70 mm、130 mm)进行检验和分析,以查明裂纹产生的原因。

1　材料分析

1.1　化学成分分析

从1、2号焊缝的管体和接头分别截取30 mm $\times$ 30 mm 的试样,经光谱预磨机磨制后,采用 ARL OES 4460 直读光谱分析仪进行化学成分分析,依据标准为 GB/T 4336—2002,分析结果见表1。

表1　化学成分分析(质量分数/%)

元素	C	Si	Mn	P	S	Cr	Mo	Ni	Cu	Al
1号管体实测值	0.26	0.23	0.84	0.009 2	0.001 8	0.93	0.40	0.024	0.042	0.009
2号管体实测值	0.26	0.24	0.85	0.009 5	0.002 0	0.94	0.41	0.023	0.039	0.008 9
技术要求	0.25/0.30	0.17/0.35	0.80/1.05	≤0.015	≤0.008	0.90/1.05	0.40/0.45	≤0.25	≤0.20	0.005/0.040
1号接头实测值	0.36	0.22	0.88	0.007 1	0.000 9	1.10	0.29	0.036	0.025	0.075
2号接头实测值	0.37	0.23	0.90	0.008 0	0.001 0	1.12	0.30	0.040	0.030	0.087
技术要求	0.35/0.40	0.15/0.35	0.85/1.00	≤0.015	≤0.008	0.90/1.20	0.28/0.33	≤0.25	≤0.25	—

1.2　力学性能分析

从同批次未发现裂纹的焊缝中取两根,编号 a、b 后进行力学性能试验。以熔合线为中心,加工成直径 12.50 mm、标距 50 mm 的纵向标准棒状拉伸试样和 10 mm×10 mm×55 mm 的 V 形冲击试样及长度为 100 mm 的纵向焊缝全壁厚硬度条。拉伸及冲击性能在 WAW-600 万能试验机和 JBN-300 冲击试验机上测定,其中冲击试验温度为 -20 ℃。用 600MRD 洛氏硬度计测定硬度,结果见表2。

表2　力学性能分析

试样编号	抗拉强度/MPa	屈服强度/MPa	伸长率/%	冲击韧性/J		硬度/HRC	
				单个值	平均值	范围	平均值
a	880	780	16	108　100　100	103	23.8～32.5	29.3
b	905	800	17	90　92　98	93	22.7～33.1	29.6
技术要求	≥793	655～944	≥13.0	≥32	≥42		≤37

1.3　金相分析

采用 OLYMPUS GX51 显微镜,根据 GB/T 13298—1991《金属显微组织检验方法》、GB/T 10561—2005《钢中非金属夹杂物的测定及方法》、GB/T 6394—2002《平均晶粒度测定方法》对出现裂纹的焊缝进行金相检验,结果如表3。

表3　金相分析结果

	组织	晶粒度	夹杂物								D_s
			A		B		C		D		
			细	粗	细	粗	细	粗	细	粗	
	$S_回$	10.0级	1.0	0	0.5	0	0	0	0.5	0	0
技术要求	不能出现未回火的马氏体	≥7.0级			A、B、C、D≤2.5　　A+D<4.5						≤2.5

由以上材料分析结果可见,出现裂纹的钻杆焊缝的管体和接头的化学成分、拉伸性能及金相分析均符合技术要求。焊缝为调制态,接头金相显微组织为均匀的回火索氏体,晶粒较细,夏比冲击试验结果表明,焊缝处的冲击韧性较好,可见接头材料相对较好,该焊缝出现裂纹与材料无关。

2　裂纹分析

2.1　宏观检查

将 2 个裂纹试样的纵向面进行磨制抛光腐蚀后,宏观照片如图 1。从图 1 中可得出裂纹开口均在接头侧外壁飞边结束处 0.5 mm 左右。裂纹开口基本与外表面垂直,往里成弧形向远离熔合线的接头侧扩展。裂纹与熔合线的周长、深度及周向长度见表 4。

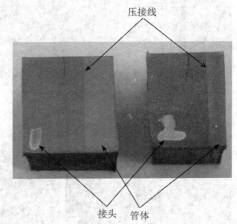

图 1　裂纹宏观形貌

表 4　裂纹与熔合线距离、深度及周长

编号	裂纹与熔合线距离 /mm	深度 /mm	周向长度 /mm
1 号裂纹	4	5.3	70
2 号裂纹	3.5	5.1	130

2.2　金相观察

观察 1 号试样的纵截面,裂纹开口位于偏离熔合线 4 mm 的接头侧,宽 0.08 mm,尾部距外表面的垂直距离为 5.3 mm。裂纹从外表面到内部的宽度逐渐变窄,说明裂纹是由外壁向内部扩展。腐蚀后可见焊接流线的走向并未改变,裂纹始端与中部两侧有轻微的脱碳和细小的二次裂纹,裂纹内有氧化铁,端部基本呈沿晶扩展,基体组织为回火索氏体,见图 2。

观察 2 号试样的纵截面,裂纹开口位于偏离熔合线 3.5 mm 的接头侧外壁,走向和 1 号裂纹一致,尾部距外表面的垂直距离为 5.1 mm。腐蚀后可见焊接流线的走向并未改变,裂纹始端与中部两侧有轻微的脱碳和细小的二次裂纹,裂纹内有氧化铁,基体组织为回火索氏体,见图 3。

2.3　裂纹形成原因分析

从剩余的缺陷管子中随机抽取两根,截取两个裂纹试样,通过金相显微镜的观察,裂纹位置、走向及形貌基本与 1、2 号裂纹一致。现场对其余缺陷进行打磨、抛光、腐蚀后发

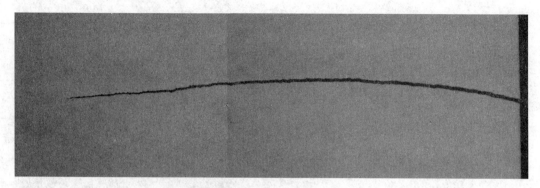

（a）裂纹整体形貌

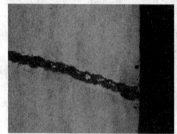

（b）裂纹开口形貌

（c）裂纹中部形貌

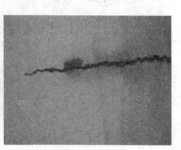

（d）裂纹尾部形貌

图2　1号裂纹形貌

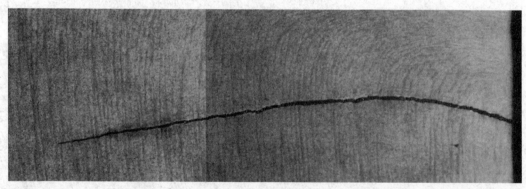

（a）裂纹整体形貌

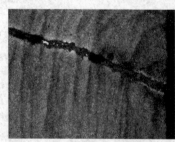

（b）裂纹开口形貌

（c）裂纹中部形貌

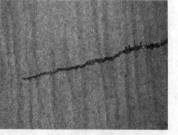

（d）裂纹尾部形貌

图3　2号裂纹形貌

现,周向磁痕均为周向裂纹,且位置均与取样焊缝相近。由图2、图3得出,此次裂纹形貌均瘦直而刚健,且始端粗大,尾部曲折尖细,有沿晶扩展特征,且两侧有沿晶分布的二次裂纹,可明显看到摩擦焊后的流线在裂纹处未发生改变,这些特征可以说明此裂纹在摩擦焊之前并不存在,推断为淬火过程中产生的裂纹。至于裂纹开口至中部两侧的轻微脱碳与内部的氧化,则是因为淬火后又进行了高温回火,其加热方式为中频感应线圈,温度高且升温快,这就造成较宽的开口和中部与空气接触较多,产生了轻微的脱碳与氧化[1-21]。

在热处理过程中,一直伴随着内应力的存在。内应力的组成一是热应力,在热胀状态下快速冷却,进入冷缩状态从而产生了热应力;二是组织应力,是指冷却过程中,从奥氏体转变成马氏体组织,二者存在比体积的不同,因此组织转变时同一零件的体积先后膨胀的不同时性产生了组织应力。淬火裂纹的产生一般是由于淬火过程中加热温度过高或冷却速度较快,或者由于零件加热或冷却不均匀造成材料内应力在某一瞬间超过了零件的破断力时,就会出现开裂。当零件在机械加工时,产生在零件上的刀痕、棱角、台阶、粗糙度差以及打印标记等,在热处理过程中,这些地方内应力均会增大,也可能会造成零件的开裂。

综上所述,此类淬火裂纹产生的原因主要有以下几个方面,综合这些方面,当组织应力与热应力的综合作用达到或超过接头的破断力时,焊缝接头侧外壁飞边结束处0.5 mm就会出现淬火裂纹,裂纹的整体走向和焊接流线基本保持一致。

(1)由于外飞边采用圆周式打磨,均会留下深约0.08 mm、宽约1.2 mm的周向刀痕,容易引起应力集中。

(2)与Φ88.9 mm钻杆管体配对的接头外径较小,在淬火过程中,由奥氏体向马氏体转变过程中比体积增大,表面与心部组织转变的不同时性导致试样表面受到拉应力。

(3)由化学成分分析结果可发现,接头的碳含量比管体高了约0.1%,对于亚共析钢,含C量越高,过冷度越大、马氏体与奥氏体的比体积差越大且马氏体的临界速率也越低。若淬火时喷淋量较大或较快,接头侧出现淬火裂纹的倾向比管体侧大。

(4)由裂纹整体形貌可以看出,因飞边的切除,焊缝摩擦焊飞边处金属横向流线处于非闭合状态。而焊缝处横向流动的金属经过塑性变形且受到挤压,强韧性比未塑性变形处好,所以会在紧邻飞边结束处的未塑性变形区域产生裂纹。

3 解决方案

减小热处理时的组织应力和热应力以及飞边处的应力集中,提高焊区接头侧的强韧性等可以减少此类裂纹的产生。实际生产中在保证淬透性的基础上,减小喷淋量和降低喷淋速度,并确保飞边尽可能车削平整的状况下,裂纹数目得到大量的减少。研究发现,若在正常的淬火与回火之间增加一次或多次加热温度在Ac1~Ac3之间的亚温淬火,可以有效降低工件在淬火过程中的变形、开裂[3-4]。为了能避免此类淬火裂纹的产生,经工艺评定试验后,将原调制工艺:淬火880 ℃(保温3~3.5 min),水冷+回火670 ℃(保温3~4 min),空冷的淬火温度调整为780 ℃,其余保持不变,即将原调制工艺改为亚温淬火后高温回火。采用此工艺对Φ88.9 mm×9.35 mm钻杆进行中频感应调质热处理后,磁粉探伤时再没有发现此类裂纹。

亚温淬火是指把亚共析钢加热到 Ac1～Ac3 的某一温度，保温一段时间，随后用淬火介质冷却的一种工艺。优点如下：① 亚温淬火晶粒长大的速率低于完全淬火，且未溶铁素体可抑制晶粒的长大，故可细化晶粒，并可抑制应力集中，阻碍裂纹萌生与扩展，有利于增加强韧性，降低缺口敏感性；② 亚温淬火温度低，对应的材料的温差会减小，热应力和组织应力均会减小，加热温度低，奥氏体中融入的 C 和 Cr、Mn、Mo 等合金元素会偏少，奥氏体与马氏体的比体积差会减小，组织应力也会随之减小；③ 晶粒细小使晶界面积大幅增加，从而使引起脆性的杂质元素在晶界上的偏聚浓度大为降低，另一方面，杂质元素倾向于在铁素体中分布，这也有利于降低脆性，提高韧性；④ 含有 Mo、V、Ti 等碳化物形成元素，在亚温加热区加热时，会有少量的碳化物，在回火时，可作为碳化物的形核中心，减少碳化物的沿晶析出，增加碳化物的弥散度，降低晶界脆性[5-7]。

亚温淬火可降低热应力与组织应力，抑制应力集中，阻碍裂纹萌生与扩展并可增加材料的强韧性，这就可有效避免裂纹的产生。若避免了裂纹的产生，但力学性能却不合格了，这种解决方案也是不可取的。以下就对完全淬火工艺与亚温淬火工艺的显微组织、晶粒度、强度、冲击韧性等进行比较、分析。

（1）金相分析。

完全淬火工艺焊缝处管体侧组织为回火索氏体＋条块状铁素体＋少量上贝氏体，接头侧组织为回火索氏体。亚温淬火工艺焊缝处管体组织为回火索氏体＋小的条、块状铁素体，接头侧组织为回火索氏体＋条、块状铁素体。完全淬火工艺的焊缝组织见图 4，亚温淬火工艺焊缝组织见图 5。

  （a）熔合区   （b）管体侧   （c）接头侧

图 4   完全淬火工艺焊缝区的组织形貌

  （a）熔合区   （b）管体侧   （c）接头侧

图 5   亚温淬火工艺焊缝区的组织形貌

　　分别对完全淬火和亚温淬火焊缝进行平均晶粒度评级,完全淬火工艺焊缝晶粒度为10.5级,亚温淬火工艺焊缝粒度为11.5级。可见亚温淬火后的晶粒度更为细小,见图6。

（a）完全淬火工艺　　　　　　　　　　　　　　　（b）亚温淬火工艺

图6　焊缝区晶粒度

（2）力学性能分析。

　　分别在完全淬火工艺和亚温淬火工艺的钻杆焊缝中抽取20批试样,按照之前的方法进行拉伸、冲击、硬度试验,结果见表5,曲线图见图7~图9。

表5　完全淬火和亚温淬火工艺焊缝力学性能

工艺	结果	抗拉强度 R_m/ MPa	屈服强度 $R_{p0.2}$/ MPa	延伸率 A/%	冲击韧性 A_k/J	硬度 （HRC）
完全淬火 工艺	范围	865~920	745~825	15~18	76~124	22.7~33.1
	平均值	900	800	17	101	29.6
亚温淬火 工艺	范围	850~910	735~800	16~18	106~154	23.1~33.5
	平均值	885	770	17	126	29.4

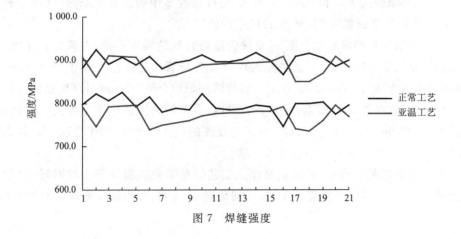

图7　焊缝强度

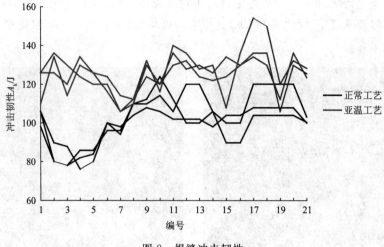

图 8   焊缝冲击韧性

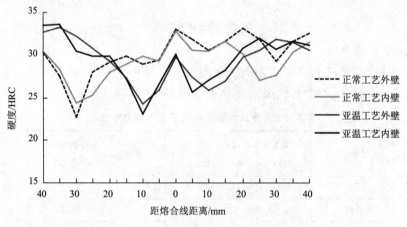

图 9   沿轴向和壁厚的硬度分布

由表 5 和图 7、图 8 可得出,亚温淬火与完全淬火相比,强度相差较小,抗拉强度 R_m 降低 5 MPa,屈服强度 $R_{p0.2}$ 降低 30 MPa,但均符合表 2 中的技术要求,并且冲击韧性提高了 25 J(图中 X 坐标数字 21 为 20 批的平均值)。

沿轴向和壁厚的硬度分布见图 9,X 轴为距熔合线的轴向距离,左侧为管体侧,右侧为接头侧。从图中可得出:(1)亚温淬火焊缝接头与管体侧距熔合线 10 mm 处硬度最低,与热影响区为 20 mm 一致,正常工艺焊缝两侧距熔合线 30 mm 处硬度最低与热影响区为 60 mm 一致;(2)熔合线两侧 20 mm 以内,亚温淬火工艺比完全淬火工艺硬度低,以外则相反,30 mm 后趋于一致;(3)两工艺硬度的最低值均为 HRC 25 左右,最高值均为 HRC 33 左右,均符合表 2 中的技术要求。

从以上分析结果可得知,采用亚温淬火工艺避免了此类裂纹产生的同时,力学性能也在合格范围之内,并且晶粒度由 10.5 级细化到 11.5 级,冲击韧性平均值由 101 J 提高到 126 J。

4　结论

（1）钻杆焊缝接头侧外壁裂纹是因为淬火时组织应力与热应力的综合作用超过了焊缝接头侧的破断力时产生的。

（2）将原工艺淬火 880 ℃（保温 3～3.5 min），水冷＋回火 670 ℃（保温 3～4 min），空冷的淬火温度调整为 780 ℃，即亚温淬火＋高温回火。采用此种工艺，不仅避免了此类淬火裂纹的产生，力学性能亦能满足技术要求，且晶粒度与冲击韧性得到了优化，同时还节约了大量的生产成本。

参考文献

[1]　王忠诚.热处理常见缺陷分析与对策[M].北京:化学工业出版社,2007,9:84-99.

[2]　杨勇平,孙家栋.石油钻杆焊缝热处理与摩擦焊接研究[J].装备制造技术,2010
　　　(6):13-15.

[3]　侯东方,魏晓红,杜兴锐.45 钢亚温淬火组织及性能的研究[J].三峡大学学报(自然
　　　科学版),2009,12:31-6.

[4]　周子年.亚温淬火及其强韧化机理的探讨[J].金属热处理,1984(4),59.

[5]　马耀新,周子年.30 CrMnSiA 钢亚温淬火工艺研究[J].热加工工艺,2009,38(8):
　　　151-153.

[6]　王传雅.钢的亚温淬火[J].金属热处理,1980(2):1-15.

[7]　徐佐仁.钢的临界区热处理(上)[J].上海金属,1981,3(1):69-77.

智能钻杆研究现状及海隆电导通钻杆的试制

袁鹏斌　欧阳志英　余荣华

(上海海隆石油管材研究所,上海 200949)

摘　要: 简述了智能钻杆的研究意义、发展过程、研究现状及存在的问题,将电导通作为智能钻杆研究的关键,提出了在钻杆内实现电导通的首要研究目标,并进行了智能钻杆的试制。结果表明,试制的智能钻杆实现了电导通,达到了设计提出的目标和要求,即向井下传送的电功率达 1 kW,适用环境温度为 180 ℃,循环泵压不低于 40 MPa。

关键词: 智能钻杆;智能钻井;智能完井;电导通

虽然 21 世纪世界原油价格跌宕起伏,但总体还是呈现快速上涨的趋势。人们对石油这种目前无可替代的能源极其依赖和重视,世界各国为这种不可再生资源展开了激烈竞争。

我国近年来由于经济快速发展,对石油资源需求更为迫切,比其他国家更关注海洋油气资源的扩大开发以及对陆上复杂油气井和难采、难动用储量的开发,导致依赖新技术发展的水平井、大位移井、多分支井等复杂结构井比例急剧增加。

石油天然气钻井是在地下获取资源的工程,历来有上天容易入地难之说,尤其在这些复杂的地质条件下钻井,存在着大量非均质性、不确定性、非结构性、非常规性、非数值化的难题。解决这些工程实际问题,迫切需要使用当代高端科学技术,如信息技术、测井技术、地理分析技术、智能技术与网络技术等。随着这些技术的不断发展及完善,智能钻井理论与技术逐步形成,并快速发展[1-5]。

1　智能钻井的基本原理和关键技术

1.1　基本原理

智能钻井的基本原理是首先在现代计算机控制器中运用传统和现代的方法结合软硬件,建立模糊的地质模型(即地质设计)、钻井工程模型(或钻井工程设计)。其次,充分利用随钻采集的地下地质、地层等钻井工程实时参数,几乎零时差地通过控制器传输到井下测控单元并传输给地面信息处理中心的计算机进行实时处理,通过计算机将数据和给定模型进行对比修正,形成更符合井下实际情况的实时钻井模型和地质模型与控制技术参数。最后,再通过控制器下达各种控制井底测控执行工具的实施指令,使钻井过程井下测控工具准确动作,再次反馈信息进行第二轮测量采集,这样不断实现:测量采集→反馈给处理器→再到达控制器→下达指令→传感单元动作→再采集→再反馈→再处理→再控制下达指令……,如此连续循环,最终达到智能钻井的目的,系统信息流程如图1所示。

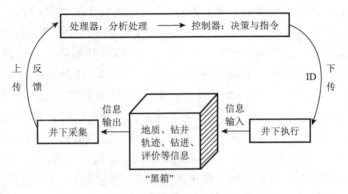

图 1　智能钻井闭环信息流程图

1.2　关键技术

要实现智能钻井,井上、井下的信息传输是关键,必须要有能实现从井底到井口的电流和信息输送的智能钻柱。而钻杆是钻井用总工具的主体,有着起下钻、承担载荷和扭矩的功能。并且由于钻杆细长,使得智能钻杆成为智能钻柱研发的难点,解决了智能钻杆的问题等于获得了智能钻井的信息控制反馈的通道及电力通道,便能从根本上解决智能钻井问题。所以,国内外把智能钻杆研究作为智能钻井研究的关键技术。

2　智能钻杆的研究历史和现状

2.1　第一代智能钻井

使用现代钻井装备和常规钻杆进行智能钻井已有较长历史,自 20 世纪 80 年代钻井液脉冲技术应用以来,形成了基于钻井液脉冲的随钻测量(MWD)和随钻测井(LWD)技术,改变了原来依靠钻后信息和经验钻井的状况,达到了部分依靠井下随钻信息来钻井的新阶段,标志着钻井特别是测井技术的重大进步。在该技术基础上增加了先进的钻井信息技术、计算机专家系统、钻井软件技术、工程信息化技术处理系统、数据管理和处理系统、现代机电器具等钻井主流技术,组成了第一代智能钻井技术。第一代智能钻井主要靠 MWD 推动,到目前为止,还是钻井的主流技术[6-7],而且随着各种技术的不断完善,今后几十年将逐步发展应用。但其本身存在的一些弱点,如不能形成闭环控制、上传速率小、信息滞后、传递信息量极其有限等。特别是在气体钻井和含气钻井液钻井时,由于气体的压缩性而减弱了脉冲强度,导致地面很难检测出正确的信号,从而使 MWD 失效。

这些缺点成了制约第一代智能钻井的"瓶颈"。

2.2　第二代智能钻井

为解决第一代智能钻井所遇到的瓶颈问题,实现地面和井下之间电力和信息输送的实时双向闭环控制,传输速率大大提高,且闭环信息传输不受钻井流体类型的限制等,研究者先后研究了多种有线传输技术及其测控工具,并进行了一些试验。

早在 20 世纪 30 年代随钻技术和理论的研究实验初期,人们就开始从钻杆内部下电缆进行测井系统试验。20 世纪 40 年代至 50 年代,苏联开始研究并应用井下(有杆、无杆)电钻,基本采用管内吊线与电插头方法。截至 1997 年,这种钻具共钻井 3 200 口,总井深达 6 422 421 km。但这种井下电钻可靠性差,往往钻进不到 1 km 接头就将因磨损而失效,严重影响钻井效率。20 世纪 70 年代,美国研制了一种电钻杆并获专利,但由于各种技术原因未获得商业应用[8]。20 世纪 80 年代至 90 年代,法国 IFP 公司研究纯密导电钻杆,获专利,并在 1 km 井中进行试验,但同样未在商业领域应用。1990 年以后,A. F. Veneru 用连续导线从地面传输电力到井下,可使供电能力几乎不受限制,并获专利[9]。

对于新型的智能钻杆的研究,国外已处于工业化使用和商业化应用的初期[10]。美国进行了 7 年的研究,已研究出了 Φ149.225 mm(5⅝ in)的智能钻杆产品,并得到了成功的应用[11],但其技术资料处于绝对保密阶段。国内有关单位也在进行智能钻杆和智能钻井研究,但大多属于理论研究或者报道国外相关研究,还没有对智能钻杆实物进行试制。

智能钻井是钻井史上的一场革命,将冲破上百年来的钻井模式,代表着未来钻井技术发展的方向,智能钻杆产品研发的成功将会对我国未来钻井实现智能化、信息化产生深远的影响。

3　海隆智能钻杆的试制

根据接头结构及传输原理的不同,目前智能钻杆主要有两种:一种为感应式智能钻杆,这种智能钻杆是用磁场感应方法在公、母接头之间转换导通,向井下传输信号并向上反馈信号,但送电困难;另一种是接触式智能钻杆,它由钻杆本体和对接式电接头组成,在钻杆本体和电接头中嵌入导线,既可以传输电力,又可传输和输入信号,实现闭环信息通道,满足现代钻井技术的要求。在美国用于商业的钻杆为磁感应接头法[12]。

要实现接触式智能钻杆,关键在于如何在钻杆管体及接头内嵌入导线,并保证整个钻杆的导电性、绝缘性。因此,首要任务是要在管体内实现电导通,实现了电导通,则既可以采用电力线与信息线的"二合一"——一个回路的技术来同时实现电力和数据传输,又可以采用嵌入电力电缆的方法来嵌入信息电缆,采用电力和信息两个回路的方式来实现闭环控制。因此,本文对实现电导通智能钻杆的试制进行研究,并使其性能满足向井下传送的电功率可达 10 kW,适用环境温度为 180 ℃,循环泵压不低于 40 MPa 的要求。

3.1　电导通智能钻杆的技术难点及解决方法

要实现在钻杆管体及接头内嵌入电缆,钻杆尺寸、电缆选择、电缆铺设、电缆在接头部位绝缘密封、电缆如何在接头部位引出、如何保证接触的有效性、通电安全性、工业操作便利等技术问题都将是制造电导通智能钻杆的难点。

3.1.1 钻杆尺寸

钻井是在几千米甚至上万米的钻井液通道中，依靠单根长 9 m 左右的钻杆和工具接头螺纹连接，实现多根连接，最终组成目标长度的钻挂，传递动力及扭矩。目前，钻井所用钻杆使用 API 标准加补充技术条件订货，目前钻杆最大尺寸为 Φ168.275 mm(6⅝ in)，一般钻井使用钻杆都在 Φ139.7 mm(5½ in)以下，且对于目前全世界来讲，最常用的为 Φ127 mm(5 in)钻杆。表 1 为 API 推荐使用的 Φ101.6 mm(4 in)及 Φ127 mm(5 in)钻杆管体及接头尺寸。从中可以看出，钻杆内径就很小，接头内径更小，而且管体长度长，在这样细长的钻杆内要实现有线传输，还要不影响钻杆的常规使用性能，不仅要考虑电缆的嵌入方式、电缆尺寸、通电安全性、鲁棒性、钻杆内部承受最高压力以及复杂的条件对钻杆性能的影响，还要考虑操作是否简单易行等。这些问题使智能钻杆研究成为世界性难题。

表 1　API 规定的 Φ101.6 mm(4 in)及 Φ127 mm(5 in)钻杆管体及接头尺寸

管体					接头		
管体规格 /in	标称质量 /kg	钢级	管体外径 /mm	管体内径 /mm	接头型号	接头外径 /mm	接头内径 /mm
4	14.00	E	101.6	84.84	NC40	133.4	71.4
		X				133.4	68.26
		G				139.7	61.9
		S				139.7	50.8
5	19.50	E	127	108.62	NC50	168.3	95.25
		X				168.3	88.9
		G				168.3	82.55
		S				168.3	69.85
	25.60	E	127	101.6		168.3	88.9
		X				168.3	76.2
		G				168.3	69.85

3.1.2 电缆选择、铺设及保护

嵌入的导线一方面要能够满足信号和电流的输入输出要求，另一方面还要耐高温、耐高压。此外，还需考虑电缆的使用寿命。因此选择何种电缆以及如何铺设和保护电缆成为首要问题。

由于目前市场上的电缆产品难以满足设计要求，因此本次使用的电缆为我们自主研发的，其耐压性能、电阻性能、绝缘性能如表 2～表 4 所示。从中可以看出，该电缆最小耐压强度为 63.8 MPa，远高于电缆最高设计压力 40 MPa；电缆的直流电阻与同规格圆截面漆包线的直流电阻(3.205 mm² 直流电阻为 5.47 $\Omega \cdot$km)接近，电缆绝缘电阻大于设计

要求的 5 MΩ·km,符合设计要求。

表2 自制电缆耐压情况汇总

电缆编号	电缆			试验结果	
	裸线	绝缘层	尺寸(长×宽)/mm	压力/kN	耐压强度/MPa
HL-CAB-1	微丝束	R	203.65×10.38	195	92.2
HL-CAB-2	微丝束	H	169×12.4	202	96.4
HL-CAB-3	微丝束	J	203.65×9.56	125	64.2
HL-CAB-4	薄带	R	203.65×8	208	127.7
HL-CAB-5	薄带	H	203.65×8	203	124.6
HL-CAB-6	薄带	J	203.65×8	104	63.8
HL-CAB-7	带	D	203.65×3.34	120	176.4

表3 电缆的直流电阻

正向电阻/mΩ	反向电阻/mΩ	电缆截面面积/mm²	电缆长度/m	电阻平均值/(Ω·km)
25.63	−25.59	3.36	4.75	5.39

表4 电缆绝缘电阻

施加电压		100 V	250 V	500 V	1 000 V
绝缘电阻/Ω	测量值	1.430×10^{11}	1.488×10^{11}	6.640×10^{10}	1.850×10^{10}
		1.860×10^{11}	1.454×10^{11}	5.800×10^{10}	1.847×10^{10}
		2.060×10^{11}	1.564×10^{11}	6.150×10^{10}	1.667×10^{10}
	平均值	1.783×10^{11}	1.502×10^{11}	6.197×10^{10}	1.695×10^{10}
绝缘电阻	(MΩ·km)	178.3	150.2	62.0	17.0

由于受压力及钻井过程中钻柱旋转的限制,如果电缆放在钻杆的外壁,钻杆旋转与井壁之间的摩擦、钻屑会很快将电缆磨损;如果在外壁刻槽将导线埋入,一方面会影响钻杆的强度,特别是动态疲劳强度,另一方面如要保证钻杆强度,必定增加钻杆壁厚,重量将大幅度增加,钻杆重量的增加必定增加载荷,限制了在深井和超深井的用途,并且要极大增加成本,失去了研究智能钻杆的意义。所以在研究智能钻杆的线路导通时,尽管钻井过程钻杆内壁要承受巨大的钻井液或空气循环压力,世界各国的研究者们均要求导线置于钻杆的内孔中。我们采用内衬复合技术将电缆嵌于钻杆内壁与耐蚀管外壁之间,形成紧密结合的夹层结构,不仅确保了电缆的牢固固定,还可以选用合适的内衬管材,抵御钻井液或气体的冲刷,对电缆实现有效的保护,目前该技术已经申请专利。

3.1.3 钻杆与接头的连接及绝缘

结合智能钻杆的实际使用情况,设计出具有知识产权的用于油气开采钻杆的高温高压密封接头的结构[13],此结构能适应温度−250 ℃~600 ℃,压力 10^{-10} Pa~300 MPa

的恶劣环境,有效解决了智能钻杆在密封、绝缘等问题上存在的不足,同时具有耐腐蚀、寿命长等特点,且更换密封件方便,提高了钻井作业的效率和可靠性。

3.2 试制的智能钻杆性能

在经过大量试验,解决了技术难点后,2 根 $\Phi101.6$ mm(4 in)×9.14 m 的智能钻杆试制成功,如图 3 所示,其性能测试结果如表 5 所示。

图 2 海隆智能钻杆样件

表 5 海隆电导通智能钻杆样件检验测试结果

序号	测试项目	单位	测试结果
1	接头电连接接触电阻	mΩ	<0.06
2	智能钻杆内电系统的绝缘电阻(500 V、1 min)	Ω	≥3×10^{10}
3	密封性	MPa	≥40
4	耐压性	MPa	≥40
5	智能钻杆管体与内衬保护管之间的复合强度	MPa	≥5
6	智能钻杆耐温性	℃	≥180

从表 5 中可以看出,智能钻杆接头部位电连接的接触电阻不大于 0.06 mΩ,电连接结构设计合理,连接部位电损耗小;在智能钻杆内的电系统施加 500 V 电压,电系统的绝缘电阻高达 $3×10^{10}$ Ω;对智能钻杆接头部位电连接系统进行了密封试验,水压试验 40 MPa,未泄漏,这说明智能钻杆的电系统具有很好的耐压性和密封性;在 180 ℃下保温 16 小时,钻杆管体与内衬管之间的复合强度均高于 5 MPa,这说明智能钻杆与内衬管之间具有很高的复合强度;智能钻杆所用材料的耐温性均高于 180 ℃。

总之,该试制的智能钻杆实现了电导通,达到了设计目标所规定的向井下传送的电功率可达 10 kW,适用环境温度为 180 ℃,循环泵压不低于 40 MPa 的要求。

4 结论

国外研制的遥测钻杆可以实时高速率双向传输数据,但向井下传送井下硬件所需电能有困难。海隆石油管材研究所试制的智能钻杆实现了电导通,而且不受钻井介质的影响,这在国内外是首创,为实现智能钻井迈出了关键的一步。该智能钻杆向井下传送的功率可达 10 kW,适用环境温度为 180 ℃,循环泵压不低于 40 MPa,同时获得了国内外首创且属国际先进的在结构上和加工技术等方面有特色、有自主知识产权的智能管体、接头、电缆及制备工艺等。并且这些成果可以应用到钻铤、加重钻杆、方钻杆上,从而使整个钻具组合实现智能化控制。

尽管试制的智能钻杆各项性能都达到了设计要求,但还需进行下井试验,开展井上及井下双向动力及信息传输试验,以进一步考察该种结构及组件的可靠性,为智能钻杆的产品化打下基础。

参考文献

[1] 张辛耘,王敬农,郭彦军. 随钻测井技术进展和发展趋势[J]. 测井技术,2006,30(1):10-15.

[2] 张绍槐. 论智能钻井理论与技术及其发展[J]. 天然气工业,2008,28(11):3-7.

[3] 张绍槐,张洁. 21 世纪中国钻井技术发展与创新[J]. 石油学报,2001,22(6):63-68.

[4] 张绍槐. 智能油井管在石油勘探开发中的应用与发展前景[J]. 石油钻探技术,2004,32(4):1-4.

[5] 石崇东,李琪,张绍槐. 智能油田和智能钻采技术的应用与发展[J]. 石油钻采工艺,2005,27(3):1-4.

[6] Michael J Jellison,David R H,Darrell C H,et al. Telemetry drill pipe:enabling technology for the downhole internet[C]. //SPE/IADC Drilling Conference,February,2003,Amsterdam,Netherlands,Society of Petroleum Engineers.

[7] Michael J Jellison,David R H. Intelligent drill pipe creates the drilling network[C]. //SPE Asia Pacific Oil and Gas Conference,September 2003. Jakarta,Indonesia,Society of Petroleum Engineers.

[8] 李琪,何华灿,张绍槐. 复杂地质条件下复杂结构井的钻井优化方案研究[J]. 石油学报,2004,25(4):80-83.

[9] Montaron B A. Improvements in MWD telemetry:right data at the right time[C]. //SPE/IADC Drilling Conference,February,1993,Singapore,Society of Petroleum Engineers.

[10] 孙建军,吴太虎. 电力线通信(PLC)技术的发展[J]. 自动化与仪器仪表,2003,109(5):1-7.

[11] 刘延元,李斌. 智能钻杆油田试验[J]. 石油机械,2006,34(10):72-73.

[12] 新型智能钻杆遥感测量系统即将面世[J]. 石油钻探技术,2004,4:28-29.

[13] 袁鹏斌,余荣华,欧阳志英,等. 用于油气开采钻杆的高温高压密封接头:中国,2009200758004[P]. 2010,5,12.

电导通钻杆爆燃内衬复合制备技术研究

袁鹏斌　余荣华　欧阳志英　郭生武　毛协民

（上海海隆石油管材研究所,上海200949）

摘　要：讨论了几种内衬复合技术在钻杆管体内壁铺设导线的可行性,并采用含能气体爆燃内衬方法进行了内衬复合试验。结果表明,采用该方法内衬后复合效果良好,钻杆、电缆及内衬耐蚀管贴合紧密,电缆导电性能及绝缘性均达到设计要求。

关键词：电导通钻杆；内衬复合技术；含能气体爆燃

随着油气开采的扩展和深化,开发具有智能化、自动化的钻采工具是石油钻采机械的研究热点,目前开发研究的智能钻杆就是其中之一。在智能化石油钻采设计中,有 2 种信号传输方式:一是无线传输,这种方式结构简单,造价低,但其传输质量受到传输介质、传输容量、数据传输不同步性和不能传输电力等限制,存在着一些自身不能解决的问题[1];二是有线传输,即利用设置在管体内的电缆,完成传输电力和信息。虽说在管体内铺设电缆复杂,导致其制备成本大大提高,但由于这种方法能够实现对井底传输电力和信息,已成为今后发展的趋势[2]。

在制备具有有线传输功能的电导通钻杆过程中,电力电缆的铺设及保护是至关重要的工序之一,要使钻杆具有有线传输功能,就必须要解决钻杆中电缆的铺设及固定问题。另外,钻杆在钻井过程中承受各种力的作用,并且钻杆内还承受高压钻井液或高压气体的腐蚀、冲刷和磨损,对电缆保护又是必须解决的另一问题。为实现电力及信息传输,需使用电力电缆和控制电缆,本研究采用内衬复合技术和电力电缆的特殊设计相结合的技术路线,进行电导通钻杆试制。笔者对电导通钻杆管体制备过程中,复合成形过程的应力应变情况进行了分析,为内衬复合制备工艺参数的选择提供了依据。

1　有线传输的电导通钻杆管体结构的设计

传输电缆在钻杆中铺设有 3 种方法可选:第 1 种方法是将电缆贴敷于钻杆外壁;第 2 种方法是将电缆安装在钻杆内中部悬空;第 3 种方法是将电缆贴敷于钻杆内壁,并加以保护。

第 1 种方法将传输电缆贴敷于钻杆外壁,此方法工艺相对简单些,但对电缆的保护很难实施。在钻井过程中,钻杆不但会交变的承受拉伸、扭转、弯曲、冲击、震动和内压等载荷,而且还会承受交变的摩擦载荷。由于钻杆在使用过程中会与井壁或套管反复摩擦,钻完一口超深井常常会使新钻杆磨损报废[3-5]。根据钻柱的受力条件,贴敷于钻杆外壁的传输电缆很快会磨损。也就是说,此方法是不可行的。

第 2 种方法将电缆悬空于钻杆内中部,电缆的保护较易实施和操作,但却受限于电缆连接处的电缆长度、重量、固定等问题。

第 3 种方法是将电缆贴敷于钻杆内壁,相对而言,此方法对解决上述 2 种方法存在的问题,有较为简单、可行的措施。

电缆内贴敷式钻杆的制备方案对电缆的保护可采取电缆内衬复合管制备技术钻杆内壁复合耐蚀管,电缆镶嵌在钻杆内壁与耐蚀管外壁之间,形成紧密结合的夹层结构。该方案有如下特点:

(1)采用内衬复合管制备技术,内衬管与钻杆管体能很好地结合,从而确保了电缆的牢靠固定。

(2)选用合适的内衬管材,可有效抵御混有泥沙的钻井液或高压气体的冲刷,对镶嵌的电缆实现有效的保护。

(3)电缆在管体两端的引出及与接头的连接比较容易实现,也较为简单。

因此,本研究在电导通钻杆的试制中采用了电缆内贴敷式钻杆的制备方案,即利用内衬复合管制备技术,将电缆镶嵌在钻杆管体和内衬间,形成"三明治"结构,如图 1 所示。

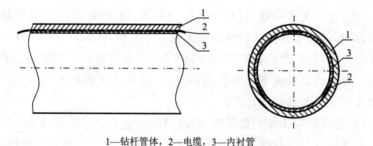

1—钻杆管体, 2—电缆, 3—内衬管

图 1　电缆内贴敷式钻杆管体的复合结构

2　内衬复合管制备技术

内衬复合管制备技术是一种将外管体和内衬管体,采用变形的方法(内衬管膨胀或外管体压缩),使内外管体紧密结合在一起的技术[6]。包括热复合技术和冷复合技术[7]。

热复合包括热轧制复合和热挤压复合等。热复合由于在复合过程中要经过加热,而对于电导通钻杆而言,由于复合所用电缆的耐温性有限,因而,热复合技术不适合用于电导通钻杆的复合。冷复合包括爆燃复合、静水压液强制复合、拉拔复合等方法。

含能气体富氧爆燃复合技术是在内衬管内注入一定压力的可燃气体,可燃气体爆燃,爆燃产生压力波,内衬管在爆燃压力下产生塑性变形,贴到外管,从而达到与外管紧密结合的目的。爆燃是一种带有压力波的燃烧,燃烧时,燃烧面后边界有约束或障碍,燃烧气体膨胀在约束或障碍面两侧产生压力差,这个压力波以亚音速向前传播,这个压力波传播速度比燃烧面要快,行进在燃烧面前,为前驱压力波。爆燃由前驱压力波和后随的燃烧面构成[8]。

静水压液强制复合技术是利用在内衬管内注入高压水,随着管体内衬管内水压的升高,内衬管由弹性变形状态进入塑性变形状态,并贴紧外管,当内衬管内压力达到一定值时,外管发生弹性变形,内衬管与外管紧密贴合在一起,当内衬管压力卸除后,外管弹性回复,内衬管和外管紧密贴合成整体。

拉拔复合和机械胀接复合技术由于其自身工艺的要求,复合的内外管的贴合要求外管面或内管面为圆形,而由于电缆及绝缘材料的不可压缩性,电导通钻杆管体内部将会在电缆贴合部出现轻微的微凸,拉拔复合和机械胀接复合将会对电缆的绝缘及性能造成破坏,不适用于电导通钻杆。

本研究在试制中,选用了含能气体富氧爆燃扩径复合的方法来进行电力电缆的铺设。

3 电导通钻杆内衬复合试验

3.1 电导通钻杆的内衬复合试验复合成形的应力应变分析

用于电导通钻杆的复合技术,无论是液压(膨胀)复合,还是爆燃(膨胀)复合,其基本原理都是在内衬管内施加向外的膨胀压力,使内衬管由弹性变形状态进入塑性变形状态,通过变形贴紧钻杆外管体,并使钻杆外管体发生一定量的弹性变形。显然,施加在内衬管的压力必须达到一定值,内衬管与钻杆外管体才能紧密贴合在一起,当内衬管压力卸除后,钻杆管体弹性回复量大于管体内衬管的弹性回复,内衬管和钻杆外管体紧密贴合,并保持一定量的残余接触压力,内衬管与钻杆外管体复合形成整体。显然,分析过程中的应力应变,将有助于电导通钻杆的内衬复合试验的各项参数的确定。

设在内衬管施加压力 P_i,内衬管首先处于弹性变形阶段。随着压力 P_i 的升高,内衬管进入全面屈服阶段,当内衬管的外壁与钻杆管体的内壁接触前,内衬管内压力 P_i 为:

$$P_i = \sigma'_{si} \ln \frac{d_0 + 2\delta}{d_i + 2\delta} \tag{1}$$

式中:σ'_{si} 为内衬管材料的应变强化应力,MPa;d_i 为内衬管内径,mm,d_0 为内衬管外径,mm;δ 为内衬管外壁与钻杆管体内径之间的间隙,mm。

随着内压的继续增加,内衬管发生塑性变形,与钻杆外管体贴合,并在内衬管与钻杆外管体之间产生接触压力 P_c,依据 H. Tresca 屈服准则[9]可计算出内衬管外壁面的应力:

$$\sigma_{r_{io}} = - P_c \tag{2}$$

$$\sigma_{\theta_{io}} = \sigma'_{si} - P_c \tag{3}$$

$$\varepsilon_{\theta_{io}} = \frac{1}{E_i} \left[\sigma'_{si} - (1 - \mu_i) P_c \right] \tag{4}$$

式中:$\sigma_{r_{io}}$、$\sigma_{\theta_{io}}$ 为内衬管外壁的径向应力和周向应力,MPa;σ'_{si} 为内衬管材料的应变强化应力,MPa;$\varepsilon_{\theta_{io}}$ 为内衬管外壁的周向应变;E_i 为内衬管材料的弹性模量,MPa;μ_i 为内衬

管材料的泊松比。

先假设,此时钻杆外管体没有达到塑性变形而处于弹性状态,这样,钻杆外管体的内壁面的应力和管体内壁的周向弹性应变为:

$$\sigma_{r_{oi}} = - P_c \tag{5}$$

$$\sigma_{\theta_{oi}} = \frac{D_o^2 + D_i^2}{D_o^2 - D_i^2} P_c \tag{6}$$

$$\varepsilon_{\theta_{oi}} = \frac{1}{E_o} \left[\frac{D_o^2 + D_i^2}{D_o^2 - D_i^2} + \mu_o \right] P_c \tag{7}$$

式中:$\sigma_{r_{oi}}$、$\sigma_{\theta_{oi}}$ 为钻杆管体内壁的径向应力和周向应力,MPa;D_o,D_i 为钻杆管体的外、内径,mm;$\varepsilon_{\theta_{oi}}$ 为钻杆管体内壁的周向弹性应变;E_o 为钻杆管体材料的弹性模量,MPa;μ_o 为钻杆管体材料的泊松比。

电导通钻杆管体复合成形后,在卸去内压前,钻杆外管体内壁的周向弹性应变为 $\varepsilon_{\theta_{oi}}$,当内衬管卸去内压后,弹性应变 $\varepsilon_{\theta_{oi}}$ 就会在内衬管与钻杆外管体之间产生残余接触压力 P_c^*,并在此压力的作用下,内衬管与钻杆外管体之间处于弹性结合状态。通过对上述公式的推算,成形时在内衬管施加的内压 P_i 与残余接触压力 P_c^* 的关系为:

$$\frac{\sigma_{si}'}{E_i} + \frac{1}{E_i} \left(\frac{(d_0 + 2\delta)^2 + (d_i + 2\delta)^2}{(d_0 + 2\delta)^2 - (d_i + 2\delta)^2} - \mu_i \right) P_c^* + \frac{1}{E_0} \left(\frac{D_o^2 + D_i^2}{D_o^2 - D_i^2} + \mu_0 \right) P_c^*$$
$$= \left[\frac{1}{E_0} \left(\frac{D_o^2 + D_i^2}{D_o^2 - D_i^2} + \mu_0 \right) + \frac{1}{E_i} (1 - \mu_i) \right] \left(P_i - \sigma_{si}' \ln \frac{d_0 + 2\delta}{d_i + 2\delta} \right) \tag{8}$$

从公式(8)可以看到,在一定范围内残余接触压力 P_c^* 随内衬管内压 P_i 的增大而增大,但当钻杆外管体残余接触压力 P_c^* 大到一定程度,就会使外管体的变形从弹性变形开始转向屈服。显然,在这转变点处,其弹性变形达到最大。即此时卸去内衬管压力,可获得最大的残余接触压力 $P_{c_{max}}^*$,内衬管与钻杆外管体之间处于最佳弹性结合状态。

钻杆管体内壁开始屈服的临界接触压力 P_c 为:

$$P_c = \frac{\sigma_{s_o} (D_o^2 - D_i^2)}{2 D_o D_i} \tag{9}$$

式中 σ_{s_o} 为钻杆管体材料的屈服强度应力,MPa。

这样,将(9)代入公式(8),即可得到内衬管最大允许施加压力 $P_{i_{max}}$ 为:

$$P_{i_{max}} = \frac{\dfrac{\sigma_{si}'}{E_i} + \dfrac{\sigma_{s_o} (D_o^2 - D_i^2)}{2 D_o D_i} \left[\dfrac{1}{E_i} \left(\dfrac{(d_0 + 2\delta)^2 + (d_i + 2\delta)^2}{(d_0 + 2\delta)^2 - (d_i + 2\delta)^2} - \mu_i \right) + \dfrac{1}{E_0} \left(\dfrac{D_o^2 + D_i^2}{D_o^2 - D_i^2} + \mu_0 \right) \right]}{\dfrac{1}{E_0} \left(\dfrac{D_o^2 + D_i^2}{D_o^2 - D_i^2} + \mu_0 \right) + \dfrac{1}{E_i} (1 - \mu_i)} +$$
$$\sigma_{si}' \ln \frac{d_0 + 2\delta}{d_i + 2\delta} \tag{10}$$

另一方面,要使内衬管与钻杆外管体能贴合,至少内衬管与钻杆外管体之间的残余接触压力 $P_c^* \geqslant 0$。因此可以很容易地推算出,电导通钻杆管体复合时,内衬管内施加的最小压力 $P_{i_{min}}$ 应为:

$$P_{i_{min}} = \frac{\dfrac{\sigma_{si}'}{E_i}}{\dfrac{1}{E_0} \left(\dfrac{D_o^2 + D_i^2}{D_o^2 - D_i^2} + \mu_0 \right) + \dfrac{1}{E_i} (1 - \mu_i)} + \sigma_{si}' \ln \frac{d_0 + 2\delta}{d_i + 2\delta} \tag{11}$$

也就是说,电导通钻杆管体内衬复合试验中,实现复合的条件是,在内衬管施加压力 P_i 应控制在:

$$P_{i_{max}} > P_i > P_{i_{min}} \tag{12}$$

在电导通钻杆管体内衬复合试验中,对内衬管施加的压力参数的控制是重要的。施加的压力 P_i 决定着内衬管与钻杆管体之间的残余接触压力 P_c^*,而残余接触压力 P_c^* 的大小最终对钻杆管体与内衬管之间的贴合强度有着至关重要的影响。因此对内衬管施加的压力是影响内衬复合技术制备电导通钻杆管体性能的重要因素。

根据计算,对于管体为 $\Phi 101.6$ mm $\times 8.38$ mmS 钢级的电导通钻杆的复合试验中,选用 316 L 材料壁厚 2 mm 的内衬管,内衬管施加的压力参数 P_i 为 $11.6 \sim 170$ MPa。

3.2 电导通钻杆的爆燃复合试验及结果

在电导通钻杆的爆燃复合制备过程中,在内衬管的一端安装加热管和第一快速接头,第一快速接头用于通入可燃气体;在内衬管另一端安装第二快速接头、安全头和爆破片,第二快速接头用于通入高压空气;安全头和爆破片用于爆燃时保压和泄漏超高压气体。从第一快速接头通入的可燃气体,与第二快速接头的高压空气混合形成可燃混合气体,通电加热管到一定温度,加热管端可燃混合气体到达爆燃温度,可燃混合气体着火,管体内管发生爆燃。爆燃压力的控制是选择安全头的爆破片的临界爆破压力的大小来实现的。在试验中,爆破片的临界爆破压力是以计算的 P_i 为参考值,本次试验选用 60 MPa。

采用爆燃复合法制备的电导通钻杆管体如图 2 所示,图 2(a)为爆燃复合钻杆横截面,图 2(b)为用体视显微镜拍的爆燃复合钻杆管体、电缆和内衬管截面照片。从图 2 中可明显看出,钻杆管体与内衬管及电缆之间复合结构紧密,电缆边缘、内衬管及外管之间形成的三角区过渡圆滑、无间隙,内衬管表面无擦伤和破损现象。

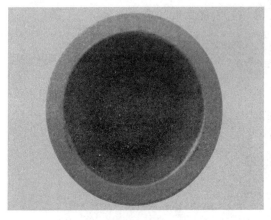 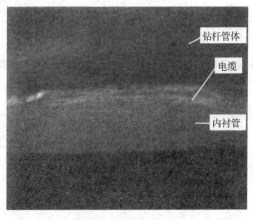

（a）整体　　　　　　　　　　　　　　（b）局部

图 2　爆燃复合法制备的电导通钻杆管体

由于钻杆管体、内衬钢管均导电,为了保证电导通钻杆的安全作业,内衬后的电缆必须具备良好的绝缘性能。本研究采用 ZC-90F 高绝缘电阻测量仪对爆燃内衬复合后的电缆绝缘性能进行测试,结果如表 1 所示,从中可以看出,爆燃复合后钻杆管体中电缆的绝缘性能良好,高于国际电工委员会(IEC)标准,基本绝缘电阻不小于 2 MΩ,加强绝缘条件的绝缘电阻不小于 7 MΩ 的规定。

表 1   爆燃复合后电缆的绝缘电阻

测量电压/V	绝缘电阻/MΩ
100	339
250	307
500	278

综上可知,采用含能气体爆燃内衬法制备的电导通钻杆,内衬管、电缆及钻杆管体贴合较好,导电性及绝缘性均达到要求,但实际钻井作业时,钻具的受力情况及环境非常苛刻,采用该法制备的钻杆在承受拉、压、弯、扭复杂受力工况下,内衬于其中的电缆导电性及绝缘性会产生怎样的变化,电缆的使用寿命有多长等问题还需做大量试验,笔者将在后续文章中陆续阐述。

4   结论

(1) 本研究制备的电导通钻杆适合于地质条件复杂地区的智能化钻井;采用含能气体富氧爆燃内衬复合技术制备的电导通钻杆,内衬管、电力电缆与钻杆管体内壁之间无缝隙,整体复合效果很好,电缆的导电性能和绝缘性能都达到了设计要求。

(2) 施加的压力 P_i 决定着内衬管与钻杆管体之间的残余接触压力 P_c^*,而残余接触压力 P_c^* 的大小最终对钻杆管体与内衬管之间的贴合强度有着至关重要的影响。对内衬管施加的压力是影响内衬复合技术制备电导通钻杆管体性能的重要因素。

参考文献

[1] 张绍槐. 智能油井管在石油勘探开发中的应用与发展前景[J]. 石油钻探技术,2007,32(4):1-4.

[2] 刘选朝,张绍槐. 智能钻柱信息及电力传输系统的研究[J]. 石油钻探技术,2006,34(5):10-13.

[3] Lü Shuanlu,Li Zhihou,Han Yong,et al. High dogleg severity,wear ruptures casing string[J]. OIL&GAS,2000,98(49):74-80.

[4] 吕拴录,骆发前,周杰,等. 双台肩 NC50 钻杆内螺纹接头纵向开裂原因分析[J]. 石油技术监督,2004,20(8):5-7.

[5] 吕拴录,骆发前,周杰,等. 钻杆接头纵向裂纹原因分析[J]. 机械工程材料,2006,30

(4):95-97.

[6] 郭生武,袁鹏斌.油田腐蚀形态导论[M].北京:石油工业出版社,2009.

[7] 张宝庆.双金属复合管的制造技术浅析[J].机电工程技术,2009,38(3):106-108.

[8] 张宏翔,谭迎新,王志杰.管道内可燃气体爆燃过程仿真初步研究[J].机械管理开发,2008,23(1):17-18.

[9] 徐秉业,刘信声.应用弹塑性力学[M].北京:清华大学出版社,1995.

应力释放槽对钻杆接头力学性能的影响

袁鹏斌[1] 陈 锋[2] 王秀梅[2]

（1.上海海隆石油管材研究所，上海 200949；

2.上海市应用数学和力学研究所（上海大学），上海 200072）

摘 要：钻杆接头是钻柱最薄弱的环节，在钻进过程中极易失效。采用有限元分析方法对钻杆接头的应力特征进行了分析，结果表明，密封面处接触压力分布不均和啮合大端第一螺纹牙处应力集中是影响钻杆接头力学性能的主要因素。在公扣、母扣台肩转角处开应力释放槽可以有效改善钻杆接头的应力分布，降低应力峰值，使 von Mises 应力和接触压力分布更加均匀，有利于提高钻杆接头的承载能力和密封性能。此外，仅在公扣台肩转角处或母扣台肩转角处开应力释放槽也可以有效改善接头的应力分布，但效果与公扣、母扣台肩转角处均开应力释放槽相比较差。

关键词：钻杆接头；应力分析；应力释放槽；有限元法

1 钻杆接头的弹塑性有限元模型

钻杆是由接头处的螺纹连接，公扣与母扣的接触面是一个空间螺旋曲面，而且钻杆接头受力较复杂；除了传递转盘的扭矩外，还受到拉力（主要由钻杆自重引起）、内压力（主要由钻井液引起）等载荷的作用。钻杆接头的受力分析涉及材料非线性、几何非线性和复杂接触摩擦状况等非线性问题[1]，建立完整而精确的数学模型，求解析解是非常困难的。因此，笔者采用有限元法分析钻杆接头的受力情况。

1.1 有限元模型

笔者以 Φ127.0 mm 双台肩钻杆接头为计算模型（见图 1），主要参数为：加厚处外径 168.28 mm；管体外径 130.18 mm；内径 95.25 mm；螺纹锥度 1:12。建立模型时，由于钻杆接头螺纹的螺旋升角很小，可以忽略其影响，将其视为轴对称结构。另外，接头受到的主要载荷、扭矩、拉力、内压等都具有轴对称特征，故可将问题当成抽对称问题处理。

采用有限元分析软件 Ansys 进行建模和分析，选用八节点四边形实体单元，螺纹啮合面用接触单元划分，接触类型为面面接触。

螺纹连接属于应力集中较高的零件，在划分网格时要注意单元的疏密程度。在应力

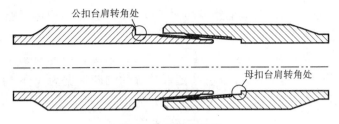

公扣台肩转角处

母扣台肩转角处

图 1　钻杆接头示意

梯度变化较大的部位（螺纹牙处）网格应该足够密，而在应力梯度变化较小的部位（管体），为减小计算量，网格应划分得相对稀疏。模型有限元单元划分如图 2 所示。

力学模型如图 3 所示（y 轴沿钻杆轴线向上方向），其中公扣端面施加轴向位移约束，母扣端面施加 150 MPa 的轴向拉伸载荷（相当于 927.4 kN 的轴向拉伸载荷），接头外表面施加径向位移约束，接头内表面施加 50 MPa 的压力。

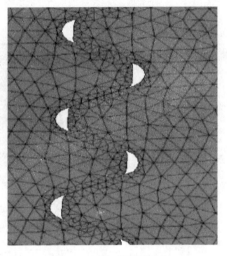

图 2　有限元网格划分

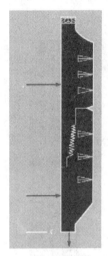

图 3 力学模型

1.2　材料的力学参数

钻杆接头所用的材料为 37 CrMnMoA，系各向同性弹塑性材料，材料的应力-应变曲线采用理想弹塑性模型，取弹性模量为 2.06×10^5 MPa，屈服强度为 827.4 MPa，泊松比为 0.29，摩擦因数为 0.02。

2　钻杆接头的应力分析

2.1　无应力释放槽钻杆接头的应力分析

根据流体力学，流体通过间隙时产生的局部阻力取决于间隙的截面积和泄漏路径的长度。因此，密封设计时应尽量满足以下两个条件[2]：① 接触压力尽可能大（接触压力应该小于材料的屈服强度),以使泄漏路径的面积较小;② 接触面积尽可能大,以使泄漏路径的长度较长。

根据材料力学,材料开始发生塑性变形时应力必须满足一定的条件,即满足一定的屈服准则。在有限元分析中,钻杆钢材弹塑性屈服的判断依据为 Von Mises 屈服准则,即材料力学中的第四强度理论[3],其等效应力 σ_i 为:

$$\sigma_i = \sqrt{\frac{1}{2}\left[(\sigma_1-\sigma_2)^2+(\sigma_2-\sigma_3)^2+(\sigma_3-\sigma_1)^2\right]}$$

式中:σ_1、σ_2、σ_3 为主应力。

当等效应力 σ_i 达到材料的屈服强度时,说明材料在该工况下进入塑性状态。结构设计时,应该尽可能使应力分布均匀,以降低结构的最大 Von Mises 应力,最大限度地发挥材料的性能。

钻杆接头在轴向拉伸载荷和内压的作用下,产生的接触压力如图 4 所示,Von Mises 应力如图 5 所示。

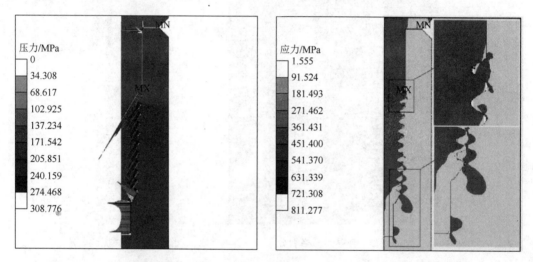

图 4　HL30 无应力释放槽时的接触压力　　　图 5　HL30 无应力释放槽时的 Von Mises 应力

从图 4 可以看出,密封面上接触压力分布极不均匀,应力主要集中在公扣台肩转角处,密封面的大部分区域压力几乎为零,这样的应力分布不利于钻杆接头的密封。此外,啮合大端第一个螺纹牙处接触压力较大,在极端载荷作用下很容易超过材料的屈服强度,影响钻杆接头的正常使用。

从图 5 可以看出,啮合大端第一个螺纹牙处应力集中严重,啮合小端,台肩转角等处也发生了一定程度的应力集中,而管体部分的应力区较小,这与高学仕等[4]的理论分析基本吻合。这种载荷分布不合理,使应力集中处的材料过早地进入屈服状态,而应力较小处的材料性能得不到充分发挥。

2.2　带应力释放槽钻杆接头的应力分析

从以上分析可知,钻杆接头受力时存在的主要问题是应力分布不均匀。为了缓解应力集中,增大密封面处的接触面积,尝试在台肩转角处开一个应力释放槽。

为对应力释放槽的作用有一个明确的认识,笔者对以下 3 种情况的钻杆接头应力状态进行了分析:① 公扣台肩转角处、母扣台肩转角处均开应力释放槽;② 公扣台肩转角处开应力释放槽,母扣台肩转角处不开应力释放槽;③ 母扣台肩处开应力释放槽,公扣台肩处不开应力释放槽。

对上述 3 种情况下的钻杆接头进行有限元模拟,将 3 种情况下钻杆接头应力特征与无应力释放槽时的钻杆接头应力特征进行了对比,结果见表 1。

从表 1 可以看出,在台肩转角处开应力释放槽可以有效改善接头的应力状态:其中在公扣、母扣台肩转角处均开应力释放槽效果最明显,最大 Von Mises 应力可降低 14.9%,最大接触压力可降低 36.7%;仅在公扣台肩处开应力释放槽与仅在母扣台肩转角处开应力释放槽其效果相似,效果比在公扣、母扣台肩转角处均开应力释放槽稍差。

表 1　各种情况下最大接触压力和最大 Von Mises 应力对比

应力释放槽位置	最大接触压力/MPa	最大 Von Mises 应力/MPa
无应力释放槽	308.776	811.27
公扣、母扣台肩转角	195.772	690.493
公扣台肩转角	225.470	712.844
母扣台肩转角	228.171	713.481

为了进一步了解在台肩转角处开应力释放槽对接头接触压力分布的影响,对 3 种情况下的接触压力分布进行了分析,结果见图 6～图 8。

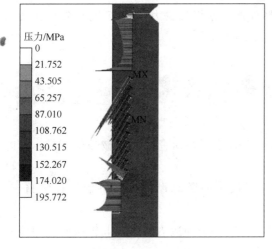

图 6　公扣、母扣台肩转角处均
开应力释放槽时的接触压力

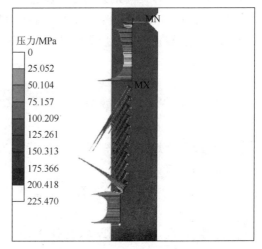

图 7　仅在公扣台肩转角处
开应力释放槽时的接触压力

从图 6 中可以看出:在公扣、母扣台肩转角处开应力释放槽可以使接头的接触压力分布均匀,密封面上的接触压力不再集中在公扣台肩转角处,而是比较均匀地分布在整个密封面上,大大增加了接触面积,有利于接头密封;啮合大端第一螺纹牙处的接触压力大大降低,从原来的 308.776 MPa 降至 195.772 MPa,降幅达 36.6%,这样的压力分布状态可以有效提高接头的抗极端载荷能力。

从图 7、图 8 可以看出,仅在公扣或母扣台肩转角处开应力释放槽都可有效改善接头的压力分布,但与公扣、母扣台肩转角处均开应力释放槽时的接触压力分布相比,仅在公扣或母扣台肩转角处开应力释放槽时的接触压力分布稍显不均匀,但总体趋势相差不大。

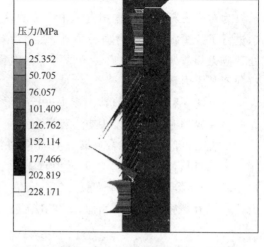

图 8　仅在母扣台肩转角处
开应力释放槽时的接触压力

3　结论

(1) 钻杆接头在拉力、内压作用下密封面处的接触压力分布极不均匀,主要集中在台肩转角处,不利于接头密封。此外,啮合大端第一个螺纹牙处接触压力过大,降低了接头的抗极端载荷能力。

(2) 钻杆接头在拉力、内压作用下 Von Mises 应力分布极不均匀,啮合大端第一个螺牙纹处应力集中严重,不利于材料性能的充分发挥。

(3) 在台肩转角处开应力释放槽不但可以有效缓解接头的应力集中,使 Von Mises 应力的分布更加均匀,提高接头的承载能力;还可以使密封面处的接触压力分布更加均匀,增大接触面积,提高接头的密封性能。

(4) 仅在公扣或母扣台肩转角处开应力释放槽的钻杆接头力学性能相似,效果比公扣和母扣台肩转角处均开应力释放槽效果稍差。

参考文献

[1]　高连新,金烨,史交齐.圆螺纹套管接头应力分布规律研究[J].机械强度,2004,26(1):42-48.

[2]　高连新,金烨,张居勤.石油套管特殊螺纹接头的密封设计[J].机械工程学报,2005,41(3):216-220.

[3]　丁凌云,冯进,张慢来,等.拉伸载荷作用下套管接头的应力分析[J].机械研究与应用,2005,18(4):23-24.

[4]　高学仕,张作龙.变螺距套管螺纹在轴向拉力作用下扣牙力分布及计算[J].石油钻探技术,1994,22(1):55-56,60.

适用于弯曲井段的高效密封钻杆接头研究

任 辉[1] 高连新[1] 鲁喜宁[2]

(1.华东理工大学,上海 200237;2.上海海隆石油管材研究所,上海 200949)

摘 要:API 标准钻杆接头的应力极值较大,应力集中现象比较严重,容易发生疲劳失效,为此设计了新型钻杆接头结构。在准确测定摩擦因数的基础上,利用有限元分析软件 MSC Marc 对 2 种结构的钻杆接头在受扭矩、扭矩+拉伸载荷及扭矩+压缩载荷作用下产生的不同变化进行了比较分析。结果表明,新型结构在保持与普通 API 接头具有相当的连接强度时,还显著提高了接头的抗扭性能,而且其密封性能优于 API 标准接头,不容易发生胀扣和刺漏等失效事故;与 API 标准钻杆接头相比,新型结构更适用于大扭矩、弯曲载荷的高压及超高压等复杂的油气井中。

关键词:钻杆接头;胀扣失效;斜面台肩;API 接头;有限元分析

石油钻杆是开采石油和天然气所必需的专用管材,在井眼中同时承受内外压力、轴向力、弯曲和扭矩的作用,工作条件十分恶劣,受力非常复杂[1-3]。在钻井过程中,因钻井液的循环和钻柱的振动使钻杆所受的载荷都属于动载荷,造成钻杆频繁发生失效事故。钻杆接头作为钻杆的薄弱环节之一,在井下工作时易发生由于内外接头密封面啮合程度下降导致的接头刺漏事故以及胀扣失效。API 接头在使用时,靠外螺纹根部的直角台肩面与内螺纹端面的直角台肩互相挤压,形成密封。这种密封形式实际上产生的是轴向过盈配合,当钻杆受到拉伸载荷作用时,密封面上的接触压力就会显著下降,从而失去密封作用。

对于 API 标准钻杆接头,在井下受到弯曲载荷作用时,接头连接的密封台肩面在弯曲力的作用下呈张开的分离趋势。而部分接头台肩面在受到大扭矩之后,内外接头台肩面结合处也易发生分离,容易发生接头的胀扣失效。而且实际分析与使用表明,API 标准接头应力极值较大,应力集中现象比较严重,容易发生疲劳失效,其抗扭性能也十分有限。

笔者通过对 API 接头的深入研究,设计了一种新型钻杆接头结构。有限元分析表明,新型结构不仅可以起到很好的密封作用,而且可以有效地防止接头发生胀扣和刺漏等失效事故。同时,在对钻杆接头进行有限元分析时,以往的研究[4-7]忽略了对摩擦因数的研究。众所周知,摩擦因数对钻杆接头的扭矩影响很大,没有准确的摩擦因数,就无法得到接头准确的上扣扭矩值,从而使接头各种数值的分布情况与实际产生很大的出入。在本次研究中,笔者利用摩擦试验机测定了钻杆接头的摩擦因数,并作为分析的依据,为数据的真实可靠性提供了保障。在对钻杆接头进行建模时,综合考虑了接头的结构和受力特性,采用忽略相对滑动的二维轴对称模型,利用大型有限元分析软件 MSC Marc 对结构在受扭矩、扭矩＋拉伸载荷及扭矩＋压缩载荷作用下产生的不同变化做了详细分析,比较真实地反映了钻杆接头在静态条件下的工程实际。

1 摩擦因数测定

钻杆接头连接以后,内外台肩面之间、内螺纹与外螺纹之间紧密接触,形成过盈配合,在上扣过程中产生摩擦。摩擦是一种非常复杂的物理现象,与接触表面的硬度、湿度、法向应力和相对滑动速度等因素有关。目前常用的摩擦模型有库仑摩擦模型、剪切摩擦模型及粘-滑摩擦模型等。笔者选择广泛应用的库仑摩擦模型模拟钻杆内、外螺纹之间的摩擦。

库仑摩擦模型为:

$$\sigma_{fr} \leqslant -u\sigma_n t \tag{1}$$

式中:σ_n 为接触节点法向应力,Pa;σ_{fr} 为切向(摩擦)应力,Pa;u 为摩擦因数;t 为相对滑动速度方向上的切向单位矢量。

库仑摩擦模型又常写成节点合力的形式,即

$$f_t \leqslant -u f_n t \tag{2}$$

式中:f_t 为剪切力,N;f_n 为法向反作用力,N。

钻杆接头的摩擦因数与其上扣扭矩、连接强度等的计算密切相关。从本质上说,内、外螺纹之间的接触为钢与钢的接触,但由于螺纹表面镀层的影响以及螺纹脂的使用,使摩擦因数有了较大的变化。因此,在有限元计算中,确定较为准确的摩擦因数显得尤为重要。

笔者采用济南益化摩擦学测试技术有限公司生产的 MMS-2A 型屏显式摩擦试验机对摩擦因数进行测量。该试验机可测量金属材料、非金属材料(尼龙、塑料等)在滑动摩擦、滚动摩擦、滚滑复合摩擦等状态下,以及在湿摩擦、干摩擦、磨料磨损等工况下的耐磨性能试验,并可测定材料的摩擦因数。该试验机的测量误差小于2%。

从钻杆接头上的螺纹部位和台肩部位分别取样制作试块,在试块接触部位涂抹钻杆用的螺纹脂,通过多次测量试块之间的摩擦因数,综合其测量结果,取平均值为0.112。

2 模型建立

2.1 基本参数

新型接头结构将内、外螺纹接头台肩面变为斜面台肩结构,斜面角度取10°、15°和20°。笔者以 NC50 钻杆接头为例进行研究,其外径为177.8 mm,内径为71.4 mm,弹性模量为206 GPa,泊松比为0.3,初始屈服应力为827.4 MPa。图1为两种台肩结构。

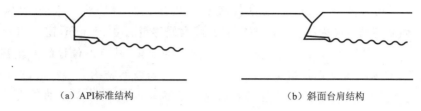

（a）API标准结构　　　　　　　　　　　（b）斜面台肩结构

图1　两种台肩结构

2.2　网格划分

利用钻杆接头轴对称的特点将三维问题转化为二维问题，取钻杆接头的材料进行建模。同时，在不影响问题实质的前提下引入以下假设：

（1）接头材料为各向同性；

（2）不计小螺纹升角的影响，接头在几何上可看成是轴对称的；

（3）材料为理想的弹塑性线性强化模型，应力应变曲线由管材的屈服极限和强度极限近似得出。

在钻杆接头二维几何模型建立以后，应对其进行网格划分。由于三角形网格可以根据需要对复杂区域生成令人满意的结果，并具有收敛性，所以笔者在钻杆接头的网格划分中选用了三角形网格。以 API 标准钻杆接头结构为例，网格划分如图2所示。新型结构的网格划分与此类似。

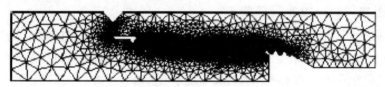

图2　API钻杆接头网格划分

在网格定义好后，定义其他参数，包括接触条件、边界条件、材料特性、载荷工况及作业参数等。在参数定义好后，提交运行后查看运行结果。

3　结果分析

在设定参数相同的条件下，比较分析了新型结构与 API 标准结构在受扭矩、扭矩＋拉伸载荷及扭矩＋压缩载荷时产生的不同变化。

3.1　扭矩状态

在承受较大扭矩的情况下，API 接头易发生胀扣失效。以内接头外壁的径向位移为研究对象，在其他条件相同的情况下，比较了台肩斜面角度为 10°、15°和 20°时与 API 结构在相同节点上发生的径向位移变化。图3和图4分别为 API 推荐扭矩及 API 推荐扭矩的 1.2 倍时，内接头外壁节点的径向位移。

从图3可以看出，新型结构在台肩面上节点位移的变化近似呈抛物线形，API 标准钻杆接头的变化与斜面台肩相似，但 API 接头偏移的最大值要比斜面台肩结构大得多。

在这种情况下可以得出，API 标准钻杆接头在内接头外径方向上的最大偏移量为 0.46 mm，而新型结构在内接头外径方向上的最大偏移量为 0.28 mm，比 API 标准结构降低了很多。可以看出，由于新型结构在台肩面上的变化，其节点位移的变化都近似呈抛物线变化，而 API 标准钻杆接头在图 3 中的变化还与新型结构有些相似，但在图 4 中已完全呈现下降趋势。此时，API 标准钻杆接头在内接头外径方向上的最大偏移量为 0.62 mm，而新型结构在内接头外径方向的最大偏移量为 0.35 mm。

当扭矩增大到 API 上扣扭矩的 2 倍以上时，API 钻杆接头已发生了明显的内接头胀扣失效现象，而新型结构仍在使用范围之内。说明在相同条件下，新型结构可以承受更大的扭矩，可以防止在较大的扭矩情况下发生胀扣失效现象。

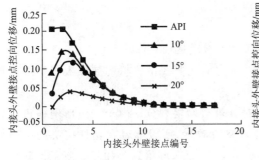

图 3　SPI 推荐扭矩下的节点位移　　　图 4　1.2 倍 API 推荐扭矩下的节点位移

3.2　上扣扭矩＋拉伸载荷状态

根据材料力学，取最大弯矩截面，将弯矩简化为轴向拉应力和压应力。通过有限元计算可知，API 钻杆接头可以承受的最大轴向拉力为 1 793.9 kN，图 5 显示了新型结构（以斜面台肩角度 20°为例）与 API 标准结构在拉力逐渐增大时台肩面上一点接触力的变化情况。

从图 5 可以看出，在拉伸力增大的过程中，新型结构的台肩面上的接触力都大于 API 标准结构的接触力。当拉伸力增加到 API 标准钻杆接头可以承受的最大值时，API 标准接头[8]台肩面产生了分离（接触力为 0），此时，新型结构的台肩面还保持在接触闭合状态（接触力值不为 0）。从图 5 中还可以看出，新型结构还可以承受进一步的拉伸力作用。从图 5 和图 6 可以得知，新型结构与 API 标准结构相比可以承受更大的轴向拉力，说明新型结构可以承受较大的弯曲力作用，可以有效地防止在弯曲井段作业时接头台肩面产生分离。

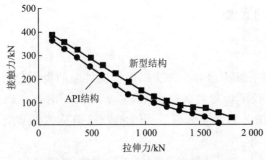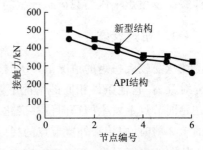

图 5　台肩面上一点接触力的变化曲线　　　图 6　台肩面各节点上的接触力

3.3 上扣扭矩十压缩载荷状态

研究表明[9],在上扣扭矩和压缩载荷的共同作用下,钻杆接头更容易发生胀扣失效。该研究中,在设定两者扭矩和压缩载荷相同的情况下,API结构的变形要远大于新型结构的变形。计算得出,API内接头外径的尺寸胀大了4 mm,而斜面台肩结构内接头外径胀大的最大尺寸为2.2 mm。

斜面台肩上的受力简化图见图7。在以上各种受载情况下,新型结构比API标准结构表现出了更好的性能,这与两者的结构特点有关。由于API标准接头密封面与大钳外壁是相垂直的结构设计,所以钻杆在弯曲井段作业时,内外接头的密

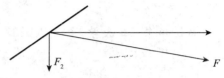

图7 斜面台肩上的受力简化图

封端面之间在弯曲力的作用下呈张开趋势,导致密封面之间的相互啮合作用力下降,从而使密封效果下降。采用斜面设计后,在内外接头密封端面间呈张开趋势的同时会产生接触力F,其分力F_x阻止了外力对台肩面造成的拉伸破坏,可以有效地起到密封作用。

4 结论

(1) 新型接头在保持与普通API接头具有相当的连接强度的同时,还显著提高了接头的抗扭性能,而且其密封性能优于API标准接头,不容易发生胀扣和刺漏等失效事故。

(2) 与API钻杆接头相比,笔者设计的新型接头结构更适用于大扭矩、弯曲载荷的高压及超高压等复杂的油气井中。

参考文献

[1] 石晓兵,施太和.一种新型钻柱稳定器连接螺纹减应力区的研究[J].天然气工业,2002,22(2):48-50.

[2] 林元华,施太和,赵鹏,等.复杂地层钻具接头力学性能模拟及应用[J].钢铁,2005,40(8):43-47.

[3] 赵国珍,龚伟安.钻井力学基础[M].北京:石油工业出版社,1988.

[4] Hetenyi M. The distribution of stress in threaded connections[J]. Experiment Stress Analysis,1943,5(2):147-156.

[5] Newport A,Topp D A,Glinka G. The analysis of elastic stress distribution in threaded connections[J]. Strain Analysis,1987,22 (4):229-235.

[6] 张毅,王治国,刘甫青.钻杆接头双台肩抗扭应力分析[J].钢管,2003,32(5):7-10.

[7] Shahani A R,Shari A M H. Contact stress analysis and calculation of stress concentration factors at the tool joint of a drill pipe[J]. Materials and Design,2009,22(2):1-7.

[8] API Spec 7　Specifications for rotary drill stem elements[S].

[9] 王治国,刘甫青,张毅.G105反扣钻杆胀扣失效分析[J].宝钢技术,2001(1):19-21.

新型双台肩钻杆接头研究与应用

任　辉[1]　高连新[1]　鲁喜宁[2]

（1.华东理工大学,上海 200237；2.上海海隆石油管材研究所,上海 200949）

摘　要: 随着钻井技术的进步,要求钻杆接头可传递更大的扭矩以适应各种复杂的工作环境,因此对其抗扭性能研究变得尤为重要。为此,设计了一种新型双台肩钻杆接头。与一般的双台肩钻杆接头相比,新型钻杆接头增加了外螺纹接头和内螺纹接头圆柱孔部分的长度,使得钻杆接头可以保证钻杆在井下传递更大的扭矩而不发生失效。利用有限元软件建立了 API 标准接头和新型双台肩钻杆接头的有限元分析模型。由有限元计算结果可知,新型双台肩钻杆接头的抗扭能力明显高于 API 标准接头,可传递更大的扭矩。油田中应用也表明新型双台肩钻杆接头的性能优于 API 标准接头。

关键词: 钻杆接头；应力分析；双台肩；抗扭性能

油气钻井所用钻具通过钻杆接头连接起来,在正常旋转过程中,钻杆接头要同时承受内外压力、轴向力、弯矩和扭矩的作用。因钻井液的循环和钻柱的震动使这些载荷都属于动载荷,造成钻杆接头频繁发生失效事故[1-3],使其成为钻杆失效的主要形式。随着钻井技术的进步,要求钻杆接头可以传递更大的扭矩以适应各种复杂的工作环境,因此对其抗扭性能研究变得尤为重要。国内外很多研究机构都非常重视对钻杆接头的设计与开发,特别是对高抗扭的钻杆接头的研究,设计出了很多特殊钻杆接头,其中高性能的双台肩钻杆接头已得到广泛应用。上海海隆石油管材研究所于 2009 年初设计了一种高抗扭双台肩钻杆接头,已在油田中得到应用。该新型双台肩钻杆接头承受扭矩的部位包括主台肩、螺纹以及次台肩,像常规接头那样主台肩起密封作用[4-5]。

与一般的双台肩钻杆接头相比,笔者所研究设计的高抗扭钻杆接头增加了外螺纹接头和内螺纹接头圆柱孔部分的长度,使得钻杆接头可以保证钻杆在井下传递更大的扭矩而不发生失效。研究中,利用大型有限元分析软件 MSC Marc,以 API NC50 型接头和笔者最新开发的 HL-NC50 型双台肩接头为对象进行对比分析,建立了接头在单独受扭矩作用下的有限元分析模型,对比分析了两种接头台肩面和螺纹牙上的应力及接触力。有限元分析中,采用忽略了相对滑动影响的二维轴对称模型,比较真实地反映了静态条件下的工程实际以及螺纹牙间的载荷传递规律,结果表明新型接头可传递更大的扭矩。油田的应用也表明新型双台肩接头的抗扭性能得到了较大提高,并具有良好的密封性能。

1 模型的建立

1.1 基本参数

API NC50 接头参数：螺纹牙型 V-0.038 R，锥度 1∶6，外径 $D_t = 168.275$ mm，内径 $d = 69.850$ mm，弹性模量 207 GPa，泊松比 0.3，初始屈服应力 827.4 MPa[6]。HL-NC50 型钻杆接头外径 $D_2 = 168.280$ mm，内径 $d_2 = 95.250$ mm，螺纹牙型及其他参数与 API 标准钻杆接头相同。HL-NC50 型接头结构如图 1 所示。

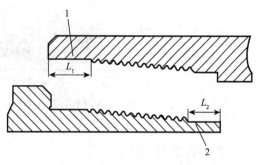

图 1　HL-NC50 型钻杆接头结构示意图

与传统的钻杆接头结构相比，笔者设计的改进之处在于增大了内螺纹接头圆柱孔 1 的径向长度 L_1 和外螺纹接头圆柱孔 2 的径向长度 L_2，内、外螺纹啮合后可以起到很好的密封作用。通过控制 L_2 和 L_1 的长度可以加工适合实际条件的钻杆接头，该新型接头可以有效地增强钻杆接头的抗扭性能。

以外螺纹接头为例，图 2 显示了两种接头从台肩面处第 1 个完整螺纹牙开始的螺纹牙编号，内螺纹接头上螺纹牙编号与之对应。

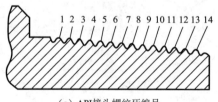

（a）API接头螺纹牙编号

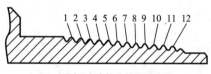

（b）新型双台肩接头螺纹牙编号

图 2　两种接头螺纹牙编号

1.2 网格划分

利用钻杆接头轴对称的特点将三维问题转化为二维问题，取其材料进行分析。

建立钻杆接头的二维几何模型后，对其进行网格划分，根据钻杆接头的形状及其受力、接触和变形等特征对其进行网格划分。由于三角形网格可以根据需要对复杂区域生成令人满意的网格，并具有收敛性，所以在对钻杆接头的网格划分中选用三角形网格。网格划分情况如图 3 所示。

在网格定义好后定义其他参数，包括接触条件、边界条件、材料特性、载荷工况和作业参数等。在参数定义好后，提交运行后查看运行结果。

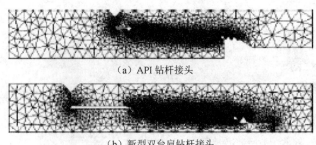

（a）API 钻杆接头

（b）新型双台肩钻杆接头

图 3　API 钻杆接头和新型双台肩钻杆接头的网格划分

2　结果分析

2.1　在相同扭矩的情况下

在设定参数相同的条件下，比较 API 标准接头与新型双台肩钻杆接头在相同扭矩下所引起的应力变化。为了便于比较，取台肩面部位和螺纹连接部分进行对比分析。

图 4 和图 5 反映了在扭矩为 55.715 kN·m 的条件下，API 接头和新型双台肩接头在台肩面上的应力分布情况。从曲线图中可以看到，在相同的参数条件下，API 标准接头台肩面上的应力值要比新型双台肩接头的应力值大很多。曲线数值中所显示的 API 标准接头台肩面上的最大应力值为 796.965 MPa，而新型双台肩接头的最大应力值为 392.951 MPa。

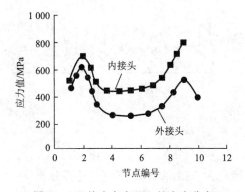
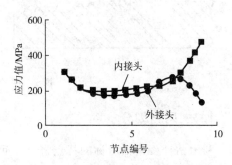

图 4　API 接头台肩面上的应力分布　　　图 5　新型双台肩接头主台肩面上的应力分布

由有限元分析可以得到，API 接头的应力集中现象比较明显，应力分布很不均匀。最大局部应力发生在每个螺纹牙的根部，台肩面过渡处也是应力集中较为严重的位置，而新型双台肩接头很好地改善了应力分布情况，减小了应力集中。

通过比较以上两条曲线的分布趋势可以发现，API 接头台肩面上的应力值不仅大于新型双台肩接头主台肩面上的应力值，而且 API 接头台肩面上的应力分布是不均匀的，新型双台肩接头主台肩面上的应力分布情况则是比较均匀的平滑分布。这是由双台肩钻杆接头的结构特点所决定的。

通过图 6 和图 7 对 API 接头和新型双台肩接头螺纹牙上的应力分布进行比较可以看出：

（1）API 接头螺纹牙上的应力值要远大于新型双台肩接头螺纹牙上的应力值。

（2）API 接头螺纹牙上的应力分布情况一直呈现下降趋势，分布不均匀；新型双台肩接头螺纹牙上的应力分布呈现抛物线形形状，且分布较为均匀。

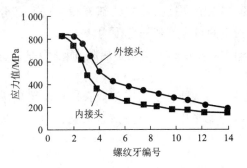 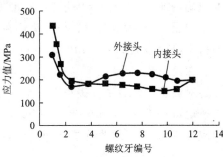

图 6　API 接头螺纹牙上的应力分布　　图 7　新型双台肩接头螺纹牙上的应力分布

比较 API 钻杆接头和新型双台肩钻杆接头台肩面上和螺纹牙上的应力分布图可以清楚地看到，新型双台肩钻杆接头的应力值不仅小于 API 钻杆接头，而且其分布情况明显优于 API 接头的应力分布情况。因为当扭矩增大时，新型双台肩钻杆接头的次台肩处可以承受部分应力，使得钻杆接头的应力分布更加均匀，减小了应力集中，有利于实际工作中的应用。这一特点明显优于 API 钻杆接头。

研究中发现[7]，在台肩面上，外螺纹接头和内螺纹接头节点上的接触力的和是比较接近的，这里取 API 接头和新型双台肩接头的外螺纹接头台肩面节点上的接触力进行对比（见图 8）。

从图中可以看出，API 接头中的接触力最大值要比新型双台肩钻杆接头的值大。这是因为当接头达到一定的上扣扭矩后，双台肩接头的次台肩处也可以承受部分力的作用，使得主台肩面上接触力减小。

从图 9 可以明显看到，在螺纹牙上接触力的分布中，新型双台肩接头的分布呈现较为均匀的平滑分布；而 API 接头则是一直呈下降的趋势。新型双台肩钻杆接头的分布趋势明显优于 API 接头的分布，这也是由于双台肩的结构特点所决定的。

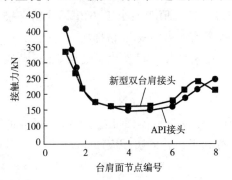 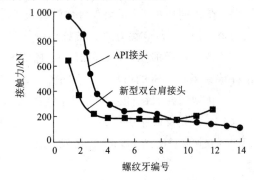

图 8　相同扭矩下 2 种接头台　　图 9　相同扭矩下 2 种接头螺纹
　　　　肩面上接触力分布对比　　　　　　牙上接触力分布对比

2.2　在不同扭矩的情况下

为了区分新型双台肩钻杆接头和 API 标准接头在不同扭矩下的应力分布情况,选择两者在扭矩增大以及极限工况下的应力分布情况作为对比。

当扭矩增加到 93.476 kN•m 时,标准的 API 钻杆接头在螺纹部分和台肩面部分已经发生了屈服,而新型双台肩钻杆接头还在正常的可允许使用范围内。

当扭矩继续增加到 102.740 kN•m 时,API 钻杆接头已发生了屈服,而新型双台肩钻杆接头仍在使用范围之内。

经过对新型双台肩钻杆接头进一步的分析研究,计算得到新型双台肩接头可以承受的最大扭矩可达 170.540 kN•m。在有限元分析结果中得知新型双台肩钻杆接头有效地减小了应力集中,很好地改善了钻杆接头的应力集中现象。

3　现场应用

该新型双台肩钻杆接头由上海海隆石油管材研究所在 2009 年年初设计,经过室内和现场试验后用于实际生产。在经过批量生产后,已在长庆和四川等油田的油气井中得到应用。在油田的深井和超深井等难度较大的油气井中使用了很多的这种新型接头,应用情况良好,没有出现脱扣和胀扣等失效情况。

以四川油田某一超深井使用的 HL-NC50 型双台肩钻杆接头为例,该接头中长度 L_1 为 42.56 mm,长度 L_2 为 24.5 mm。管体外径为 127 mm,管体壁厚为 9.19 mm。实际应用中接头的上扣扭矩为 90.723 kN•m,比普通 API 标准接头高出约 30%,其可以承受的最大扭矩要比 API 接头高出 50% 以上,而且该新型双台肩钻杆接头上/卸扣方便,提高了工作效率。

该新型接头在油田应用中总体上收到了很好的效果,得到了用户的认可。

4　结论

(1)在相同扭矩下,新型双台肩钻杆接头的最大应力值明显小于 API 标准钻杆接头的应力值,其应力和接触力的分布趋势较均匀,明显优于 API 标准钻杆接头。

(2)当扭矩增加到 93.476 kN•m 时,API 标准钻杆接头已发生了屈服,而新型双台肩钻杆接头还在正常的可使用范围中。

(3)新型双台肩钻杆接头可以承受的扭矩可达到 170.540 kN•m。

(4)在研究及应用中可以看出,新型双台肩钻杆接头整体强度高,可传递更高的扭矩,其抗扭性能明显优于 API 标准钻杆接头,更有利于钻井的实际应用。

参考文献

［1］ 林元华,施太和,赵鹏,等.复杂地层钻具接头力学性能模拟及应用[J].钢铁,2005,40(8):43-47.

［2］ 李维明,张嗣伟.钻杆接头失效分析及预防措施[J].石油机械,1993,21(2):49-53.

［3］ 李润方,林腾蛟.石油钻杆联接螺纹弹塑性接触有限元分析[J].石油矿场机械,1998,26(6):44-46.

［4］ 伊德生,于安坤.双台肩钻杆接头提高抗扭强度[J].国外石油机械,1997,8(2):17-19.

［5］ 张毅,王治国,刘甫青.钻杆接头双台肩抗扭应力分析[J].钢管,2003,32(5):7-10.

［6］ API Spec 7 Specifications for rotary drill stem elements[S]. API,2001.

［7］ Shahani A R, Shari S M H. Contact stress analysis and calc ulation of stress concentration factors at the tool joint of a drill pipe[J]. Materials and Design，2009,22:1-7.

一种新型钻杆螺纹设计及应力分析

焦文鸿[1] 高连新[1] 鲁喜宁[2]

(1.华东理工大学,上海 200237;2.上海海隆石油管材研究所,上海 200949)

摘　要:针对应力集中导致石油钻杆螺纹产生疲劳裂纹,进而发生断裂失效事故的问题,在 API 接头的基础上,研究开发了一种新型钻杆螺纹接头。该新型螺纹结构主要改进之处是内螺纹锥度保持 1:6 不变,外螺纹锥度变为 1:6.23。有限元分析结果表明,这种螺纹形式显著改善了接头上的受力分布情况,使得螺纹应力分布更加均匀,并降低了主台肩过渡圆角处的应力集中。对样品的上扣试验结果表明,采用新型螺纹后,外螺纹接头主台肩底部的过渡圆角处应力集中情况也得到明显改善,接头整体受力分布和不同区域应力差更趋平缓,降低了螺纹前几牙及主台肩过渡圆角处的应力集中情况,可大大延长接头使用寿命。

关键词:钻杆;螺纹接头;有限元分析;锥度

石油钻杆在钻井作业中,服役条件苛刻,受力环境复杂,失效事故时有发生,给油田开发带来了重大损失。钻杆失效的主要部位之一是接头连接螺纹处,这是由于螺纹的几何形状及应力集中的效应所致,在复合交变应力作用下螺纹牙底部容易萌生疲劳裂纹,疲劳裂纹在循环应力和腐蚀作用下扩展,直至断裂。外螺纹接头的断裂常发生在从台肩算起第 2 个或第 3 个螺纹的根部,内螺纹接头的断裂常发生在最后啮合部位的螺纹处[1-2]。目前在油田中普遍使用的 API 接头螺纹由于其结构形式的缺陷,在使用过程中,外螺纹接头大端螺纹根部应力水平较高,应力集中很大,而应力集中是导致产生疲劳裂纹的一个重要原因。

针对上述问题,笔者研究开发出了一种新型钻杆接头螺纹。与普通的 API 接头螺纹相比,该新型螺纹形式有利于应力沿螺纹长度方向均匀分布。以 HLDS-38 型双台肩接头为例,经有限元分析结果表明,采用本设计以后,接头前 3 牙螺纹应力可比常规 HLDS-38 接头降低 30% 以上,样机上扣试验结果证明,新型接头的抗扭能力得到较大提高。

1　新型钻杆接头结构形式

新型螺纹结构形式主要改进之处是在以往所开发的牙底大圆弧螺纹基础上,内螺纹锥度保持 1:6 不变,外螺纹锥度变为 1:6.23,如图 1 所示。

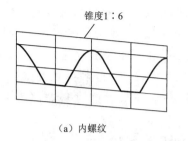
（a）内螺纹

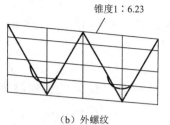
（b）外螺纹

图 1　新型螺纹结构形式

HLDS-38 型双台肩接头可与 API 接头[3-4]互换使用,其具体参数为外径 $D=$ 127 mm,内径 $d=61.9$ mm,中径 $C=96.72$ mm,弹性模量 206 GPa,泊松比 0.29,初始屈服强度 827.4 MPa。采用新型螺纹后的改进型接头结构见图 2。

由于内外螺纹锥度不一样,在上紧扣时,在中径相同的情况下,小端螺纹将产生过盈,过盈量为 0.23 mm（半径方向）,大端螺纹也有少量过盈。经分析,这种过盈量下的螺纹接头受力变形严重,无实用价值。根据经验对外螺纹取了其他几组不同的中径值,分别为 C_1、C_2、C_3,且 $C_1<C_2<C_3$,如表 1 所示。

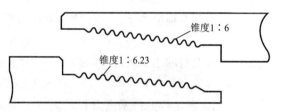

图 2　HLDS-38 改进型接头结构示意图

表 1　4 种不同工况螺纹参数组合

接头编号	内螺纹锥度	外螺纹锥度	外螺纹中径/mm
第 1 组	1:6	1:6.00	96.72
第 2 组	1:6	1:6.23	C_1
第 3 组	1:6	1:6.23	C_2
第 4 组	1:6	1:6.23	C_3

4 组接头从主台肩面处第 1 个完整啮合的螺纹牙开始的螺纹牙编号如图 3 所示。

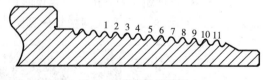

图 3　接头螺纹牙编号

2　计算模型建立

2.1　弹塑性有限元基本假设

对钻杆接头进行应力分析时,接头的变形往往会超出弹性变形范围,因此必须同时考虑弹性和塑性变形,弹性区采用 Hook 定律,塑性区采用 Prandtl-Reuss 方程和 Mises 屈服准则。如果发生了塑性变形但变形较小,仍可以采用工程应力和工程应变作为应力度量和应变度量,这时弹性力学中的平衡方程和几何方程仍然成立,只是物理方程变为非线性了,即为材料非线性问题。如果塑性变形较大,则必须考虑由于大位移和大转动对单元形状及有限元结果的影响,平衡方程必须相对于变形过的几何位置写出,应力-应变曲线也必须是真实应力(柯西应力)-对数应变曲线。由于特殊螺纹接头受力后变形较大,局部区域往往超过了材料的屈服极限,必须同时考虑材料非线性和几何非线性问题[5]。

在 Updata lagrangian 方法中,虚功方程可以表示为[6]:

$$\int_V S_{ij}\delta E_{ij}\mathrm{d}v = \int_{V_0} b_i^0 \delta \eta_i \mathrm{d}v + \int_{A_0} t_i^0 \delta \eta_i \mathrm{d}A \tag{1}$$

式中:S_{ij} 为对称二阶 Piola-Kirchoff 应力张量;E_{ij} 为 Green-lagrangian 应变张量;b_i^0 为体积力;t_i^0 为面力;η_i 为虚位移。

将应力与共轭应变带入上述虚功方程,即可得到单元平衡方程式:

$$\{K_1 + K_2\}\delta = F - R \tag{2}$$

式中:K_1 为材料的刚度矩阵;K_2 为几何刚度矩阵;F、R 为内力和外力。

在非线性问题中,K_1 和 K_2 已经不是常数矩阵,在它的各个元素中还包含节点的位移分量,所以由各个单元的平衡方程式集成的整个结构的有限元方程是一个非线性代数方程组,一般用牛顿-拉斐逊方程或修正的牛顿-拉斐逊方程求解。对于接触边界的处理,计算所采用的接触算法为直接约束法,它是解决所有接触问题的通用方法。

2.2 计算模型及离散化处理

现以 HLDS-38 型双台肩接头为例,说明这种新型接头的设计原理。根据接头的结构和受力特点,建模时做下述简化和假设:① 由于螺纹的螺旋升角很小,忽略其影响,把接头视为轴对称结构;② 钻杆接头的材料为低合金钢,视为均匀的各向同性体;③ 接触面的摩擦因数与螺纹脂类型有关,一般为 0.08~0.10 之间,计算假定接头中各接触面的摩擦因数为 0.08。

根据上述假设,将钻杆接头按轴对称问题处理,采用大型非线性有限元分析软件 MSC.MARC 进行建模和分析。在建模时选用三角形网格[7-8],单元类型为轴对称 3 节点三角形实体单元,模型有限元网格划分见图 4。

图 4 螺纹接头的网格划分

网格定义好后,定义其他参数,包括接触条件、摩擦因数、边界条件、材料特性和作业参数等,4 组接头外台肩过盈量都设置为 0.25 mm,内台肩不设置过盈量。参数定义好后,提交运行并查看运行结果。

3 计算结果

3.1 螺纹处受力分析

图5和图6是4组接头上扣后螺纹牙上的应力曲线分布图。

由图可知,第1组接头螺纹牙上的应力值要远大于第2、3、4组的值,而且第1组接头螺纹牙上的应力分布一直呈下降趋势,应力主要集中在前3牙螺纹,分布不均匀;第2、3、4组接头螺纹牙上的应力分布呈现抛物线形的较均匀分布,应力最低点都在第3牙螺纹。以图5(b)为例,其中,第1组接头前3牙螺纹所受应力分别为682.0 MPa、403.4 MPa及301.7 MPa,第3组接头前3牙所受应力分别为272.4 MPa、206.3 MPa及199.9 MPa,比第1组分别降低了60%、49%和34%,说明新型螺纹很好地降低了前几牙螺纹啮合时的应力水平,减轻了应力集中情况。而靠近副台肩的几牙螺纹应力都略高于第1组相同位置处的应力,这是由于该新型螺纹改变锥度后,小端螺纹产生过盈量,导致这部分区域啮合时应力增大。

由图6可看出,随着中径的增大,螺纹牙上的应力也逐渐增大,增大的幅度较小。小端螺纹应力的增大幅度逐渐降低,到了第4组接头,最后1牙螺纹应力比第2、3组都要低,3组接头应力大小次序发生颠倒。这是由于小端螺纹过盈量较小时,内外螺纹牙啮合时只有右侧相接触,应力全部由螺纹牙的右侧承担;当螺纹过盈量增大到一定程度后,内外螺纹牙啮合时两侧都开始接触,应力则分摊到两侧,使得最后1牙螺纹应力降低。

根据以上结果,新型螺纹通过改变

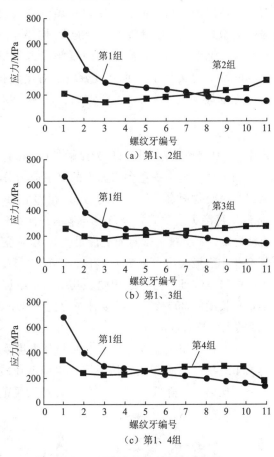

(a) 第1、2组

(b) 第1、3组

(c) 第1、4组

图5 4组接头螺纹牙处应力比较

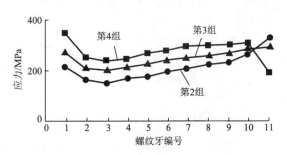

图6 第2、3、4组接头螺纹牙处应力比较

锥度,很好地改善了接头螺纹处的受力情况,使应力沿螺纹长度方向均匀分布,降低了前几牙螺纹的应力集中,这一特点明显优于锥度相同的螺纹接头。3 组接头中第 3 组受力情况最好,分布最均匀。

3.2 台肩面处受力分析

由于双台肩钻杆接头主台肩主要起密封作用,所以笔者主要考察外台肩面受力情况对密封性能的影响。根据文献[9-10],特殊螺纹接头金属密封结构满足 2 个条件即可具有较好的密封性:① 接触应力尽可能大,使泄漏面积较小;② 接触面积尽可能大,使泄漏路径较长。笔者采用外台肩面上的接触应力与积分强度表征接头的密封性能。积分强度(Sealindex)定义为密封面上接触应力对接触长度的积分,接触应力反映了接触面上对应节点的应力大小;积分强度则综合体现了接触应力和接触长度的效果,计算公式为:

$$P_{Sealindex} = \int_L \sigma_c \, dx \tag{3}$$

式中:σ_c 为接触应力,MPa;L 为接触长度,mm。

图 7 是 4 组接头主台肩面上的接触应力分布曲线。主台肩面总长度为 8.35 mm,节点编号沿密封面自下而上均匀分布,相邻的每 2 个节点间距离为 0.927 mm。从图可以看出,4 组接头接触应力分布趋势基本一样,第 2、3、4 组接头密封面上的接触力比第 1 组有所降低。4 组接头密封面上的最大应力都位于节点 9,第 1 组最大应力为 445.2 MPa,第 2、3、4 组最大应力分别为 228.53 MPa、357.83 MPa 和 393.57 MPa,4 组接头应力大小次序与螺纹处应力次序相同。其中第 2 组接头接触应力大于 250 MPa 的密封面长度不足总长度的 30%,第 3 组接触应力大于 250 MPa 的密封面长度大于总长度的 50%,第 4 组的大于总长度的 60%。

图 8 是 4 组接头外台肩面上的积分强度变化,3 组采用了新型螺纹的接头积分强度与第 1 组相比有所降低。其中第 2 组降低比较严重,比第 1 组降低了 37%;第 3、4 组接头分别比第 1 组降低了 19%、12%,在可接受范围之内。

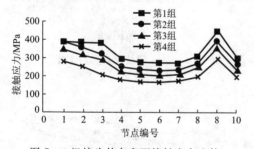

图 7　4 组接头外台肩面接触应力比较

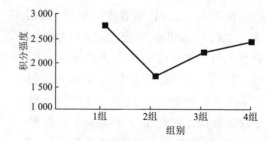

图 8　4 组接头外台肩面积分强度比较

3.3 综合分析

图 9 是第 1 组和第 3 组接头上扣后的等效应力分布云图。从图可以看出,采用新型螺纹后,外螺纹接头主台肩底部的过渡圆角处应力集中情况也得到明显改善,接头整体受力分布和不同区域应力差更趋平缓。说明新型螺纹通过改变外螺纹锥度,大大改善了

接头的整体受力情况,降低了螺纹前几牙及主台肩过渡圆角处的应力集中。

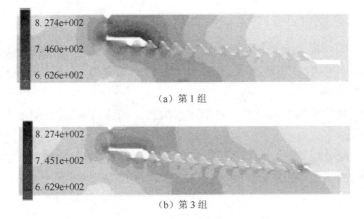

（a）第1组

（b）第3组

图9　第1、3组接头上扣后等效应力分布云图

经分析,这是由于外螺纹接头锥度改变后,小端螺纹牙在相互啮合时产生过盈,大端螺纹牙则有小量间隙,这些间隙在上扣时提供额外的弹性变形,使得应力由前几牙螺纹往小端传递,沿螺纹长度方向分布更均匀。同时,螺纹处也可更多地分担主台肩所受扭矩和应力,使主台肩处的扭矩和应力降低,大大改善了接头的整体受力情况。

综合以上分析,第3组接头(即中径值为 Q 时)整体性能最佳,螺纹处应力分布均匀,主台肩面密封性能较好。

4　实际应用

图10是试制出的中径为 Q 的外螺纹接头样品。经试验验证,试制的接头各项性能与有限元分析结果基本一致,可承受的最大扭矩达到 45 202 N·m,比常规 HLDS-38 型接头提高了 13%。

采用该新型螺纹加工出的钻杆接头,已于 2010年下半年在长庆油田的6口油井中试用。这6口井都为水平分支井,施工难度大,试用过程中没有发生1起因钻杆质量问题而引起的事故,得到了施工人员的一致好评。在这6口井连续使用完后,经现场检验,内外螺纹完好无损伤,未发现内外螺纹胀大、拉长、损坏和粘扣的现象,抗拉强度和抗扭强度都远远超过了基本要求。

图10　HLDS-38 改进型双台肩钻杆接头实物图

5 结论

(1) 新型外螺纹接头上更平坦的锥度设计,大大改善了接头的整体受力情况,有利于应力沿螺纹长度方向均匀分布,降低了前几牙螺纹上的应力,改善了螺纹处和主台肩转角处的应力集中现象。

(2) 新型螺纹的结构形式有利于降低主台肩面上的应力,但降低幅度不大,并不影响接头的密封性能。

(3) 油田实际使用结果证明,该新型螺纹改善了接头上的应力集中现象,使得接头可以传递更高的扭矩,减少了井下事故,并延长了其使用寿命,更有利于实际应用。

参考文献

[1] 巨西民,莫润阳. 钻杆接头螺纹部位疲劳裂纹的超声波检测[Q]. 西安石油学院学报:自然科学版,2000,15(5):64-67.

[2] 丁劲锋,康宜华,武新军. 钻杆螺纹无损检测方法综述[Q]. 无损检测,2007,29(6):350-352.

[3] API Spec 5D Specification for drill pipe[S]. 5th ed. USA:API,2001.

[4] API Spec 7 Specification for rotary drill stem elements[S]. 40th ed. USA:API,2001.

[5] 高连新,金烨,史交齐. 圆螺纹套管接头应力分布规律研究[J]. 机械强度,2004,26(1):42-48.

[6] Zabaras N,Bao Y,Srikanth A,et al. A continuum la-grangian sensitivity analysis for metal forming processes with applications to die design problems[J]. International Journal for Numerical Methods in Engineering,2000,48:679-720.

[7] 王治国,刘普清,唐豪清. 关于圆螺纹套管 API 最佳上扣扭矩合理性的探讨[J]. 宝钢技术,2001,(2):60-64.

[8] 陈火红. MSC. Marc/Mentat 2003 基础与应用实例[M]. 北京:科学出版社,2004.

[9] Jun Takano,Masao Yamaguchi,Hidenori Kunishige. Development of premium connection "KSBEAR" for with standing high compression,high external pressure,and severe bending[J]. Kawasaki Steel Technical Report,2002(47):14-22.

[10] 吴稀勇,闫龙,陈涛,等. 弯曲载荷下特殊螺纹接头密封性能的有限元分析[D]. 钢管,2010,39(6):71-73.

新型定向钻杆接头 HLBT-8A 的抗扭性能分析

高连新[1]　焦文鸿[1]　董　强[2]　袁鹏斌[2]

（1.华东理工大学，上海 200237；2.上海海隆石油管材研究所，上海 200949）

摘　要：阐述了新型定向钻杆接头 HLBT-8A 的基本结构和设计思想，并对该新型钻杆接头的最大屈服上扣扭矩进行了近似计算，运用有限元方法对该接头的上扣性能进行了分析，重点分析了主台肩、副台肩及螺纹所分担扭矩的情况，得到了该接头上扣扭矩—圈数曲线图，并通过全尺寸试验进行了验证。计算和试验结果表明，该接头具有先进的螺纹形式和合理的扭矩台肩结构，具有优良的抗扭性能、合理的应力分布，研究结果可以为开发更多适合工程实际需求的特殊螺纹钻杆接头提供参考。

关键词：钻杆接头；抗扭性能；应力分布；有限元分析；全尺寸试验

用水平导向钻机在地表下安装管道的方法称之为水平导向钻井法，这是一种无须开挖地表就可以在地下快速铺装管道的方法。非开挖定向钻杆是水平导向钻机的主要组成部分，在钻井作业过程中，具有传递扭矩和延长水平井距离的作用。目前，在开采煤层气的作业中，也开始大量使用这种钻杆[1]。

对于钻杆来讲，抗扭性能是其最重要的性能指标之一。而接头部分的抗扭性能一般远低于管体，成为整个钻杆柱中的薄弱环节。如何提高钻杆接头的抗扭性能是每个钻杆生产厂家都十分关心的问题。世界著名的钻杆生产商美国 GRANT 钻具公司（最近已被美国国民油井公司收购）和法德合资的 V&M 公司，都开发了各自的高抗扭钻杆系列[2-3]，占据了高性能钻杆的技术制高点。近年来，国内主要的钻杆生产厂如上海宝钢等也加大了抗扭钻杆的开发力度[4]，在高抗扭钻杆开发方面取得了一定的成果。但与国外先进技术相比，国内产品不论在性能上，还是在品种规格上都还存在不小差距。

作者最近开发了一种具有较高抗扭强度的定向钻杆接头 HLBT-8A，本文对这种接头的基本结构及抗扭性能进行了详细分析，以期为我国进一步研制新型钻杆接头提供参考。

1　HLBT-8A 接头的基本结构

石油钻杆采用的接头通常是 API 螺纹接头，其基本结构见图 1。该接头是一种标准接头，按照 API（美国石油学会）标准加工[5]。API 螺纹易于加工制造，便于检测，技术成熟,在普通油气井中,这种接头能够满足使用要求。

API 钻杆螺纹承载面角度大(30°),拧紧以后以及受拉伸载荷情况下,产生的径向分力大,连接效率低。普通钻杆螺纹公扣与母扣拧紧后,母扣台肩与公扣端面紧密接触,发生过盈配合,产生很大的相互作用力。该作用力由公扣的螺纹根部承受,离台肩越近的螺纹受力越大,离台肩越远的螺纹受力越小。螺纹各个齿受力的不均匀导致各个齿的变形量不均匀,离台肩最近的牙受力最大,变形最大。采用锥管螺纹,可以利用其不等截面的方法获得公扣齿根的综合强度,石油钻杆接头一般采用 1:6 或 1:4 的锥度,但是仍无法解决螺纹受力不均匀的问题。

目前有一种双台肩钻杆接头[6],除了上述内螺纹大端的台肩以外,在内螺纹小端也设置一个扭矩台肩。接头拧紧后,两个台肩同时接触,双台肩同时分担螺纹拧紧时产生的附件轴向力,使得整个螺纹受力不均的问题得到部分缓解。

螺纹将两根钻杆连接起来,在钻杆旋转和弯曲过程中,螺纹承载面和导向面交替作用,螺纹容易产生径向位移。因此,钻杆规范要求螺纹必须拧紧到一定的扭矩值,消除各接触面间隙,形成摩擦自锁,防止使用过程中松动。在各种连接中,圆锥配合的刚性是最好的。根据以上分析,本文吸收了目前的成熟技术,并增加了自己的独特设计,设计出了 HLBT-8A 螺纹形式,其结构如图 2 所示。

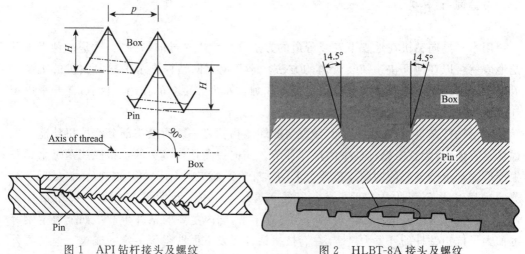

图 1 API 钻杆接头及螺纹　　　　　　图 2 HLBT-8A 接头及螺纹

这是一种梯形螺纹,承载面角 14.5°,导向面角 14.5°,螺距为 8.467 mm(3 牙,25.4 mm),锥度为 1:30。接头拧紧后,这种螺纹大径锥面接触,齿根圆弧过渡,保证了螺纹根部具有较大的剪切面积,增加了牙型的接触面积。较小的承载面角、较大的螺纹剪切面积以及更加平缓的锥度都有利于提供接头的抗扭性能和连接强度。

同时,许多设计都在公螺纹的根部开出应力槽[7],以减少螺纹应力集中,但是螺纹应力集中往往出现在金属截面面积变化最大的部位,应力槽的设计或加工稍有问题就会适得其反,故本设计尽可能用圆角代替应力槽。

为了最大限度地改善接头螺纹受力不均匀的问题,本设计除了在螺纹上采用了特别设计的螺纹以外,还采用了双台肩结构,其中外台肩为主台肩,内台肩为副台肩。

2 上扣扭矩估算

在相关的 API 标准上[8],给出了标准的 API 钻杆抗扭性能有限元分析杆接头的上扣扭矩计算公式:

$$T_y = \frac{Y_m A_1}{12} \left(\frac{p}{2\pi} + \frac{R_t f}{\cos\theta} + R_s f \right) \tag{1}$$

对于双台肩钻杆,则没有相应的公式。但是一般按照下面的公式计算:

$$T_y' = \frac{S A_1}{12} \left(\frac{p}{2\pi} + \frac{R_t f}{\cos\theta} + R_s f \right) + \frac{S A_n}{12} \left(\frac{p}{2\pi} + \frac{R_t f}{\cos\theta} + R_n F \right) \tag{2}$$

可见,API 钻杆接头的上扣扭矩是基于上扣到危险截面发生屈服的基础上的,螺纹本身在上扣过程中没有发生破坏。双台肩钻杆的扭矩则是上扣到外台肩的危险截面发生屈服,同时内台肩的危险截面也发生屈服,将二者叠加即可以得到双台肩接头钻杆最终的上扣扭矩。

式(1)、式(2)是基于 API 螺纹形式下的单台肩钻杆接头和双台肩钻杆接头,对于 HLBT-8A 钻杆接头来说,其螺纹与 API 螺纹不同,而是梯形螺纹,再使用上述公式计算将会有一定误差。

以外径为 76 mm、内径为 58 mm 的 HLBT-8A 钻杆接头为例,仍然利用上述公式,初步估算其最大上扣扭矩。

假设接头材料为钛合金,其最小屈服强度为 886 MPa。

$$A_1 = \frac{\pi}{4} (D_1^2 - D_i^2) \tag{3}$$

其中 $D_i = C - 2 \times 1.05 - r_{tp}/8 \times 12$,1.05 为公螺纹中径线到牙底的距离(mm);接头锥度为 1:30,换算得 $r_{tp} = 0.4$。

代入各系数得:

$$D_1 = 61.794 \text{ mm}, A_1 = 623.228 \text{ mm}^2$$

$$R_t = \frac{2C - \left(L_{pc} - \frac{11}{25.4} \right) r_{tp} \times \frac{1}{12}}{4} \tag{4}$$

其中 $L_{pe} = 58$ mm,代入式(4)得:

$$R_t = 31.608 \text{ mm}$$

$$R_x = \frac{D + Q_C}{4} = 35.717 \text{ mm}$$

$$A_n = \frac{\pi}{4} (D_n^2 - D_i^2) \tag{5}$$

其中 D_n 为公接头鼻端直径:$D_n = 60.333$ mm,带入式(5)得 $A_n = 483.076 \text{ mm}^2$。

$R_n = (D_n + D_i)/4 = 28.833$ mm,$\theta = (30° + 3°)/2 = 16.5°$,摩擦系数 $f = 0.08$,带入式(2)计算得 $T_y' = 6\,470.6$ N·m。

3 抗扭性能有限元分析

3.1 非线性迭代求解方法

本文中涉及的钻杆螺纹接头属于非线性有限元问题,与线性有限元问题有很大不同,主要体现在以下 3 个方面:

(1)非线性问题的方程是非线性的,因此一般需要进行迭代求解;

(2)非线性问题不能采用叠加原理;

(3)非线性问题不总有一致解,有时甚至无解,尽管问题的定义都是正确的。

以上三方面使非线性问题的求解过程比线性问题更加复杂、费用更高和更具有不可预知性。因此,非线性有限元程序不仅需要做复杂的计算式和有效的数据管理,而且必须包含合理的逻辑来指导求解过程。

目前很多大型有限元软件都提供了多种高效可靠的非线性迭代求解器,分别适用于不同的工程问题。用户可根据问题的性质选用不同的求解方法,也可对同一问题的不同时间增量步内的方程组采用不同的求解方法。MSC. Marc 提供了三种非线性迭代求解方法分析各类非线性问题[9],即 Full Newton-Raphson 迭代、Modified Newton-Raphson 迭代和 N_R With Strain Correction 迭代。

本次分析根据载荷工况选择 Full New-Raph-son 迭代方法,该方法收敛性较好。

收敛判据用于控制非线性迭代近似解的可接受程度。按照约定的误差评判准则和给定的最大误差,程序可以自动判断迭代何时终止。MSC. Marc 提供了以下三种不同的收敛判据:残余力判据、位移判据、应变能判据。用户可根据不同情况选择不同的判据,也可在同一问题的不同增量步内采用不同的判据。本次分析采用程序提供的默认设置,即残余力判据。残余力是用来度量迭代的近似位移所产生的内力(矩)与外载荷之间的差值。残余力为零表明内力(矩)与外力(矩)平衡,对应的解是精确结果。因此要使迭代后的近似结果精度足够高,应使残余力足够小。

Marc 允许进行相对残差检查和绝对残差检查,原理分别如下式所示:

$$\frac{\parallel F_{residual} \parallel \infty}{\parallel F_{reaction} \parallel \infty} < TOL_1 \ \text{和} \ \frac{\parallel M_{residual} \parallel \infty}{\parallel FM\,reaction \parallel \infty} < TOL_2$$

$$\frac{\parallel F_{residual} \parallel \infty}{\parallel F_{reaction} \parallel \infty} < TOL_1 \qquad \parallel F_{residual} \parallel \infty < TOL_1$$

$$\parallel F_{reaction} \parallel \infty < TOL_1 \ \text{和} \ \parallel M_{residual} \parallel \infty < TOL_2$$

其中:TOL_1 和 TOL_2 分别是用户给定的残余力允许值;$F_{residual}$、$F_{reaction}$ 分别是节点自由度上的残余力和最大反力;$M_{residual}$、$M_{reation}$ 是节点自由度上的残余力矩和最大反作用力矩。相对残余力定义为残余力与系统最大反作用力(矩)之比。

3.2 计算模型及离散化处理

以外径为 76 mm、内径为 58 mm 的 HLBT-8A 钻杆接头为例,对这种新型钻杆接头

的抗扭性能进行分析。在不影响问题实质的前提下,建模时引入下述简化和假设:

(1) 由于螺纹的螺旋升角很小,忽略其影响,把接头视为轴对称结构;

(2) 钻杆接头的材料为钛合金钢,视为均匀的各向同性体;

(3) 接触面的摩擦系数与接头材料和螺纹脂类型有关,本计算对摩擦系数进行了检测,当内外螺纹均进行镀铜处理、并均匀涂抹螺纹脂后,测得摩擦系数为 0.087。

根据上述假设,将 HLBT-8A 钻杆接头按轴对称问题处理。选用的单元类型为轴对称三结点三角形实体单元,模型有限元划分见图 3。

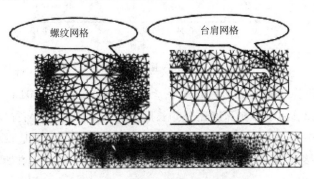

图 3　HLBT-8A 钻杆接头的有限元网格

3.3　计算结果

尽管上文已经初步估算了该接头的最大上扣扭矩,但是由于这种接头的结构形式、螺纹形状等都与 API 螺纹不同,因此这种估算结果是不准确的,难以作为判断依据。

为了进一步了解该新型钻杆接头 HLBT-8A 的抗扭性能,本文利用有限元法,对该接头的上扣性能进行了分析,并计算了其最大允许的上扣扭矩。研究了接头手紧后,机紧上扣圈数分别为 0.01~0.12 圈时,接头的扭矩变化。同时计算了在上述圈数下,主台肩、辅助台肩和螺纹上分别承担的扭矩值。计算结果见表 1。

表 1　上扣扭矩计算结果

上扣圈数	上扣扭矩/(N·m)			
	主台肩	副台肩	螺纹	总扭矩
0.01	524.2	365.0	869.9	1 759.1
0.02	1 022.3	725.3	1 711.0	3 458.6
0.03	1 429.1	881.2	2 248.5	4 558.8
0.04	1 685.1	867.3	2 450.7	5 003.1
0.06	1 878.0	892.4	2 638.3	5 408.7
0.08	1 942.2	894.7	2 700.7	5 537.6
0.10	1 962.8	913.3	2 732.6	5 608.7
0.12	1 905.0	945.9	2 684.6	5 535.5

利用上述计算结果,进一步可以得到接头 HLBT-8A 的上扣扭矩曲线,见图 4。

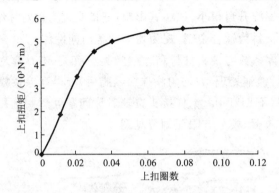

图 4　HLBT-8A 接头上扣扭矩曲线

由于螺纹螺距为 8.467 mm,因此从手紧位置开始,每拧紧 0.01 圈,接头台肩过盈量增加 0.084 67 mm。由于母扣深度比公扣长度大 0.05 mm,所以当拧紧 0.01 圈时,主台肩面间过盈量为 0.08 mm,由于发生弹塑性变形,副台肩面间过盈量要小于 0.03 mm,因此副台肩面上的接触力与主台肩面上的接触力相比很小,副台肩所承担扭矩比主台肩小。

从表 1 和图 4 可看出:在 0.02 圈前,上扣扭矩呈线性增加,说明接头主台肩、副台肩和螺纹的变形均在弹性范围内。在 0.04 圈后,随着上扣圈数的增加,上扣扭矩增加的幅度逐渐放缓,说明局部区域已进入屈服状态。到 0.10 圈时上扣扭矩达到最大值,此时主台肩承担的扭矩为 1 962.8 N·m,副台肩承担的扭矩为 913.3 N·m,螺纹承担的扭矩为 2 732.6 N·m,总扭矩为 5 608.7 N·m。此后,尽管继续上扣,但主、副台肩承担的扭矩变化却很小,这是因为 0.10 圈后接头大部分已进入屈服状态。最终在 0.15 圈时,接头公扣在靠近台肩的最后一牙螺纹齿底断裂失效,说明此处是接头的危险截面。

总体看来,主台肩承担的扭矩比最大,占总扭矩的 1/3 左右,且在屈服前,随着上扣圈数的增加,其所承担扭矩比也逐渐增加,最大为 35%。副台肩承担扭矩比在 17% 左右,最大为 21%;且随着上扣圈数增加,扭矩比逐渐降低。

螺纹部分,从整体上看,各螺纹牙承担扭矩比比较接近。第 1 牙和第 5 牙螺纹所承担扭矩比都随着上扣圈数的增加而降低,最大分别为 11.2%、12.5%;中间 3 个牙螺纹承担扭矩比都随着圈数的增加而增加。第 0.02 圈时,第 5 牙螺纹承担扭矩最大为 12.5%,第 1 牙承担最小为 8%,最高和最低不超过 4.5%,说明应力在接头螺纹部分分布很均匀,这是由于该接头螺纹锥度为 1:30,这种平缓的锥度使得应力可以沿螺纹长度方向均匀分布,大大降低了前几牙螺纹的应力,提高了疲劳强度。

因此可知,该接头的最大上扣扭矩可以达到 5 608.7 N·m,而采用 API 钻杆螺纹的同规格、同材质的钻杆接头,上扣扭矩仅为 3 679 N·m,新型接头的抗扭能力是 API 钻杆接头抗扭能力的 1.5 倍,说明 HLBT-8A 接头的抗扭性能提高显著。

对接头继续施加扭矩直至破坏,研究接头在扭转载荷作用下的失效模式以及失效时失效部位的应力状态。计算结果显示,当上扣扭矩增加到 6 218 N·m 时,接头公扣靠近台肩的一牙螺纹齿底塑性区已经穿透整个截面,应力达到了材料的屈服极限 886 MPa,发生断裂失效。

4 抗扭性能试验

利用高精度钻杆螺纹加工车床编制加工程序,加工出了 HLBT-8A 接头。取 3 个这种接头进行试验,检验其抗扭性能。

利用钻杆上、卸扣试验机,首先对 3 个接头按照 4 608 N·m 的扭矩上扣,卸扣后检查螺纹、主台肩和副台肩的损坏情况。结果发现,采用 5 608 N·m 的上扣扭矩,卸扣后没有任何损坏,但是测量公、母接头的紧密距,与上扣前相比发生了一定变化,这说明接头局部发生了明显的塑性变形。

第 2 次上扣为破坏性试验,考核接头的极限抗扭能力,结果 3 个接头分别在扭矩为 7 120 N·m、7 315 N·m 和 7 068 N·m 时,在接头公扣靠近台肩的最后一牙螺纹齿底断裂失效,见图 5,这与有限元计算的失效位置一致。

图 5 HLBT-8A 接头失效位置

5 结论

(1)钻杆接头的抗扭性能取决于其自身的结构。对于 API 钻杆接头来说,螺纹承载面角平缓且只有一个扭矩台肩,上扣后螺纹的径向分力大。HLBT-8A 接头采用梯形螺纹形式,且设计有两个扭矩台肩,抗扭能力大幅度提高。其抗扭强度达到同规格 API 接头的 1.5 倍以上。

(2)HLBT-8A 接头各螺纹牙间承担的扭矩比较均匀,说明该接头所采用的梯形螺纹以及 1:30 的螺纹锥度使得应力沿螺纹长度方向均匀分布,提高了接头的抗疲劳强度。

参考文献

[1] 贾文广,王亚敏,贺瑞燕. Φ73 加强型非开挖钻杆的研制[J].非开挖技术,2010(5):9-11.

[2] Bodrov Yu V,Gorozhanin P Yu,Grekhow A I,et al. New technologies for making high quality drill pipe[J]. Metallur-gist,2005,49(1-2):61-63.

[3] Sevighon Anne,Driling Vam,Bachiri Kamal,et al. How to define a new higher strength drill pipe for maximizing safety[C]//SPE Deep Gas Conference and Exhibition. Manama,Bahrain:Society of petroleum Engineers,2010:338-347.

［4］ 赵鹏.宝钢钻杆的生产技术实践［J］.钢管，2012，41(2)：21-24.

［5］ API RP 7G—2003　Specification for rotary drill stem elements［S］. 40th ed. USA：［s. n. ］，2001：30-40.

［6］ 任辉,高连新,鲁喜宁.新型双台肩钻杆接头研究与应用［J］.石油机械，2011，39(3)：63-66.

［7］ 任辉,高连新,鲁喜宁.一种新型钻铤接头应力减轻结构的效果分析［J］.石油钻采工艺，2011，33(2)：128-130.

［8］　API Spec 7—2003　Recommended practice for drill stem design and operating limits［S］. 16th ed. USA：［s. n. ］，2003：10-13.

［9］ 陈火红. MSC. Marc/Mentat 2003 基础与应用实例［M］.北京：科学出版社，2004.

屈强比对高强度高塑性钻杆性能的影响

欧阳志英　舒志强　袁鹏斌

（上海海隆石油管材研究所,上海 200949）

摘　要: 应用两种不同钻杆材料热处理到不同强度（105 ksi、135 ksi、150 ksi 及 165 ksi 钢级）的真实应力-应变曲线,分析了工程屈强比对形变硬化指数、真实断裂强度、均匀形变容量、静力韧度等的影响规律。结果表明,工程屈强比与上述参数没有明显的对应关系,不宜把工程屈强比作为高强度钻杆的一个硬性技术指标来要求,良好的塑性是确保高强度钻杆安全使用的关键指标。采用特殊材料及严格热处理的 150 ksi 钢级钻杆,虽然其工程屈强比较高,但由于具有高塑性,仍然具有良好的综合性能。

关键词: 屈强比;高强度钻杆;塑性;热处理

随着钻井技术的发展及工业生产对资源的需求,钻井作业已经逐渐走向深井及超深井,对钻具的承载能力及抗扭矩能力提出了更高的要求,现行钻杆规范——API 5DP—2010 中规定的最高强度 S135 钢级钻杆使用受限,DS-1《钻井用管材产品规范标准》中增加了 150 ksi 钢级钻杆[1]。目前国内外均开发了高钢级钻杆,但同时也面临一个工程屈强比较高的问题。文献表明[2]:150 ksi 钢级钻杆工程屈强比高达 0.98,165 ksi 钢级钻杆工程屈强比达 0.95。文献表明[3]:150 ksi 钢级钻杆工程屈强比达 0.92,165 ksi 钢级钻杆工程屈强比达 0.97。文献表明[4]:150 ksi 钢级钻杆工程屈强比达 0.94。通常认为金属材料屈强比越大,屈服后产生塑性变形到断裂前的形变容量越小,使用安全性也随之降低。

人们在高强度管线钢的屈强比对其使用安全性影响方面展开了大量研究[5-11],ISO 3183—2007 及 GB/T 9177—2011 对管线钢的屈强比有严格要求。但对于钻杆,无论是 API 5DP 还是 DS-1 标准均只对延伸率要求,而未对屈强比做要求,也未见文献报道屈强比对其使用安全性的影响。笔者通过分析不同强度钻杆的静载拉伸曲线,研究工程屈强比与真实屈强比、硬化指数、均匀形变容量、静力韧度等参数的影响规律。

1　试验材料及方法

选取规格为 Φ127 mm×9.19 mm 钻杆管体毛坯样,实验材料有普通 135 钢级钻杆材料 27 CrMo（以下简称 A）及特殊材质（以下简称 B）两种。分别热处理后按照 ASTM A370 标准要求,取全壁厚、板状试样在室温下进行拉伸试验。采用专用软件（Tensile Analyzer）获取其工程应力-应变曲线数据,将其转换为真实应力-应变曲线,并进行相关计算,得出真实屈服强度、真实抗拉强度、真实断裂强度、真实屈强比、形变硬化指数,并利用 Origin 8.0 软件积分计算其均匀形变容量、静力韧度。

2 实验结果

屈强比是屈服强度和抗拉强度的比值,由工程应力-应变曲线求出的称为工程屈强比,由真实应力-应变曲线求出的称为真实屈强比。表 1 为拉伸试验工程应力-应变曲线得到的数据。从中可以看出,不同材料随强度提高,工程屈强比具有不同的变化规律。对于 A 材料,随着屈服强度提高约 100 MPa,其工程屈强比由 0.91 提高到 0.95。而对于 B 材料,工程屈强比并没有随强度的升高而显著提高。但其工程屈强比整体偏高,屈服强度只有 900 MPa,工程屈强比已达到 0.962,但其塑性较好,B-150 试样断后伸长率平均值为 23.8%,远高于 API 5DP—2010 对 S135 的要求。

表 1　工程应力-应变曲线得到的数据

试验编号	工程抗拉强度 R_m/MPa	工程屈服强度 $\sigma_{s/}/MPa$	工程屈强比	断后伸长率 $A/\%$
A-135-1	1 053	964	0.915	22.0
A-135-2	1 055	968	0.918	21.6
A-150-1	1 127	1 077	0.956	19.8
A-150-2	1 126	1 074	0.954	20.2
B-105-1	935	900	0.962	24.2
B-150-1	1 148	1 106	0.964	23.4
B-150-2	1 140	1 100	0.969	24.2
B-165-1	1 214	1 150	0.954	22.2
B-165-2	1 200	1 137	0.948	19.5

备注:试样编号命名规律为,第一个字母为材质代号,第二个数字为钢级代号,第三个数字为平行样代号。

图 1 是试样 B-150-1 工程应力-应变曲线和真实应力-应变曲线对比。从中看出,在弹性变形阶段两曲线基本重合,真实屈服应力和工程屈服应力非常接近,但随着塑性变形增加,真实抗拉强度比工程抗拉强度要高约 100 MPa,而且真实应变小于工程应变。另外,真实断裂强度要远高于工程抗拉强度。利用真实应力应变曲线获得数据见表 2。

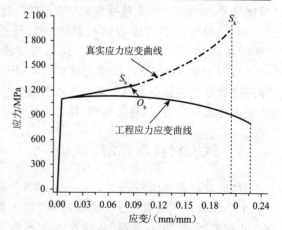

图 1　B-150-1 工程应力-应变曲线
和真实应力-应变曲线对比

表 2 真实应力-应变曲线得到的数据

试验编号	真实抗拉强度 S_b/MPa	真实屈服强度 S_s/MPa	真实屈强比	断裂应力 S_k/MPa	静力韧度 U_T	均匀形变容量	硬化指数
B-105-1	1 029.02	907.13	0.881	1 692	256.2	88.7	0.099
A-135-1	1 152.78	970.85	0.842	1 847.38	261.74	90.0	0.090
A-135-2	1 161.62	975.152	0.839	1 843.92	271.07	96.4	0.096
A-150-1	1 211.19	1 085.8	0.896	1 914.04	240.42	74.2	0.071
A-150-2	1 211.22	1 082.18	0.893	1 903.79	255.31	74.0	0.072
B-150-1	1 246.31	1 114.45	0.894	1 973.83	291.33	89.0	0.082
B-150-2	1 247.49	1 120.16	0.898	1 924.24	290.10	87.0	0.083
B-165-1	1 317.43	1 158.61	0.879	2 031.21	276.91	93.0	0.081
B-165-2	1 299.56	1 145.49	0.881	1 970.13	264.81	90.0	0.081

2.1 真实屈强比、形变硬化指数

表 3 列出了两种材料热处理后的工程屈强比、真实屈强比及形变硬化指数。从中看出：① 所有试样真实屈强比均比工程屈强比降低了约 6%～8%，工程屈强比较高的 B-150 材料，真实屈强比虽然高于常规 S135，但小于 0.9，说明其在屈服后仍有较大的塑性硬化变形能力和强度储备。② 高的屈强比并不意味着低的形变硬化指数。B-105 虽然屈强比高达 0.962，但其形变硬化指数最大。而 A-150 的屈强比虽然比 B-150 要低些，但其形变硬化指数却比后者还低，说明 B-150 具有更好的抵抗塑性变形的能力。

表 3 试样真实屈强比、形变硬化指数与工程屈强比变化规律

试样编号	B-105-1	A-135-1	A-135-2	A-150-1	A-150-2	B-150-1	B-150-2	B-165-1	B-165-2
工程屈强比	0.962	0.915	0.918	0.956	0.953	0.964	0.969	0.947	0.948
真实屈强比	0.881	0.842	0.839	0.896	0.893	0.894	0.898	0.879	0.881
降低百分比/%	8.4	8.0	8.6	6.3	6.3	7.3	7.3	7.2	7.1
形变硬化指数	0.099	0.090	0.094	0.071	0.072	0.082	0.083	0.081	0.080

2.2 真实断裂强度

从以上表 1、表 2 数据中可以得到：① 所有试样的真实抗拉强度均高于工程抗拉强度，提高量在 7.0%～10.1% 之间。其中，A-150 增加量最少，为 7.50%，B-105 增加最多，约 10%，而 B-150 高出约 8.6%；② 所有试样的真实断裂强度均远高于工程抗拉强度，B-150 高出约 72%。由此可见，采用特殊材质处理成高强度钻杆（B-150）在颈缩后到断裂过程中还需消耗大量能量，具有足够抗断裂能力；③ 强度提高量与工程屈强比没有明显关系，但与伸长率变化有明显的对应关系（见图 2）。真实抗拉强度及真实断裂强度

相对工程抗拉强度的提高量随着伸长率的提高而提高。因此,为获得优良的抗断裂能力,高强度钻杆必须具备优良的塑性。

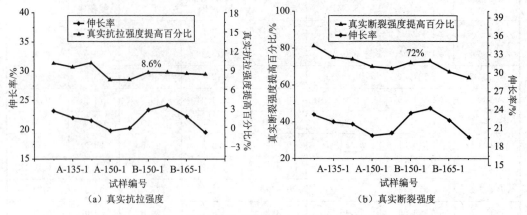

（a）真实抗拉强度　　　　　　　　　（b）真实断裂强度

图 2　不同试样强度提高量与延伸率变化规律

2.3　均匀形变容量

材料均匀变形容量的大小反映了材料从起始塑性变形到塑性失稳过程中重新分布高应力的能力,会影响材料抗过载能力,抗局部应力集中能力。一般以真实应力-应变曲线中均匀塑性变形区域的面积表示[12]。工程应用中常以屈强比来间接衡量材料的均匀形变容量,如图 3 所示,网格区域面积即表示均匀变形容量,其大小受到真实抗拉强度和真实应变的影响,强度越高,均匀塑性变形阶段应变量越大,均匀形变容量就越大。

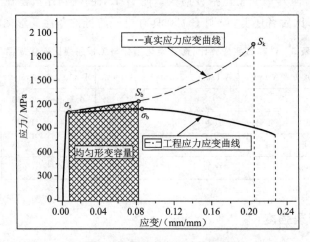

图 3　均匀形变容量计算区域

从表 4 可以看出,不同材料的均匀形变容量有不同的降低趋势。对于 A 材料,随着强度由 135 钢级增加到 150 钢级,工程屈强比上升,其均匀形变容量显著降低。而对于 B 材料,不同钢级的均匀形变容量并没有明显的变化,在数值上和 A-135 基本相当。而其工程屈强比均比 A135 高。这表明用屈强比间接衡量材料的均匀形变容量不是十分准确的。

表4 不同试样的均匀形变容量

试验编号	B-105-1	A-135-1	A-135-2	A-150-1	A-150-2	B-150-1	B-150-2	B-165-1	B-165-2
工程屈强比	0.962	0.915	0.918	0.956	0.953	0.964	0.969	0.947	0.948
均匀形变容量 /MJ·m^{-3}	88.7	90.0	96.4	74.2	74.4	89.0	87.0	93.0	90.0

2.4 静力韧度

静力韧度指的是静拉伸真实应力-应变曲线所包含的总面积,也就是材料在断裂前所吸收的功,体现了材料抗变形和抗裂纹扩展的能力[12]。从表5中可以看出,屈强比与静力韧度没有明显对应关系。对于 B-150 而言,虽然其屈强比高达 0.964 和 0.969,是所有材料中最高的,但由于其具有良好的塑性,其静力韧度为 290 MJ/m³,也是最高的,也就是说材料断裂消耗的能量是最高的,这说明该材料具有很好的塑性变形和抵抗变形损伤的能力,不影响其使用的安全性和可靠性。

表5 不同试样静力韧度汇总

试验编号	B-105-1	A-135-1	A-135-2	A-150-1	A-150-2	B-150-1	B-150-2	B-165-1	B-165-2
工程屈强比	0.962	0.915	0.918	0.956	0.953	0.964	0.969	0.947	0.948
静力韧度 /MJ·m^{-3}	256.20	261.74	271.07	240.42	255.31	291.33	290.10	276.91	264.81

3 讨论

一般认为,随着屈强比的增加,屈服强度和抗拉强度相差较小,因此当外加应力水平从屈服强度达到材料的抗拉强度时,不足以发生较大的均匀塑性变形,从而降低材料的抗过载能力及抗局部应力集中能力。而实验结果表明,屈强比与均匀形变容量、形变硬化指数均没有直接对应关系。用工程屈强比来间接表征材料的抗过载能力不是十分准确的。如图4所示,虽然3种材料的工程屈强比相同,但3号试样的均匀塑性变形量显然是最大的,其真实抗拉强度、真实断裂强度、真实屈强比、形变硬化指数、均匀形变容量及静力韧度等值必然最高。因此,工程屈强比不宜作为高强度钻杆的一个硬性技术指标来衡量钻杆质量。而高的均匀塑性变形能力是确保高强度钻杆安全使用的关键指标。在屈服强度一致的情况下,均匀塑性变形能力越强,其真实

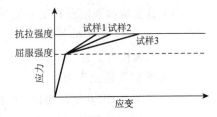

图4 3种材料(试样1,2,3)的应力-应变曲线

抗拉强度越大,真实屈强比越小,均匀形变容量越大,形变硬化指数越大,抗过载能力也

就越强。而要有高的均匀塑性变形能力,材料就必须具备良好的塑性。

表6统计了所有试样拉伸试验三个阶段(弹性变形阶段、均匀塑性变形阶段及不均匀塑性变形阶段)消耗的能量百分比,从中看出弹性变形阶段消耗能量较低,只占到1.5%~3%之间。均匀塑性变形阶段随屈强比的增大,其所占百分比略微降低,如A-150及B-150由于屈强比较高,均匀形变容量所占百分比略低,但其影响较小。相对而言,大部分能量消耗在不均匀变形阶段。因此,从整个拉伸过程来看,工程屈强比的提高对试样断裂行为影响很小。

综合以上分析可知,高屈强比高强度钻杆,如果具有高塑性,并不影响钻杆的安全使用。

表6 不同试样拉伸试验三个阶段所占面积比

试验编号	弹性变形面积比 /%	均匀塑性变形面积比 /%	不均匀塑性变形面积比 /%
B-105	1.76	34.6	63.6
A-135-1	1.64	34.4	64.0
A-135-2	1.67	35.6	62.8
A-150-1	2.53	30.9	66.6
A-150-2	2.27	29.1	68.6
B-150-1	1.85	30.5	67.6
B-150-2	1.68	30.0	68.4
B-165-1	1.71	33.5	64.8
B-165-2	1.88	33.9	64.2

4 结论

(1)不同材料工程屈强比随强度的提高有不同的变化规律,对于A材料,屈强比随着强度提高显著升高。对于B材料,工程屈强比随强度提高变化不大,但数值较高。

(2)真实抗拉强度及真实断裂强度强度比工程抗拉强度均高,其提高量与工程屈强比没有明显关系,但与伸长率变化有明显的对应关系。伸长率越大,其提高量就越大。

(3)屈强比与塑性、均匀形变容量、形变硬化指数、静力韧度等参数均没有明显对应关系。不宜把屈强比作为高强度钻杆的一个硬性技术指标来要求。

(4)与常规S135钻杆相比,采用特殊材料制造的钻杆强度达到150钢级时(B-150),虽然其工程屈强比较高,但由于具有良好的塑性,其均匀形变容量、硬化指数、静力韧度基本相当,具有良好的综合性能。

参考文献

［1］ Standard DS-1™ Volume 1 Drilling tubalar product specification［S］. TH HILL ASSOCIATES，INC. Third Edition.

［2］ Lou Elliott，Vincent Buchoud，Tony Krepp. High-strength，thin-wall. all-steel drill pipe may provide solution for ultra-extended-reach wells［J］. Drilling Contractor，2009，42-52.

［3］ Michael Jellison，Brandon Foster，Greg Glliott，et al. Light weight ultra-high strength Drill pipe for extended reach and critical deep drilling［R］. DEA quarterly Meeting，Houston：March，2010，1-34.

［4］ 钱强，刘聪，姜荣凯，等. 钻杆管体的热处理工艺［P］. 中国：CN 101781702A，2010.7.

［5］ 李鹤林. 天然气输送钢管研究与应用中的几个热点问题［J］. 焊管，2000，23（3）：43-61.

［6］ 高钢级管线钢管的屈强比、均匀变形延伸率和形变硬化指数之间关系的研究［R］. 中俄输气管线用钢管及管件关键技术指标的研究及技术条件制定，1-32.

［7］ 高惠临. 管线管屈强比分析与评述［J］. 焊管，2010，33（6）：10-14.

［8］ 辛希贤，姚婷珍，张刊林，等. 高屈强比管线钢的安全性分析［J］. 焊管，2006，29（4）：36-39.

［9］ 李晓红，辛希贤，樊玉光. X80 高屈强比管线钢性能分析与管道安全性预测［J］. 机械科学与技术石油机械，2005，24（9）：1 074-1 076.

［10］ 焦多田，蔡庆伍，武会宾. 轧后冷却制度对 X80 级抗大变形管线钢组织和屈强比的影响［J］. 金属学报，2009，45（9）：1 111-1 116.

［11］ 李晓红，辛希贤，樊玉光. 高强度管线钢屈强比参数的一些探讨［J］. 石油机械，2010，34（9）：105-107.

［12］ 周惠久，黄明志. 金属材料强度学［M］. 北京：石油工业出版社，1989.

改善 7055 铝合金力学性能的研究

赵晓洁[1]　余荣华[2]　袁鹏斌[2]

(1.燕山大学,河北秦皇岛 066004;2.上海海隆石油管材研究所,上海 200949)

摘　要:针对铸造法制备的 7055 铝合金断裂韧性偏低等问题,采用喷射成形技术制备 7055 铝合金,并对该铝合金进行挤压、固溶处理及时效处理。结果表明:喷射成形技术制备的 7055 铝合金经适当的热挤压、固溶处理及时效处理后的组织均匀致密,且存在大量弥散的纳米级析出相,具有较高的力学性能,其硬度、抗拉强度及伸长率分别为 204H V、712.8 MPa 和 14%。

关键词:7055 铝合金;喷射成形;热处理;力学性能

7055 铝合金具有比强度高和耐腐蚀性好等优点,已作为重要的结构材料在航空航天、交通运输及建筑等领域得到广泛应用[1-2]。目前,制备 7055 铝合金的方法主要采用铸造法,然后再进行塑性加工成型。由于 7055 铝合金的合金元素含量较高,将会造成铸坯中偏析严重,未溶共晶相粗大[3],因而恶化了铝合金的力学性能,这在很大程度上限制了该铝合金的应用。喷射成形技术具有快速凝固的特点,采用该技术制备的金属材料成分均匀、组织细化[4],且第二相细小。再者,热挤压能消除喷射成形态组织中的孔隙缺陷,而固溶处理及时效处理能进一步改善铝合金的力学性能。鉴于此,本文采用喷射成形技术结合热挤压、固溶处理及时效处理来改善 7055 铝合金的力学性能。

1　实验材料与方法

实验材料采用 7055 铝合金,其成分含量如表 1 所示。将 7055 铝合金成分按要求配制的各种原材料在中频感应炉内进行熔炼,当熔炼温度升至约 700 ℃时,将熔体转移到中间包中静置一定时间后,再转移到漏包中停留一定时间,然后在全自动控制往复喷射成形设备 SFD-500 进行喷射成形实验,采用氮气保护,其喷射成形工艺参数见表 2。

表 1　7055 铝合金化学成分(质量分数/%)

Si	Fe	Cu	Mn	Mg	Cr	Zn	Ti	Zr	Al
0.1	0.15	2.0—2.6	0.05	1.8—2.3	0.4	5.39	0.06	0.08—0.25	其余

表 2　喷射成形工艺参数

试验参数	数　值
斜喷角	20°～30°
接受距离	500～700 mm
接受盘旋转速度	40～60 r/min
接受盘下降速度	2～4 mm/s
雾化温度	780～900 ℃
雾化压力	0.7～0.8 MPa

将沉积锭坯表面的毛刺车削去,在 2 000 吨的卧式挤压机上进行热挤压,热挤压温度为 425 ℃,挤压比为 5。然后使用 YFL125 型号电阻炉对挤压后的材料进行热处理,460 ℃下保温 2 h 取出后立即水淬,在保温炉中进行 120 ℃时效 24 h。用 HV-10B 小负荷维氏硬度计测试材料的硬度值,所用载荷为 10 N,加载时间为 15 s,拉伸实验在 WAW-600 微机控制电液伺服万能试验机上进行,上述实验结果均取 5 次测试数据的平均值。借助 Bruker D8 Focus 型 X 射线衍射仪、FEI Quanta 200F 场发射环境扫描电镜、JEM-2100 型六硼化镧透射电镜对实验样品进行微观组织分析。

2　实验结果及分析

2.1　显微组织

图 1 为喷射态 7055 铝合金经适当的挤压、固溶处理及时效处理后的 SEM 图像。可以看出,7055 铝合金组织较均匀致密,在晶界处分布着细小粒状的第二相。经 TEM 观察(图 2)可见,在晶内存在大量细小弥散分布的析出相,其尺寸约为 2～3 nm。由 XRD 分析结果(图 3)表明,7055 铝合金组织主要由 $\alpha(Al)$、$\eta(MgZn_2)$ 和少量 CuMnZn 组成。由于 7055 铝合金时效强化相析出顺序是[5]:SSSS(过饱和固溶体)→GP 区(原子偏聚区)→亚稳相 η'(六方结构 MgZn)→平衡相 η(六方结构 $MgZn_2$),可断定,析出相主要为 $\eta(MgZn_2)$。

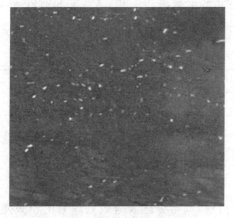 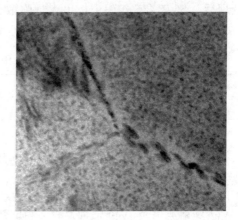

图 1　7055 铝合金的 SEM 图像　　　　图 2　7055 铝合金的 TEM 显微照片

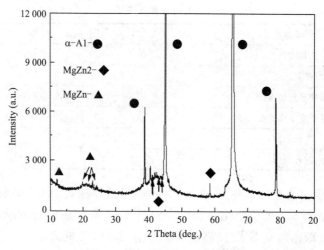

图 3　7055 铝合金的 XRD 图谱

2.2　力学性能

表 3 为喷射成形态 7055 铝合金经适当的挤压、固溶处理及时效处理后的力学性能。可以看出,喷射态 7055 铝合金经适当处理后的屈服强度、抗拉强度、延伸率和硬度分别为 670.2 MPa、712.8 MPa、10.6% 和 HV 204.5,较传统铸造态 7055 铝合金热处理后的屈服强度(462 MPa)、抗拉强度(512 MPa)、延伸率(9.5%)和硬度(HV 181)[6]分别提高了 45%、39%、47% 和 13%。这意味着采用喷射成形技术结合挤压、固溶处理及时效处理可获得较高力学性能的 7055 铝合金。这是由于喷射成形 7055 铝合金冷却速率较大,可消除组织中成分偏析及粗大析出相现象,使合金获得了细小均匀的组织结构,经过热挤压后,合金内部的孔洞数量减少,组织更加细化致密,有利于提高 7055 铝合金的综合力学性能。再者,喷射成形 7055 铝合金技术能消除 7055 铝合金组织中的粗大第二相,形成细小分布的第二相,这为 7055 铝合金在固溶热处理过程中第二相的回溶,以及在随后时效处理过程中析出更多细小弥散分布的析出相提供了有利条件,从而导致固溶时效热处理后 7055 铝合金组织中析出大量弥散分布的纳米级析出相,造成析出强化效果增强,7055 铝合金的强度及硬度增大的同时保持较高的延伸率。

表 3　喷射成形态 7055 铝合金经处理后的力学性能

屈服强度/MPa	抗拉强度/MPa	延伸率/%	硬度(HV)
670.2	712.8	10.6	204.5

3　结论

(1)喷射成形态 7055 铝合金经适当的热挤压、固溶处理及时效处理后的屈服强度、抗拉强度、延伸率和硬度分别为 670.2 MPa、712.8 MPa、10.6% 和 HV 204.5,较传统铸造态 7055 铝合金经热处理后综合力学性能提高。

（2）采用喷射成形技术结合热挤压、固溶处理及时效处理可获得较高力学性能的 7055 铝合金，归因于合金组织均匀致密且存在大量尺寸约为 2～3 nm 弥散分布的析出相。

参考文献

[1] 吴一雷,李永伟. 超高强度铝合金的发展和应用[J]. 航空材料报,1994,2(1):49-55.

[2] Wang Feng,Xiong Baiqing,Zhang Yong-an,et al. Microstructure and mechanical properties of spray-deposited Al-Zn-Mg-Cu alloy[J]. Materials and Design,2007, 28(4):1 154-1 158.

[3] 陈康华,刘红卫,刘允中. 强化固溶对 7055 铝合金力学性能和断裂行为的影响[J]. 中南工业大学学报,2002,31(61):528-531.

[4] 王军,严彪,徐政. 喷射成形技术的发展应用[J]. 上海有色金属,2002,23(3): 133-135.

[5] Knano M,Araki I,Cui Q. Precipitation behavior of 7000 alloys during retrogression and re-aging treatment[J]. Materials Science and Technology,1994,10(7): 599-601.

[6] 李杰,尹志民,王涛,等. 固溶-单级时效处理对 7055 铝合金力学和电学性能的影响[J]. 轻合金加工技术,2004,32(11):39-43.

钻杆接头抗粘扣性能试验研究

李晓晖[1]　吕拴录[2]　李艳丽[1]　王克虎[1]

常吉星[1]　满国祥[1]　朱立强[1]　鲍华雷[1]

(1. 石家庄探矿机械厂,河北石家庄 050081;2. 中国石油大学,北京昌平 102249)

摘　要:为了掌握不同热处理方式对钻杆螺纹接头抗粘扣性能的影响,对采用调质处理、调质+高频淬火、调质+等离子淬火的钻杆接头按照 API RP7G 规定的最大上扣扭矩进行了上卸扣试验。试验结果表明,增加高频淬火和等离子淬火工序并不能改善钻杆接头抗粘扣性能。螺纹接头尺寸精度是影响接头抗粘扣性能的主要因素之一,对钻杆接头螺纹表面进行高频淬火和等离子淬火虽然可以提高接头螺纹表面硬度,但却会使螺纹接头产生变形,最终并不能提高钻杆螺纹接头抗粘扣性能。

关键词:钻杆接头;粘扣;上卸扣试验;高频淬火;等离子淬火

钻柱是由钻杆等钻具通过螺纹接头连接而构成的。在钻井过程中需要多次起下钻,这就要求钻具接头应能反复上、卸扣,并具有良好的抗粘扣性能。我国油田曾发生多起钻具螺纹接头粘扣事故,造成了较大的经济损失[1]。钻具螺纹接头粘扣既与螺纹接头加工精度、热处理质量和表面处理质量等有关,也与使用操作有关,是一个复杂的系统工程问题。一旦发生钻具螺纹接头粘扣事故,生产厂家和用户经常发生争执,但却很难定论。为了掌握不同热处理方式对钻杆螺纹接头抗粘扣性能的影响,笔者对采用调质处理、调质+高频淬火和调质+等离子淬火的钻杆接头按照 API RP 7G 规定的最大上扣扭矩进行了上卸扣试验。

1　上卸扣试验

1.1　上卸扣试验液压钳及参数

采用钻杆液压钳进行上卸扣试验。首先用人工将内外螺纹接头水平对扣和引扣之后,再采用钻杆液压大钳竖直上卸扣。上扣扭矩按照 API RP 7G 规定的最大扭矩执行,转速采用低挡(表1)。

表 1　上卸扣试验参数

试样名称	API RP 7G 规定的最大扭矩/ N·m	液压钳压力/ MPa	备　注
Φ127.0 mm S135 钻杆 NC50 接头	51 581	8.6	（1）钻杆液压大钳低挡转速为 2.7 r/min，上卸扣试验采用低挡转速； （2）钻杆液压大钳低挡扭矩范围为 29.5～100 kN·m 对应的压力为 5～16.6 MPa，压力与扭矩的换算关系约为 6.1 kN·m/MPa；
Φ127.0 mm G105 钻杆 NC50 接头	42 064	7.1	（3）API RP 7G 规定的 Φ127.0 mm S135 钻杆 NC50 接头最大上扣扭矩 51 581 N·m，对应压力为：5＋(51 581－29 500)/6 100＝8.6 MPa； （4）API RP 7G 规定的 Φ127.0 mm G105 钻杆 NC50 接头最大上扣扭矩为 42 064 N·m，对应压力为：5＋(42 064－29 500)/6 100＝7.1 MPa。

1.2　上卸扣试验结果

1.2.1　螺纹参数及尺寸

试样螺纹参数及几何尺寸测量结果见表 2。试样螺纹参数及几何尺寸测量符合 API Spec 5DP 和 API Spec 7-2。

表 2　试样螺纹参数及几何尺寸测量结果

试样名称	接头编号		锥度 in/in		螺距 mm/25.4 mm	紧密距 /mm	主要几何尺寸 /mm	
			4 牙	4～8 牙			长度	内径
Φ127.0 mm G105 NC50 接头（调质＋高频淬火＋磷化）	2-1	—	—	—	—	—	—	—
	2-2	外螺纹 0°～180°	0.165	0.166	＋0.01/−0.01	15.95	414	82.6
		外螺纹 90°～270°	0.165	0.167	−0.02/−0.01			
		内螺纹 0°～180°	0.166	0.166	−0.015/−0.01	−0.43	386	—
		内螺纹 90°～270°	0.166	0.166				
	2-3	外螺纹 0°～180°	0.165	0.166	−0.01/−0.01	16.3	—	82.0
		外螺纹 90°～270°	0.165	0.167	−0.01/−0.01			
		内螺纹 0°～180°	0.166	0.166	−0.01/−0.01	−0.42	396	—
		内螺纹 90°～270°	0.167	0.165	−0.01/−0.01			
Φ127.0 mm G105 NC50 接头（调质＋磷化）	3-2	外螺纹 0°～180°	0.168	0.166	0/＋0.01	16.0	—	80.0
		外螺纹 90°～270°	0.167	0.167	＋0.01/0			
		内螺纹 0°～180°	0.166	0.165	＋0.01/0	＋0.16	—	—
		内螺纹 90°～270°	0.166	0.166	0/0			
	3-3	外螺纹 0°～180°	0.166	0.166	＋0.02/0	16.2	—	80.0
		外螺纹 90°～270°	0.166	0.167	＋0.02/＋0.01			
		内螺纹 0°～180°	0.167	0.166	0/0	−0.12/ −0.16	—	—
		内螺纹 90°～270°	0.167	0.166	0/0			

试样名称	接头编号		锥度 in/in		螺距 mm/25.4 mm	紧密距 /mm	主要几何尺寸 /mm	
			4牙	4～8牙			长度	内径
Φ127.0 mm S135 NC50 接头（调质＋修复＋等离子）	4-1	外螺纹	0.167	0.166	0/＋0.01	15.98	—	69.0
			0.167	0.166	0/＋0.01		—	
		内螺纹	0.167	0.166	−0.01/0	−0.20	—	—
			0.167	0.168	0/0			

1.2.2 上卸扣试验

上卸扣试验结果见表3，2-1号试样粘扣形貌见图1和图2所示。

表3 上卸扣试验结果

试样名称	试样编号	上、卸扣次数	上扣压力 /MPa	卸扣压力 /MPa	试验结果	
					外螺纹接头	内螺纹接头
Φ127.0 mm G105 NC50 接头（调质＋高频淬火＋磷化）	2-1	1st	8.6	6.0	1. 导向面完好； 2. 承载面完好。	1. 导向面完好； 2. 台肩面外圆周凸出0.3 mm（台肩面下陷）。
		4th	8.6	4.0	1. 导向面大端第5扣轻微粘扣； 2. 承载面完好。	1. 导向面大端第4扣轻微粘扣； 2. 台肩面外圆周凸出0.4 mm（台肩面下陷）。
		10th	8.6	12.2	1. 导向面第3扣、第15扣轻粘扣； 2. 承载面大端第3扣、15扣轻粘。	1. 导向面第3～4扣、第7扣轻微粘扣； 2. 第8、12、14扣承载面扣顶有凸起；台肩面外圆周凸出0.4 mm（台肩面下陷）。
Φ127.0 mm G105 NC50 接头（调质＋高频淬火＋磷化）	2-2	1st	7.1	2.8	1. 导向面完好； 2. 承载面完好。	导向面完好。
		5th	7.1	2.4	1. 导向面大端第3扣轻微粘扣； 2. 承载面完好。	1. 导向面第1～2扣划伤； 2. 台肩外沿微凸。
		10th	7.1	1.5	1. 导向面大端第2～6扣轻微粘扣； 2. 承载面大端第8扣和14扣粘扣，第15扣粘扣。	1. 导向面1划伤，第2～4粘扣； 2. 台肩外沿微凸。
Φ127.0 mm G105 NC50 接头（调质＋高频淬火＋磷化）	2-3	1st	8.6	3.2	1. 导向面完好； 2. 承载面完好。	1. 导向面完好； 2. 承载面看不到。
		9th	7.5	4.0	1. 导向面大端第3扣轻微粘扣，第5扣划伤； 2. 承载面大端第11扣划伤，15扣划伤。	1. 导向面大端第1～2扣划伤； 2. 承载面大端第1扣齿顶凸起。

试样名称	试样编号	上、卸扣次数	上扣压力/MPa	卸扣压力/MPa	试验结果	
					外螺纹接头	内螺纹接头
Φ127.0 mm G105 NC50 接头(调质＋高频淬火＋磷化)	2-3	10th	7.1	1.0	1.导向面大端第2～3扣轻微粘扣,第5扣划伤; 2.承载面大端第11扣划伤,15扣划伤。	1.导向面大端第1～2扣划伤; 2.承载面大端第1扣齿顶凸起。
Φ127.0 mm G105 NC50 接头(调质＋磷化)	3-2	1st	7.1	1.0	1.导向面完好; 2.承载面完好。	导向面完好,大端第1扣发亮。
		9th	7.1	4.0	1.导向面完好; 2.承载面完好; 3.台肩黏结。	1.导向面完好,大端第1扣发亮; 2.台肩黏结。
		10th	7.1	5.0	1.导向面完好; 2.承载面完好; 3.台肩黏结。	1.导向面完好,大端第1扣发亮; 2.台肩黏结。
	3-3	1st	7.1	1.5	1.导向面完好; 2.承载面完好。	导向面完好。
		3rd	7.1	2.0	1.导向面大端第8～9扣划伤; 2.承载面完好。	导向面大端第2扣划伤,第5扣划伤,第7扣轻微粘扣,第8～9划伤。
		10th	7.1	1.2	1.导向面第8～10扣划伤; 2.承载面完好。	导向面第2扣划伤,第5扣划伤,第5、7、9扣轻微粘扣,第8划伤。
Φ127.0 mm G105 NC50 接头(调质＋修复＋等离子)	4-1	1st	8.6	2.2	1.导向大端第15扣(小端第1扣)有毛刺; 2.承载面完好。	导向面完好。
		4th	8.6	2.0	1.导向面大端第15扣(小端第1扣)有毛刺; 2.承载面大端第5扣和第14扣靠近齿顶部位轻微粘扣,第8扣划伤。	导向面完好,大端第1～3扣划伤。
		10th	8.6	2.0	1.导向面大端3扣粘扣,第4～5扣严重粘扣,第6扣粘扣; 2.承载面大端第5～6扣粘扣,第7～9扣划伤,第10～15扣粘扣; 3.台肩黏结。	1.导向面大端第1扣划伤,第2扣粘扣,第3扣严重粘扣; 2.台肩黏结。

备注:内螺纹接头承载面齿顶凸起实际是承载面靠近齿顶部位或损伤所致。由于内螺纹接头承载面被遮挡,无法看到承载面粘扣及损伤全貌。

图1　2-1号试样第4次上、卸扣后外螺纹导向面
大端第5扣轻微粘扣

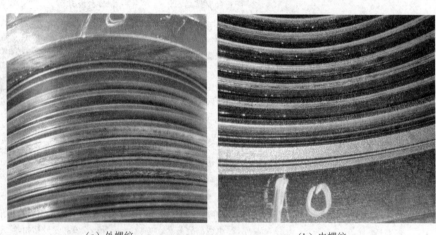

（a）外螺纹　　　　　　　　　　　（b）内螺纹

图2　2-1号试样螺纹导向面第10次上、卸扣后粘扣形貌

2　试验结果分析

2.1　螺纹接头粘扣机理

螺纹接头尺寸精度是决定螺纹接头抗粘扣性能的主要因素[2-4]。螺纹接头粘扣实际是内外螺纹配合面金属由于摩擦干涉，表面温度急剧上升达到了焊接相变温度，使内外螺纹表面发生黏结。由于上、卸扣过程中内外螺纹有相对位移，粘扣常伴有金属迁移。粘扣通常表现为粘着磨损，但是如果有沙粒、铁屑夹在内外螺纹之间，也会形成磨料磨损[5]。

2.2　高频淬火对螺纹接头抗粘扣性能的影响

3根Φ127.0 mm G105 NC50接头（调质＋高频淬火＋磷化）试样中，分别经过4次、

5 次和 9 次上、卸扣试验之后发生粘扣。2 根 Φ127.0 mm G105 NC50 接头（调质＋磷化）试样中，1 根试样经过 3 次上、卸扣之后发生粘扣，1 根试样经过 9 次上、卸扣试验之后接头密封台肩发生黏结。试验结果表明，增加高频淬火工序之后接头抗粘扣性能并没有提高。这说明螺纹表面硬度并非是影响螺纹接头抗粘扣性能的主要因素。螺纹接头高频淬火是一种快速加热淬火方式，淬火之后没有经过及时回火，必然存在残余应力和变形[6]。这就会降低螺纹接头的尺寸精度，不可能提高螺纹接头的抗粘扣性能。另外，高频淬火在螺纹表面形成的马氏体没有经过充分回火，其硬度虽然很高，但韧性不足，这可能会导致钻杆接头发生早期疲劳失效[7]。

2.3 等离子淬火对螺纹接头抗粘扣性能的影响

Φ127.0 mm S135 NC50 接头（调质＋修复＋等离子）1 根试样，经过 4 次上、卸扣之后发生粘扣，经过 10 次上、卸扣之后接头密封台肩发生黏结。试验结果表明，采用等离子淬火方式并没有解决钻杆接头粘扣问题。接头螺纹表面等离子淬火是将等离子弧作为高能量密度的表面热处理热源来实现淬火加热的，并在空气中自然冷却淬火[8]。在等离子弧加热过程中要通过调节喷嘴角度分别对螺纹导向面和承载面进行加热淬火，对操作工人技能要求特别高，稍不注意，很容易烧伤螺纹表面（图 3）。由于螺纹承载面和导向面淬火加热时间和马氏体相变时间不同，经过等离子淬火之后螺纹难免发生变形，这就会降低螺纹接头的尺寸精度，不可能提高螺纹接头的抗粘扣性能。另外，等离子淬火在螺纹表面形成的马氏体没有经过充分回火，其硬度虽然提高，但韧性却很差，这实际会降低钻杆接头疲劳寿命[9-10]。

图 3　螺纹表面被等离子弧烧伤形貌

3　结论与建议

（1）采用高频淬火和等离子淬火提高接头螺纹表面硬度的方式并不能提高钻杆接头抗粘扣性能。

（2）建议提高钻杆接头螺纹加工精度。

参考文献

[1]　吕拴录，邝献任，王炯，等.钻铤粘扣原因分析及试验研究[J].石油矿场机械，2007，36(1)：46-48.

[2] 吕拴录,刘明球,王庭建,等.J55平式油管粘扣原因分析[J].机械工程材料,2006,30(3):69-71.

[3] 袁鹏斌,吕拴录,姜涛,等.进口油管脱扣和粘扣原因分析[J].石油矿场机械,2008,37(3):74-77.

[4] 吕拴录,康延军,孙德库,等.偏梯形螺纹套管紧密距检验粘扣原因分析及上卸扣试验研究[J].石油矿场机械,2008,37(10):82-85.

[5] 吕拴录,李鹤林,藤学清,等.油套管粘扣和泄漏失效分析综述[J].石油矿场机械,2011,40(4):21-25.

[6] 吕拴录,倪渊诠,杨成新,等.某油田钻铤失效统计综合分析[J].理化检验-物理分册,2012,48(6):414-418.

[7] 吕拴录,高林,迟军,等.石油钻柱减震器花健体外筒断裂原因分析[J].机械工程材料,2008,32(2):71-73.

[8] 张剑,赵文珍,丁津原,等.离子弧淬火条纹宽度对摩擦磨损性能的影响[J].机械设计与制造,2005,2:82-83.

[9] 吕拴录,骆发前,周杰,等.钻铤断裂原因分析[J].理化检验:物理分册,2009,45(5):309-311.

[10] 吕拴录,骆发前,贾华明,等.塔里木油田钻具断裂原因统计分析及预防措施.塔里木油田会战20周年论文集(工程分册).北京:石油工业出版社,2009:416-424.

石油钻杆焊区异常回火组织的产生及预防

曹晶晶　　杨　玭　　袁鹏斌

（上海海隆石油管材研究所,上海 200949）

摘　要:钻杆摩擦焊接完成后,钻杆焊区需要进行调质热处理。调质过程中产生的异常回火组织会严重影响钻杆的最终质量。详细地分析了异常回火组织产生的原因、分布以及对最终产品质量的影响等,提出了预防其产生的意见及建议。通过提高钻杆焊区外壁质量和设备定位稳定性、加装报警温度传感器等措施,可较好地解决异常回火组织产生的问题。

关键词:石油钻杆;异常回火组织;中频感应加热;调质热处理;焊接

随着经济迅猛发展,中国石油消费进入较快增长时期,油价也不断攀升。这让石油企业积极踊跃投入到扩产扩能的队伍中,不断提高产量。随着钻井条件不断恶化、勘探井深不断增加,对石油钻杆的可靠性要求也越来越高。在钻井过程中,钻杆任何部位的失效都可能造成严重后果,甚至导致钻井在没有完工就遭废弃。根据油田的使用经验,钻杆的失效主要体现在焊缝及内加厚过渡带两个部位。近年来,我国每年因钻杆异常发生的事故多达五六百起,经济损失巨大。

摩擦焊接是在压力作用下,利用摩擦生热使待焊工件摩擦界面及附近区域温度升高,材料抗变形能力降低,塑性提高,伴随材料塑性流变,通过界面原子间扩散和再结晶完成连接的固态焊接技术。该技术具有焊接性能好、焊接质量稳定、加热时间短、生产效率高等显著特点,是目前石油钻杆制造中普遍采用的连接技术[1-2]。

钻杆焊接完成后,一般采用中频感应加热的方式对钻杆焊区进行调质热处理。这种热处理方式虽然高效,但工艺条件要求严格,受外界条件影响大,容易出现如产生过回火(或回火不充分)异常回火组织等热处理质量问题。

笔者对石油钻杆焊区热处理生产过程中出现异常回火组织的原因进行了详细分析,并提出了相应的改进预防措施,为石油钻杆产品的高质量生产提供了帮助。

1　异常回火组织的产生与分布

调质热处理过程包括淬火和高温回火,是使金属材料获取优良综合力学性能的综合热处理工艺。高温回火作为调质过程的最后工序,其工艺符合性直接影响产品的最终质量。

石油钻杆热处理就是利用感应加热的原理,采用温度闭环自动控制方式,实现对摩擦焊接后的钻杆焊区进行调质热处理的工艺过程[3]。为保证热处理质量,在对钻杆焊区进行中频感应加热处理时,不仅应有针对不同产品的最佳工艺选择,还需要中频感应加热设备具有较高的稳定性和可靠性。

1.1 异常回火组织的产生

在感应加热条件下必须实现穿透加热、穿透淬火和穿透回火,即穿透调质工艺方案设计[4]。如果钻杆焊区调质热处理时,回火温度异常波动,会直接影响钻杆产品的最终质量,见表1。

表 1　不同回火温度的组织性能

加热温度 T	可能存在的组织	相对于技术要求的性能变化
$T<$ 工艺温度	回火马氏体、回火屈氏体、回火索氏体等	强度升高、硬度升高、韧性降低
$T=$ 工艺温度	回火索氏体	各项性能符合技术要求
工艺温度 $<T<A_{c1}$	回火索氏体	强度降低、硬度降低、韧性升高
$A_{c1}<T$	马氏体、残余奥氏体等	强度升高、硬度升高、脆性增大
	珠光体、铁素体、贝氏体、残余奥氏体等	强度降低、硬度降低

钻杆一般选材为中低碳合金钢,含碳量约 $0.20\%\sim0.45\%$,属于亚共析钢范畴。根据铁碳合金相图,若回火加热温度低于工艺温度,钻杆焊区的强度升高、硬度升高、韧性降低;高于工艺要求温度,但低于 A_{c1} 材料相变点时,钻杆焊区的强度降低、硬度降低、韧性升高;高于 A_{c1} 材料相变点,钻杆焊区重新奥氏体化,产生异常回火组织(如马氏体、铁素体、贝氏体、残余奥氏体等)异常金相组织,见图1和图2。

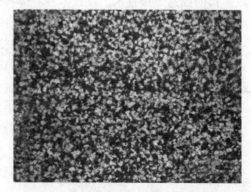

图 1　回火温度接近 A_{c1} 时的组织形貌　　　图 2　回火温度高于 A_{c1} 时的组织形貌

1.2 异常回火组织的分布

以 S135 钢级，直径为 Φ139.7 mm（6⅝ in）的钻杆为例，钻杆焊接中接头选材 37 CrMnMo，管体选材 27 CrMo。根据铁碳合金图，接头材料的 A_{c1} 低于管体材料的 A_{c1}。故在同种工艺条件下，接头出现异常回火组织的可能性更大。

在钻杆生产现场，随机抽取一定数量的钻杆。对钻杆焊区外壁手工磨抛、硝酸酒精腐蚀处理后，通过便携式金相显微镜观察，发现在部分钻杆焊区处焊缝两侧（即接头侧和管体侧），都存在异常回火组织。根据严重程度又分为以下两种情况：

（1）异常回火区域始于焊缝，成圆弧辐射状向接头侧或接头管体两侧扩展，形成一个扇形或椭圆形区域（见图 3）。这是区域中心点或较小区域内回火加热温度过高产生的，符合高温辐射梯度传播分布的原理。

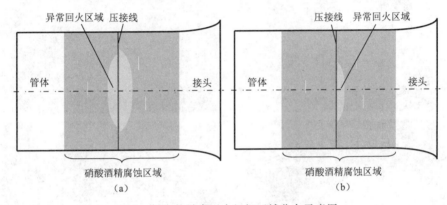

图 3 轻度的异常回火组织区域分布示意图

（2）在感应加热环对应的整个焊缝压接线区域内，在焊缝两侧形成一定宽度的异常回火组织带状区域（见图 4）。该区域越宽，说明回火加热温度越高。

根据加热温度高点所在位置的不同，又表现出异常回火区域偏接头侧、焊缝压接线、偏管体侧 3 种情况。这都是由于钻杆焊区感应加热时，加热环与钻杆焊缝位置未对正导致的。

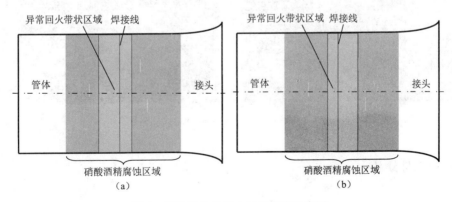

图 4 严重的异常回火区域分布示意图

1.3 异常回火组织对产品质量的影响

钻杆出厂检验采用分批抽样的方式进行。如果钢材质量和生产工艺足够稳定,抽检样品能够代表本抽检批次的质量情况;但如果工艺稳定性较差时,即使抽检合格,也可能存在个别钻杆质量不能达到要求的情况。

如图 5 所示,焊区存在异常回火组织的钻杆在实际使用中强度不够或脆性增大,均不能满足产品技术要求。特别是马氏体组织(一种硬而脆的组织)的存在,潜在危害极大。这些异常组织不仅会破坏产品的综合性能,还可能导致产品出现突然失效,甚至发生断裂,后果极其严重。

图 5 异常回火组织区域分布实物图

2 原因分析

异常回火简单说,就是产品生产时回火过程中加热温度不足(达不到工艺要求温度),或过高(超过回火工艺要求温度,甚至超过材料A_{c1}相变点),导致材料中出现异常回火组织,使材料不能满足产品性能参数指标要求。

在确保加热设备正常工作的情况下,异常回火的发生还可能受到以下几种因素的影响:

(1)钻杆焊区热处理采用中频感应加热方式,这种加热方式有可局部加热、效率高、表面质量好;设备易于自动化、易操作、易管理;节约能源等优点。同时根据中频感应加热的原理,这种加热方式会产生"集肤"效应,导致焊缝处内、外壁温度不均匀[5]。尤其当工件表面有凸起时,会让工件局部加热温度出现异常。

按照钻杆焊区的生产工艺流程,在完成摩擦焊接工序,车削掉摩擦焊接外飞边后,再进行焊区调质热处理。在车削钻杆焊区外挤出毛刺时,由于车床加持及接头、管体同轴度问题,会导致外毛刺去除不彻底,钻杆焊区外表面周向局部出现台阶。这会使钻杆焊区感应加热时,不同高度台阶处的温度不一致,局部可能出现异常回火现象(见图6)。

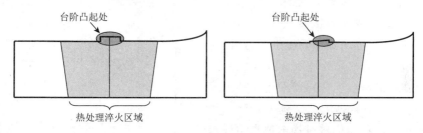

图6　台阶区域对热处理的影响

(2)当钻杆焊区工艺回火温度接近A_{c1},或工艺范围较窄时,可能会因为设备本身控温能力不足,加热温度波动幅度较大,而出现异常回火现象(见图7)。

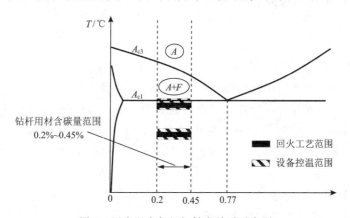

图7　回火温度与组织转变关系示意图

(3)中频感应加热环与钻杆焊区处管外径偏心,两者之间周向距离不相等,致使钻杆焊区周向加热温度不均匀。在调质过程中采用温度闭环自动控制方式,所以如果测温反馈温度传感器测量点在感应加热环到管外表面距离近的地方,则距离远地方的温度低于工艺温度,产生回火不充分组织;反之,在距离近地方的温度高于工艺温度,产生过回火组织(见图8)。

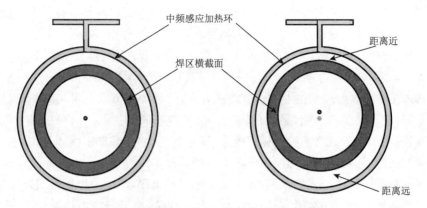

图 8　焊区管体与感应加热环位置对中示意图

（4）在采用温度闭环自动控制方式的温度反馈中，钻杆焊区实时温度测量传感器的结果准确性及与钻杆焊区真实温度的一致性，直接影响到最终实际加热温度的符合性，继而影响钻杆产品的热处理质量。

中频感应加热温度传感器采用红外测温方式，固定在感应加热机械结构上。感应加热环通过可往返移动机械机构定位在钻杆焊区位置。感应加热环所对应的钻杆焊区外表面中心处应为温度传感器指定测量点。对不同规格钻杆焊区进行热处理时，需要调整温度传感器红外光斑位置在指定测量点处（见图9）。

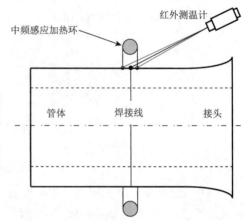

图 9　感应加热测温点位置偏移示意图

当移动机构定位不准或温度传感器测量位置不在指定点处时，温度传感器的测量结果会与实际值不符（偏低），闭环控温系统的反馈指令会提高加热温度直到工艺设定温度值。这样，钻杆焊区外表面上指定测量点的温度就超过工艺要求值，出现异常回火现象。

以感应加热方式加热时，钻杆焊区上的温度梯度非常明显。在短短几毫米的长度上，温度就可能会相差上百摄氏度。测温红外光斑位置的微小移动都会造成测量温度的极大变化。

在所有钻杆焊区热处理过程中，感应加热环都要进行一次机械定位。这对重复往返移动的机械定位准确性提出了很高的要求。

通过考察实际生产及工艺完成情况，综合现场钻杆异常回火组织的形貌、分布等，经分析后得出，上述第（1）、（3）、（4）种因素都存在较大程度的可能性，异常回火组织的产生应该是3种因素综合作用的结果。

3 预防措施

为防止异常回火组织的产生,确保每根钻杆的质量安全可靠,就得从钻杆生产的每个细节入手。针对发现可能导致钻杆出现异常回火的问题,提出以下解决方案。

(1)在车削摩擦焊接后外表面毛刺时,如果车削后的钻杆焊区外表面处还存有周向的部分台阶,要通过砂纸(或砂轮)修磨的方式磨平台阶,确保每根钻杆焊区外表面平滑无明显凸起。

(2)针对测温不准的问题,可采取以下措施:

a.改进温度传感器位置调整结构,解决往返机械移动中定位不准的问题。同时,为进一步确保测温反馈温度传感器1测量点在指定点处,分别在测温反馈温度传感器两侧加装两个报警温度传感器2、3。正常情况下,温度传感器显示的温度应该大于报警温度传感器。否则,判断温度传感器测量位置发生偏移(见图10)。

b.针对每支钻杆,在中频感应加热环轴向定位确定后,确保钻杆焊区外表面到感应加热环周向等距。通过在圆周方向与温度传感器夹角120°的二个位置,分别加装报警温度传感器4、5,实时监控整个圆周方向上的温度偏差。当发现报警温度传感器4、5出现异常温度报警时,停止加热。判断钻杆焊区外表面周向有凸起,或钻杆焊区外表面到感应加热环偏心、周向不等距等问题(见图11)。

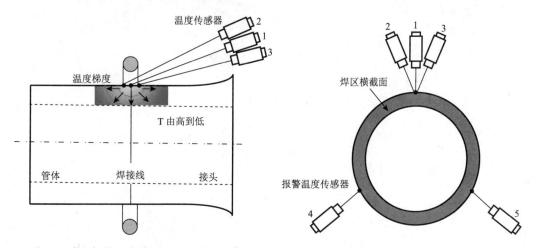

图10 感应加热温度传递及测温位置示意图 图11 测温传感器位置分布示意图

4 结论

(1)异常回火组织的产生,是因为钻杆焊区热处理时钻杆外表面有异常凸起、钻杆焊区外壁与感应加热环对中不到位等原因,导致回火温度异常波动所致。

(2)通过去除外壁凸起,改进加热装置定位装置,加装温度异常报警传感器可有效避免在钻杆焊区热处理过程中产生异常回火组织。

参考文献

[1] 许翠华,田东庄,等.回火温度对摩擦焊焊区力学性能的影响[J].焊接,2013,(6): 60-63.

[2] 朱世忠.石油钻杆的摩擦焊接和焊缝热处理工艺研究[J].宝钢技术,2006,(1): 52-55.

[3] 党峰君.对焊钻杆热处理监控系统的应用[J].石油天然气学报,2008,30(2): 605-606.

[4] 齐秀滨,刘娟,等.摩擦焊在我国石油钻杆制造中的应用[J].电焊机,2010,40(6): 10-13.

[5] 杨勇平,孙家栋.石油钻杆焊缝热处理与摩擦焊接研究[J].装备制造技术,2010,6: 13-15.